Reservoir

# 西纳川
# 水库工程建设与管理

李延文 卢义德◎主编

XINACHUAN

SHUIKU GONGCHENG JIANSHE YU GUANLI

·南京·

**图书在版编目(CIP)数据**

西纳川水库工程建设与管理 / 李延文，卢义德主编. -- 南京：河海大学出版社，2023.11

ISBN 978-7-5630-8548-4

Ⅰ. ①西… Ⅱ. ①李… ②卢… Ⅲ. ①水库—水利工程—工程管理—西宁 Ⅳ. ①TV632.441

中国国家版本馆 CIP 数据核字(2023)第 236766 号

**书　　名** 西纳川水库工程建设与管理
XINACHUAN SHUIKU GONGCHENG JIANSHE YU GUANLI
**书　　号** ISBN 978-7-5630-8548-4
**责任编辑** 吴　淼
**特约校对** 丁　甲
**封面设计** 张育智　吴晨迪
**出版发行** 河海大学出版社
**地　　址** 南京市西康路 1 号(邮编:210098)
**电　　话** (025)83737852(总编室)
(025)83722833(营销部)
**经　　销** 江苏省新华发行集团有限公司
**排　　版** 南京布克文化发展有限公司
**印　　刷** 广东虎彩云印刷有限公司
**开　　本** 787 毫米×1092 毫米　1/16
**印　　张** 19.25
**字　　数** 444.8 千字
**版　　次** 2023 年 11 月第 1 版
**印　　次** 2023 年 11 月第 1 次印刷
**定　　价** 98.00 元

# 编写组

**主　编:**李延文　卢义德

**副主编:**唐芝红　莫志恩　蔡文艳

**主要编写人员:**

何忠邦　马成坤　方有福　马占平　霍群英

王晓博　何永红　李彦林　李延辉　赵　隽

陈　鹏　李佩帅　莫乃军　贺延伟　韩文举

周　凯　卢　青

# 内容提要

西纳川水库工程属于Ⅲ等中型水利工程，主要建设任务是确保区域内的饮水供应、支持社会经济发展，增加和优化灌溉区域，促进区域生态及农业条件的改进，同时努力实现水资源的综合利用及环境保护。水库工程区位于青藏高原东北部地区，由于地理和地质情况较为复杂，恶劣的高原高寒气候及地质特征导致了施工难度大、施工时间紧张等问题，施工过程中面临诸多挑战，管理和执行的难度相对较大。因此，要确保西纳川水库工程顺利进行，就必须采取合理的建设和管理策略。

本书系统分析了西纳川水库工程的特点，并基于实地调研，对工程建设与管理体系予以凝练，详细研究了西纳川水库从规划、设计到施工和管理的全过程，并对工程建设预期取得的经济、社会和生态等效益进行分析。全书包括五大篇十六章内容：第一篇对西纳川水库工程进行项目综述，介绍工程背景、建设任务、建设程序等。第二篇深入探讨西纳川水库的规划与设计，涵盖水库规划和主要建筑物、机电与金属结构布置与设计的各个方面。第三篇重点关注西纳川水库主要施工技术，包括挡水建筑物、溢洪洞、放水洞、机电与金属结构的施工组织设计和施工安装技术。第四篇描述西纳川水库的施工管理，强调对西纳川工程在进度、质量、安全、资金和环境保护五个维度的有效把控。第五篇分析西纳川水库建设带来的综合效益，展示工程给当地经济、社会、生态带来的良好效益。

本书围绕西纳川水库项目的施工管理和技术手段展开，采用理论与实践相结合的研究策略，系统呈现出项目实施过程中的管理及技术上的重点、难点，对高原严寒地区进行水库项目的建设和运营提供了有价值的参考。

# 前言

水库是调控水资源时空分布、优化水资源配置的重要工程措施，是江河防洪体系不可替代的重要组成部分。《中华人民共和国国民经济和社会发展第十四个五年规划和2035年远景目标纲要》提出，要加强水利基础设施建设，立足流域整体和水资源空间均衡配置，加强跨行政区河流水系治理保护和骨干工程建设，强化大中小微水利设施协调配套，提升水资源优化配置和水旱灾害防御能力。实施防洪提升工程，解决防汛薄弱环节，加快防洪控制性枢纽工程建设和中小河流治理、病险水库除险加固，全面推进堤防和蓄滞洪区建设。水库在这一宏观规划中扮演了关键的角色。它们不仅作为基础设施来调节和存储水资源，还为水库区农业、工业和居民生活提供了稳定的供水。

新时期，随着我国治水主要矛盾发生变化，水库大坝建设的关注重点从加强工程建设向运行安全保障、风险防控、功能提升、资源优化、环境保护、生态修复和支撑可持续发展等方向转变，水库大坝建设管理进入高质量发展新阶段。"十四五"规划建议、《黄河流域生态保护和高质量发展规划纲要》等对水库大坝安全保障和生态保护水平提出了新的更高的要求，把维护水利、供水等重要基础设施安全提升到国家安全高度。在此背景下，研究水库的工程建设及其运行管理对确保水库大坝安全、充分发挥水库功能和价值具有重要的现实意义。

西纳川河地处河湟谷地，是湟水河上游的一条重要支流。河流水系发达，河网密布，是青海省西宁市湟中区的主要产粮区。河流流经上五庄、拦隆口、多巴三镇，其中上五庄、拦隆口镇为农业发展区，以农业生产及农产品加工为主，多巴新城被规划为湟中行政中心、西宁市的城市副中心，是重点城市发展区，预计至2024年流域内总人口将达18.7万人。然而由于西纳川流域水资源浪费严重、利用效率低下，且面临地下水超量开采和地表干流水质污染日趋严重的形势，导致当地未来将有近16万居民缺乏安全的饮用水水源，年供水量缺口将达$694.05\times10^{4}\ m^{3}$。同时，西纳川流域存在近4万亩[①]的浅山区农田，由于附近河道难以满足引水高程要求，一直未发展为灌溉农田。因此，急需一个有水质、水量保证的水源工程，解决人畜用水问题，并为地区社会的经济发展提供必需的保障。为了解决上述问题，西纳川水库工程应运而生，其建设不仅意味着能够为当地居民提供清洁、稳定的饮用水，还能够保障农业生产的用水需求，推动农业现代化，确保地区社会经济的持续、健康发展。

---

① 1亩≈666.67平方米。

西纳川水库工程建设在湟中区上五庄镇北庄村，所在河流为西纳川支流拉斯木河，坝址距拉斯木峡谷出口 8 km，水库距上五庄镇 12 km，距多巴镇 35 km，距湟中区府鲁沙尔镇 55 km。水库区主要为拉斯木河狭长的条带状谷盆，呈“Y”形，整体地势北高南低，北部为娘娘山，东南部为低山丘陵。水库主要建设内容为水库大坝、导流放水洞、溢洪洞，其总体布局为“一横两竖”的三线布局，一横为东西向布置的拦河大坝，两竖为南北向布置的左岸山体内的导流放水洞和右岸山体内溢洪洞。西纳川水库兴建后的主要任务以城乡供水和灌溉为主，预计将解决近 16 万人、超 7 万头牲畜的饮水和 2.68 万亩农田的灌溉用水问题。

针对这一新时期的水库大坝工程，本书围绕西纳川水库工程的施工管理和技术手段展开，在系统分析西纳川水库工程特点的基础上，基于实地调研，采用理论与实践相结合的研究策略，对其工程建设与管理体系予以凝练，详细研究西纳川水库从规划、设计到施工和管理的全过程，并对工程取得的经济、社会、生态等综合效益进行分析。主要的研究意义包括：

首先，西纳川水库坐落在高原严寒地区，这一地理特点给其建设施工和运行管理带来了特有的困难。从高寒环境带来的施工挑战到地质复杂性带来的技术需求，都使得该项目成为一个独特的研究对象。深入探索这些高原特点如何影响工程策略、技术选择和管理方式，不仅对于提高西纳川水库本身的项目效果具有重要意义，也为其他在高原地区进行的工程项目提供了珍贵的借鉴。

其次，西纳川水库的建设与管理对于该区域的经济格局产生了深远的影响。从农业的灌溉需求到工业的水源保障，再到城乡居民用水需求的满足，水库在多个经济社会领域中都扮演了重要角色。对于其在各个领域中的经济和社会效益进行深入研究，可以为政府和相关企业在未来的决策中提供有力的支持，确保区域经济的持续和稳定发展。

再次，水库的建设与生态环境的关系日益受到广泛关注。在西纳川水库工程中，研究如何在建设阶段实现对生态干预的最小化和在管理阶段促进生态系统的恢复，不仅为确保区域生物多样性和生态稳定性提供了保障，还为如何平衡水利工程建设与生态保护提供了模范案例。这种平衡策略的研究为其他工程提供了可复制和学习的经验，尤其在当下全球生态危机与人类发展需求冲突加剧的背景下。

最后，对西纳川水库建设与管理的研究不仅为工程师、项目经理和相关决策者提供了实际的施工与管理经验，更在理论层面对工程管理提供了更深入的认识。西纳川水库实际项目中的成功与困境为工程管理学科提供了研究样本，有助于工程管理理论的丰富和完善。

综上所述，西纳川水库建设不仅是对当地水资源紧张问题的具体应对，也是青藏高原地区乃至全国对水库建设管理高质量发展和水资源合理配置的一个缩影。通过对这些关键点的深入研究，可以更全面地理解西纳川水库建设与管理的综合价值，为类似项目的未来实施提供宝贵的经验和参考。

本书共分为五篇内容：第一篇为西纳川水库项目综述；第二篇为西纳川水库规划与设计；第三篇为西纳川水库施工；第四篇为西纳川水库施工管理；第五篇为西纳川水库综

合效益。

在研究过程中，课题组得到了西宁市湟中区水电开发总公司与设计、施工、监理等单位的大力协助，他们为本书的研究提供了大量的资料，给研究工作带来了很大的帮助，特在此表示衷心的感谢。

本书是对西纳川水库工程建设管理、施工技术研究等方面的总结，可供从事水库工程设计、施工以及项目管理研究的技术人员与管理人员参考。因时间仓促，编写组水平有限，书中难免有不妥之处，敬请指正。

《西纳川水库建设与管理》编写组

2023年9月

# 目录

## 第一篇　西纳川水库项目综述



## 第二篇　西纳川水库规划与设计

## 第三篇 西纳川水库施工

# 第四篇　西纳川水库施工管理

# 第五篇 西纳川水库综合效益

# 第一篇

# 西纳川水库项目综述

主要内容：对西纳川水库工程区概况进行梳理，分析其周边环境、地质条件等情况；结合西纳川流域发展的概况与困境，从保障饮水安全及社会经济发展的要求、保障灌溉农业发展的需水要求、水资源综合利用的需要和水环境保护的需要概括该项目建设的必要性，并从项目建成后人口、牲畜、农业等方面强调工程的任务和规模；阐述西纳川水库项目法人管理机构设置情况，对项目采用的DBB管理模式进行介绍。在此基础上，梳理项目的主要建设程序，从项目建议、可行性研究、施工准备和建设施工四个方面概括重点建设阶段。

# 第一章　西纳川水库概况

本章首先对西纳川水库工程区概况进行了梳理，通过对其周边环境、地质等情况的介绍，说明了西纳川水库良好的先天条件，并强调了该项目建设的必要性及任务与规模；其次，重点介绍了项目法人管理机构的设置情况，明确各个下设部门责任与职能分工，并详细对该项目的管理模式进行了分析，明确该项目采用设计-招标-建造(Design-Bid-Build)的管理模式，对各个阶段展开详细说明；最后，对项目建议、可行性研究、施工准备和建设施工四个重点建设阶段进行了梳理，介绍了项目的建设过程。本章完整地阐述了西纳川水库工程的建设背景、管理体系及建设程序，为了解该项目特色打下基础。

## 1.1　工程简介

### 1.1.1　工程区概况

(1) 地理位置

如图 1-1 所示，西纳川水库位于青海省湟中区上五庄镇拉寺木村，所在河流为湟水河二级支流拉寺木河，坝址距拉寺木峡谷出口 8 km。水库距上五庄镇 12 km，距多巴镇 35 km，距西宁 65 km，距湟中区鲁沙尔镇 55 km。

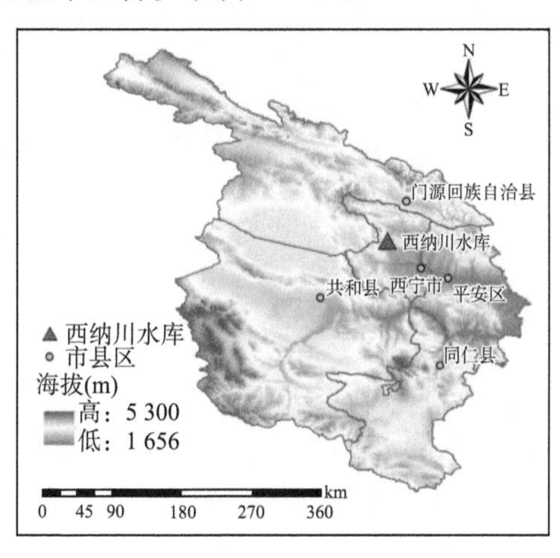


图 1-1　西纳川水库工程区地理位置图

(2) 地质地形

库区位于拉寺木河上游的中—高山峡谷段，整体地势北高南低，北部为娘娘山，东南部为低山丘陵区。库区所在的西宁断陷盆地北部边缘地带受达坂山南缘断裂带和拉脊山北缘断裂带的控制，区域构造单元属于中祁连中间隆起带二级构造单元，娘娘山复背斜褶皱带三级构造单元，区域主构造线方向为 NW 向，褶皱轴线与区域主构造线方向一致。

库区主要为拉寺木河狭长的条带状谷盆，呈“Y”形，主沟为拉寺木沟，次沟为达坂沟。库区内地形相对开阔，在库区范围内河流蜿蜒曲折，走向变化较大。所在河流即拉寺木河河谷，总体走向为 NW347°，河谷宽窄变化较大，底部最宽处约 160 m，最窄处仅 50 m 左右，河床比降约 7.5%。达坂沟河谷总体走向为 NE11°，河谷相对拉寺木沟较窄，底部最宽处为 80 m 左右，最窄处仅 25 m，河床比降 13.0%。

库区两岸植被发育，库区段沟谷整体呈“U”字形，沟道底宽平均约 240 m，两岸阶地不发育，只有一级阶地，呈不对称分布，但分布较连续。库区两岸山体地形略现破碎，冲沟发育较多，沟口大多分布有洪积扇，常在谷底两岸呈洪积裙分布，特别是达坂沟左岸，洪积扇呈裙裾状分布较为明显。

**图 1-2　库区两岸景色**

(3) 流域概况

西纳川水库位于西纳川河上游左岸（北岸）支流拉寺木河上。其中，西纳川河属黄河一级支流湟水左岸支流，位于青海省东部海晏县和湟中区境内，发源于海晏县东部红山掌西北 2 km 处，河源海拔 4 039 m，干流自西北流向东南，水峡出口以上名水峡河，以下称西纳川河。拉寺木河全长 19.5 km，河道比降 41.03‰，流域面积 87.7 km$^2$，坝址以上流域面积 64.5 $km^2$。

图 1-3　西纳川水库

综上可知，西纳川水库周边人群密集，村落簇拥，库岸稳定，具有良好的先天地质条件，水库作为解决城乡供水和农田灌溉的水源工程，可通过规划其调节功能，科学、合理地调配西纳川拉寺木河的天然来水量，实现水资源利用的最大化，为上五庄镇、拦隆口镇、多巴地区的社会经济发展提供有力保障，解决上五庄镇、拦隆口镇 0.58 万城镇人口和周边 62 个村 7.85 万农村人口与大小牲畜的人畜饮水问题，2.68 万亩农田灌溉用水及多巴新城区 6.22 万城镇人口及周边 10 村 1.22 万农村人口的饮水问题。

### 1.1.2　工程建设必要性

（1）保障饮水安全及社会经济发展的要求

西纳川河与湟水河干流区沿线是人口居住较为密集的区域，河道两侧村、镇遍布，近年来随着工农业的发展和人口的增长，水资源的需求量和污水排放量日益增加。但由于缺少净化水厂，污水直接排入河道，水体污染十分严重。根据现状调查，西纳川河及湟水干流西宁河段水质严重超标，枯水期河段内水质为Ⅳ～Ⅴ类。受地表水补给影响，地下水污染也日趋严重，严重影响湟水两岸人民的健康，曾多次发生庄稼和牲畜的水污染中毒事件。且由于长期大量超采地下水，石崖庄—西宁段地下水位不断下降，其净化和抽取成本逐年增加，供水日趋紧张，导致两岸居民生活用水紧张，造成饮用安全问题，也对区域内的生态和水环境造成较大影响。

湟中区“十二五”发展规划中上五庄、拦隆口镇为农业区，规划未来仍以农业生产及农产品加工为主，2020 年两镇农业人口 8.7 万人，城镇人口 0.58 万人；多巴新城规划将作为湟中区行政中心，西宁市的城市副中心，是重点城市发展区，2020 年城镇人口近 6.86 万人，周边村庄农业人口 3.12 万人。至 2020 年区域内总人口达到 18.7 万人，其中 2.67 万人仍由西宁市第五、六水厂供水，年供水量达 6 940 500 $m^3$，其余近 16 万人缺乏一个安全的人畜饮水水源。因此，急需一个水质、水量有保证的水源工程，解决人畜用水问题，为地区社会的经济发展提供必需的保障。

(2) 保障灌溉农业发展的需水要求

湟中区是青海省典型的农业大区，农、林、牧是湟中区的基础产业，全区90%的人口在农村，农村收入的主要来源仍然是农业收入，现有耕地104.1万亩，其中水浇地24.82万亩，主产青稞、小麦、豌豆、蚕豆、油菜籽、马铃薯，为青海重要粮食产地，全区未利用地74.77万亩。由于山高沟深，地形复杂，经济基础薄弱，长期以来关乎农业发展的水利基础设施建设滞后，至2011年为止，全区能够灌溉的农田面积仅占总面积的1/4，"靠天吃饭"的传统农业生产方式及经济结构没有根本性转变。

目前，西纳川河流域存在4万亩左右的浅山区农田，由于附近河道难以满足引水高程要求，一直未发展为灌溉农田，目前为旱地。西纳川水库工程的建设可以开发区域内2.68万亩灌溉农田，近期可解决因多巴新城建设而失地农民3.3万人的生产就业和口粮问题，对地区社会经济可持续发展和维持社会稳定有重要作用。

(3) 水资源综合利用的需要

由于存在天然来水量的时空分布不均问题，湟中区存在不同程度的工程性缺水问题。西纳川水库工程以灌溉和城乡供水为主要任务，能够解决区域内城乡人安全饮水的同时新增农田灌溉面积2.68万亩，对区域内有限的水资源的充分、合理利用作用重大，也为地区社会经济发展提供了必要的水源保障。

(4) 水环境保护的需要

当前西纳川干流及湟水流域水资源浪费严重、利用率低下，且面临地下水超量开采和地表干流水质污染日趋严重的形势，据《青海省湟水流域综合治理规划》《青海省东部城市群水利保障规划》中的规划要求，为保护当地生态环境，保持社会经济与环境的可持续发展，将于2030年前对湟水流域地区的地下水源进行逐步关闭，但为保障城市的建设与发展，需在有条件的地区规划建设统一的水源工程，以便进行统一管理、保护及调度，合理分配和节约利用水资源。西纳川水库的兴建可统一解决区域内的人畜饮水和灌溉用水问题，防止周边地区过度开采地下水，以符合相关规划要求。

### 1.1.3 工程任务和规模

(1) 工程任务

根据区域社会经济和城乡建设发展的需水要求，对区域现状的供水情况进行统计分析，并结合区域发展规划对水库能够控制的供水区域内的用水量及过程进行平衡分析后，确定西纳川水库兴建后主要任务以城乡供水和灌溉为主。

西纳川水库于2015年开工建设，至2018年建成，2020年水库年可供水量19 406 700 $m^3$，其中生态用水量2 237 500 $m^3$，供给农村生活用水2 775 500 $m^3$，供给上五庄镇、拦隆口两镇生活用水243 200 $m^3$，供给多巴镇生活用水3 921 900 $m^3$，灌溉用水10 228 700 $m^3$。总的供水量中由于水库建成而新增的供水量为14 488 700 $m^3$，其中新增农村供水量394 800 $m^3$，新增给多巴镇的供水量3 865 200 $m^3$，新增灌溉用水量 10 228 700 m³。水库共解决 15.87 万人、70 973 头牲畜的饮水问题和 2.68 万亩农田灌溉用水问题，其中解决上五庄镇、拦隆口镇的城镇人口 0.58 万人，周边 62 个村 7.85 万人农村人口、大牲畜 15 415 只、小牲畜 55 558 只的人畜饮水和 2.68 万亩农田灌溉用水，同期承担多巴新城 6.22 万人城镇人口及周边 10 村 1.22 万人农村人口的饮水。

水库新建后，提高城乡供水保证率至 95%以上，灌溉保证率达到 75%以上，可解决地区存在的饮水困难及不安全问题，提高了水质，有利于改善居民的生活条件，减少因水质问题引起的疾病，提高当地居民的健康状况，具有良好的社会、经济、生态效益，为社会经济的发展提供水源保障，对维护地区社会稳定有重大作用。

(2) 工程规模

西纳川水库工程建设区域范围为湟中区上五庄镇的拉寺木林场。供水范围为湟中区上五庄镇、拦隆口镇、多巴新城及所辖部分村庄。西纳川水库主要建设内容为水库大坝、导流放水洞、溢洪洞，其总体布局为“一横两竖”的三线布局，一横为东西向布置的拦河大坝，两竖为南北向布置的左岸山体内的导流放水洞和右岸山体内溢洪洞。

## 1.2 西纳川水库建设管理

### 1.2.1 项目法人管理机构设置

#### 1.2.1.1 机构组织架构

水利工程建设实行项目法人责任制。在项目可行性研究报告批复后，按照批准的整体建设项目确定了工程建设项目责任主体，明确项目法人。根据湟中区人民政府 2014 年 9 月以《关于确定西纳川水库工程项目法人的批复》(湟政函〔2014〕121 号)确定了西纳川水库工程项目法人为湟中区水电开发总公司，项目法人对项目建设全过程负责，对工程的质量、安全、工程进度和资金管理负总责。

为了做好西纳川水库的各项建设管理工作，2016 年 8 月 6 日经总公司会议研究决定，成立西纳川水库工程建设管理部，项目建设管理部由 9 个部门组成，分别是项目总负责(法人)、项目总工程师(技术负责人)、项目副经理、技术办、质安办、项目办、计统办、办公室、财务办，各部门落实责任，按各自职责开展工作。

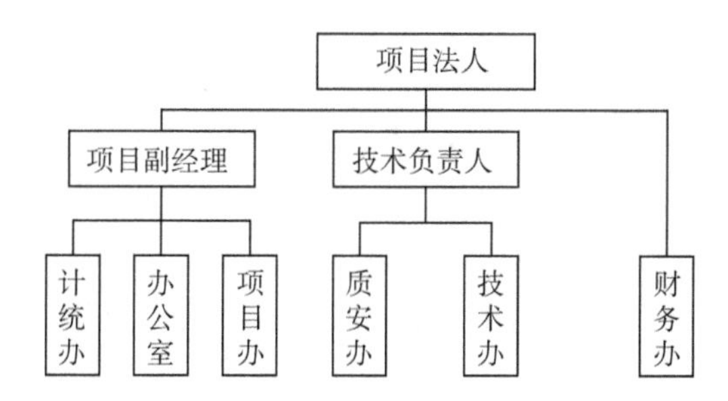


**图 1-4 西纳川水库工程建设管理部机构设置**

#### 1.2.1.2 机构职能分工

(1) 职能分工

①项目总负责主要履行十四项职责：一是执行公司章程，遵守国家政策、法令、法规和企业规章制度。二是全面负责项目的经营管理。三是组织和制定项目生产、年度经营、发展、财务、人事、劳资、福利等计划，报公司批准实行，主持编制项目年度预、决算报告。四是代表公司对外签署合同和协议，参与签订或在公司授权范围内签订分包合同，全面履行、实施公司与建设单位签订的工程承包合同。五是负责项目工程款回收工作，办理工程款拨付手续，编制项目资金使用计划、计划工作报告、财务报表等。六是负责综合管理体系的实施。七是提出机构设置、调整或撤销的意见，报公司批准。八是组织各参建单位召开有关工程施工管理的工作会，签发日常行政、业务和财务等文件。九是处理由公司授权处理的有关事宜。十是熟悉和掌握项目情况，及时向公司反映，提出建议和意见。十一是具体抓好分管的业务部门工作。十二是负责规范化管理工作的组织实施和检查、考核工作。十三是负责根据施工状况（计划完成情况与进度部位）调配劳动力。十四是对所管的项目施工现场、环境、安全和一切安全防护设施的完整、齐全、有效、符合要求负责任。

②项目总工程师主要履行十三项职责：一是负责征集、制定项目的质量方针、质量目标，报项目经理批准和颁布。二是负责组织编写《质量手册》和《程序文件》，以及建立质量管理体系的组织工作。三是负责管理评审计划及管理评审报告的编制工作，负责管理评审的输入和输出结果的质量记录管理工作。四是负责组织内部审核工作。负责编制内审计划、纠正措施的验证及质量记录的收集管理工作。五是负责项目质量体系过程的监视和使用时的监视和测量、负责纠正措施和预防措施实施的管理工作以及实施管理体系的持续改进。六是负责技术文件的管理工作。七是参与招标文件和合同的评审工作。八是负责实施项目的技术管理工作。九是负责项目规划的审批。十是负责实施重大技术问题处置工作。十一是负责项目监视和测量装置的控制管理工作。十二是负责项目数据分析和改进的管理工作。十三是负责工程竣工后保修期的监督服务工作。

③项目副经理主要履行九项职责：一是贯彻施工现场管理、机械设备管理、生产安全、生产调度等方针、政策和规章制度，结合项目实际制定补充规定，并对实施情况进行检查。二是根据施工生产计划，合理组织人员与机械设备，加强现场管理，协调部门与工程班组之间的关系。三是主持生产调度会和生产碰头会，研究解决施工生产中出现的问题。四是组织落实生产安全、交通安全、环境保护等方面的工作，坚持安全生产、文明施工。五是组织机械设备的维修、保养、使用，不断提高机械设备的完好率、利用率。六是组织机动车辆和驾驶人员的年审、年检。七是组织安全知识的宣传教育工作，落实安全生产责任制。八是组织项目节能工作。九是组织机械人员、安全人员等的业务培训。

④技术办负责项目建设的图纸审核，组织、协调项目生产，合理调配、布置资源及项目的成本核算和技术措施的审批。主要履行六项职责：一是按照本部门主要工作的分

工，负责相关工程施工的日常技术管理工作。在工作中要相互通气、协作，并按规定要求，各自做好分管工作。二是熟悉合同文件，了解设计意图，掌握设计要点，按照可实施性施工组织设计制定的施工方案和技术措施，拟定具体的实施方法和补充必要的技术保障措施，并参与技术交底，组织相关技术方案施工。三是负责施工过程中的技术控制、指导，督促操作班组进行自检、互检、交接检查。参加中间检查验收和隐蔽工程验收。四是深入基层了解和研究问题，解决和处理施工操作中出现的简单的技术问题，指导或帮助班组解决有关难题。五是努力学习先进技术和工艺，钻研业务，及时总结工作中的经验教训，提高专业技术能力和管理水平。六是完成领导交办的其他工作。

⑤质安办分为安全部和质检部。安全部负责工程项目生产准备的归口管理工作，主要履行六项职责：一是审批项目公司提出的生产准备工作计划，督导计划的执行，提出考核意见。二是配合工程建设部做好项目的交接验收工作。三是配合人力资源部做好安全生产管理及技术管理人员的编制和配备工作。四是负责安全统计上报，负责工程项目建设期间的安全管理，指导项目建立安全工程管理委员，落实各级安全生产责任制，指导项目做好安全文明施工总策划及应急预案的编制。五是组织工程安全检查。六是组织工程一般安全事故的调查及处理，参与重大及以上安全事故的调查、分析和处理。质检部负责公司工程项目的质量总体目标计划确定、管理和考核，主要履行五项职责：一是指导项目做好设备监造、验收和保管工作，督促项目做好工程质量验收工作和开展达标投产工作，负责工程一般质量事故的调查及处理，参与重大及以上质量事故的调查、分析和处理。二是进行工程质量总体目标编制和报批工作。三是做好设备监造、验收和保管工作。四是严格执行电力工程建设验收规范和质量评定标准，组织工程各阶段的质量检查和验收。五是做好质量事故的调查、分析和处理工作。

⑥项目办负责项目建设的安全文明生产，质量、进度管理。主要履行八项职责：一是负责对外联系业务工作，并就有关部门合同事宜，代表公司与顾客沟通。二是负责主持合同的评审工作，建立合同台账和合同更改的信息传递，对合同执行情况有权向公司项目经理报告。三是组织对供方的选择和评价，与施工队签订施工合同、协议，负责抓好供方工程质量，建立供方施工档案。四是负责协调兄弟单位及外单位的关系，搞好工程招投标和质量服务工作。五是负责有效地处理顾客意见，及时处理工程质量中的申诉，并将工程质量信息反馈到有关部门，有权将顾客的意见向项目经理汇报。六是参加工程合同有关内容的评审工作。七是负责工程施工后的管理及工程验收工作。八是以顾客为中心，将实现顾客满意作为目标，确保满足顾客的需求和期望，通过市场调研、预测或与顾客直接接触来实现解决质量问题的改进工作，确保顾客满意率达到95%以上。

⑦计统办负责项目建设的上报和下达年度计划，并做好年度生产进度统计工作等。主要履行八项职责：一是协助项目经理抓好生产施工全过程的经营管理工作，贯彻执行有关工程造价的政策规定，加强业务学习。二是负责建立健全项目部经营管理措施与相关台账。三是负责签订与施工项目有关的经济合同、施工合同及材料设备供应合同。协助材料设备部做好材料加工定做，对进场材料数量、质量把关。四是负责同甲方办理因设计变更发生费用款项的确认手续。负责编制工程概预算、洽商变更及工程结算和工程

索赔资料的收集、汇总。五是负责统计因甲方原因给施工单位造成的经济损失的费用索赔数。六是负责施工成本、人工成本控制与使用，制定措施降低成本。七是审核分包单位施工队伍的资质，严格控制不具备专业素质的外包人员施工。八是运用质量否决权，对不合格的项目及时进行处理，做到勤检查、勤督促、勤教育，加强作业层的控制力度，防止质量隐患的发生。

⑧办公室负责项目部的日常管理工作和对外协调工作，做好文件收发，并负责管理部各项接待工作。主要履行三项职责：一是做好人力资源工作，包括识别、确认项目人力资源的需求，员工的培训工作、考核工作、招聘及调配工作，文件控制工作，行政质量文件的阅批、登记、分发和归档工作等。二是工程项目管理工作，主要包括项目部的工作纪律、工作作风等行政管理工作。三是信息管理工作，主要包括项目各部门与参建单位之间的信息交流、沟通工作及顾客满意情况的监控工作。

⑨财务办负责项目建设来往台账的建立、财务核算和整理保存工作。主要履行十三项职责：一是执行公司财务管理制度和会计核算办法，并按公司决策组织实施。二是起草项目利润分配方案，按公司决策组织实施。三是编制项目财务预算、决算，报公司决策组织实施。四是负责项目固定资产核算，严格按固资管理办法执行。五是负责项目资金管理，编制资金计划，保证生产及其他资金的使用。六是负责编制月、季、年度财务报告，对项目财务状况和资金运用情况进行预测、控制和分析总结，做到及时、准确。七是加强项目成本管理，制定并推行责任成本制度，严格控制成本。八是执行公司经济核算办法，组织经济核算和经济活动分析工作的开展。九是负责项目机关、社管分中心及经费包干部门经费计划，纳入公司总的财务预算，制定包干经费管理办法，并组织实施。十是负责已完工项目的核算。十一是推行会计主管委派制，建立健全监督检查考核奖惩制度，并组织实施。十二是负责公司会计档案管理。十三是负责公司财务会计信息化建设，实现数据共享与安全。

（2）机构管理运行模式

项目法人管理机构的管理运行模式为事业单位管理模式，严格按照国家的有关法规和政策进行运作管理：

①负责筹集建设资金，落实所需外部配套条件，做好各项前期工作。

②按照国家有关规定，审查或审定工程设计、概算、集资计划和用款计划。

③负责组织工程设计、监理、设备采购和施工的招标工作，审定招标方案。要对投标单位的资质进行全面审查，综合评选，择优选择中标单位。

④审定项目年度投资和建设计划。审定项目财务预算、决算；按合同规定审定归还贷款和其他债务的数额，审定利润分配方案。

⑤按国家有关规定，审定项目（法人）机构编制、劳动用工及职工工资福利方案等，自主决定人事聘任。

⑥建立建设情况报告制度，定期向水利建设主管部门报送项目建设情况。

⑦项目投产前，要组织运行管理班子，培训管理人员，做好各项生产准备工作。

⑧项目按批准的设计文件内容建成后，要及时组织验收和办理竣工决算。

### 1.2.2 项目管理模式

#### 1.2.2.1 管理模式分类

(1) DBB(设计-招标-建造模式)

设计-招标-建造模式(Design-Bid-Build)中业主首先委托咨询、设计单位完成项目前期工作,包括施工图纸、招标文件等。在设计单位的协助下通过竞争招标把工程授予价低且最具备资质的承包商,施工阶段业主再委托监理机构对承包商的施工进行管理,也就是说业主要分别与设计机构、承包商和监理机构签订合同,监理机构与承包商并没有合同关系,而是受业主委托对承包商的工作进行监督。这种模式最突出的特点就是按设计、招标、建造的顺序进行,只有上一个阶段结束后下一个阶段才能开始。优点为管理方法成熟,业主可自由选择咨询设计人员与监理单位;可控制设计要求,通过招标来竞争价格对业主有利,可采用标准合同文本。可能存在的问题是设计的可施工性差,监理工程师控制项目目标能力不强,工期太长,不利于工程事故的责任划分,较容易因图纸问题产生争端。

(2) EPC(总承包模式)

总承包模式(Engineering Procurement Construction)是将设计与施工委托给一家公司来完成的项目实施方式,这种方式在招标与订立合同时以总价合同为基础。总承包商对整个项目的总成本负责,它可以自行设计或选择一家设计公司进行技术设计,然后采取招标方式选择分包商,当然它也可以充分利用自己的设计和施工力量完成大部分设计和施工工作。业主委托一位拥有专业知识和管理能力的专家为代表,与总承包商充分沟通并监督其工作。该模式的特点是:风险主要由承包商承担;有利于降低全过程建设费用;容易把纠纷、矛盾降到最小;可保证工程质量,但是业主对工程控制能力较低。

(3) CM(建筑管理模式)

建筑管理模式(Construction Management)中CM经理作为业主的咨询人员和现场代理,为业主提供某一阶段或全过程的服务,CM经理的工作是负责协调设计和施工者及不同承包商之间的关系。该模式的特点是:业主可自行选定工程咨询人员,招标前可确定完整的工作范围和项目原则,会得到完善的管理与技术支持,从而缩短工期,节省投资。CM经理不对进度和成本负责,但发生索赔与变更时产生的费用较大,业主方风险较大。

(4) DM(设计-管理模式)

设计-管理模式(Design-Manage)是指同一家公司向业主提供设计和施工管理服务的工程管理方式,在这种模式中业主只签订一份既包括设计也包括施工管理服务的合同,业主在设计-管理公司完成设计后即进行工程招标,选择总承包商,在项目施工过程中设计-管理公司又作为监理机构对总承包商以及各分承包商的工作进行监督,实施对投资、进度和质量的控制。

(5) PMC(项目管理承包模式)

项目管理承包模式(Project Management Contracting)是目前国际上较新的一种项

目管理模式，选用这种管理承包模式，项目业主会在项目进行初期，选择技术力量和工程管理经验丰富的专业工程公司作为项目的管理承包商，与之签订管理承包合同。管理承包是指管理承包企业按照合同约定，除完成管理服务的全部工作内容外，有时还可以负责完成合同约定的工程初步设计等工作，工程的实际施工由各独立专业承包商承担。这种模式中，管理承包商一方面与业主签订合同，另一方面与施工承包商签订合同，一般情况下，管理承包单位不参与具体工程施工，而是将施工任务分包给施工承包商。业主方的风险在于能否选择一个高水平的项目管理公司。

(6) BOT(建造-运营-移交模式)

建造-运营-移交模式(Build-Operate-Transfer)是指一国财团或投资人为项目的发起人，从一个国家的政府获得某项目基础设施的建设特许权，然后由其独立地联合他方组建项目公司，负责项目地融资、设计、建造和经营。在整个特许期内，项目公司通过项目地经营获得利润，并由此偿还债务。在特许期满之时，整个项目由项目公司无偿或以极少的名义价格移交给政府。这是一种不改变项目所有权性质的投资方式及融资方式，其实质是一种债务和股权相混合的产权。该模式的特点是:政府承担的风险较小，项目公司承担的风险大，建设效率高。承包商如何合理回避风险，业主如何保证承包商的运营收入是问题的关键。

#### 1.2.2.2 管理模式选取

西纳川水库工程采用的管理模式是 DBB 即设计-招标-建造(Design-Bid-Build)模式。主要在勘察设计、监理施工、施工质量检测、主体工程施工、交通工程施工、水土保持治理工程及环境保护工程施工方面进行了公开招标，分别确定了相应负责方。

勘察设计招标阶段。2015 年 9 月 8 日，湟中区(当时为湟中县，2019 年撤县设区，下同)水电开发总公司委托青海禹龙水利水电工程招标技术咨询中心进行西纳川水库工程勘察设计招标。2015 年 9 月 10 日，青海禹龙水利水电工程招标技术咨询中心在中国采购与招标网、青海经济信息网和青海省招标投标网发布青海省湟中区西纳川水库工程设计招标公告。2015 年 10 月 8 日上午 9 时在青海省西宁市城西区西关大街 49 号永和大厦 B 栋 7 层青海省禹龙水利水电工程招标技术咨询中心开标，评标工作在严格保密的条件下进行，评标委员会成员认真研究了招标文件，根据招标文件规定的资格评审方法，严格按照招标文件的要求对各投标文件及相应资质原则进行了认真评审，逐项审查了每一位投标人是否对招标文件提出的实质性要求和条件做出响应。经评标委员会综合评价最终确定青海省水利水电勘测设计研究院为第一中标候选人。

监理施工招标阶段。2015 年 12 月 16 日，湟中区水电开发总公司委托青海禹龙水利水电工程招标技术咨询中心进行西纳川水库工程监理施工招标。2015 年 12 月 17 日，青海禹龙水利水电工程招标技术咨询中心同时在中国采购与招标网、青海经济信息网和青海省招标投标网发布青海省湟中区西纳川水库工程监理招标公告。2016 年 1 月 7 日上午 9 时在青海省西宁市城西区西关大街 49 号永和大厦 B 栋 7 层青海省禹龙水利水电工程招标技术咨询中心开标，在西宁市水利局的现场监督下从青海省综合评标专家库中随机抽取专家 4 人、业主代表 1 人，由这 5 人组成评标委员会。评标采用综合评估法，评标程序包括:评标准备、资格审查、初步评审、详细评审、推荐中标候选人。经评标委员会综合评价并打分后确定青海青水工程监理咨询有限公司为第一中标候选人。

施工质量检测招标阶段。2015 年 12 月 16 日,湟中区水电开发总公司委托青海禹龙水利水电工程招标技术咨询中心进行西纳川水库工程施工质量检测招标。2015 年 12 月 17 日,青海禹龙水利水电工程招标技术咨询中心在中国采购与招标网、青海经济信息网和青海省招标投标网发布青海省湟中区西纳川水库工程施工招标公告。2016 年 1 月 7 日上午 9 时在青海省西宁市城西区西关大街 49 号永和大厦 B 栋 7 层青海省禹龙水利水电工程招标技术咨询中心开标,在西宁市水利局的现场监督下从青海省综合评标专家库中随机抽取专家 4 人、业主代表 1 人,由这 5 人组成评标委员会。经评标委员会综合评价并打分后确定青海省水利水电科技发展有限公司为第一中标候选人。

主体工程施工招标阶段。2015 年 12 月 16 日,湟中区水电开发总公司委托青海禹龙水利水电工程招标技术咨询中心进行西纳川水库工程施工招标。2015 年 12 月 17 日,青海禹龙水利水电工程招标技术咨询中心在中国采购与招标网、青海经济信息网和青海省招标投标网发布青海省湟中区西纳川水库工程施工招标公告。按照青海省湟中区西纳川水库工程施工招标文件的规定,于 2016 年 1 月 18 日 9 时在青海省人民政府行政服务和公共资源交易中心会议室公开开标。2016 年 1 月 18 日上午 8 时 40 分,在西宁市水利局的现场监督下从青海省招投标监督管理局综合评标专家库中随机抽取专家 5 人、业主代表 2 人,由这 7 人组成评标委员会。经评标委员会综合评价并打分后确定宁夏回族自治区水利水电工程局有限公司为主体工程施工第一中标候选人。

交通工程施工招标阶段。2017 年 5 月 25 日,湟中区水电开发总公司委托广州高新工程顾问有限公司代理青海省湟中区西纳川水库交通工程招标工作,本项目招标采用公开招标方式进行。2017 年 5 月 27 日在青海省招投标网、青海经济信息网、中国采购与招标网上发布了招标公告。2017 年 6 月 20 日上午 10 时 30 分,由招标代理人主持,相关监督单位参加,在青海省人民政府行政服务和公共资源交易中心二楼 3 开标室召开了开标会议。开标会上,招标人和各投标单位代表共同检查投标文件密封情况后,按投标文件递交的先后顺序依次开启投标文件,宣读各投标人的投标文件的密封情况、投标单位代表到会情况、投标保证金递交情况等内容并记录,由各投标单位代表签字确认。评标委员会由 5 人组成,其中评标专家 4 人,业主代表 1 人。评标委员会按照招标文件的评标办法,对各投标单位进行形式评审、资格评审、响应性评审及施工组织设计、项目管理机构和报价部分评审,本着"公平、公正、择优、信用"的原则,经过严格细致评审,确定陕西金轩建筑工程有限公司为第一候选中标人。

水土保持治理工程、环境保护工程施工招标阶段。2016 年 11 月 3 日,湟中区水电开发总公司委托青海省禹龙水利水电工程招标技术咨询中心代理西纳川水库水土保持治理工程、环境保护工程施工招标代理工作。2016 年 11 月 4 日同时在青海省经济信息网、中国采购与招标网、青海省招投标网、西宁市公共资源交易网发布了招标公告。2016 年 11 月 29 日 9 时在西宁市公共资源交易中心公开招标。评标工作在西宁市水利工程建设管理中心招投标管理办公室的现场监督下进行,招标评标委员会按照《中华人民共和国招标投标法》及本项目招标文件公开载明的评标标准，确定宁夏回族自治区水利水电工程局有限公司为第一中标候选人。

综上，在西纳川建设管理领导班子的领导下，采用 DBB 建设管理模式不仅提高了工程组织效率，降低了工程建设中的风险，而且极大地减少了工程建设费用，为提高项目经济效益奠定了良好的基础。

## 1.3 项目建设程序

西纳川水库项目严格履行水利基本建设程序，按照批准的工程规模和建设内容组织实施，本书对该项目的项目建议书阶段、可行性研究阶段、施工准备阶段以及建设施工阶段进行重点剖析，主要内容如下。

### 1.3.1 项目建议

#### 1.3.1.1 项目建议书编制

2011 年 3 月，受湟中区水务局的委托，青海省水利水电勘测设计研究院于 2011 年 4 月开始了西纳川水库项目建议书阶段的设计前期工作，其测量、地勘工作由相应部门同期开始，于 2011 年 8—10 月完成测绘及地勘工作，并提交相应成果。2012 年 1 月根据水利部 2006 年 3 月颁发的《水利水电工程项目建议书编制规程》(征求意见稿)编制完成《青海省湟中县西纳川水库工程项目建议书》，并设计完成相应的图纸报青海省水利厅审查。项目建议书主要结论包括以下八项：

(1) 西纳川水库为城乡供水的水源地工程，对发展地区经济和社会稳定，促进城、乡统筹发展，保证水源安全具有十分重要的意义，因此，兴建该工程是必要的。

(2) 工程选址合理，库区和坝址均无影响工程建设的重大地质问题，坝址建库条件较好，当地建材的储量及质量满足要求，具备修建壤土心墙砂砾石坝的条件，不存在较大的技术难题。

(3) 工程为Ⅲ等中型工程，总库容 11 338 000 $m^3$，初选大坝坝型为粉土心墙砂砾石坝，最大坝高 59.25 m，坝顶长度 457 m。

(4) 工程区道路畅通，交通便利，场地开阔，施工布置方便，施工用水、用电容易解决；施工导流为全年围堰挡水隧洞导流，施工工期 3.5 年。

(5) 工程建设征地总面积 1 200.1 亩，其中库区 948.1 亩，工程建设区 252 亩；淹没赔偿主要是林、草地，没有移民安置问题。

(6) 通过对国民经济评价分析，评价指标为：经济内部收益率 8.4%，按 8%社会折现率计算的经济净现值为 2 617 万元，经济效益费用比为 1.05。经济内部收益率大于 8%的社会折现率，项目在经济上可行。

(7) 根据财务分析，工程运行初期年运行费用为 668.8 万元，总成本费用为 1 669.0 万元，2020 年年运行费用为 678.2 万元，总成本费用为 1 678.4 万元。工程财务收入能保证工程正常运行，但不能抵偿总成本，因此工程建设资金建议全部采用国家拨款和地方自筹资金。

(8) 工程总投资 50 009.15 万元，建设资金申请国家投资。国民经济评价满足规范要求，工程财务收入能维持工程基本运行。

#### 1.3.1.2 项目建议书审查与批复

《青海省湟中县西纳川水库工程项目建议书》报审后，于 2012 年 4 月通过青海省水利厅审查。根据青海省水利厅的审查意见进行修改后，于 2013 年 9 月上报水利部黄河水利委员会审核通过，2014 年 6 月 10 日青海省发改委以青发改农经〔2014〕614 号文对该工程的项目建议书进行了批复。

青海省发展和改革委员会原则同意所报湟中区西纳川水库工程项目建议书，明确该工程主要任务为人畜饮水和灌溉。该工程为Ⅲ等中型工程，永久性主要建筑物为 3 级，初拟工程总工期 42 个月，位于湟中区境内湟水河二级支流拉寺木河上，主要由大坝、溢洪洞、导流放水洞等组成。大坝坝型初拟为混凝土面板堆石坝，最大坝高 57.15 m，大坝设计洪水标准为 50 年一遇，校核洪水标准 2 000 年一遇，总库容 1 133.8 万 $m^3$，水库正常蓄水位 2 938.98 m，有效调节库容 1 000 万 $m^3$，多年平均向下游供水 1 940.67 万 $m^3$。工程总投资要求控制在 5 亿元以内，资金来源在可研阶段落实。

另外，批复文件中还提出了三点工作要求：

①深化工程建设与管理体制改革，根据工程统一管理、机构精简高效的要求，按照项目法人责任制等有关规定，提出项目法人组建方案。深入分析各类用水户对水价的承受能力，研究制定合理可行的水价机制，制定切实可行的工程良性运行措施，充分发挥工程效益，增强项目融资能力。

②下阶段，进一步做好项目可行性研究。根据有关规定，做好规划选址、环境影响评价、建设用地预审、节能评估、社会稳定风险评估等工作。根据招投标法及相关规定，提出招标方案。

③考虑投资控制、建设进度等因素，优选坝址，优化工程总体布局，优化施工组织设计，合理确定工期。

### 1.3.2 项目可行性研究

#### 1.3.2.1 项目可行性研究报告编制

2013 年 10 月，青海省水利水电勘测设计研究院组织相关设计人员展开了可行性研究设计工作，再次进行了现场踏勘，对坝址、料场、弃渣场等位置进行明确，并补充完成了相关地质工作，于 2014 年 7 月完成《青海省湟中县西纳川水库工程可行性研究报告》，该可行性研究报告结论主要包括以下 8 项：

(1) 西纳川水库为城、乡供水和灌溉的水源地工程，对发展地区经济和社会稳定，促进城、乡统筹发展，保证水源安全具有十分重要的意义，因此，兴建该工程是必要的。

(2) 工程选址合理，库区和坝址均无影响工程建设的重大地质问题，坝址建库条件较好，当地建材的储量及质量满足要求，具备修建混凝土面板堆石坝的条件，不存在较大的技术难题。

(3) 工程为Ⅲ等中型工程，总库容 1 133.8×$10^4$ $m^3$，推荐大坝坝型为混凝土面板堆石坝，最大坝高 59.25 m，坝顶长度 461 m。

(4) 工程区道路畅通，交通便利，场地开阔，施工布置方便；施工用水、用电容易解决；施工导流为全年围堰挡水隧洞导流，施工工期 3.5 年。

(5) 工程建设征地总面积 1 200.1 亩，其中库区 948.1 亩，工程建设区 252 亩，工程建设区临时用地 230 亩，淹没赔偿主要是林、草地，没有移民安置问题。

(6) 通过对国民经济评价分析，评价指标为：经济内部收益率 8.4%，按 8%社会折现率计算的经济净现值为 2 617 万元，经济效益费用比为 1.05。经济内部收益率大于 8%的社会折现率，项目在经济上可行。

(7) 根据财务分析，工程运行初期年运行费用为 668.8 万元，总成本费用为 1 669.0 万元，2020 年年运行费用为 678.2 万元，总成本费用为 1 678.4 万元，工程财务收入能保证工程正常运行，但不能抵偿总成本，因此工程建设资金建议全部采用国家拨款。

(8) 工程总投资水库 49 656.38 万元，建设资金申请国家投资。国民经济评价满足规范要求，工程财务收入能维持工程基本运行。

#### 1.3.2.2 可行性研究报告审查

2014 年 9 月 17 日，青海省水利厅在西宁主持召开了《青海省湟中县西纳川水库工程可行性研究报告》审查会。西宁市水务局、湟中区政府、湟中区水务局等单位代表和专家参加了会议。会议听取了青海省水利水电勘测设计研究院关于该可研报告的汇报，并进行了认真讨论和审查。会后，编制单位根据会议要求和专家意见对《青海省湟中县西纳川水库工程可行性研究报告》进行了补充、修改。经复审，对工程建设必要性、水文、工程地质、工程任务和规模、工程布置及主要建筑物、机电及金属结构、施工组织设计、水库淹没与工程占地及移民安置、环境影响评价及水土保持方案、工程管理、投资估算、经济评价 12 个方面内容提出主要审查意见，主要结论为西纳川水库工程技术方案基本可行，经济上基本合理，报告主要内容基本达到了本阶段的深度要求，基本同意《青海省湟中县西纳川水库工程可行性研究报告》。

#### 1.3.2.3 可行性研究报告批复

2015 年 9 月 8 日，青海省发展和改革委员会以青发改农经〔2015〕758 号文件对《青海省湟中县西纳川水库工程可行性研究报告》进行了批复。

青海省发展和改革委员会同意建设青海省湟中区西纳川水库工程，确定建设单位为湟中区水电开发总公司，建设地点为湟水河二级支流（西纳川河一级支流）拉寺木河，距拉寺木峡谷出口 8 km。

建设规模及主要建设内容为水库总库容 1 133.8 万 $m^3$，死库容 30 万 $m^3$，兴利库容 1 000 万 $m^3$，防洪库容 103.8 万 $m^3$。

工程主要建筑物由大坝、溢洪洞、导流放水洞等组成，基本坝型为混凝土面板堆石坝，最大坝高 56.82 m，坝顶长度 461 m，大坝设计防洪标准 50 年一遇，校核防洪标准 2 000 年一遇；项目属Ⅲ等中型工程，主要建筑物级别为 3 级，次要建筑物级别为 4 级，临时建筑物级别为5级。

工程总投资49 632万元，其中省级地方水利建设基金、重大水利工程财政专项资金20 000万元，其余投资由湟中区政府银行贷款解决。

建设工期为2015—2018年，工程建成后，可保障上五庄、拦隆口、多巴等三镇及所辖72个行政村共15.87万人、7.1万头(只)大小牲畜的饮水及2.68万亩农田灌溉。

此外，要求重点做好以下5项工作：

(1) 抓紧编制工程初步设计报告，进一步优化设计，不得擅自调整和变更建设任务、建设规模和建设内容。

(2) 切实加强工程建设管理，做好征地补偿、环境保护等工作，严格按照批准的建设内容组织设计和施工，确保按期完成建设任务，保证工程建设质量。

(3) 项目建设单位要积极落实项目建设资金，保证资金及时足额到位，加强资金管理，确保建设资金安全运行，充分发挥效率。

(4) 工程建设严格按照项目法人制、招投标制、工程监理制和合同管理制进行管理。

(5) 要加强区域水资源统一管理、优化配置，落实工程管护责任主体和运行管理维护经费，实现工程建后良性运行。

### 1.3.3 项目施工准备

#### 1.3.3.1 组织工程招标及合同签订

本工程严格按照水利工程建设招投标管理有关规定对设计、施工、监理及质检单位进行公开招标，严格按照有关规定和程序进行了开标、评标，按"公开、公正、公平"的原则，择优选定了中标单位，同时签订了工程承包合同。

2015年12月16日湟中区水电开发总公司委托青海省禹龙水利水电工程招标技术咨询中心对湟中区西纳川水库工程施工进行公开招标，2016年1月18日宁夏回族自治区水利水电工程局有限公司中标，中标价为306 376 220.19元。并于2016年2月16日签订施工合同，合同编号：XNCSK－SG－01；同时签订了廉政合同。

#### 1.3.3.2 落实图纸设计

根据施工总进度安排，及时督促设计单位按时提供了施工技施图。本工程初步设计是在可行性研究报告批复后进行，设计过程中按照可研批复意见，初步对设计阶段深度和要求进行设计，工程规模、建筑物等级及设计标准，总体布局、工程布置及主要建筑物结构型式等均与可研阶段一致，没有产生重大设计变更；设计时按照整体布置在技术方案上按照本阶段要求再论证细化，局部工程进行调整，项目施工时根据实际施工地质条件，进行了一般设计变更，主要有：

(1) 关于"导流放水洞出口工作闸室"进行的结构及位置调整的变更。

(2) 关于"大坝左岸坝坡趾板开挖边坡"补强处理措施的变更。

(3) 关于"坝基防渗墙前帷幕灌浆加一排"的变更。

(4) 关于"坝基局部出现的软弱夹层"的处理变更。

主要的设计变更为以上4项，均由地质问题引起，但尚未发生重大结构及方案调整的变更。

1.3.3.3 项目征地、拆迁

根据湟中区西纳川水库工程的规划设计，湟中区西纳川水库工程淹没总面积1 003.1亩，其中，灌木林420亩，天然牧草地440亩，河滩及水域143.1亩；工程建设区建筑物永久占林地153亩，不涉及耕地、移民房屋及道路等基础设施专项。

西纳川水位建设区位于湟水河二级支流拉寺木河上，兴建河谷地段为高山峡谷区域，建设区无居民居住；水库占地及淹没区域全部为国有土地、林地，不存在移民、拆迁等问题。

1.3.3.4 工程开工报告及批复

西纳川水库工程承包人于2016年8月9日向监理单位提交了合同工程开工申请（承包〔2016〕合开工001号），监理单位于2016年8月9日下开工通知及合同工程开工批复（监理〔2016〕合开工01号）。

1.3.3.5 开工前准备

根据工程特性，提前进行施工总动员，超前做好施工准备工作，明确工期目标、质量目标、安全目标。强化工期及质量、安全意识，强调本工程工期及质量、安全具体要求，充分做好进场准备。一方面，组建项目经理部领导班子和部门机构，确定各部门、施工队负责人，明确各部门及班组的职责和任务。另一方面，做好机械设备和材料工具保养工作，做到设备、材料、工具进场即能正常使用。

(1) 施工技术准备

一是熟悉施工图纸和有关技术材料。及时组织技术和管理人员，认真熟悉图纸和有关设计资料，充分了解设计意图和技术要求，把握工程特点和施工工序，提出施工部署和施工安排初步意见，确定应收集的技术资料、标准和有关规范，做好技术保障工作。

二是编制实施性施工组织设计施工方案及工程项目质量与安全控制预案。在对施工现场进一步详细勘察后，根据设计图纸结合投入施工后的实际力量，对工、料、机等因素统筹安排配置，对施工部署计划和质量安全措施进行科学的安排，编制一份切实可行的、实施性强的施工组织设计方案，并及时提交监理工程师审批。制定整个工程项目的质量、环境、职业健康安全管理目标、指标及质量与安全预控方案，使工程质量、环境、职业健康安全管理有一个良好的开头。

三是技术交底、技术复核。对参与工程施工的管理人员、技术人员和工人进行技术交底，通过技术交底，使全体员工对工程特点、技术要求和施工方案、操作规程、质量、安全、工期目标有全面的了解，做到心中有数，标准明确，责任分明，以便科学地组织施工和合理安排工序。

(2) 现场准备

现场准备工作是保证工程项目按计划顺利进行施工的重要环节。根据本工程的特点，现场变化，必须保证控制网的稳定正确，根据永久性坐标和高程，按照建筑总平面图，进行现场控制网点的测量，并重新设置现场永久性标桩，为施工全过程中的测量作保证条件。以本工程大坝中心线的控制线为基准，并将水准点高程引至水库四周，作为本工程的高程点及位置的控制网络。在施工过程中，为确保施工进度及工程质量，整体施工控制网络上的控制点和水准点，必须做出明显的警示标志，以防止行人和车辆设备损坏。

### 1.3.4 项目建设施工

#### 1.3.4.1 总体施工方案及施工部署

根据设计图纸，本工程工期较紧，施工任务繁重，加上受季节气温影响，工程施工难度较大。整个工程分为四个部分：第一部分 2016 年 8 月 9 日—2018 年 4 月 30 日，主要完成施工准备、导流放水洞、溢洪洞施工；第二部分 2016 年 9 月 1 日—2018 年 7 月 31 日，完成防渗墙、趾板浇筑、大坝基础处理；第三部分 2016 年 9 月 1 日—2019 年 6 月 9 日完成大坝填筑、面板混凝土浇筑及表面止水处理；第四部分 2019 年 5 月 31 日—2019 年 8 月 10 日完成大坝防浪墙、坝顶路面、黏土铺盖及现场整理验收。

#### 1.3.4.2 施工测量

本工程施工测量采用坐标法进行控制，根据业主和设计部门提供的坐标点，施工项目部在沿本标段的项目范围内，根据本工程的地形、地貌情况，科学合理地设置高程和中线控制点，在建筑物附近设置永久性控制点，顺水库坝体、建筑物中线布设四等网状形控制网络。

#### 1.3.4.3 施工导流及排水

西纳川水库总库容 1 133.8 万 $m^3$，本工程属Ⅲ等中型工程，导流围堰级别为 5 级，本工程施工导流标准采用 10 年一遇洪水（$P=10\%$），相应的洪峰流量为 $Q=22.2\ m^3/s$。根据水文、地形条件，对枢纽区施工导流综合分析比较，确定西纳川水库施工导流采用河床一次性枯水期截流、围堰挡水、导流洞全年导流、基坑全年施工的方案。坝体施工期排水主要分为：坝基初期排水、坝基经常性排水及坝面排水。

#### 1.3.4.4 主体建筑物施工

本工程主要建筑物包括挡水建筑物、溢洪洞和放水洞工程，主体建筑物施工过程中主要完成大坝基础开挖、基础处理、坝体填筑、溢洪洞开挖和浇筑、导流放水洞开挖浇筑、金属结构制安装等。

# 第二篇

# 西纳川水库规划与设计

主要内容：本篇是对西纳川水库规划与设计过程的详细阐述。从水库区整体规划、征地移民规划、水土保持规划、环境保护规划四个方面对西纳川水库建设规划进行阐述；阐述工程主要建筑物的布置方案，以三个主要建筑物（挡水建筑物、溢洪洞、放水洞）为分析主体，拟定多个建筑物选型及布置方案，并从多个角度对比分析各方案的优缺点，从而确定工程最终的布置方案；从工程项目的角度出发，阐述西纳川水库中各主要单项工程的设计过程及计算依据，包括挡水建筑物工程设计、溢洪洞工程设计、导流放水洞工程设计及边坡防护；总结西纳川水库的机电与金属结构设计。

# 第二章　西纳川水库区规划

西纳川水库库区的合理规划是项目能够落地执行的重要前提，本章分别从库区整体、征地移民、水土保持以及环境保护四个方面对西纳川水库建设规划进行阐述。首先，分别就库区的区域发展规划、供水范围规划及工程建设规划展开论述；其次，详述工程建设前期的征地移民、水土保持及环境保护的概况和具体实施措施。通过对西纳川水库规划情况进行分析，有利于从设计角度对西纳川水库建设期的工程规划和建成后的工程布局形成整体的认识。

## 2.1　水库区整体规划

### 2.1.1　水库区域规划

(1) 区域发展规划

湟中区“十二五”发展规划中，其经济发展的总体空间布局为“两城一园，三带环绕”，“两城一园”即将鲁沙尔、多巴新城发展为综合经济和文化旅游经济区，将甘河工业园区发展为国家级有色金属加工和化工产业区；“三带”为“城市发展带、城乡统筹发展带、自然生态发展带”。主要规划将河谷谷底和交通要道沿线城市密集地区作为城市发展的主要空间，即城市发展带。在城市和自然生态保护区之间大部分为农村地区，引导该地区城镇与农业的协调发展，保护生态环境，并特别强调对农牧业的培育和保护，即为城乡统筹发展带。在县域外围，环绕湟中区西、南、北三面，为自然保护区，作为湟中区的生态屏障，提高水土保持能力，此为自然生态发展带。

拟建的西纳川水库主要以城乡供水和灌溉为主要任务，其受益区域有上五庄、拦隆口、多巴三镇，其中上五庄、拦隆口镇处在城乡统筹发展带之间，规划未来仍以农业生产及农产品加工为主，并通过逐步完善的水利基础设施，大力发展特色农业。多巴新城规划将来作为湟中区行政中心、西宁市的城市副中心，是重点城市发展区，也是集行政、科研、教育、交通枢纽、商贸物流等服务于一体的后勤中心，规划2020年多巴新城用地规模2 000 $hm^2$，城镇人口6.22万，城区周边村庄农业人口3.17万；规划2030年多巴新城用地规模3 600 $hm^2$，城镇人口30万。主要涉及区域的发展战略规划情况具体见表2-1。

(2) 区域水利工程规划

根据《青海省湟水流域综合治理规划》《青海省东部城市群水利保障规划》中的规划

目标要求，湟水流域将合理安排区内生活、生产和生态用水，区内将进行节水改造和水环境保护，规划2030年前逐步关闭湟水流域现有地下水源，进行河道整治及生态恢复，湟水河将被打造为多巴及西宁地区城市水系景观长廊，因此湟水流域的多巴新城的建设将面临严峻的供水局面，急需建设一个水量保证、水质符合要求的水源工程。水源工程建设要求满足区域内的城乡供水及灌溉用水量，通过工程建设使城乡供水保证率达到95%，农田灌溉用水保证率达到75%。

**表2-1　西纳川水库受益区产业战略规划概况表**

| 涉及区域名称 | 城镇职能 | 产业发展战略 | 主要规划产业 | 规划水平年 | 城镇定位 |
| --- | --- | --- | --- | --- | --- |
| 上五庄镇 | 农牧 | 特色农作物生产示范园二区 | 优质杂交油菜、马铃薯及其种子培育为主 | 2030 | 重点城镇 |
| 拦隆口镇 | | 特色花卉、苗木生产示范园二区 | 产品研发与推广、技术示范与专业技术人员培训 | 2030 | 重点城镇 |
| 多巴新城 | 综合性 | 农业高新技术示范园 | 农村经济发展培训与管理、科技创新、工业化育苗、新品种示范、现代农业新技术展示 | 2030 | 中心城区 |
| | | 农业观光休闲园 | 农事参与、自主采摘、特色餐饮 | | |
| | | 农畜产品加工园 | 油料加工、蔬菜加工、禽畜加工 | | |
| | | 特色农作物生产示范园一区 | 高原冷凉花卉生产及种苗培育 | | |
| | | 综合物流园 | 农业产业园配套原料及产品物流 | | |

### 2.1.2　水库供水规划

目前，西纳川流域和多巴镇地区从沟道河流取水的村庄共有45个，抽取地下水的村庄8个，共涉及人口59 866人，大牲畜10 167头，小牲畜40 836头，存在人饮不安全问题，亟待解决水源问题；同时，截至2020年多巴新城中有近6.22万人生活用水缺乏供水水源，占总城镇人口的90.14%，必须予以解决。

根据区域社会经济和城乡建设发展的用水需求，对区域现状的供水情况进行统计分析，并结合区域发展规划对水库能够控制的供水区域内的用水量及过程进行平衡分析后，确定西纳川水库兴建后主要任务为城乡供水和灌溉。项目建议书与可行性研究经多次论证，确定了工程的任务及供水范围，并经水库调节计算确定了水库规模，已通过水利部黄河水利委员会、青海省水利厅审查。

（1）供水量规划

西纳川水库规划于2015年开工建设，2018年建成，2020年水库年可供水量为1 940.68×$10^4$ $m^3$，其中生态用水量223.75×$10^4$ $m^3$，农村生活用水量277.55×$10^4$ $m^3$，上五庄、拦隆口两镇生活用水量24.32×$10^4$ $m^3$，多巴镇生活用水量392.19×$10^4$ $m^3$，灌溉用水量1 022.87×$10^4$ $m^3$（见图2-1）。总的供水量中由于水库建成而新增供水量为1 448.87×$10^4$ $m^3$，其中新增农村供水量39.48×$10^4$ $m^3$，新增多巴镇供水量386.52×$10^4$ $m^3$，新增灌溉用水量1 022.87×$10^4$ $m^3$。

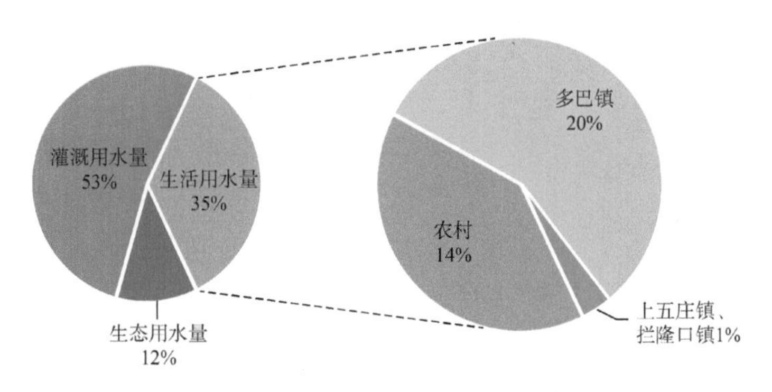


**图 2-1 西纳川水库供水量规划分布图**

(2) 供水范围规划

西纳川水库规划共解决 15.87 万人、70 973 头牲畜的饮水和 2.68 万亩农田灌溉用水问题，其中西纳川流域解决上五庄镇、拦隆口镇的 0.58 万城镇人口和周边 62 个村 7.85 万农村人口、大牲畜 15 415 只、小牲畜 55 558 只的人畜饮水，另有 2.68 万亩农田灌溉用水；解决多巴新城 6.22 万城镇人口及周边 10 村 1.22 万农村口人的饮水。按 8% 自然增长率测算，2020 年西纳川水库建成后区域供水规划控制人口统计如表 2-2 所示。

**表 2-2 2020 年区域供水规划控制人口(牲畜)统计表**

<table>
<tr><th colspan="2" rowspan="2">人口分布地区</th><th colspan="4">供水覆盖人口(牲畜)区</th><th colspan="2" rowspan="2">2020 年各区<br>人口(牲畜)总计</th><th rowspan="2">备注</th></tr>
<tr><th colspan="2">西纳川水库供水</th><th colspan="2">由西宁市第五、六水厂供水</th></tr>
<tr><th colspan="2"></th><th>人口<br>(人)</th><th>大小牲畜<br>(头)</th><th>人口<br>(人)</th><th>大小牲畜<br>(头)</th><th>人口<br>(人)</th><th>大小牲畜<br>(头)</th><th>—</th></tr>
<tr><td colspan="2">上五庄农村</td><td>36 111</td><td>44 068</td><td>0</td><td>0</td><td>36 111</td><td>44 068</td><td>—</td></tr>
<tr><td colspan="2">上五庄镇区</td><td>1 833</td><td>0</td><td>0</td><td>0</td><td>1 833</td><td>0</td><td>—</td></tr>
<tr><td colspan="2">拦隆口农村</td><td>42 377</td><td>26 905</td><td>0</td><td>0</td><td>42 377</td><td>26 905</td><td>—</td></tr>
<tr><td colspan="2">拦隆口镇</td><td>3 961</td><td>0</td><td>0</td><td>0</td><td>3 961</td><td>0</td><td>—</td></tr>
<tr><td colspan="2">多巴镇周边农村</td><td>12 176</td><td>0</td><td>19 534</td><td>0</td><td>31 710</td><td>0</td><td>被转移为城镇人口 32 289 人</td></tr>
<tr><td rowspan="3">多巴新城</td><td>多巴镇</td><td>0</td><td>0</td><td>7 173</td><td>0</td><td rowspan="3">69 462</td><td rowspan="3">0</td><td rowspan="3">—</td></tr>
<tr><td>甘河工业区迁入</td><td>30 000</td><td>0</td><td>0</td><td>0</td></tr>
<tr><td>农村转移人口</td><td>32 289</td><td>0</td><td>0</td><td>0</td></tr>
<tr><td colspan="2">合计</td><td>158 747</td><td>70 973</td><td>26 707</td><td>0</td><td>185 454</td><td>70 973</td><td>—</td></tr>
</table>

注：表格中数据已进行四舍五入处理，下同。

### 2.1.3 水库工程规划

(1) 工程规模

西纳川水库位于西纳川河的支流拉寺木河上，《全国“十二五”大、中型水库建设规划》和《青海省东部城市群水利保障规划》将西纳川水库列为重要水源工程，原规划总库容 1 150×$10^4$ $m^3$。可行性研究阶段确定西纳川水库总库容为 1 133.8×$10^4$ $m^3$，其中死库容 30×$10^4$ $m^3$，兴利库容 1 000×$10^4$ $m^3$，防洪库容 103.8×$10^4$ $m^3$。水库死水位

2 899.00 m,正常蓄水位 2 938.98 m,设计洪水位 2 940.4 m,校核洪水位 2 941.02 m。

(2) 工程等别及标准

西纳川水库总库容为 1 133.8×$10^4$ $m^3$,根据《水利水电工程等级划分及洪水标准》(SL 252—2017)的规定,库容在 0.1×$10^8$～1.0×$10^8$ $m^3$ 之间,属Ⅲ等中型工程,设计洪水标准为50年一遇,校核洪水标准为2 000年一遇,施工导流标准为10年一遇。主要建筑物级别为3级,次要建筑物4级,保护3、4级永久性水工建筑物的临时性水工建筑物级别为5级。故本工程中大坝、导流放水洞、溢洪洞、上坝公路等按3级设计,临时建筑物按5级设计。

根据《中国地震动参数区划图》(GB 18306—2015),该地区地震动峰值加速度为0.10 $g$,地震动加速度反应谱特征周期为0.45 s,相应的基本地震烈度为Ⅶ度,工程建设设防烈度为Ⅶ度。

(3) 坝址选择

可行性研究阶段确定大坝坝址位于拉寺木河中游段,距峡谷出口距离 8 km,拉寺木村上游 2.5 km,此处河谷地形平坦,为敞开的"U"形河谷,河谷宽 250～350 m,河床高程 2 890～2 898 m,现代河床位于右岸,河道宽 5～8 m,发育不对称的Ⅰ、Ⅱ级阶地及河漫滩,两岸地形坡度 28°～35°,河床覆盖层厚 18～22 m,为洪积碎块石土、冲积漂卵石层等。左岸发育冲沟,沟口分布有洪积扇,基本被第四系松散堆积物覆盖,植被发育良好,右岸基岩零星出露,坡脚分布有坡洪积层。该坝址处于现有的上五庄、拦隆口及多巴镇人畜引水口以上,满足供水要求。

(4) 工程总体布置方案

可行性研究阶段根据坝址处实际地形和地质条件,河床布置大坝,右坝肩布置溢洪洞。溢洪洞进口紧邻大坝右端 10 m 处布置,采用开敞的正槽式,进水渠长 26.6 m。左岸布置导流放水洞,导流洞进口布置在坝轴线上 225 m 处,以不影响大坝和上游围堰布置为原则。由于坝下游左岸坡有一冲沟,沟内分布有较厚的洪积层,洞出口布置尽量避开该洪积扇,在坝轴线下游 168 m 处,出口根据地形和地质情况布置有消力池,采用底流消能方式。导流洞后期作为放水洞。水库建成后出口消力池末端设置城乡供水的引水口。具体布置如图 2-2 所示。

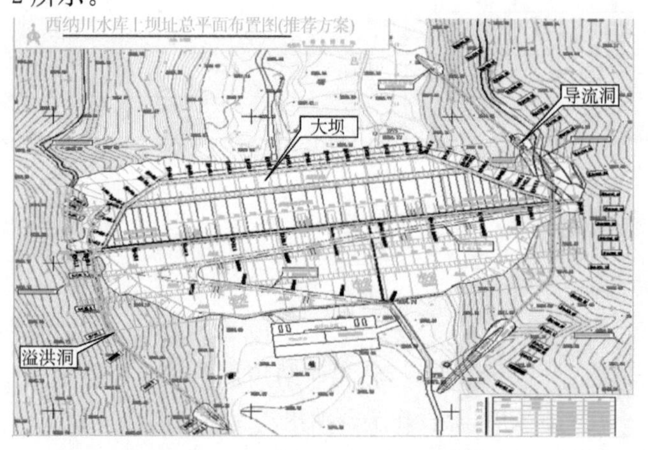


**图 2-2　水库枢纽平面布置示意图**

## 2.2 征地移民规划

### 2.2.1 概述

西纳川水库工程建设征地总面积 1 171.89 亩，其中库区淹没 690.23 亩，工程建设区 226.66 亩，淹没不涉及移民搬迁及专项设施的搬迁、修复等问题。西纳川工程建设征地移民总投资为 2 890.69 万元。工程建设区占地情况如表 2-3 所示。

(1) 工程建设总占地

水库工程建设区征占土地总面积 1 171.89 亩，按占地性质，永久征地面积 916.89 亩，临时占地面积 255.00 亩[见图 2-3(a)]。本工程建设区需要拆除和占用的主要实物为灌木林地、天然牧草地、河滩地，没有占用工矿企业、农民居住房屋及其附着物等，故工程不涉及移民搬迁问题。工程建设过程中的各种施工临时作业面、弃渣、垃圾堆放等将临时占用部分天然牧草地。

表 2-3 工程建设区占地统计表

| 序号 | 名称 | 单位 | 土地类型 | | | | |
|---|---|---|---|---|---|---|---|
| | | | 林地（含灌木林） | 天然牧草地 | 水域滩涂 | 旱地 | 小计 |
| 一 | 永久占地 | | | | | | |
| 1 | 库区淹没 | 亩 | 379.67 | 306.34 | 4.22 | 0.00 | 690.23 |
| 2 | 拦河大坝 | 亩 | 57.04 | 74.32 | 0.90 | 0.00 | 132.26 |
| 3 | 放水洞 | 亩 | 3.00 | 5.00 | 0.00 | 0.00 | 8.00 |
| 4 | 溢洪道 | 亩 | 5.50 | 6.50 | 0.00 | 0.00 | 12.00 |
| 5 | 坝后生活管理区 | 亩 | 0.00 | 2.40 | 0.00 | 0.00 | 2.40 |
| 6 | 枢纽区交通 | 亩 | 0.00 | 0.00 | 6.00 | 0.00 | 6.00 |
| 7 | 新建库区森林消防道路 | 亩 | 66.00 | 0.00 | 0.00 | 0.00 | 66.00 |
| | 合计 | 亩 | 511.21 | 394.56 | 11.12 | 0.00 | 916.89 |
| 二 | 临时占地 | | | | | | |
| 1 | 粉土料场 | 亩 | 0.00 | 0.00 | 0.00 | 25.00 | 25.00 |
| 2 | 混凝土骨料场 | 亩 | 30.00 | 0.00 | 0.00 | 0.00 | 30.00 |
| 3 | 上游堆石料场 | 亩 | 30.00 | 0.00 | 0.00 | 0.00 | 30.00 |
| 4 | 骨料加工施工区 | 亩 | 0.00 | 10.00 | 0.00 | 0.00 | 10.00 |
| 5 | 临时生活区、加工厂、弃渣场等设施 | 亩 | 80.00 | 10.00 | 0.00 | 0.00 | 90.00 |
| 6 | 临时交通道路 | 亩 | 0.00 | 5.00 | 30.00 | 25.00 | 60.00 |
| 7 | 其他占地 | 亩 | 0.00 | 10.00 | 0.00 | 0.00 | 10.00 |
| | 合计 | 亩 | 140.00 | 35.00 | 30.00 | 50.00 | 255.00 |
| 三 | 总计 | 亩 | 651.21 | 429.56 | 41.12 | 50.00 | 1 171.89 |

(2) 库区淹没占地

水库淹没土地均属于湟中区位于上五庄镇境内的拉寺木国有林场，淹没土地面积690.23 亩，其中林地(包含灌木林)379.67 亩，天然牧草地 306.34 亩，水域滩涂 4.22 亩[见图 2-3(b)]。

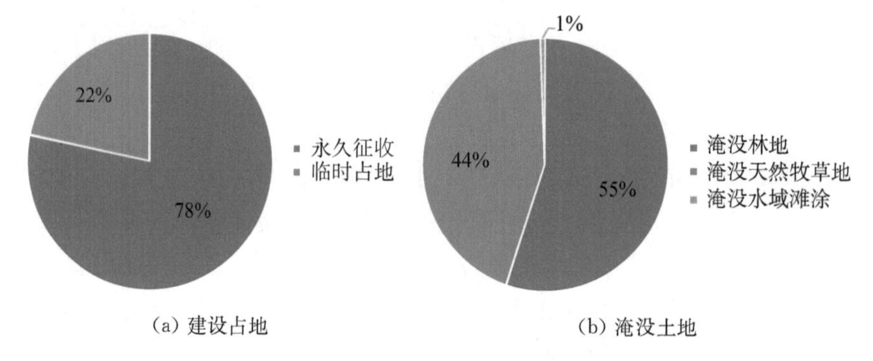


(a) 建设占地　　(b) 淹没土地

**图 2-3　工程建设征地分布图**

## 2.2.2　建设征地及影响范围

(1) 建设征地范围界定原则

①在满足工程建设和安全运行的前提下，合理布局，做好工程建设用地规划；

②节约用地，少占耕地，尽量少占基本农田；

③安全用地，尽量减小工程对周边区域的影响，避让有地质灾害的地区。

(2) 水库淹没对象设计洪水标准

西纳川水库工程主要由枢纽工程组成，建设征地处理范围主要包括水库淹没影响区、枢纽工程建设区。西纳川水库修建后产生的淹没处理范围依据《水电工程建设征地移民安置综合设计规范》(NB/T 10484—2021)执行。考虑库区水文、泥沙特性和水库运行方式以及水库周边不同淹没对象的重要性，拟定水库淹没对象设计洪水标准。

水库库区林地、草地的淹没按正常蓄水位计算，牧草地淹没设计标准为 5 年一遇($P$=20%)。水库不同淹没对象设计洪水标准如表 2-4 所示。

**表 2-4　不同淹没对象设计洪水标准表**

| 淹没对象 | 洪水设计标准(%) | 重现期(年) | 备注 |
| --- | --- | --- | --- |
| 耕地 | 20 | 5 | 水库区无耕地 |
| 林地 | 正常蓄水位 | — | — |
| 草地 | 正常蓄水位 | — | — |

(3) 水库淹没处理范围

水库库区淹没处理范围包括水库淹没区和因水库蓄水而引起各种影响的区域。水库淹没区包括经常淹没区和临时淹没区。西纳川水库经常淹没区为水库正常蓄水位 2 939 m 以下区域，临时淹没区为正常蓄水位以上受水库洪水回水、风浪等作用影响的区域。

①淹没区

根据西纳川水库实测地形图，以坝址处位置为回水起算断面，依据伯努利方程，采用“水利水电程序集——天然河道水面线计算程序包”从下游向上游推算，并依据《水电工程建设征地移民安置规划设计规范》(DL/T 5064—2007)规定，多年平均流量水面线与回水水面线在0.3 m范围内即为尖灭点，本次水库正常蓄水位2 939 m时的回水长度与天然水面线在1.62 km时尖灭，取尖灭点水位水平延伸至天然河道多年平均流量水面线相交处确定。由于本水库区域内淹没对象主要涉及林地、草地，不涉及耕地、工矿企业以及人口的搬迁，故不考虑因淹没对象标准的不同而增加的临时淹没范围，所以西纳川水库库区淹没处理范围包括正常蓄水位以下的淹没区和因水库蓄水而引起的浸没、坍岸、滑坡和其他受水库蓄水影响的区域。回水计算成果见表2-5。

**表2-5 西纳川水库回水计算成果表**

| 名称 | | 正常蓄水位(2 939 m) | | | | |
|---|---|---|---|---|---|---|
| 编号 | 桩号 | 原河底高程(m) | 淤积高程(m) | 建坝前(m) | 建坝后(m) | 断面流量($m^3/s$) |
| 1 | 0+00(坝址) | 2 886.00 | 2 895.51 | 2 890.62 | 2 938.98 | 0.71 |
| 2 | 0+119.26 | 2 889.40 | 2 895.95 | 2 891.57 | 2 938.98 | 0.71 |
| 3 | 0+189.61 | 2 893.00 | 2 897.43 | 2 894.10 | 2 938.99 | 0.71 |
| 4 | 0+288.58 | 2 895.00 | 2 897.37 | 2 897.04 | 2 938.99 | 0.71 |
| 5 | 0+403.51 | 2 899.00 | 2 899.92 | 2 902.01 | 2 938.99 | 0.71 |
| 6 | 0+513.33 | 2 903.80 | 2 904.14 | 2 907.94 | 2 938.99 | 0.71 |
| 7 | 0+620.89 | 2 908.20 | 2 908.20 | 2 911.17 | 2 938.99 | 0.71 |
| 8 | 0+763.01 | 2 912.70 | 2 912.70 | 2 915.15 | 2 939.00 | 0.71 |
| 9 | 0+876.41 | 2 917.80 | 2 917.80 | 2 918.17 | 2 939.00 | 0.71 |
| 10 | 0+976.43 | 2 918.50 | 2 918.50 | 2 920.07 | 2 939.00 | 0.71 |
| 11 | 0+1076.18 | 2 922.95 | 2 922.95 | 2 925.88 | 2 939.01 | 0.71 |
| 12 | 0+1191.45 | 2 924.83 | 2 924.83 | 2 927.58 | 2 939.01 | 0.71 |
| 13 | 0+1281.35 | 2 930.00 | 2 930.00 | 2 931.46 | 2 939.02 | 0.71 |
| 14 | 0+1389.87 | 2 932.00 | 2 932.00 | 2 933.74 | 2 939.02 | 0.71 |
| 15 | 0+1494.49 | 2 936.21 | 2 936.21 | 2 936.34 | 2 939.06 | 0.71 |
| 16 | 0+1623.14 | 2 940.03 | 2 940.03 | 2 938.97 | 2 939.13 | 0.71 |

②水库影响区

水库影响区按其危害性及影响对象的重要性划分为优先处理区和影响待观区，包括库岸滑坡、坍岸浸没等影响区域，按正常蓄水位和库周工程地质水文地质条件，考虑水库蓄水过程和运行的水位变化，分析观测正常蓄水位以上滑坡、坍岸、浸没的影响界限进行确定；其他影响区包括水库蓄水后，失去基本生产和生活条件而必须采取处理措施的库周等区域。根据西纳川水库库区工程地质评价，库岸边坡稳定性较好。建库河段两岸基岩裸露，库岸主要由基岩组成，岩体较完整，不存在库岸坍塌和浸没的问题。

(4) 枢纽工程建设区

枢纽工程建设区分永久征地和临时用地范围。工程建设永久使用的土地以及虽属临时使用但不能恢复原用途的土地划归永久占地范围,西纳川水库工程永久占地主要包括水工枢纽永久建筑物、场内永久公路、业主营地等。工程建设临时使用,且可以恢复原用途的土地划归临时用地范围,西纳川水库工程施工总布置临时用地主要包括各施工生产区、仓库、承包商生活营地及施工期所有临时公路占地。在满足施工总体布置需要的前提下,本着节约用地、尽量少占耕地、减小移民安置难度的原则,考虑环保水保的要求,合理确定工程建设征地区范围。建设永久征地范围根据水工布置,按各建筑物开挖轮廓线外延 20～30 m 确定枢纽工程建设区永久征地范围红线。根据枢纽工程总体布置及施工总体设计方案,施工临时用地在水库淹没区和枢纽工程永久占地范围内。

①枢纽工程建设重叠区

枢纽工程建设区与水库淹没区交叉重叠部分为坝轴线上游水库淹没线以下因枢纽工程建设需要而提前征用的土地范围,主要有坝轴线上游的大坝部分、导流放水洞及溢洪洞进口段占地。根据《水电工程建设征地移民安置规划设计规范》(DL/T 5064—2007)规定水库淹没区与枢纽工程建设区交叉重叠部分列入枢纽工程建设区,并按永久占地处理。

枢纽工程建设区与水库淹没区交叉重叠部分范围:坝轴线、右坝肩、导流放水洞进口、坝脚线、溢洪洞进口、水库淹没线及左坝肩形成的封闭的征地线,共占地 55 亩。

②枢纽工程建设非重叠区

根据工程总布置,枢纽工程建设非重叠区包括:坝轴线下游的大坝部分、导流放水洞出口、溢洪洞下游、水库永久管理所和库区道路等,占地 453.32 亩。

### 2.2.3 恢复改建及后期扶持

(1) 专业项目恢复改建规划

根据《水电工程建设征地移民安置规划设计规范》(DL/T 5064—2007),专业项目复改建规划,应按原规模、原标准(等级)、恢复原功能的原则,选定经济合理的复建方案。不需要恢复的,应根据水库淹没影响的具体情况给予合理补偿。

①处理原则

根据功能分析,需要复建的项目,应按原规模、原标准或者恢复原功能的原则,提出经济合理的复建规划,复建所需投资列入水库淹没处理补偿投资;凡结合复建需要提高标准、扩大规模所增加的投资,由有关单位自行解决;对已失去原有功能不需要复建或难以复建的项目,经主管部门同意后,根据淹没影响的具体情况,给予合理补偿。

②处理规划

本工程水库淹没及工程建设区不涉及工矿企业、交通运输、输变电工程、电信工程、广播电视工程、管道工程、水利水电工程以及其他专项设施,仅涉及湟中区拉寺木林场区域。据湟中区林业局《关于湟中区西纳川水库工程库区林地淹没处理规划的复函》(湟林字〔2013〕68 号)，按国家规定进行补偿处理，并缴纳森林植被恢复费用。

根据林业部门提出的植被恢复方案，西纳川水库区域内植被不易生长或生长缓慢，为了最大限度保护当地有限植被资源，对库区淹没范围内可移植的树木、灌木等尽量移植。移植区主要选择在下游公路一侧及下游河道两岸的河滩地内，移植区高程高于主河道高程，不会对下游河道的行洪产生影响。通过移植，使水库下游形成防护林带，既起到了防风固沙的作用，又美化了河道两岸的环境。移植区详见图 2-4 所示区域，其中库区淹没林地 379.671 亩，库区森林消防道路占林地 66 亩，大坝占林地 57.04 亩，溢洪洞占林地 5.5 亩，放水洞占林地 3 亩，下游移植规划区域占地共 651.211 亩，其移植规划俱由林业部门设计。

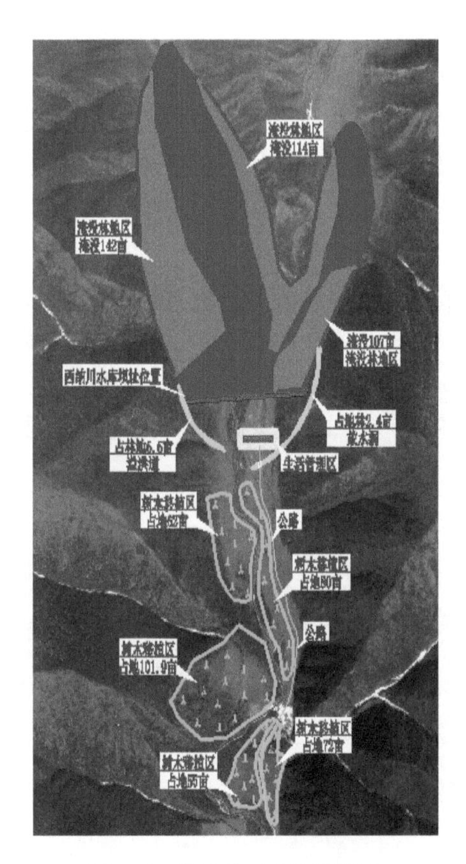


图 2-4　林地移植规划区图示

(2) 后期扶持政策

根据《国务院关于完善大中型水库移民后期扶持政策的意见》(国发〔2006〕17 号)，为帮助水库移民脱贫致富，促进库区和移民安置区经济社会发展，保障新时期水利水电事业健康发展，构建社会主义和谐社会，提出完善大中型水库移民后期扶持政策如下：

①扶持范围。后期扶持范围为大中型水库的农村移民。

②扶持标准。对纳入扶持范围的移民每人每年补助 600 元。

③扶持期限。对 2006 年 6 月 30 日前搬迁的纳入扶持范围的移民，自 2006 年 7 月

1 日起再扶持 20 年；对 2006 年 7 月 1 日以后搬迁的纳入扶持范围的移民，从其完成搬迁之日起扶持 20 年。

④扶持方式。后期扶持资金能够直接发放给移民个人的应尽量发放到移民个人，用于移民生产生活补助；也可以实行项目扶持，用于解决移民村群众生产生活中存在的突出问题；还可以采取两者结合的方式。通过实行开发性移民方针，采取前期补偿补助与后期扶持相结合的办法，使移民安置后生活达到或者超过原有水平。

## 2.3 水土保持规划

### 2.3.1 概述

(1) 水库水土保持原状

根据我国水土流失类型划分，结合工程区地理位置、水土流失特点及成因，工程区属西北黄土高原水力侵蚀水土流失类型区，由于强降雨引起的面蚀、细沟侵蚀、沟蚀等类型的水力侵蚀较明显，水土流失以水力侵蚀为主。工程区属甘青宁黄土丘陵国家级水土流失重点治理区。

根据全国第二次土壤侵蚀动态遥感调查统计，湟中区水土流失总面积 2 420.33 $km^2$，微度侵蚀面积 1 351.35 $km^2$，占总流失面积的 55.83%；轻度侵蚀面积 301.14 $km^2$，占比 12.44%；中度侵蚀面积 126.44 $km^2$，占比 5.22%；强烈侵蚀面积 57.53 $km^2$，占比 2.38%；极强烈侵蚀面积 572.6 $km^2$，占比 23.66%(如图 2-5 所示)。

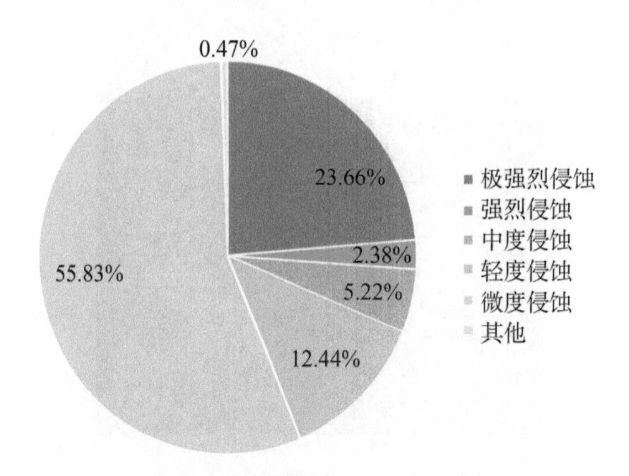


**图 2-5 湟中区水土流失类型分布图**

根据项目区水土流失现状调查分析，项目所在地以水力侵蚀为主导，流失强度以微度侵蚀为主。根据《土壤侵蚀分类分级标准》(SL 190—2007)和青海省侵蚀模数等值线图，结合项目区地形、地貌、坡度及地面组成物质，确定项目所在地区以水力侵蚀为主导，水力侵蚀的侵蚀模数在 800～1 000 t/($km^2$ · a)，项目区水力侵蚀容许土壤流失量为 1 000 t/($km^2$ · a)。

近年来，湟中区采取了水土保持生态修复、小流域综合治理等措施，注重开发建设项目水土流失防治，并加强水土保持、生态环境等方面知识和政策的宣传教育，为全区水土流失综合治理打下良好基础。根据湟中区水土保持工作站统计，截至2013年底，全区已治理水土流失面积355.8 km²，治理程度为33.6%，其中梯田27 904.7 hm²，水保造林3 831.8 hm²，种草227.3 hm²，封禁治理3 615.9 hm²，已建淤地坝93座(其中：骨干坝24座，中型淤地坝24座，小型淤地坝45座)，谷坊169座。

(2) 防治责任范围

水土流失防治责任范围是进行水土流失防治措施设计的基础，是落实“谁开发、谁保护，谁造成的水土流失、谁负责治理”的水土保持原则的重要依据。根据《中华人民共和国水土保持法》、《水利水电工程水土保持技术规范》(SL 575—2012)及《水利工程各设计阶段水土保持技术文件编制指导意见》的规定，水土流失防治责任范围包括项目建设区和直接影响区。

项目建设区指业主管辖的永久占地、临时占地、租赁土地等建设占地面积，其范围根据征地红线范围确定，需由业主对其区域内的水土流失进行预防或治理。直接影响区指开发建设活动征占地界外，可能产生水土流失影响的区域，该区域为由项目建设所诱发、可能加剧水土流失的范围，其范围根据征地线及地形条件确定，如若加剧水土流失，应由建设单位进行防治。

水土保持方案防治责任范围为112.45 hm²，其中项目建设区面积为97.00 hm²，直接影响区面积为15.45 m²。根据主体初设报告占地面积计算得本工程初设阶段防治责任范围为92.97 hm²，其中项目建设区面积为78.13 hm²，直接影响区面积为14.85 hm²。防治责任范围初设阶段比水土保持方案减少了19.48 hm²，具体见表2-6。可以看出，本工程水土流失防治范围主要变化部位为水库淹没区，防治责任范围减少了21.56 hm²，其中主要变化的区域为管理区减少了0.11 hm²，交通道路区减少了3.27 hm²，水库淹没区减少了21.56 hm²。由于各个区域的防治责任范围发生了变化，故相应的防治责任范围也跟着发生了变化。

**表2-6 工程水土流失防治责任范围复核分析表**

单位：hm²

| 防治分区 | 可研阶段 | | | 初设阶段 | | | 防治责任范围初设增(+)、减(-) |
|---|---|---|---|---|---|---|---|
| | 建设区 | 直接影响区 | 防治责任范围 | 建设区 | 直接影响区 | 防治责任范围 | |
| 主体工程区 | 8.47 | 0.86 | 9.33 | 10.15 | 0.92 | 11.07 | 1.74 |
| 管理区 | 0.27 | 0.02 | 0.28 | 0.16 | 0.01 | 0.17 | -0.11 |
| 交通道路区 | 12.07 | 10.32 | 22.39 | 8.80 | 10.32 | 19.12 | -3.27 |
| 料场区 | 5.00 | 0.07 | 5.07 | 5.67 | 0.07 | 5.74 | 0.67 |
| 弃渣场区 | 3.00 | 0.05 | 3.05 | 3.00 | 0.05 | 3.05 | 0.00 |
| 施工区 | 1.33 | 0.05 | 1.38 | 4.33 | 0.08 | 4.41 | 3.03 |
| 水库淹没区 | 66.87 | 4.09 | 70.96 | 46.02 | 3.39 | 49.41 | -21.56 |
| 合计 | 97.01 | 15.45 | 112.46 | 78.13 | 14.84 | 92.97 | -19.48 |

(3) 防治分区

本项目防治分区依据主体工程组成、施工工艺和新增水土流失类型进行，水土流失防治分区可分为：主体工程防治区、交通道路防治区、弃渣场防治区、料场防治区、施工防治区、管理防治区六个防治分区。

### 2.3.2 水土流失防治措施体系

（1）水土流失防治措施布设原则

①坚持“预防为主、全面规划、综合防治、因地制宜、加强管理、注重效益”的水土保持原则。

②以水土流失预测结果及水土流失防治分区为基础，结合工程建设过程、建设时序，适时适地布置防治措施，所布置的措施必须具备科学性、经济性和可操作性。

③充分考虑“非工程措施”即管理措施在开发建设项目中控制水土流失的作用，在本项目建设和运行过程中，始终将临时防护措施放在十分重要的位置。

④在措施选择上，要充分利用主体工程已有的具有水土保持功能的措施，避免措施布设重复与投资浪费。

⑤绿化措施要严格遵守因地制宜的原则，优先选用乡土树种、草种，其次考虑绿化、美化作用，将水土保持治理工程与自然生态的自我修复功能统筹考虑。

⑥根据工程的实际情况，遵循全面治理和重点治理相结合、防治与监督相结合的设计思路，合理布置各项防治措施，建立选型正确、结构合理、功能齐全、效果显著的水土保持综合防治体系，尽量减少扰动面积。

⑦坚持环境效益和社会效益为主，注重提高经济效益。根据项目区自然条件和项目建设的特点，把控制水土流失、保持原有生态环境放在首位，水保治理措施要符合技术规范要求，砂石、水泥等建筑材料应尽量就地取材，以便节约投资。

（2）水土流失防治措施布设体系和总体布局

在对主体工程设计分析评价的基础上，提出需要补充、完善和细化的防治措施内容，结合界定的水土保持工程，提出水土流失防治体系和总体布局，在分区布设防护措施时，既要注重各分区的水土流失特点以及相应的防护措施、防治重点和要求，又要注重各防治分区的关联性、系统性和总体布局。

工程弃渣前，先根据占地类型，剥离表层腐殖质土，然后根据“先拦后弃”的原则，做好弃渣场的拦挡工程，沟道和坡面弃渣场需在渣缘线周边修筑截水工程，以防止弃渣大量流失。

根据工程施工占地，严格控制用地数量，对弃渣场、料场、施工道路、施工生产生活区等临时占地，施工完毕后，根据立地条件类型给予植被恢复，因地制宜布设植物措施。项目区大部分位于高山峡谷，自然条件较好，植被恢复措施应以灌木林草为主。

①主体工程防治区

主体工程防治区包括大坝、导流放水洞、溢洪洞等，该区的主体工程已经考虑大坝坝肩与导流放水洞进出口开挖边坡 C20 钢筋混凝土喷护、溢洪洞开挖边坡护坡等比较完善的工程措施，这些措施具有水土保持功能。同时主体工程设置了坝顶排水沟，具有水土保持功能，纳入水土保持投资中。方案要求施工过程中严格控制施工作业范围，严禁对征地范围外的土地造成扰动。土石方及时运至指定的渣场，禁止在开挖和运输渣料时乱堆乱放。施工结束后及时清理本区零星渣料。控制开挖边坡，导流工程、挡水坝等主要建筑物在主体工程设计中结合地质条件控制边坡坡度，采取的削坡、锚杆和截排水沟等防护措施及时实施，保证防护的时效性。

②交通道路防治区

本工程道路分永久进场道路和临时施工道路两种。主体工程在永久进场道路、临时施工道路路面均设置梯形断面边沟，边沟底宽 40 cm、高 40 cm；当有较大的山坡地面水流流向路基时，在离路堑坡顶 5 m 以外设置梯形断面截水沟，底宽 50 cm、高 60 cm，起到水土保持作用。方案新增道路两侧栽植白桦、祁连圆柏各 10 000 株，路基边坡撒播早熟禾、黑麦草 2.42 $hm^2$。为防止雨水汇集冲刷临时路面，在临时道路开挖边坡上方和路基设置临时排水沟，施工结束后恢复植被 4.00 $hm^2$。

③料场防治区

本工程共选定砂砾石料场 2 个、防渗土料场 1 个、块石料场 2 个，混凝土骨料场 1 处，其中砂砾石料场和块石料场均位于水库淹没区，开采前在块石料场沿开采外边界设置排水沟 383 m，砂砾石料场剥离的无用层采取草袋围堰拦挡 580 $m^3$，临时排水沟 174 m。在施工结束后，对砂砾石料场开挖的 4.30 万 $m^2$ 无用层回填采坑，顶部压实处理，压实量 8 010 $m^3$。防渗土料场剥离的覆盖层采取草袋围堰拦挡 516 $m^3$，开采结束后复耕 1.67 $hm^2$。为防止料场开挖、爆破导致碎土、石滚落到料场下游，影响施工道路安全，混凝土骨料布设铅丝石笼挡墙 400 m 控制落石影响范围。

④弃渣场防治区

根据“先拦后弃”的弃渣原则，弃渣场防治区水土流失防治措施包括：弃渣前的表土剥离堆放及临时防护、拦挡措施以及弃渣完成后顶部的土地整治、植被恢复。

⑤施工防治区

施工区主要包括施工变电所、综合加工厂、施工机械停放及修配场、金属结构加工组装厂、综合物资仓库等施工辅助企业以及生活营地等。为避免该区用水恣意横流引发水土流失，在场地外围和场地内水流集中处设置接排水沟，总长度为 462 m。施工结束后，及时拆除场地内不再使用的施工设施，进行土地平整，清除建筑垃圾，撒播草籽，绿化面积 1.33 $hm^2$。

⑥管理防治区

管理区是技术人员和工作人员的生产生活场所，在防止水土流失、改善生态环境的前提下，结合管理服务区房屋、道路等建设设施，种植观赏树种、铺植草皮，进行园林绿化，美化生态环境。施工结束、建筑物拆除后对土地进行平整和绿化、美化，面积共 0.08 $hm^2$。

### 2.3.3　水土保持监测及管理

(1) 监测范围及监测单元划分

水土保持监测范围为工程建设生产可能造成水土保持设施损坏及产生水土流失的区域，即水土流失防治责任范围，包括项目建设区与直接影响区。

水土保持监测分区是根据水土流失的类型、成因以及影响水土流失发生的主导因素的相似性，对整个水土保持监测范围进行划分。分区是为了对不同区域确定合理的水土保持监测指标和有针对性的监测方法，是水土流失监测及其防治效果预测的基础。根据工程建设布局、可能造成的水土流失及水土流失防治责任，将工程水土保持监测分区划分为：主体工程监测区、交通道路监测区、施工生产生活监测区、弃渣场防治区和料场监测区。

(2) 监测时段

根据主体工程建设进度和水土保持措施实施进度安排，为保证监测的实时、快速、准确，水土保持监测应与主体工程建设同步进行，从而能及时了解和掌握工程建设中的水土流失状况。根据《水利水电工程水土保持技术规范》(SL 575—2012)和《水土保持监测技术规程》(SL 277—2002)，建设类项目监测时段为施工准备期开始至设计水平年结束，共计 4 年。

施工准备期前在收集项目区的地形地貌、土壤、植被、水文、气象、土地利用现状、水土流失状况等资料的基础上，分析项目建设前项目区的水土流失背景状况，进行本底值监测。

(3) 监测内容

依据《水土保持生态环境监测网络管理办法》(2000 年 1 月 31 日水利部令第 12 号发布)及《水土保持监测技术规程》(SL 277—2002)的规定，结合本项工程的实际情况确定监测内容。

①水土流失影响因子监测

影响土壤侵蚀的自然因子包括地形、地貌、土壤性质、植被、降水等，人为因素主要是工程建设对这些因子的影响。水土流失影响因子监测主要包括对各月平均降雨量、月最大降雨量、月平均风速、月最大风速、起风沙日数等数据的收集。

②水土保持生态环境变化监测

对项目区地形、地貌和水系变化情况，项目建设占地面积和扰动地表面积，挖填方数量和占地面积，临时堆土的数量、堆放时间、形态和占地面积，项目区林草覆盖率等进行监测。

③项目区水土流失动态状况监测

主要包括工程建设过程中和自然恢复期的水土流失面积、分布、流失量和水土流失强度变化情况，以及对下游和周边地区生态环境的影响、造成的危害及其趋势等。

④项目区水土流失防治措施效果监测

主要包括水土流失防治措施的数量和质量；林草措施成活率、保存率、生长情况及覆盖度；防护工程的稳定性、完好程度和运行情况。通过监测，确定水土保持措施防治面积、防治责任范围内可绿化面积、已采取的植物措施面积等。

⑤重大水土流失事件监测

项目监测期间若发生重大水土流失事件，应进行重大水土流失事件对本项目及周边环境造成影响和危害的监测。

⑥围绕水土流失六项防治目标进行监测

为了给项目验收提供直接的数据支持和依据，监测结果应计算出工程的扰动土地治理率、水土流失总治理度、土壤流失控制比、拦渣率、植被恢复率和植被覆盖率 6 项防治目标的达到值。

(4) 监测点布置

根据水土流失预测结果和工程实际情况，本工程施工过程中的工程挖填及弃土弃渣是造成本项目水土流失的主要因素，因此建设期水土保持重点监测地段为主体工程区、道路区、料场、弃渣场及库岸区；自然恢复期水土保持重点监测地段为弃渣场、料场等区域。在可能造成严重水土流失的施工区域，选择布设水土保持监测点，进行定点、定位观测。

①主体工程区：在建筑物开挖区边坡设置 2 个监测点。

②道路区：在施工道路中间段的路堤边坡两侧设置 2 个监测点。

③弃渣场：在弃渣场固定边坡两侧设置 2 个监测点。

④料场防治区：在土质开挖边坡两侧设置 2 个监测点。

(5) 监测方法

根据水利部行业标准《水土保持监测技术规程》(SL 277—2002)，结合本项工程的实际情况确定监测方法。监测方法力求经济、适用和具有可操作性。本方案水土保持监测方法采用调查监测与定点观测相结合的方法。在监测点根据监测内容要求，布设简易监测小区域，进行定时观测和采样分析，获取监测数据，同时在监测点周边选择对比小区域进行平行观察，并与同类型区平均水土流失量进行对比，来验证水土保持措施布局及设计的合理性。

①调查监测

对项目区地形、地貌、植被的变化情况、工程占用土地面积、扰动地表面积、工程挖填方数量，弃渣数量及堆放面积等项目的监测采用普查法，并结合设计资料分析的方法进行；对项目区及周边地区可能造成的水土流失危害的评价采用普查法结合访问法进行；对防治措施的数量和质量，林草成活率、保存率、生长情况及覆盖度，防护工程的稳定性、完好程度和运行情况及各项防治措施的拦渣保土效果等项目的监测采用样方调查结合巡视量测、计算的方法进行。

对于植被状况监测，在水保方案实施前和实施期末各观测一次。主要监测指标包括植物种类、植被类型、林草生长量、林草植被覆盖度、郁闭度(乔木)、林下枯枝落叶层等。采用样方进行调查时，样方投影面积大小设置为：乔木林样方为标准行，灌木林样方为标准行，草地样方 1 m×1 m，每一样方重复 2～3 次。

对于防护措施的效果及稳定性监测，采取巡视和观察法，并结合定点测量法。按《水土保持综合治理效益计算方法》(GB/T 15774—2008)规定进行测算，扰动土地面积及治理情况、减少水土流失量、水土流失面积治理情况、拦渣率、林草措施的覆盖度等效果通过调查监测法进行。

②定点监测

对水土流失量变化及水土流失程度主要采用定点监测的方法。本工程主要是水蚀量监测，对水蚀量的监测采用简易坡面量测法和沟槽法。

简易坡面量测法(侵蚀钢钎监测法)具体内容为：在汛期前将直径 0.6 cm、长 20～50 cm 的类似钉子形状的钢钎，根据面积，按一定距离分上中下、左中右纵横各 3 排布设，共设

9 根。钢钎应沿铅垂方向打入地面，钉面与地面齐平，并在钉帽上涂上红漆。每次大暴雨之后和汛期终了，观测钉帽距地面高度，计算土壤侵蚀厚度和总的土壤侵蚀量。计算公式为 $A=ZS/1\,000\cos\theta$，式中 $A$ 为土壤侵蚀量，$Z$ 为侵蚀厚度，$S$ 为水平投影面积，$\theta$ 为斜坡坡度值。以上各个功能区水蚀监测值要结合自记雨量计、蒸发器和坡度仪的观测值。

沟槽法(侵蚀沟样方量测法)：对重点监测区边坡水蚀采用沟槽法量测坡面流失量。量测坡面形成初期的坡度、坡长、地面组成物质、容重等，每次降雨或多次降雨后量测侵蚀沟的体积。具体是在监测重点地段对一定面积内(实测样方面积根据具体情况确定，一般为 100 $m^2$)的侵蚀沟数量、深度、宽度、长度进行量算，同时测量坡面的面蚀，通过边坡沟蚀结合面蚀，确定边坡的土壤水蚀量。

(6) 监测频次

①调查监测频次：在施工期的中间及结束后各进行 1 次全面的调查监测，在水土保持措施开始实施后，春、秋季各监测 1 次，在暴雨后、雨季前后加测 1 次。

②定位监测频次：水蚀监测主要安排在 5—9 月份，每月监测 1 次；每次暴雨后另增加监测次数；主体工程建设中水土流失影响因子情况至少每 3 个月监测记录 1 次；工程措施的稳定性、完好程度及运行情况汛期前后各监测 1 次；植物措施生长情况每年春、秋及汛期前后各监测 1 次。

(7) 监测设备

监测内容、监测方法和监测频次等的要求见表 2-7、表 2-8。

**表 2-7　水土保持监测内容、方法及频次一览表**

| 监测区域 | 监测点位布置 | 监测时段 | 监测内容 | 监测方法 | 监测频次 |
|---|---|---|---|---|---|
| 工程整体监测范围 | | 施工准备期前 | 原地面地形坡度，林草植被覆盖度 | 普查法与样方调查相结合 | 施工准备期前对本底值进行一次调查 |
| | | | 原地面水土保持设施数量、质量及防护效果，水土流失现状等 | 抽样调查与巡视法 | |
| 主体工程监测区 | 主体工程施工扰动区域设固定监测点 2 个，占地范围内进行全面调查监测 | 施工期 | 建设区水土流失形式，水土流失量，土方挖填量，弃土弃渣量，扰动地表面积，破坏植被面积及程度 | 巡视法、普查法、侵蚀沟样方量测法 | 水土流失情况每年 5—9 月份，每月监测 1 次；每次暴雨后另增加监测次数；水土流失影响因子每 3 个月监测记录 1 次 |
| | | 自然恢复期 | 林草生长、成活率、盖度及防治水土流失效果等情况 | 抽样调查法 | 水土保持植物措施生长情况每年春、秋及汛期前后各监测 1 次 |
| 道路工程监测区 | 道路边坡设固定监测点 2 个，占地范围内进行全面调查监测 | 施工期 | 建设区地形地貌及植被变化情况，水土流失形式，水土流失量，土方挖、填量，弃土弃渣量，扰动地表面积，破坏植被面积及程度，损坏水土保持设施数量，水土保持措施实施数量和效果 | 巡视法、普查法、侵蚀沟样方量测法、简易水土流失观测法 | 地形地貌及植被变化情况开工后随时巡视；水土流失情况每年 5—9 月份，每月监测 1 次；每次暴雨后另增加监测次数；水土流失影响因子至少每 3 个月监测记录 1 次；工程措施的稳定性、完好程度及运行情况汛期前后各监测 1 次 |
| | | 自然恢复期 | 林草生长、成活率、盖度及防治水土流失效果等情况 | 抽样调查法 | 水土保持植物措施生长情况每年春、秋及汛期前后各监测 1 次 |

续表

| 监测区域 | 监测点位布置 | 监测时段 | 监测内容 | 监测方法 | 监测频次 |
|---|---|---|---|---|---|
| | 防渗土料场设固定监测点1个 | 自然恢复期 | 林草生长、成活率、盖度及防治水土流失效果等情况 | 抽样调查法 | 水土保持植物措施生长情况每年春、秋及汛期前后各监测1次 |
| 料场监测区 | 混凝土骨料场设固定监测点1个，工作平台进行植被调查 | 施工期 | 水土流失形式，水土流失量，扰动地表面积，水土保持措施实施数量和效果 | 普查法 | 水土流失情况每年5—9月份，每月监测1次；每次暴雨后另增加监测次数；工程措施的稳定性、完好程度及运行情况汛期前后各监测1次 |
| | | 自然恢复期 | 林草生长、成活率、盖度及防治水土流失效果等情况 | 抽样调查法 | 水土保持植物措施生长情况每年春、秋及汛期前后各监测1次 |
| 弃渣场监测区 | 弃渣场设固定监测点2个，占地范围内进行全面调查监测 | 施工期 | 地形地貌变化情况，水土流失形式，水土流失量，土方挖、填量，弃土弃渣量、占地面积，排渣量、高度、边坡稳定情况，扰动地表面积，破坏植被面积及程度，损坏水土保持设施数量，水土保持措施实施数量和效果 | 巡视法、普查法、侵蚀沟样方量测法、简易水土流失观测法 | 地形地貌变化情况开工后随时巡视；水土流失情况每年5—9月份，每月监测1次；每次暴雨后另增加监测次数；弃土弃渣量每月监测1次，水土流失影响因子至少每3个月监测记录1次；工程措施的稳定性、完好程度及运行情况汛期前后各监测1次 |
| | | 自然恢复期 | 林草生长、成活率、盖度及防治水土流失效果等情况 | 抽样调查法 | 水土保持植物措施生长情况每年春、秋及汛期前后各监测1次 |

**表 2-8 监测仪器及土建数量表**

| 项目 | 仪器名称 | 单位 | 数量 | 计费方式 | 土建类名称 | 单位 | 数量 |
|---|---|---|---|---|---|---|---|
| 水土流失观测设备 | 50 m钢尺 | 个 | 8 | 年折旧率20% | 径流小区 | 个 | 1 |
| | 5 m卷尺 | 个 | 8 | 消耗品 | | | |
| | 标志绳 | m | 2 000 | 消耗品 | | | |
| | 小钢架 | 个 | 250 | 年折旧率20% | | | |
| | 标志牌 | 个 | 50 | 年折旧率20% | | | |
| | 测钎 | 个 | 200 | 年折旧率20% | | | |
| | 钢钎 | 个 | 200 | 消耗品 | | | |
| | 土壤筛(粒径0.01 mm) | 个 | 1 | 消耗品 | | | |
| | 风向风速仪 | 台 | 2 | 年折旧率20% | | | |
| | 积沙仪 | 个 | 1 | 消耗品 | | | |
| | 蒸发皿 | 个 | 2 | 年折旧率20% | | | |
| | GPS定位仪(168型) | 台 | 2 | 消耗品 | | | |

续表

| 项目 | 仪器名称 | 单位 | 数量 | 计费方式 | 土建类名称 | 单位 | 数量 |
|---|---|---|---|---|---|---|---|
| 植被及水土保持设施样方调查设备 | 游标卡尺 | 把 | 3 | 年折旧率20% | | | |
| | 罗盘 | 架 | 3 | | | | |
| | 探针 | 只 | 300 | | | | |
| | 皮尺 | 个 | 2 | | | | |
| 其他设施 | 录像及照相设备 | 台 | 1 | 监测单位自备 | | | |
| | 笔记本电脑 | 台 | 1 | | | | |
| | 交通设施 | 辆 | 1 | | | | |
| 其他消耗品 | 打印纸、自记雨量计、样品分析试剂 | | | 消耗品 | | | |

（8）监测成果及质量要求

水土保持监测是验证工程建设水土保持方案实施情况及其所产生效益的直接手段。依据《水土保持生态环境监测网络管理办法》，项目建设单位应委托具有相应水土保持监测资质、有相应监测设备和仪器的单位进行水土保持监测。

①监测报告要求

第一，开展委托监测的生产建设项目，根据《水土保持监测技术规程》及水利部《关于规范生产建设项目水土保持监测工作的意见》（水保〔2009〕187号）等要求，在项目开工（含施工准备期）前应向有关水行政主管部门报送《生产建设项目水土保持监测实施方案》。

第二，工程建设期间，应于每季度的第一个月内报送上季度的《生产建设项目水土保持监测季度报告表》，同时提供大型或重要位置弃土（渣）场的照片等影像资料。因降雨、大风或人为原因发生严重水土流失及危害事件的，应于事件发生后1周内报告有关情况。

第三，《生产建设项目水土保持监测季度报告表》的内容包括主体工程进度、植被占压面积、取土（石）场数量、弃土（石）场数量、弃土（渣）量、水土保持工程进度、水土流失影响因子、水土流失量、水土流失灾害事件及存在的问题与建议。

第四，水土保持监测任务完成后，应于3个月内报送《生产建设项目水土保持监测总结报告》。《生产建设项目水土保持监测总结报告》的内容包括监测时间和地点、监测项目和方法、监测成果及存在的问题和下一步水土流失防治的建议等，监测成果应包括扰动土地整治率、水土流失总治理度、土壤流失控制比、拦渣率、林草植被恢复率、林草覆盖率6项水土流失防治目标计算表。

②监测及调查基础数据要求

根据水土保持监测分区及专项监测内容等设计规范、统一的表格，以表格形式记录监测数据。当数据较多，无法在监测总报告中全部展现时，可将其单独成册作为监测总报告的附件。

③监测图件及影像资料要求

监测图件主要包括相关图表、照片等，反映施工过程中水土流失及其治理措施动态变化情况。

图件包括项目区地理位置图、水土保持责任范围图、监测点布设图、水土保持措施总体布置图、监测设施典型设计图。

监测影像资料主要包括反映项目区水土流失现状、水土保持现状、监测过程及监测成果等的图片和录像资料。

④监测报告制度要求

对于水利部批复水土保持方案的项目，由建设单位向项目所在流域机构报送上述报告和报表，同时抄送至项目所涉省级水行政主管部门。项目跨越两个以上流域的，应当分别报送所在流域机构。

对于地方水行政主管部门批复水土保持方案的项目，由建设单位向批复方案的水行政主管部门报送上述报告和报表。报送的报告和报表要加盖生产建设单位公章，并由水土保持监测项目的负责人签字。《生产建设项目水土保持监测实施方案》《生产建设项目水土保持监测总结报告》还需加盖监测单位公章。

## 2.4 环境保护规划

### 2.4.1 概述

(1) 西纳川水库环境现状

①生态环境现状

西纳川水库评价区属典型的黄土低山丘陵山区，由于受季风气候的影响，降水较丰沛，植被良好，分布有天然林地和温性干草原。沙棘林、山杨林、桦树林及混交林是西纳川水库评价区内分布的主要植被类型，分布面积大。草原植被为芨芨草和早熟禾，植被稀疏，覆盖度小，草丛低矮，层次结构简单。评价区土壤类型主要有灰褐土、灌淤土和栗钙土三种。动物的组成也较简单，主要由一些适应高原高寒严酷条件的奔驰性和穴栖性的动物所组成。

评价区约有高等植物 21 科 87 属 166 种。因评价区面积不大，就植物种类数量而言，其植物种类的丰富程度不高。从植物资源种类及其生活型来看，其植物资源具有开发价值的是饲用植物、药用植物、食用植物等经济植物类群，因其生态环境脆弱及资源量限制，应以保护原生态及限制开发为主。在种子植物的生活型组成上，木本植物和一年生植物占有绝对优势，其营养繁殖方式占有重要地位；草本植物所占比重较大，调查表明多数草本植物的种子成熟状况不良，其质量状况处于偏低水平。从植被类型的构成、分布特征及其演替规律来看，评价区主要植被类型有灌丛、草原以及栽培作物等。

②水生生物现状

拉寺木河评价水域的浮游植物种群组成符合山区流水型的种群结构特点：门类少、种类少、结构简单。拉寺木河评价水域浮游动物只监测到原生动物和轮虫类，且生物量和个体数量均较小。监测到 4 种底栖动物，且密度小、生物量低。水库影响河段分布着 3 种鱼类，其中裂腹鱼亚科鱼类 1 种，鳅科鱼类 2 种，均为土著鱼类。由于拉寺木河海拔较高，终年水温、积温较低，鱼类资源较为贫乏。但由于保护完整，在夏季河道内可见到鱼类游动，鱼群数量小，经常以10多条为一个群体游动。冬季见不到鱼类游动。

③地表水环境质量现状

项目所在的拉寺木河水质满足地表水Ⅱ类功能。

(2) 西纳川水库主要环境影响

①水文情势影响

西纳川水库为多年年调节水库，根据水库兴利调节计算成果($P=95\%$)，通过水库调节改变了坝址断面天然径流过程。2—8月、9—11月河段内流量较天然状况增加幅度较大，经水库调节后，各月来水量均大于天然径流量。

经过水库调节，向下游河道放水流量(1.1 $cm^3/s$)大于河道天然流量(0.7 $cm^3/s$)，而且年内分配更均匀，即使在最不利的情况下，水库仍能保证以生态基流下泄水量，保证河道不断流，消除了原河道灌溉季节断流的现象。由于水库下泄水量不大，对河道的冲刷影响较小。河道最小下泄生态流量为0.070 9 $m^3/s$。

②水温水质影响

由于水库库容小，水温变化不明显，下泄水流的水温，经过混合后，热量得到交换，流经一段距离后，仍可恢复到原河道水温，对下游河道的影响甚微。

水库蓄水初期，库区清理后残留的动植物残体、人畜粪便及土壤中可溶性营养物都将随水库淹没进入水体，水库水质将受到一定程度的污染，在坝前会有漂浮物聚集现象。在采取有效的水库库底清理工作后，水库蓄水初期水质受污染程度较小。水库建成后，水体流速减小，滞留时间延长，泥沙及吸附物的沉降、透明度增加、藻类光合作用增强，这些水质理化与生化作用，对库内溶解氧、重金属、有机物、细菌指标等都产生有利影响。因此，至出库时水质一般都有改善，坝下水质亦会随之得到改善。水库属河道型水库，水库建成后下游水体感官性状会更好，透明度有所改善，将有利于下游浮游植物的生长和发展。因此，工程的建设对坝下初级生产力不会产生不利影响。

③环境地质影响

水库达到正常高水位时，处于河谷两侧的坡体中部，边坡较陡，河道狭窄且比降大，不会产生浸没问题。库区岸坡岩性主要为第四系冲洪积—坡洪积碎石土，植被良好，天然状态下处于稳定状态，一般不存在塌岸现象。库区两左岸坡体高峻，局部基岩出露，基岩中地下水位高于水库正常高水位，不会产生渗漏。库区地层为砂卵石层，经防渗处理后，产生渗漏的可能性很小。库区既无村庄也无农田，两岸山坡为林、草地，河谷底为灌木林和草地，当库水位达到正常高水位时将淹没1 003亩林、草地，淹没损失不大。库区河床坡降较缓，且上游水域植被良好，河水清澈见底。洪水时基本不形成固体径流，仅包含一些悬移质。库区两岸岸坡稳定，暴雨时可能会携带一定的固体物质，粗大的颗粒将堆积于沟口，细小的颗粒则带入库内，淤积量不大。由水库区工程地质条件可知，库区内无大断裂通过，而岩体的透水性较差，且水库区处在较稳定的地震带之中，水库蓄水后不会引起水库诱发地震。

综上所述，西纳川水库区域地质条件简单，无浸没等问题，就工程建设对环境所产生的影响采取相应保护措施，以减少或减免其不利影响。

④施工区环境影响

本工程对环境空气质量的不利影响主要源自施工过程中土方工程和交通运输产生的粉尘、扬尘、燃油机械废气等，主要污染物为 TSP、二氧化硫、二氧化氮等，其中 TSP 污染占主导地位。

由于本项目施工期距离最近的拉寺木村约 3 km，因此，主体工程施工区域在施工期间产生的废气对环境空气敏感目标影响较小，但土料场开采及运输等产生的扬尘对拉寺木村环境空气有一定影响，受影响人口约 50 人。施工车辆运输产生的道路扬尘对拉寺木村和北庄村环境空气质量产生一定影响，受影响人口约 200 人。

大坝施工区周边无居民区分布，砂石料、其他建筑施工原料运输对拉寺木村和北庄村附近居民声环境质量产生一定影响，因此，建议施工过程中合理规划运输计划，夜间减少运输车辆行驶，以减少运输车辆噪声对居民的影响。

工程施工产生的固体废弃物主要包括工程弃渣和施工人员生活垃圾，若处置不当，可能对局部环境有影响。施工期固体废弃物主要为泥土、砂石等，经土石方平衡规划，共规划了 1 个弃渣场进行堆放，施工弃渣对环境的影响主要是水土流失影响，因此弃渣场必须采取防护措施，以工程和植物措施相结合，有效控制弃渣场水土流失，防止污染环境。本工程总工期为 36 个月，施工高峰期人数约为 200 人，按照高峰期人均垃圾日产量 0.5 kg 计算，工程高峰期施工人员日产生活垃圾总量约 0.1 t。生活垃圾以有机物为主，为防止生活垃圾对环境的污染，生活垃圾必须集中堆放，由专人负责定期清运，进行卫生填埋，严禁乱扔乱弃，污染环境。

⑤水土流失影响

工程建设扰动原地貌面积 34.91 $hm^2$，损坏水土保持设施面积 34.91 $hm^2$，由于工程建设、生产可能造成的水土流失总量为 7 925 t，新增水土流失量 6 090 t。

⑥生态影响

工程的主要类型是枢纽主体工程及与其相关的砂石料场、弃渣场、施工便道以及生活站场建设等生产和生活辅助工程。其影响途径主要是通过对地表植被和土壤结构的破坏，导致植被覆盖度降低、植物种类减少以及土层结构破坏，使局部灌丛草原生态系统的功能下降，伴随崩塌、滑坡等水土流失活动加强。植物生长稀疏，生态系统脆弱、自我恢复能力差，一旦破坏便很难恢复，因此在施工中应加强人工措施进行保护与恢复。

工程建设在一定程度上会增加对原有生态系统的扰动。在主体工程施工区域，野外调查中很难发现大型兽类野生动物，水库淹没对野生动物的影响基本发生在以水库为中心的很小范围内，对动物活动不构成明显的地域阻隔障碍。

总而言之，地表工程破坏部分植被，这会影响动物的栖息地生境和食物链，可能造成一定的影响；施工机械产生的噪声和栖息地生境的变化，可能会引起对环境扰动敏感的动物物种的正常活动与繁殖，也可能造成这些物种活动范围暂时缩小。施工营地的设置、施工人员的活动、施工机械的运转，施工过程中产生的废弃物的随意丢弃，都可能影响到野生动物的正常活动，但这些影响是暂时的，随着工程结束可以自行恢复。

具体到水库运行期间，夏季灌溉期，自坝址至净化水厂约 3.5 km 段，河道保证流量为 1.35 $m^3/s$；净化水厂至拉寺木河入西纳川河段约 3 km 段，河道保证流量为 0.270 9 $m^3/s$（满足水生生物和鱼类 0.2 $m^3/s$ 的生长要求）。冬季，为非灌溉期，且河道表层结冰，河道内流量 0.270 9 $m^3/s$，可维持河底适当浅流，且满足水生生物和鱼类 0.2 $m^3/s$ 的生长要求。

（3）环境保护目标

①水环境质量

施工期保证评价范围河段水质不因本工程建设而降低，工程施工生产污水、生活污水经处理后应回用。运行期库区及坝下河段水质满足《地表水环境质量标准》（GB 3838—2002）Ⅱ类标准。

②环境空气与声环境质量

在工程建设过程中，采取切实可行的环保措施，尽量减少料场开挖、材料运输对料场周边、道路沿线居民及施工人员的影响，环境空气质量达到《环境空气质量标准》（GB 3095—2012）中的二级标准，声环境质量达到《声环境质量标准》（GB 3096—2008）Ⅱ类标准。合理安排施工方式和施工及运输时间，将施工区噪声控制在《建筑施工场界环境噪声排放标准》（GB 12523—2011）标准允许值以内；运行期场界噪声控制在《工业企业厂界环境噪声排放标准》（GB 12348—2008）Ⅱ类标准以内。

③固体废物

施工中开挖产生的弃渣应尽量做到回用，渣场要做好防洪和防流失处理。生活垃圾应及时集中收集、清运，运至就近渣场进行卫生填埋处理。工程运行中大坝拦挡的上游漂浮物应及时打捞清理。

④土地资源

保护和合理利用土地资源，对于受影响的耕地、林地及草场，尽可能采取恢复和防护措施，减小水库蓄水后的淹没、浸没影响。

⑤生态环境

保护库区和施工区生态系统的完整性、稳定性和多样性，维护其原有的生态功能。减缓工程建设活动对野生动物繁殖、觅食的干扰和不利影响，使野生动植物物种不因工程建设而消失。维护库区水生生物和鱼类种群及生境，保障坝址下游河段水生生物生长、繁殖所需的基本流量。通过同步开展水土保持工作，尽量减少施工区、新建施工运输道路、取料场、弃渣场布置等造成的植被破坏，尽快恢复被破坏的植被，妥善解决开挖和弃渣对环境的影响。

⑥人群健康

加强工程施工区的环境卫生管理，控制和消灭与工程施工和水库蓄水有关的传染病疫源，防止各类传染病的流行。保障施工人员和周围村民人群健康，确保施工期施工区内不发生大的流行疾病，保证工程施工能顺利进行。

### 2.4.2 环境管理及监测

（1）环境管理

①机构设置

本工程应设置环境管理机构，确保完成工程环境管理任务。西纳川水库工程的各项环境保护措施，将在当地环保部门的指导和监督下，由建设单位组织实施。建设期在西纳川水库指挥部下设环境保护管理办公室（简称环保办），作为工程环境管理的职能部门。环保办应与环境监测、监理单位密切合作，共同为本工程环境保护工作服务。水库运行期间，水库管理机构设专人负责环保工作，具体工作内容是环保设施的日常检查、维护，处理水库管理用地内环境纠纷，配合当地环保、林业、建设部门完成对水库环境保护工作的监督。

②环境管理任务

虽然施工期和运行期环境管理宗旨都是为了保护环境，但各有偏重，西纳川水库工程环境管理任务见表2-9。

**表2-9 环境管理任务**

| 时期 | 环境管理任务 |
| --- | --- |
| 施工期 | 1. 落实施工期环境保护措施和环境监测计划，编制年度工作计划；<br>2. 会同地方环保部门，检查、监督施工单位（或承包商）执行环境保护条款情况；<br>3. 处理工程中出现的重大环境问题和环境纠纷，协调地方环保部门与工程环境保护有关事宜；<br>4. 整编环境监测资料，呈报环境质量状况报告 |
| 运行期 | 1. 落实工程运行期环境保护措施；<br>2. 制定工程的环境保护规划和环境保护规章制度；<br>3. 协助地方环保部门开展工程区环境保护工作；<br>4. 执行国家、地方和行业有关部门保护环境的方针、政策、法规条例 |

（2）环境监测

①监测目的

为做好本工程的环境保护工作，验证环境影响预测评价结果，预防突发性事故对环境的危害，同时为工程施工期和营运期环境污染控制和环境保护提供科学依据，需开展环境监测工作，及时掌握工程施工期环境的变化情况。

②监测点布设原则

第一，与工程建设紧密结合的原则。监测工作的范围、对象和重点应结合工程施工特点，全面反映工程施工过程中周围环境的变化以及环境的变化对工程施工的影响。

第二，根据工程特性、环境现状和环境影响预测结果，选择影响显著、对区域或流域环境影响起控制作用的主要因子进行监测，合理选择测点和监测项目，力求做到监测方案有针对性和代表性。

第三，经济性与可操作性原则。按照相关专业技术规范，监测项目、频次、时段和方法以满足本监测系统主要任务为前提，可利用现有监测机构成果，力求以较少的投入获得较完整的环境监测数据。

③施工期环境监测

对于施工期水环境监测，具体包括地表水环境质量监测、生产废水监测、生活污水监测。监测点位布设在污废水排放口和施工营地下游500 m处。水样采集和分析按照《地表水和污水监测技术规范》（HJ/T 91—2002）、《水污染物排放总量监测技术规范》（HJ/T 92—2002）和《地表水环境质量标准》执行。详见表2-10。

**表 2-10　施工废、污水监测技术要求一览表**

<table>
<tr><th>对象</th><th>监测点</th><th>监测参数</th><th>监测频率及时间</th><th>备注</th></tr>
<tr><td>砂石骨料生产废水</td><td>废水排放口</td><td>SS、pH</td><td>砂石骨料正常生产时间进行监测，每季度监测 1 次、连续 3 天，每次于 10：00、14：00、17：00 3 个时间监测</td><td rowspan="4">监测废污水处理后回用水达标情况和废污水处理效果</td></tr>
<tr><td>混凝土拌和废水</td><td>废水排放口</td><td>SS、pH</td><td>选择混凝土拌和废水排放时间，每季度监测 1 次</td></tr>
<tr><td>生活污水</td><td>施工营地<br>污水排放口</td><td>$BOD_5$、COD、总磷、总氮、动植物油、粪大肠菌群</td><td>每季度监测 1 次</td></tr>
<tr><td>地表水水质</td><td>施工营地<br>下游 500 m</td><td>SS、pH、石油类、总磷、总氮、氨氮、COD</td><td>每年丰、平、枯水期各监测 1 次，每次监测 3 日</td></tr>
</table>

对于施工期大气环境监测，为监控工程施工废气对环境敏感点的影响，结合环境监测技术规范的要求，在施工区和大气环境敏感点（拉寺木村、北庄村）共设置 3 个大气环境监测点，进行大气环境监测。监测内容主要为 $SO_2$、$NO_2$、TSP，同时监测风向、风速，工程施工期间，各监测点共监测 4 次，每季度监测 1 次，每期连续监测 7 天。

对于施工期声环境监测，根据工程施工进度、噪声源的分布状况和敏感受体距噪声源所在位置设定噪声监测点。在施工场界、砂石料加工区（距砂石料加工区 50 m）、混凝土加工区（距砂石料加工区 50 m）、施工营地、北庄村、拉寺木村共设置 9 个环境噪声监测点位。监测内容主要为 A 声级及等效连续 A 声级，每月监测 1 次，每次连续监测 2 天，每天昼间和夜间各监测 1 次。

④运行期环境监测

对于运行期地表水监测，为了实时掌握水库蓄水对水质的影响，规划布设 2 个水质监测断面，即坝址断面、回水末端断面。每年监测 12 期，每期连续监测 2 天。监测内容包括色，混浊度，嗅和味，pH，总大肠菌群，氨氮，溶解铁、汞、铅、锰、锌、氯化物，挥发酚、铜、砷、硒、镉、氟化物，溶解性总固体，硫酸盐等。

根据《生活饮用水水源水质标准》（CJ/T 3020—1993）规定的分析方法进行分析。监测内容详见表 2-11。

**表 2-11　运行期水环境监测计划**

<table>
<tr><th>监测断面</th><th>监测参数</th><th>监测频率及时间</th><th>备注</th></tr>
<tr><td>坝址断面</td><td rowspan="2">色，混浊度，嗅和味，pH，总大肠菌群，氨氮，溶解铁、汞、铅、锰、锌、氯化物，挥发酚、铜、砷、硒、镉、氟化物，溶解性总固体，硫酸盐等</td><td rowspan="2">12 期/年，2 天/期</td><td rowspan="2">对监测数据及时分析，发现问题及时处理</td></tr>
<tr><td>回水末端断面</td></tr>
</table>

对于运行期水生生物监测，项目竣工后连续监测 3 年。浮游动、植物和底栖动物在 4 月、10 月各监测一次，鱼类种群监测在 3—6 月、10—11 月进行，每月 20 天左右，监测点设于水库及大坝下游。

### 2.4.3 环境保护措施实施

西纳川水库工程的环境保护措施主要包括施工区环境保护临时措施、生态保护管理措施以及环境监测措施等部分。主体工程区内外交通便利，环境保护措施实施利用主体施工道路；项目建设区环境保护措施和水土保持措施所需的石料、水泥、砂浆及水、电均可由主体工程统一提供；环保措施实施过程中用水、用电均与主体工程一致。

(1) 实施方法

土方开挖工程一般采用人工或机械开挖，开挖土方由胶轮车运输，在指定地点就近堆放。土方回填采用人工的方式回填、夯实。实施过程中，施工单位应严格按照各项环境保护措施的技术要求和技术规范进行施工，并加强环境管理和施工监理的力度，使各项措施按设计要求实施。

(2) 实施进度计划

按照建设项目环境保护"三同时"的要求，环境保护实施进度计划安排如下：

①施工准备期，完成临时厕所、化粪池、沉淀池等水环境保护工程的建设，对施工营地进行卫生清理、消毒以及按要求在施工区安放垃圾桶等。

②施工过程中，结合主体工程施工进度，按照施工期环境监测计划对施工期废污水、环境空气、噪声进行监测，并对施工人员进行卫生检疫和防疫，同时按要求完成生态保护、噪声防治、大气环境保护及固体废物处置工作等。

③施工结束后，拆除施工区的环境保护临建设施，开展施工场地的卫生清理和消毒、施工人员离场前的卫生检疫等工作。

④工程运行期，加强环境管理，按照运行期环境监测计划对生态环境进行监测。

# 第三章　西纳川水库主要建筑物布置

在西纳川水库区合理规划的基础上，本章将进一步阐述工程主要建筑物的布置方案。西纳川水库工程枢纽部分主要建筑物包括大坝、溢洪洞、导流放水洞等，本章将以上三个主要建筑物作为分析主体，拟定多个建筑物选型及布置方案，并从多个角度对比分析各方案的优缺点，从而确定工程最终的布置方案。通过总结西纳川水库主要建筑物布置方案比选工作，可以对最终形成的最优方案产生全面的认识，并为后文阐述西纳川水库建成后经济、社会和生态效益作好铺垫。

## 3.1　挡水建筑物及布置方案

### 3.1.1　坝型比选

(1) 坝型初选

可行性研究阶段初步选定的上、下坝址处河谷宽 250～350 m，坝基表层为深厚的砂砾石覆盖层(深达 20 m)，坝肩岩石相对破碎，地质情况表明修建拱坝、混凝土重力坝条件不充分。根据项目区内有砂砾石、块石的前提，防渗黏土料运距较远，所以优先选择的坝型为混凝土面板堆石坝、沥青心墙堆石坝。两种坝型均为技术、施工工艺相对成熟的坝型，但由于沥青心墙坝工程造价较高，因此在可行性研究阶段进行方案的比较后，优先选择混凝土面板坝堆石坝。

初步设计依据前期阶段性成果，本着安全、经济的原则，根据工程区地形、地质、筑坝材料确定坝型为土石坝，而坝体防渗材料及型式的选择是决定具体坝型的关键因素，参考国内外成熟的土石坝方案，本大坝能够采用当地防渗材料的坝型有混凝土面板坝和黏土心(斜)墙坝，采用人工合成材料的坝型有土工膜心墙坝、沥青心墙坝，其中黏土心墙坝由于土料运输不便，工程投资较高，在项目建议书阶段首先被排除。

土工膜斜(心)墙坝是近年来新型土工材料在坝体防渗方面的应用，根据《水利水电工程土工合成材料应用技术规范》(SL/T 225—98)的规定，土工合成材料作为坝体防渗材料多应用于坝高低于 50 m 的坝体，《碾压式土石坝设计规范》(SL 274—2020)中规定，3 级低坝应用土工膜防渗时要经论证。本工程大坝属中坝，而近年来的土工膜斜(心)墙坝体的应用，均为低坝，工程也未经长期运行的检验，其材料的物理性、化学稳定性、持久性有待检验。鉴于本工程坝高近 60 m，且位于青海省高寒、强紫外线地区，水库水头达

55 m以上，水库下游为青海省人口密集区（多巴新城、西宁市），为水库的长久安全运行考虑，本工程不宜采用土工膜防渗坝型。

在以上分析的基础上，初步设计阶段进一步对混凝土面板坝、沥青心墙坝进行分析比较。

①混凝土面板堆石坝

混凝土面板堆石坝，坝顶长461 m，设计最大坝高56.82 m，坝顶宽6.0 m，坝体上游边坡为1∶1.5，下游边坡为1∶1.3，坝体结构由前坝坡混凝土面板、反滤层、过渡层、上游主堆石区、下游次堆砂砾石区组成。大坝设计利用当地块石料填筑坝体，并根据河床砂砾石料场储量情况，在坝体内设有砂砾石分区以减少块石开采量。由于本大坝坝基与坝肩覆盖层、强风化层较厚，为减少开挖，河床段趾板坐落在结构密实的冲洪积层上，趾板前端做防渗墙体，坝肩趾板地基为强风化岩石中部，需进行固结、帷幕灌浆。

混凝土面板坝方案能够充分利用坝址附近的筑坝材料，坝体也能够利用溢洪洞、放水洞开挖岩石填筑，能够最大化利用当地材料，坝体适应砂砾石河床坝基能力较好。其结构见图3-1。

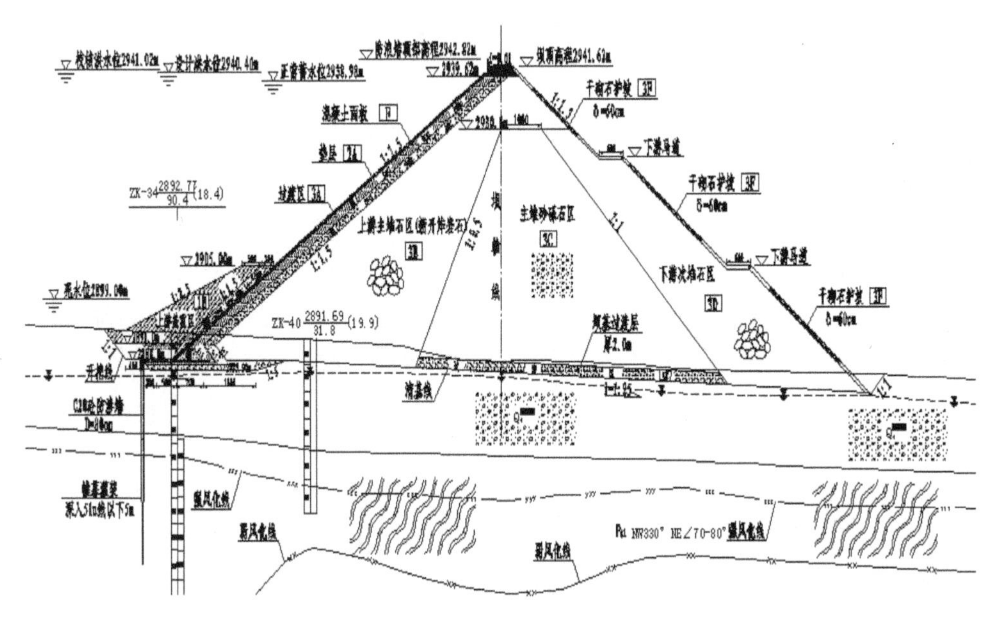


**图3-1　混凝土面板堆石坝(推荐方案)示意图**

②沥青心墙堆石坝

沥青心墙堆石坝，选定坝轴线坝长457 m，设计最大坝高61.14 m，坝顶宽6.0 m，坝体上游边坡为1∶1.8～1∶2.0，坝体结构由上游主堆石区、沥青心墙、心墙反滤层、过渡层、下游次堆砂砾石区组成。大坝设计利用当地块石、砂砾石、开挖料填筑，由于地处高寒地区，考虑到冰推、冻胀等因素，前坝采用厚60 cm的干砌块石护坡；坝体下游坝坡为1∶2.0，坝坡采用干砌石护坡；大坝沥青心墙设计顶宽3.0 m，底宽为31.55 m，心墙坐落在结构密实、以碎石和块石为主的冲洪积层上，心墙为人工化学合成材料——改性沥青

(外购),心墙上、下游均设置有砂砾石反滤层和过渡层,采用河床砂砾石料筛分。其结构见图 3-2。

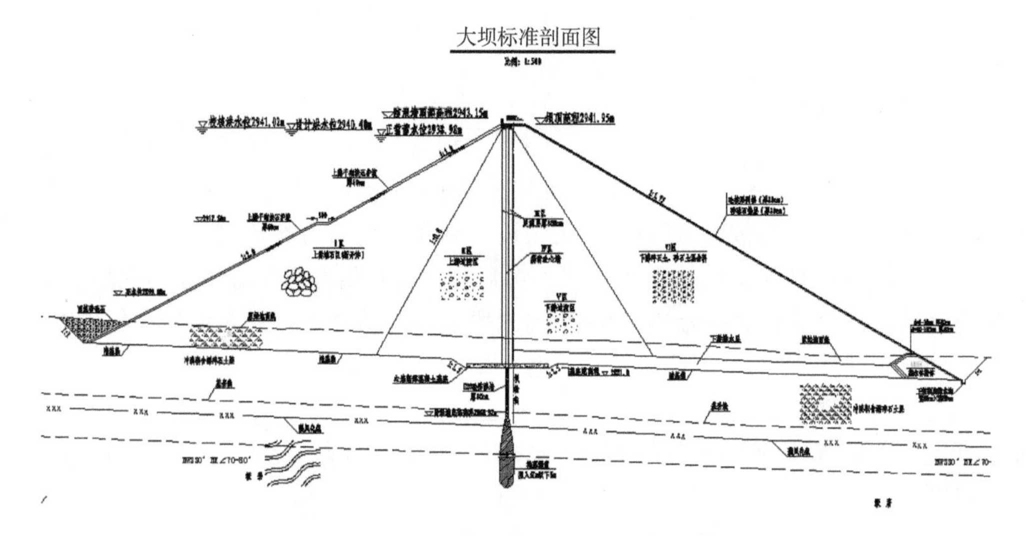


**图 3-2　沥青心墙堆石坝(比较方案)示意图**

(2) 坝型比较

为选定西纳川水库坝型,将混凝土面板堆石坝和沥青心墙堆石坝进行进一步细化比较,分别从以下几个方面进行比较确定。

①地形条件分析

从西纳川水库坝址地形来看,河床滩地平坦,两坝肩山体岸坡表面均平缓,无地形突变影响坝体及其他建筑物布置的情况,推荐坝线面板堆石坝趾板也不存在高趾墙,因此从地形条件分析,适宜土石坝的建设,沥青心墙堆石坝与混凝土面板堆石坝均有修建的地形条件。

②地质条件分析

首先,从两岸山体地质状况分析,两岸山体均为基岩,表面存在覆盖层、风化岩石,两岸山体局部岩层出露,坝址处不存在较大的边坡失稳、塌方问题。但由于坝肩岩体表层风化,节理、裂隙较发育,因此心墙坝对坝肩接触面的要求更高,需对心墙接触岸坡部分进行严密处理,接触面要进行大面积固结、帷幕灌浆以防止发生接触渗漏现象;面板坝主要对趾板基础的承载有要求,对于坝体内部与基岩接触面表层裂隙的处理要求相对较低,仅要求对趾板沿线进行固结、帷幕灌浆处理;从总体坝肩地质条件看,两坝型均具备建坝条件,两坝体防渗体与岸坡接触带均要进行固结、帷幕灌浆处理,但心墙坝要求的对接触面的处理范围更大。

其次,从河谷地质条件分析,河谷表层为坡积或坡崩积碎石土,中部为冲洪积砂砾石层,底部以碎石和块石为主。坝体设计中两坝型均需清除坝基表层的坡积或坡崩积碎石土,将坝基置于相对密实的砂砾石层上,是合理的。但是从砂砾石地层结构来看,坝基砂砾石层厚度较大,处于中密状态,且局部含有粉土透镜体夹层,含有碎块石、大孤石,因此坝体兴建后有存在较大的不均匀沉降量的可能。对于沥青心墙坝来说,坝体过大的沉降变形将直接引起内部防渗心墙开裂等现象,且由于心墙位于坝体内部不易处理,会导致坝体渗透破坏等现象的发生。另外心墙部位对坝基处理要求较高,不均一的地层与心墙底部接触带容易发生接触渗漏及管涌现象,需对接触面大面积采取相应处理措施。面板坝通过坝前坡混凝土面板防渗,坝体的不均匀沉降对坝体内部应力产生重新分配,从而传递到面板,对面板产生一定影响。通过对已建工程坝体应力的参照分析,面板堆石坝内部应力的改变经坝内部堆石填料平衡后,对位于坝体表面的面板产生的直接影响小于心墙坝,且面板与坝趾、连接板之间的分缝及柔性止水构造均具有适应变形的能力。另外防渗面板位于坝体表面,若出现渗漏问题也易于观察及处理。因此从河床地质条件分析,本大坝更适宜选择面板堆石坝。

③坝体设计分析

面板坝的坝体结构由前坝坡混凝土面板、上游盖重区、黏土铺盖、反滤层、过渡层、上游主堆石区、下游次堆砂砾石区等组成,设计坝轴线长 461 m,设计最大坝高 56.82 m,坝顶宽 6.0 m,坝体上游边坡为 1∶1.5,下游边坡为 1∶1.3,主要利用前坝坡堆石挡水,后坝坡对于坝体水压力的承担作用较小。此坝型前坝坡受面板的护坡支撑作用,因此面板堆石坝前坝坡的坡比设计较陡,且类比近年来的面板坝设计方案,面板堆石坝硬岩堆石区前、后坝坡比多为 1∶1.3～1∶1.4,经工程检验均具有良好的稳定性。设计坝体断面较小,大坝填筑总体方量较小,坝体总填筑量为 $222.7\times10^4\ m^3$。

沥青心墙堆石坝设计坝轴线长 457 m,最大坝高 61.14 m,坝顶宽 6.0 m,坝体上游边坡为 1∶1.8～1∶2.0,主要利用心墙后堆石承受坝前水压力,大坝上游主堆石采用块石料填筑,由于缺乏面板的护坡支撑作用,大坝坝坡参照类似堆石坝工程设计,前坝坡坡比较缓,为 1∶1.8,同时由于沥青心墙坝下游坝体承受水压力,坝下游设计坝坡比自然安息角大,因此坝体总开挖、填筑工程量大,坝体总填筑量达 $301.47\times10^4\ m^3$。

从两种方案工程量对比结果来看,面板坝工程量较少、投资低,目前具有成熟的工程设计、施工经验,优于沥青心墙堆石坝,因此初步设计阶段仍推荐混凝土面板堆石坝。

④坝料比较分析

两坝型设计均考虑了当地的料源储备情况,从河床砂砾石料源情况分析,本次勘察选定的三个砂砾石料场总储量 $135\times10^4\ m^3$,但总储量中近 $60\times10^4\ m^3$ 需水下开采,开采难度较大,因此储量未知因素较多。坝型设计中考虑到砂砾石总储量难以满足大坝上、下游坝壳全部填筑需要,因此均须开采块石填筑部分坝体。项目区具有丰富的块石料,且其具有良好的力学性能,因此两种坝型均适用于坝体上游主堆石区。

面板坝的坝料设计充分考虑了工程区块石料的储量丰富、质量稳定、开采条件好等有利条件,坝体所需块石填筑料首先较为保证。本坝型坝内可设有砂砾石分区,坝体砂砾石填筑区可根据天然砂砾石料源情况灵活调整分区大小,坝体分区受坝料限制的因素较少。设计的坝体方案填筑块石近 $108.1\times10^4\ m^3$,砂砾石近 $74.3\times10^4\ m^3$,垫层、过渡料近 $8\times10^4\ m^3$。经料源平衡分析,坝料设计中块石填筑料需开采,垫层料需要人工制备,其余坝体填筑料为天然砂砾石或利用开挖料,料场坝料储量可满足坝体填筑需要。

沥青心墙坝设计中料场砂砾石储量不能满足大坝上、下游坝壳全部填筑要求，因此坝型设计中将河谷砂砾石料优先作为心墙反滤、过渡料使用，余料作为坝壳填筑料。该坝型填筑块石近 93×10⁴ m³，且需要近 120×10⁴ m³ 砂砾石料做心墙上下游反滤、过渡料及坝后填筑材料，其中 60×10⁴ m³ 需水下开采，开采难度大。且由于坝坡较缓，各种填筑料用量大。本坝型主要的坝体防渗材料沥青需外购，对交通运输、沥青凝土的生产能力与储存能力要求较高。

从以上分析可知，面板堆石坝相对于沥青心墙堆石坝优势较大，首先由于坝体断面小，各种填筑料储量易满足筑坝需要；其次，面板堆石坝中砂砾石分区大小按水上开采砂砾石量计算确定，可根据现场料源灵活调整分区大小，尽可能避免水下开采，储料有保证；最后，面板坝垫层料需人工制备 12×10⁴ m³，较沥青心墙坝人工制备方量小，因此根据坝料分析结论优先选择混凝土面板堆石坝。

⑤施工条件分析

面板坝的填筑料为砂砾料及块石料，坝体填筑受气候因素的影响较小，设计、施工技术相对成熟，但需要一定的沉降期。沥青心墙堆石坝的优势在于国内心墙坝施工经验较成熟，施工工艺相比面板坝施工较简单，亦能充分利用当地建筑材料。但存在以下缺点：第一，心墙与坝体同时施工，影响坝体填筑速度；第二，沥青混凝土的高温流淌、低温冻裂以及坝体和各种连接部位的不均匀沉降引起的断裂、塌坑等问题难以避免；第三，沥青施工中的配比、施工中加热温度等控制不当，容易造成沥青加速老化；第四，由于坝体堆石填筑。变形、地基软硬不均匀变化等导致心墙变形量偏大的情况时有出现；第五，沥青混凝土施工需要专用机械和专门队伍，施工机具包括沥青混凝土制备、运输、摊铺及碾压设备。虽然沥青施工设备国产化进程已经有了不小的进展，国内也涌现了一批长期从事沥青混凝土研究的专业团队，但技术和国际上比还有一定的差距，需要进一步完善。综上所述，从施工条件来看，混凝土面板坝优于沥青心墙坝。

⑥投资情况分析

根据以上两种坝型及相应的主要建筑物投资比较，钢筋混凝土面板堆石坝方案工程部分投资为 28 254 万元，沥青心墙堆石坝方案工程部分投资为 29 320 万元，两者相差约 1 066 万元，所以本工程将面板坝作为推荐方案，心墙坝作为比较方案。为能够明确两种坝型的优缺点，将面板坝、心墙坝进行比较，结果见表 3-1。从主要工程量及投资对比结果来看，沥青心墙坝投资较大。

**表 3-1　挡水建筑物(大坝)主要工程量比较表**

| 混凝土面板堆石坝 | | | 沥青心墙堆石坝 | | |
|---|---|---|---|---|---|
| 主要工程量 | 单位 | 数量 | 主要工程量 | 单位 | 数量 |
| 坝肩开挖Ⅸ级岩石 | m³ | 131 044.0 | 坝肩开挖Ⅴ级岩石 | m³ | 110 016.33 |
| 坝肩开挖坡积碎石土 | m³ | 218 446.8 | 坝肩开挖坡积碎石土 | m³ | 205 699.75 |
| 坝基开挖坡积碎石土 | m³ | 173 078.2 | 坝基开挖坡积碎石土 | m³ | 473 220.8 |
| 填筑砂砾石总量 | m³ | 742 781.0 | 填筑砂砾石总量 | m³ | 1 289 547.0 |

续表

| 混凝土面板堆石坝 | | | 沥青心墙堆石坝 | | |
|---|---|---|---|---|---|
| 填筑块石总量 | $m^3$ | 1 081 383.3 | 填筑块石总量 | $m^3$ | 904 032.0 |
| 主要工程量 | 单位 | 数量 | 主要工程量 | 单位 | 数量 |
| 填筑碎石量 | $m^3$ | — | 填筑碎石量 | $m^3$ | 179 121.6 |
| 上游盖重区填筑 | $m^3$ | 70 302.8 | — | — | — |
| 粉土铺盖 | $m^3$ | 56 200.0 | 填筑坡积碎石土总量 | $m^3$ | 253 377.6 |
| 面板、趾板、连接板混凝土 | $m^3$ | 26 857.6 | 沥青 | $m^3$ | 19 740.0 |
| 坝基防渗墙 | $m^2$ | 4 842.0 | 坝基防渗墙 | $m^2$ | 3 510.17 |
| 钢筋 | $m^3$ | 3 520.7 | 钢筋 | $m^3$ | 1 600.36 |
| 总清基量 | $m^3$ | 522 569.0 | 总清基量 | $m^3$ | 501 987.20 |
| 总填筑量 | $m^3$ | 2 228 560.0 | 总填筑量 | $m^3$ | 3 079 771.63 |
| 大坝投资 | 万元 | 28 254.0 | 大坝投资 | 万元 | 29 320.0 |

⑦综合分析结果

以上分别通过工程量、坝料、施工等条件对比分析，最终推荐水库坝型为混凝土面板堆石坝，两坝型主要参数比较见表 3-2。

**表 3-2　坝型主要参数比较表**

| 分项内容 | 单位 | 沥青混凝土心墙堆石坝 | 混凝土面板堆石坝 | 备注 |
|---|---|---|---|---|
| 坝顶长 | m | 457.0 | 461.0 | |
| 坝顶宽 | m | 6.0 | 6.0 | |
| 坝顶高程 | m | 2 941.95 | 2 941.62 | |
| 最大坝高 | m | 61.14 | 56.82 | |
| 前坝坡坡比 | | 1∶1.8;1∶1.2 | 1∶1.5 | |
| 后坝坡坡比 | | 1∶2.0 | 1∶1.3 | |
| 坝体防渗型式 | | 沥青心墙 | 混凝土面板 | |
| 防渗墙混凝土浇筑 | $m^3$ | 3 510.0 | 4 233.45 | |
| 帷幕灌浆孔总长 | m | 12 534.0 | 14 146.0 | 坝肩部位 |
| 固结灌浆孔总长 | m | 6 746.67 | 9 304 | 坝肩部位 |
| 坝体清基总方量 | 万 $m^3$ | 50.2 | 52.3 | |
| 坝体填筑总方量 | 万 $m^3$ | 331.0 | 222.9 | |
| 坝体投资 | 万元 | 29 320.0 | 28 254.0 | |

### 3.1.2　坝线比选

经过坝型比较，本工程坝型最终选定为混凝土面板堆石坝，坝体布置的原则是：轴线距离宜最短、两坝肩岩体稳定、轴线所在地基层不存在突变或软弱夹层，且尽可能地避免冲沟对趾板的影响，避免高趾墙的出现。

(1) 地形因素分析

可行性研究阶段推荐坝址河谷段宽 250～350 m，分别选择了上、中、下三条坝轴线进行了比较，各坝线河谷地形基本相似，两坝肩山体坡面倾向、走向一致，无明显差异，经比选推荐中坝线。初设阶段对可研阶段选定的中坝线(初设定为下坝线)进一步比选，在原可研阶段选定的中坝址区段选择具备条件的上、下两条坝轴线，间距 50 m 左右，如图 3-3 所示。

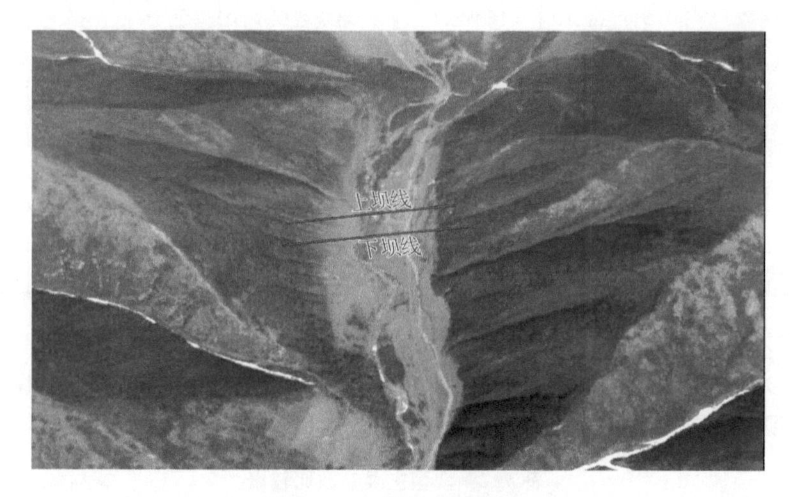


**图 3-3 坝线比选示意图**

①上坝线

上坝线为本段峡谷最窄区段，两坝肩山体坡面最为平整，左、右岸坡地形均利于表面溢洪洞的布置，且左岸山体具有布置导流放水洞最佳的进出口地形，经布置坝顶轴线长为 440 m 左右，但右岸山脚为坡洪积平台，坝线上移后比推荐坝址减少库容 $100\times10^4$ $m^3$ 左右，需增加坝高 4 m 左右，最大坝高 63 m，从地形条件看，本坝址合适建坝。

②下坝线

下坝线为本水库大坝推荐坝线，两岸山坡基本平缓，表面虽存在大小不一的豁沟，但沟道规模较小，可以通过开挖、回填等措施处理。设计根据右岸坡面相对平缓、沟道规模小的特点布置了溢洪洞，在左岸山体内布置导流放水洞，经布置坝顶轴线长为 461 m，最大坝高 56.82 m。从地形条件看，坝址合适建坝，本坝轴线在前期工作中进行了多次论证、勘察。

综上所述，从地形条件看上坝线轴线长度稍短于下坝线，但坝高高于下坝线近 4 m，工程量较大。且上坝线坝体轮廓处于沟豁地带，对于面板坝需建高趾墙。另外，坝轴线上移后，溢洪洞轴线增加 10 m，导流洞轴线长度增加近 70 m，工程投资较大，因此两坝线从地形条件分析，下坝线更具有优势。

(2) 地质条件分析

①上坝线

左岸地形坡度 30°～40°，植被发育较好，覆盖层以坡积碎石土层为主，厚度 2.0～

6.0 m不等，结构松散-中密，表层有机质含量较高，富植物根系及腐殖质。碎石土中碎石含量不均，在5%～70%之间，碎石岩性为板岩，一般粒径5～10 cm，最大35 cm，呈片状、板状，无磨圆，分选差。土以粉土或粉质黏土为主，黏粒含量15%～25%。

基岩多为下元古界砂质板岩与粉砂质板岩互层，层理发育，岩层呈薄层-中厚层状，其中ZK32附近有一宽约37 m的千枚状泥质板岩，单层厚度0.1～0.5 cm，呈极薄层状。岩层产状NW330°NE∠70°～80°，强风化岩体厚度12～16 m，弱风化岩体厚度17～26 m，基岩上部分布有厚度达7～10 m的倾倒岩体，倾倒后的岩层倾角34°～50°，岩体为层状-碎裂状结构，裂隙中夹有泥，局部架空，基岩透水率3Lu的埋深界线为40～50 m。

坝基沟谷段底宽250 m左右，覆盖层形成较为平坦的一级阶地，阶面高程2 890～2 893 m，具二元结构，表层0.4～0.8 m由腐殖土、黏土及中粗砂组成，结构松散，工程特性较差。下部第四系砂砾石层厚度15～24 m，局部夹有5～10 cm厚的淤泥质土、粉砂透镜体，卵砾以板岩为主，磨圆度差，呈次圆-次棱角状，出露最大孤石直径2～3 m。根据试验资料，其天然密度2.06～2.32 g/cm$^3$，天然干密度1.93～2.14 g/cm$^3$，颗粒级配：粒径>60 mm的平均占75.5%，2～60 mm的平均占18.3%，<2 mm的占3.7%，含泥量平均2.5%。砂砾石结构上部稍密，下部中密-密实，渗透系数$K$=5.68～33.66 m/d，属中等透水-强透水层，内摩擦角$\phi$=34°，$C$=0，允许承载力$R$=0.35～0.4 MPa，允许水力坡降0.12～0.15。沟谷段基岩为砂质板岩与粉砂质板岩互层，局部夹有千枚状泥质板岩，强风化厚度5～8 m，弱风化厚度19～29 m，强风化层岩体较破碎，裂隙发育。基岩中相对隔水层的埋深变化较大，其中透水率3 Lu的埋深界线为63～91 m。

右岸山体自然坡度35°～50°，表层与坡脚为坡积碎石土，厚度2～10 m，结构松散，为不良地基土。局部出露与下伏基岩为砂质板岩与粉砂质板岩互层，呈中-薄层状，岩层产状NW330°SW∠80°，岩体节理裂隙发育，岩体切割成块状，强风化岩体厚度10.5～15.6 m，弱风化岩体厚度24～43 m，基岩透水率3 Lu的埋深界线为58～66 m。

②下坝线

左坝肩山体自然边坡30°～45°，植被发育较好，表层2～6 m为坡积碎石土，碎石岩性为板岩，一般粒径5～10 cm，最大35 cm，呈片状、板状，无分选，土以粉质黏土为主，表层腐殖质含量丰富，有机质含量较高。基岩多为下元古界砂质板岩，岩层产状NW330°NE∠70°～80°，板理面发育，岩层呈薄层-中厚层状，其中有一宽约37 m的泥质板岩夹层。基岩上部分布有厚度达7～10 m的倾倒岩体，岩层倾角34°～60°，岩体为层状-碎裂状结构，裂隙中夹有泥，局部架空，强风化岩体厚度12～16 m，弱风化岩体厚度17～26 m，基岩透水率3Lu的埋深界线为40～50 m。

坝基沟谷段上部覆盖层形成较为平坦的一级阶地，表层为0.3～0.8 m腐殖土层，下部第四系砂砾石层厚度15～24 m，青灰色-灰白色，卵砾以板岩为主，磨圆度差，呈棱角-次棱角状，出露最大孤石直径2～3 m。其组成为：卵石含量55.2%～88.5%，平均75.5%；砾石含量6.7%～38.4%，平均18.3%；砂粒含量2.0%～7.4%，平均3.7%；不均匀系数5.73～68.73，平均27.95；曲率系数2.06～8.36，平均4.34。冲洪积砂砾石层局部夹有5～10 cm厚的淤泥质土、粉砂透镜体，由于夹层较薄，且分布不连续，因此夹层对工程影响不大。砂砾石结构小于 3 m 为稍密，大于 3 m 为中密。天然密度 2.09 $g/cm^3$，渗透系数 $K$=0.09～65.3 m/d，属中等透水-强透水层，内摩擦角 $\phi=34°$，$C=0$，允许承载力 $R$=0.35～0.4 MPa，允许水力坡降 0.12～0.15。

沟谷段基岩为砂质板岩与粉砂质板岩互层，局部夹有千枚状泥质板岩，强风化厚度 5～8 m，弱风化厚度 19～29 m，强风化层岩体较破碎，裂隙发育。受断层影响，基岩中相对隔水层的埋深变化较大，其中透水率 3 Lu 的埋深界线为 63～91 m。

右岸山体自然坡度 30°～50°，局部地段基岩出露，大部分被坡积碎石土覆盖，厚度 2～10 m，碎石含量 50%～60%，粉土充填，结构松散，为不良地基土。右岸基岩岩性为砂质板岩与粉砂质板岩互层，呈中-薄层状，岩层产状 NW330°SW∠80°，强风化岩体厚度 10.5～15.6 m，弱风化岩体厚度 24～43 m，基岩透水率变化无规律，3Lu 的埋深界线为 58～66 m。

综上所述，从地质条件看两坝线条件基本一致。

(3) 投资情况分析

在上、下坝轴线地形、地质优劣条件不显著的情况下，为了更加明确地比较坝轴线的优劣，对上下坝线进行了比选方案的设计，通过初步设计的工程量和投资对比进行选择，其工程量投资比较如表 3-3 所示。

从工程量及投资来看，由于上坝线坝高较高，大坝工程量大于下坝线，投资较下坝线增加 1 539 万元，下坝线具有较经济的投资优势。

**表 3-3　上下坝轴线工程量比较表**

| 序号 | 大坝建设内容 | 单位 | 下坝线大坝工程量 | 上坝线大坝工程量 |
|---|---|---|---|---|
| 1 | 坝肩开挖Ⅸ级岩石(利用料 60%,余运 1 km) | $m^3$ | 131 044.00 | 127 104.20 |
| 2 | 坝基开挖坡积碎石土(Ⅳ级运 2 km) | $m^3$ | 173 078.20 | 272 963.70 |
| 3 | 坝肩开挖坡积碎石土(利用料 80%,余运 2 km) | $m^3$ | 218 446.80 | 189 121.40 |
| 4 | 灌浆洞挖Ⅺ级岩石($L$=100 m, $S$=8.9 $m^2$) | $m^3$ | 1 272.70 | 1 210.00 |
| 5 | 下游边格网坡回填土(Ⅲ级土利用料) | $m^3$ | 2 400.00 | 2 550.00 |
| 6 | 上游Ⅲ级土盖重区(Ⅲ级土利用料) | $m^3$ | 70 302.80 | 99 750.00 |
| 7 | 下游坝脚开挖基坑回填(Ⅳ级土利用料) | $m^3$ | 15 750.00 | 14 750.00 |
| 8 | 跨趾板道路回填(Ⅳ级土利用料) | $m^3$ | 28 512.00 | 23 750.00 |
| 9 | 黏土铺盖(Ⅲ级土运 2 km) | $m^3$ | 56 200.00 | 61 750.00 |
| 10 | 坝肩砂砾料垫层料运 3 km(需加 55%筛分料) | $m^3$ | 4 608.00 | 6 430.00 |
| 11 | 垫层料(运 4 km) | $m^3$ | 84 683.72 | 80 104.00 |
| 12 | 特殊垫层料(运 4 km) | $m^3$ | 7 732.78 | 17 812.50 |
| 13 | 过渡层(4 km) | $m^3$ | 96 477.70 | 87 404.75 |
| 14 | 过渡带(70%开炸料运 2 km,30%利用料运 0.5 km) | $m^3$ | 59 411.00 | 53 550.00 |
| 15 | 上游主堆石填筑(开炸堆石料 2 km) | $m^3$ | 682 375.32 | 604 675.00 |
| 16 | 下游次堆石填筑(开炸堆石料 2 km) | $m^3$ | 369 925.81 | 576 530.00 |

续表

| 序号 | 大坝建设内容 | 单位 | 下坝线大坝工程量 | 上坝线大坝工程量 |
|---|---|---|---|---|
| 17 | 上游主堆砂砾石填筑(运 2 km) | $m^3$ | 738 173.04 | 678 300.00 |
| 18 | 坝顶填筑砂砾料(2 km) | $m^3$ | 7 399.48 | 4 512.00 |
| 19 | 下游干砌石护坡 | $m^3$ | 29 082.13 | 41 330.00 |
| 20 | C30 面板坝 | $m^3$ | 22 188.98 | 21 450.00 |
| 21 | C30 趾板混凝土(连接板) | $m^3$ | 3 525.21 | 3 265.00 |
| 22 | C30 内趾板混凝土 | $m^3$ | 1 143.45 | 1 170.00 |
| 23 | C25 防浪墙混凝土 | $m^3$ | 1 898.38 | 1 675.00 |
| 24 | C25 混凝土防渗齿墙 | $m^3$ | 1 541.65 | 978.00 |
| 25 | C25 混凝土基础 | $m^3$ | 17 809.22 | 12 730.00 |
| 26 | C20 坝顶坝面排水沟 | $m^3$ | 682.88 | 635.00 |
| 27 | C20 护坡框格 | $m^3$ | 1 440.20 | 1 408.00 |
| 28 | C20 混凝土踏步(素) | $m^3$ | 119.13 | 115.00 |
| 29 | C5 混凝土挤压边墙 | $m^3$ | 14 058.00 | 13 950.00 |
| 30 | 防渗墙造孔(80 cm) | $m^2$ | 4 841.80 | 4 656.34 |
| 31 | 浇筑防渗墙 | $m^3$ | 4 233.45 | 3 725.07 |
| 32 | 坝基帷幕灌浆造孔 | m | 14 146.00 | 18 300.00 |
| 33 | 坝基帷幕灌浆(单排自上而下 20～50 Lu) | m | 14 146.00 | 18 300.00 |
| 34 | 坝基帷幕灌浆检查孔及灌浆封堵 | m | 9 304.00 | 1 830.00 |
| 35 | 钢筋制作安装 | t | 3 520.70 | 3 389.90 |
| 36 | 投资 | 万元 | 28 253.90 | 29 793.28 |

(4) 坝线选定

经对坝址河谷段上、下坝线的比较，两坝线地质条件差异不大，但下坝线具有最佳的建筑物布置地形条件和投资优势，因此设计推荐下坝线作为最终大坝轴线。

## 3.2 溢洪洞及布置方案

### 3.2.1 进口型式及泄槽方案比选

(1) 进口型式比选

①进口地形、地质条件分析

西纳川水库溢洪洞布置在右坝肩，溢洪洞进口与等高线平行，山体坡面平缓，具备布置正槽式和侧槽式溢洪洞的条件，但正槽式进口靠近坝轴线，可缩短溢洪洞进口长度，开挖工程量相对较小，且布置形式简单。若要采用侧槽式，虽然地形地质条件满足，但由于侧槽式进口朝向坝体，为满足较好的进水条件，需调整侧槽进口角度，布置所需的空间相对较大，需向山体内部开挖，溢洪洞轴线长度延伸，且延伸段将处于碎石土层和部分强分化的地质地层之上，需大规模开挖和固结灌浆，这样势必会增加工程量和投资。所以从进口地形、地质条件考虑，采用正槽式溢洪洞较为合理。

②水流流态条件分析

正槽式溢洪洞：西纳川水库坝址上游主河床平顺，河道无蜿蜒曲折，建坝后水流平顺流进库区。在布置正槽式溢洪洞时，其中心线基本与下游河道中水流流向保持一致，溢洪洞下泄水流经泄槽、消力池，最后经末端扩散段流入主河道，水流基本沿直线流入下游河道，因此水流流态相对稳定，对下游河道两岸岸坡冲刷相对较小，回水影响小，对主坝坝脚不会造成冲刷破坏。

侧槽式溢洪洞：受地形条件和侧向进水口布置影响，水流侧向进入，溢洪洞中心线弧线布置，为平衡水流经侧槽弯道进入渐变段时的离心作用，泄槽剖面底部做成倾斜式，弯道前后还需要边墙圆弧连接段过渡，水流流态较为复杂，且下泄水流进入弧线段后，受溢洪洞右侧边墙约束，水流离心作用迅速加大，水面线急剧上升，引起强烈的水流扰动、冲击，水流流态紊乱，对溢洪洞结构受力不利。

从水流流态条件分析，正槽式溢洪洞要优于侧槽式溢洪洞。

③泄水能力要求分析

通过计算，当正槽式溢洪洞进口宽度 6 m 时，即可满足下泄要求，而侧槽式溢洪洞需要加宽至不少于 7 m 时才可满足下泄要求。其计算结果见表 3-4、表 3-5。

**表 3-4　6 m 宽正槽式溢洪洞进口调洪计算**

| 时段 | 水位 | 河道来水量 | 溢洪洞流量 | 下泄流量 | 备注 |
|---|---|---|---|---|---|
| 1 | 2 939.14 | 43.90 | 0.80 | 0.80 | |
| 2 | 2 939.63 | 98.60 | 6.28 | 6.28 | |
| 3 | 2 939.99 | 22.40 | 12.10 | 12.10 | |
| 4 | 2 940.09 | 34.00 | 14.07 | 14.07 | |
| 5 | 2 940.27 | 46.40 | 17.44 | 17.44 | |
| 6 | 2 940.44 | 42.10 | 21.08 | 21.08 | |
| 7 | 2 940.56 | 37.40 | 23.72 | 23.72 | |
| 8 | 2 940.67 | 44.30 | 26.24 | 26.24 | |
| 9 | 2 940.80 | 50.80 | 29.48 | 29.48 | |
| 10 | 2 940.92 | 43.50 | 32.21 | 32.21 | |
| 11 | 2 940.96 | 36.00 | 33.38 | 33.38 | |
| 12 | 2 940.98 | 37.40 | 33.92 | 33.92 | |
| 13 | 2 941.01 | 38.10 | 34.53 | 34.53 | |
| 14 | 2 941.02 | 35.80 | 34.92 | 34.92 | |
| 15 | 2 941.02 | 33.40 | 34.86 | 34.86 | |
| 16 | 2 941.00 | 31.10 | 34.43 | 34.43 | |
| 17 | 2 940.98 | 28.80 | 33.71 | 33.71 | |

表 3-5 7 m 宽侧槽式溢洪洞进口调洪计算

| 时段 | 水位 | 河道来水量 | 溢洪洞流量 | 下泄流量 | 备注 |
| --- | --- | --- | --- | --- | --- |
| 1 | 2 939.14 | 43.90 | 0.80 | 0.80 | |
| 2 | 2 939.63 | 98.60 | 6.27 | 6.27 | |
| 3 | 2 939.99 | 22.40 | 12.08 | 12.08 | |
| 4 | 2 940.09 | 34.00 | 14.05 | 14.05 | |
| 5 | 2 940.27 | 46.40 | 17.41 | 17.41 | |
| 6 | 2 940.44 | 42.10 | 21.05 | 21.05 | |
| 7 | 2 940.56 | 37.40 | 23.70 | 23.70 | |
| 8 | 2 940.67 | 44.30 | 26.22 | 26.22 | |
| 9 | 2 940.81 | 50.80 | 29.45 | 29.45 | |
| 10 | 2 940.92 | 43.50 | 32.18 | 32.18 | |
| 11 | 2 940.96 | 36.00 | 33.36 | 33.36 | |
| 12 | 2 940.99 | 37.40 | 33.90 | 33.90 | |
| 13 | 2 941.01 | 38.10 | 34.51 | 34.51 | |
| 14 | 2 941.02 | 35.80 | 34.90 | 34.90 | 与 6 m 宽时达到基本一致 |
| 15 | 2 941.02 | 33.40 | 34.85 | 34.85 | |
| 16 | 2 941.01 | 31.10 | 34.42 | 34.42 | |
| 17 | 2 940.98 | 28.80 | 33.71 | 33.71 | |
| … | … | … | … | … | … |

从调洪计算可以看出，正槽式与侧槽式溢洪洞的最大下泄流量都发生在第 14 时段，泄流量和校核水位都基本一致，但在满足最大泄流时，侧槽式进口溢流堰需 7 m 长，正槽式溢洪洞的堰长为 6 m，因此正槽式进口工程量和投资较侧槽式进口溢洪洞小，且正槽式溢洪洞较侧槽式溢洪洞结构简单、水流平顺、泄流能力大，运用较为安全可靠。

综合分析，正槽式溢洪洞要优于侧槽式溢洪洞，故初步设计阶段推荐溢洪洞进口为正槽式，进口溢流堰长定为 6 m。

(2) 泄槽方案比选

溢洪洞泄槽设计通常分为明流泄槽及泄洪洞方案，其各具优缺点，为了更加合理地确定溢洪洞泄槽方案，设计对其进行了分析比选。

明流泄槽方案是水库岸坡式溢洪洞常用的水工泄水建筑方案，其结构相对简单，可露天布置于风化岩层上，明流泄槽对于两侧壁周边岩体的完整度要求较低，但由于在山体坡面露天开挖，会形成高陡边坡，且需要大面积的边坡防护。本水库比选方案的岸坡式溢洪洞紧靠左坝肩，开挖边坡高达 30 m，且由于坡面表层为厚 3 m 的碎石土层，防护工程量大。拉寺木峡谷区风景宜人，水库大坝两坝肩有林木覆盖，明槽高边坡的开挖会破坏原有的生态环境，对当地的自然环境造成破坏。

泄洪洞方案即将溢洪洞泄槽段布置于右岸山体内，避免高边坡的形成且减少了边坡防护工程量，尽可能地保护当地生态环境。根据地质勘察，本工程右坝肩山体基岩完整，具有布置泄洪洞的条件。

表 3-6 对明槽方案、泄洪洞方案的主要工程量进行了对比分析，并进行了投资比较。泄洪洞方案较明流泄槽方案投资小，且从水库长远生态环境来考虑，设计阶段推荐泄洪洞方案。

**表 3-6　泄槽主要工程量对比**

| 序号 | 明槽方案 | | | | 泄洪洞方案 | | | |
|---|---|---|---|---|---|---|---|---|
| | 建设分项 | 单位 | 数量 | 单价 | 建设分项 | 单位 | 数量 | 单价 |
| 1 | 开挖碎石土 | $m^3$ | 49 930.00 | 32.93 | 开挖碎石土 | $m^3$ | 706.50 | 32.93 |
| 2 | 岩石明挖 | $m^3$ | 27 750.00 | 80.11 | 岩石洞挖 | $m^3$ | 5 572.00 | 319.94 |
| 3 | 结构混凝土 | $m^3$ | 4 303.00 | 608.45 | 结构混凝土 | $m^3$ | 2 661.00 | 608.45 |
| 4 | 边坡防护混凝土 | $m^3$ | 1 099.00 | 685.24 | 边坡防护混凝土 | $m^3$ | 13.90 | 685.24 |
| 5 | 钢筋 | t | 236.00 | 6 176.54 | 钢筋 | t | 205.00 | 6 176.54 |
| 投资 | 万元 | 869.61 | | | 万元 | 470.08 | | |

### 3.2.2　溢洪洞轴线布置方案比选

本项目前期(项目建议书、可行性研究阶段)溢洪洞方案推荐为开敞式溢洪洞，紧靠右坝肩布置。初步设计阶段对溢洪洞布置方案从地形、地质方面进行再次分析后做了最终确定。

(1) 地形因素分析

坝址右岸山体地形坡度 30°左右，坡面林木零星分布，地形相对平整，坡面走向没有大的突变改向现象，地表也不存在较大的坡面沟道，从地形因素来说，利于溢洪洞布置。坝址左岸山体地形坡度 35°左右，但存在多条大小不一的小型沟道，坡面不平整，导致溢洪洞平面布置时要避让沟道，其平面上路线难以平顺，且要防止洞身冒顶或围岩过薄，沟豁处岩石破碎难以成洞现象。另外，左岸山体表面林木覆盖密集，溢洪洞基础、边坡开挖会造成大片林地的破坏。从地形条件看，初步设计阶段仍推荐溢洪洞布置于右坝肩山体坡面之上(见图 3-4)。

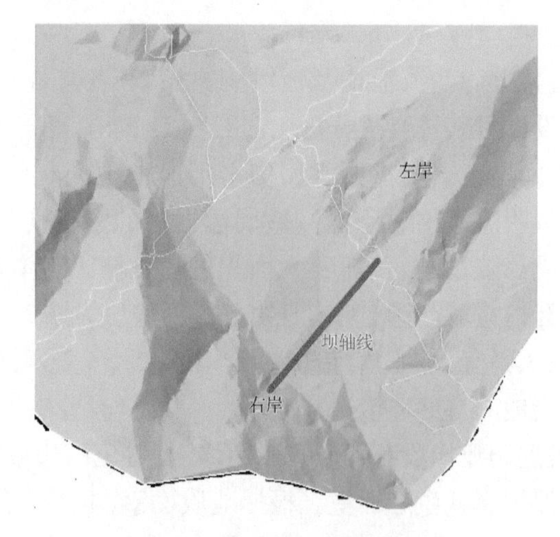


**图 3-4　坝址三维地形示意图**

(2) 地质因素分析

本工程大坝两岸地形等高线近平行，表层均有坡积碎块石土，厚度3～7 m，碎块石岩性为板岩，片状、板状，结构松散-中密，下部基岩为千枚状板岩，岩层产状NW333°～352° NE∠78°～82°，片理面发育，并发育顺坡向裂隙。

从地质条件分析，两坝肩山体地质成因相同，岩层性质基本相似，作为溢洪洞地基层承载力满足要求，但左岸表层岩石完整性差，须进行固结处理。左岸山体坡面由于存在多条冲沟，沟内碎石土堆积厚度大，根据本阶段地质勘察结论，岸坡表面存在倾倒体，岸坡防护工程量较右岸大，对于溢洪洞的形成不利。从地质条件看，设计右岸山体内布置溢洪洞是较为合理的。

## 3.3 放水洞及布置方案

### 3.3.1 进、出口控制型式比选

国内外水库放水方式通常有进口闸门控制和出口闸门控制两种方式。根据本工程特点，进行比选后确定方案。

(1) 有压洞方案

放水洞工作闸门设于洞出口，进口设检修闸门，施工期作为导流洞，使用时洞内为无压流，运行期作为放水洞，使用时洞内为有压流，此设计方案称为“有压洞”方案。此方案主要优势在于检修、工作闸门启闭塔分开布置，各单体建筑物结构尺寸小，工作闸门位于坝后，日常运行管理方便。

(2) 无压洞方案

放水洞工作闸门、检修闸门均设置于洞进口，施工期作为导流洞使用时洞内为无压流，运行期通过洞内另设放水管放水，洞身正常工况下不过水，仅在紧急放空时洞身泄水，但仍为无压流状态，此设计方案称为“无压洞”方案。

(3) 工程河流特性分析

一方面，日常来水泥沙含量较小，造成放水管淤堵的可能性小，泥沙多为洪水携带入库。但本库区为国有林场，区域内植被覆盖率较高，水库后期运行中将存在大量的草、根、落叶进入库区，加上本水库为多年调节水库，无法每年度放空冲淤，因此沉积物日常将通过放水洞排除，放水洞有压洞方案的进口端设置闸门可有效避免洞内的淤堵，因此具有一定的合理性。

另一方面，根据水库的日常供水方式，水库承担灌溉和城乡供水任务，坝址附近没有用水区域，供水区域最近点为拉寺木村，距坝址3.5 km，地形高程差有近50 m，放水洞出口无须保证水压。无压洞方案日常放水流量较小，在库前高水位情况下开启闸门放水，开启度较小，闸门开启度难以控制，水流出口为高速急流状态，对闸室底板抗冲蚀要求较高，因此，为便于放水控制，往往设旁通管进行放水，需在洞内全线铺设放水钢管。此方案进口启闭设施布置复杂，洞内需设人行、检修通道，放水管启闭操作困难，运行管理不便。

(4) 工程投资分析

两方案洞身长度不变,洞径考虑施工因素后按施工断面设计,开挖断面一致为3.3 m×3.3 m的城门洞型,两方案的投资差异在于启闭塔。有压洞方案检修、工作闸门分别设置于洞身进、出口,设有两座启闭塔,两启闭塔的单体结构尺寸小;无压洞方案检修、工作闸门设于洞进口,由一座启闭塔控制,其单体结构尺寸较大。两方案主要的工程量及投资对比如表3-7所示。

**表3-7 启闭塔主要工程量及投资对比表**

| 序号 | 进、出口分设检修、工作门启闭塔(有压洞) | | | | 进口设检修、工作启闭塔(无压洞) | | | |
|---|---|---|---|---|---|---|---|---|
| | 建设分项 | 单位 | 数量 | 单价(元) | 建设分项 | 单位 | 数量 | 单价(元) |
| 1 | 开挖碎石土 | $m^3$ | 35 134.00 | 32.93 | 开挖碎石土 | $m^3$ | 35 706.50 | 32.93 |
| 2 | 岩石明挖 | $m^3$ | 587.50 | 319.94 | 岩石明挖 | $m^3$ | 72.00 | 319.94 |
| 3 | 洞、井挖岩石 | $m^3$ | 2 733.00 | 346.85 | — | — | — | — |
| 4 | 结构混凝土 | $m^3$ | 1 423.90 | 700.00 | 结构混凝土 | $m^3$ | 4 151.00 | 700.00 |
| 5 | 锚筋 | 根 | 3 293.00 | 187.00 | 锚筋 | 根 | 647.00 | 187.00 |
| 6 | 钢筋 | t | 113.95 | 6 176.54 | 钢筋 | t | 336.00 | 6 176.54 |
| 投资 | — | 万元 | 460.92 | | — | 万元 | 630.09 | |

经综合分析两者的优缺点,最终选定在洞进口端设置检修闸门,在出口端设置工作闸门的方案,一方面可精简进口启闭塔结构和洞内管路长度,避免管、洞干扰,实现洞内无干扰冲淤放水;另一方面日常工作闸门启闭塔位于坝后,检修操作方便。从主体工程投资比较来看,有压洞方案也较无压洞方案具有优势。

### 3.3.2 进口启闭塔方案比选

按照进水口的布置及结构型式对其进行分类,可分为塔式、斜坡式、岸塔式及竖井式等,现就上述四种方案进行比较并确定放水洞进水口型式。

(1) 塔式进水口

塔式进水口独立于隧洞首部,其前置的特性决定塔身孤立于库区。本水库设计最大坝高为56.82 m,若采用塔式进水口,则塔身高度达56.82 m,高度较大,结构设计对其抗震稳定性、地基承载力等方面的要求较高,且此种型式需设置岸、塔连接交通桥,加上地形坡面较陡,会导致交通桥排架过高、过长。再者,排架基础要设在山体坡面基岩上,开挖工程量较大,故本次设计不采用。

(2) 斜坡式进水口

斜坡式进水口在较为完整的岩坡上进行平整开挖及护砌,在山体表面沿地形布置斜拉启闭设施。这种布置的优点是结构相对简单,施工、安装较为方便,但考虑到进口的山体基岩表面覆盖有坡积碎石土及碎石层,厚度为3~15 m不等,且山体较高、较陡,若采用此设计型式,其斜拉启闭设施均需沿坡面布置,从本工程的地形、地质条件看,需对斜拉启闭设施沿线的山体斜坡进行大面积清基、护砌,工程量较大。再者,由于下覆基岩面平缓，启闭拉索无法沿基岩面倾斜布置，需悬空置于库内，后期运行检修较为困难，故本次设计不采用。

(3) 岸塔式进水口

岸塔式进水口以半井半塔方式布置在山体前沿，其上半部分为塔，下半部分为井。此方案可有效减少井挖工程量。由于塔身适当后置于山体，与进口塔式相比其交通桥设施相对较短，本工程放水洞进口地形虽有布置条件，但山体表层覆盖层较厚，达 3～15 m，其下覆基岩面却平缓，其距洞进口靠前或靠后布置均有条件。若接近洞进口布置，具有较好的放水条件，但交通桥跨度大，排架高；若后置，虽有利于交通桥布置，但放水条件相对较差。

通过对岸塔式与竖井式进水口工程量进行对比，综合考虑水力和交通条件，拟将塔布置于距山体坡面 20 m 处，以避免多跨高排架的交通桥设置。但仍需大量清除山体表面覆盖层，尤其是交通桥的排架基础部分，且由于山体坡面较陡，启闭塔及交通桥基础施工开挖后，坡积碎石土层的边坡需大量防护工程，后期水库蓄水后工程将处于水下，容易造成边坡失稳，从而对排架基础及启闭塔造成影响，故不采用。

**表 3-8 岸塔式与竖井式进水口工程量对比表**

| 序号 | 项目 | 单位 | 竖井方案 | 半塔半井方案 |
|---|---|---|---|---|
| 1 | 岩石井挖 | $m^3$ | 2 184.67 | 4 383.93 |
| 2 | 碎石土开挖 | $m^3$ | 552.58 | 10 888.72 |
| 3 | 喷混凝土 | $m^3$ | 198.44 | 212.62 |
| 4 | 挂网钢筋 | $m^3$ | 3.97 | 4.25 |
| 5 | 锚杆 | 根 | 644.00 | 811.00 |

(4) 竖井式进水口

竖井式进水口是将启闭塔后置，完全处于山体内部，在岩体中开挖竖井，通过井壁衬砌形成竖井，闸门设在井底，顶部设置启闭机房及检修平台。此方案塔身于山体内部，可避免库区风浪和冰的影响，同时提高抗震和稳定性，且由于塔身置于山体岸坡之上，可通过开挖修建岸坡启闭机检修平台和道路，无须交通桥及排架，其井挖岩石工程量虽有增加，但边坡防护工程量小，避免交通桥架设，从本工程的地形地质条件来看，是较为合理的方式，故初步设计阶段进口启闭塔推荐此进口型式。

经综合比较分析，本工程进口检修门启闭塔采用竖井式方案。

### 3.3.3 进口位置及洞轴线布置方案比选

(1) 进口位置选择

为了合理确定导流放水洞进口位置，以减少边坡开挖及支护工程量，初步设计阶段根据地质情况，在能够成洞的前提下，对进口位置进行了详细分析比较。

设计分别选择洞 0＋025 m、洞 0＋035 m、洞 0＋045 m、洞 0＋060 m 处布置进口，并按 1∶0.75 和 1∶1 进行洞口开挖，边坡开挖示意图如图 3-5 所示。

(a) 进口桩号 0+025(开挖坡比 1：0.75)

开挖坡比：1：1
最大边坡高度：36 m
边坡开挖量：6 999.2 m³
边坡防护面积：1 010.7 m²

(b) 进口桩号 0+025(开挖坡比 1：1)

(c) 进口桩号 0+035(开挖坡比 1：0.75)

开挖坡比：1：1
最大边坡高度：38 m
边坡开挖量：58 631.2 m³
边坡防护面积：1 982.46 m²

(d) 进口桩号 0+035(开挖坡比 1：1)

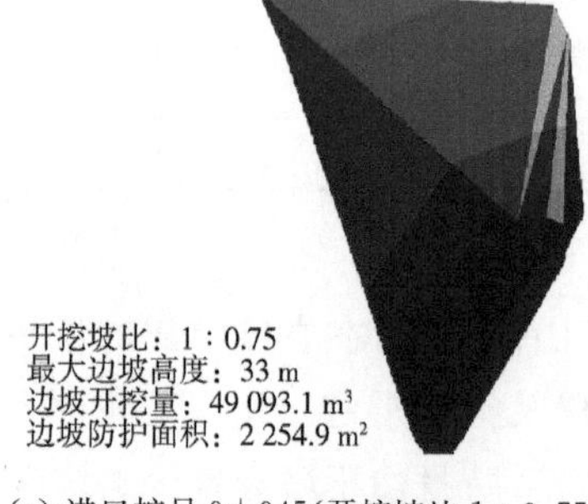


(e) 进口桩号 0+045(开挖坡比 1：0.75)

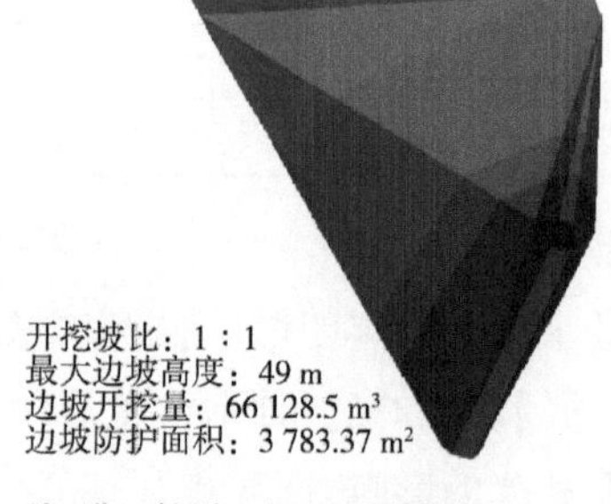


(f) 进口桩号 0+045(开挖坡比 1：1)

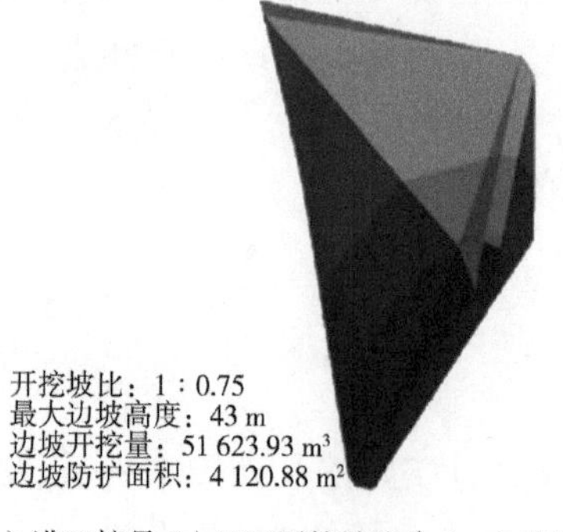


(g) 进口桩号 0+060(开挖坡比为 1：0.75)

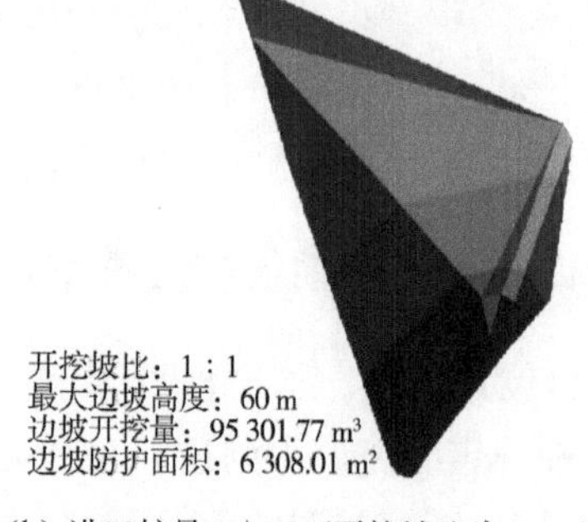


(h) 进口桩号 0+060(开挖坡比为 1：1)

**图 3-5　不同进口处边坡开挖示意图**

通过对不同桩号进口的开挖情况进行比较(见表3-9),洞口深入山体时,其围岩成洞条件好,但开挖边坡较高,蓄水后边坡的稳定性不佳,支护工程量也较大。为降低边坡高度及开挖、防护工程量,最终进口选择在0+025 m处,采取洞口支护方式后“及早进洞”。

**表3-9 不同进口处工程量对比表**

| 进口桩号 | 开挖坡比 | 最大边坡高度 | 岩石开挖 | 碎石土开挖 | 喷混凝土C15 | 锚杆 | 锚筋桩 | 框格护坡 | 钢筋混凝土挡墙 |
|---|---|---|---|---|---|---|---|---|---|
| | (1∶) | (m) | ($m^3$) | ($m^3$) | ($m^3$) | 根 | 根 | ($m^3$) | ($m^3$) |
| 0+025 | 0.75 | 13 | 5 452.03 | 4 846.25 | 82.23 | 660 | 96 | 151.20 | 924 |
| | 1 | 36 | 5 622.89 | 6 299.28 | 121.28 | 850 | 118 | 212.25 | |
| 0+035 | 0.75 | 20 | 9 899.35 | 23 098.49 | 126.84 | 889 | 123 | 221.97 | 1 258 |
| | 1 | 38 | 21 107.23 | 49 250.21 | 237.90 | 1 666 | 231 | 416.32 | |
| 0+045 | 0.75 | 33 | 20 619.09 | 38 292.60 | 270.59 | 1 895 | 263 | 473.53 | 3 033 |
| | 1 | 49 | 27 773.97 | 51 580.23 | 454.00 | 3 179 | 441 | 794.51 | |
| 0+060 | 0.75 | 43 | 24 779.49 | 37 169.23 | 494.51 | 3 462 | 481 | 865.38 | 4 000 |
| | 1 | 60 | 45 744.85 | 68 617.27 | 756.96 | 5 300 | 736 | 1 324.68 | |

(2)洞轴线布置方案比选

本工程坝址下游为河滩地,主河床位于右岸山脚,坝下游不存在其他设施,放水洞出口在左、右岸布置对下游均不造成影响,洞线布置从地形、地质等多方面进行分析比较后确定。

①地形因素分析

从地形方面分析,本工程大坝坝址处右坝肩坡面地形相对于左坝肩更平整,对布置地表建筑物有利,对于地下洞体的地形影响不显著。

首先从洞进口地形看,两岸山体在坝址附近均为顺河谷方向的坡面地形,导流放水洞均需垂直山体剖面进洞,然后在洞内进行拐弯变向,洞进口地形不是影响布置的决定性因素;其次从洞身布置地形条件看,坝址处两岸山体坡面向峡谷自然倾斜,两岸山体坡面走向顺峡谷总体呈平行,其洞身在山体内的布置走向一致,地表地形对洞身布置不会造成影响;最后从洞出口地形来看,坝体右岸岸坡顺山谷方向平缓,洞出口需进行拐弯变向才能出洞,坝左侧下游岸坡存在一豁沟,其出口布置于豁沟处,洞身相对较短。

经以上分析,在坝体右岸山体布置放水洞时,洞身相对较长,地形对洞体的布置影响较小。

②地质因素分析

从两岸地质条件分析,两岸山体表面均有碎石土覆盖层,下部为基岩,局部岩石出露,两岸岩体产状均为NW330°,与洞轴线大体成30°夹角。右岸覆盖层较厚,为3~7 m,坡脚坡积层厚度达28~30 m,导致洞进、出口洞脸的开挖方量大,进洞口作为水下工程,边坡处理工程量巨大;左岸覆盖层厚度比右岸小,为3.5~5 m,洞进、出口无坡积物,边坡处理工程量较小。

从洞身地质条件分析，左右岸山体基岩成因相同，均为千枚状板岩，岩层产状NW330°，节理面发育，成洞条件相差不大，洞身开挖均需临时支护。

③其他因素分析

导流放水洞最终的布置还需依据工程总体布置，由于右坝肩已布置有表面溢洪洞，为避免单项工程的相互干扰，经地形、地质、工程总体布置等因素考虑，放水洞最终布置在左坝肩山体内。

## 3.4 西纳川水库总体布置方案

### 3.4.1 挡水建筑物布置

根据坝址处实际地形和地质条件，垂直河床的东西向布置大坝，坝顶高程2 941.62 m，坝顶轴线长度为461 m。

### 3.4.2 溢洪洞布置

溢洪洞布置于右岸山体，由进水明渠段、控制段、溢洪洞、下游消能防冲段和出水渠组成，总长374.5 m。桩号0+010.9～0+025.1 m为堰前进水明渠段，进水渠长26.6 m，底宽13.4～6 m，桩号0+025.1处为溢流堰，堰宽6 m，堰顶高程2 938.98 m。桩号0+037.5～0+334.5 m为溢洪洞段，隧洞纵坡为$i=1/5.8$，洞室最大埋深43 m，桩号0+037.5～0+046.5 m断面为(宽×高)=4.7 m×4.6 m，桩号0+046.5～0+334.5 m隧洞断面为(宽×高)=3 m×3 m，隧洞为顶拱120°的无压城门型隧洞。桩号0+334.5～0+347.0 m为溢洪洞出口消能段，消能方式为挑流消能，消能段长12.5 m，泄槽为(宽×高)=3 m×2.2 m的矩形断面，挑流鼻坎高程为2 884.9 m，挑射角11°。桩号0+347.0～0+360.6 m为溢洪洞出口扩散段，扩散段长13.6 m，扩散角5°，底宽3～8.8 m。

### 3.4.3 放水洞具体布置

大坝左岸山体内布置放水洞，在考虑地质因素后，以不影响大坝和上游围堰布置为原则，导流放水洞进口布置在坝轴线上游225 m处，坐标为$X=445\ 712.33$、$Y=4\ 086\ 695.02$，启闭塔为竖井式，位于洞进口后169 m处。本导流放水洞洞身轴线在山体内进行两次转向，其洞内转弯点中心坐标分别为$X=445\ 822.51$、$Y=4\ 086\ 553.55$，$X=445\ 821.06$、$Y=4\ 086\ 410.67$，总体呈东西走向，在山体内的洞身长度为403.63 m。洞出口布置在坝左岸下游的一冲沟出口处，在冲沟口位置布置导流放水洞出口，距坝轴线下游168 m处，洞出口布置有消力池，采用底流消能方式。放水洞在施工期内作为导流洞使用，施工完成后在洞出口工作启闭塔前部设置$\varphi$600 mm支管，通过管道放水，并在洞出口处设置岔管，分别用于城乡生活用水、灌溉及下放生态基流口。

# 第四章 西纳川水库主要建筑物设计

西纳川水库作为Ⅲ等中型工程，其工程规模较大，涉及工程量较多。根据工程主要建筑物的布置方案，本章从工程项目的角度出发，主要阐述西纳川水库中各主要单项工程的设计过程及计算依据，包括挡水建筑物工程设计、溢洪洞工程设计、导流放水洞工程设计及边坡防护。通过对各单项工程设计方案的分析说明，由分至总，有利于把握西纳川水库工程整体的设计理念。

## 4.1 挡水建筑物工程设计

### 4.1.1 坝体设计

(1) 坝顶高程确定

根据调洪计算结果，水库的设计洪水位为 2 940.40 m、校核洪水位为 2 941.02 m，正常蓄水位为 2 938.98 m。坝顶在水库静水位以上的超高根据《碾压式土石坝设计规范》(SL 274—2020)确定，计算公式为：

$$y = R + e + A \tag{4-1}$$

式中：$y$ 为墙顶超高；$R$ 为最大波浪在坝坡上的爬高。

其中，正常运用条件下的 3 级坝，采用多年平均年最大风速的 1.5 倍；非常运用条件下，采用多年平均年最大风速。

①莆田公式

$$\frac{gh_m}{W^2} = 0.13\mathrm{th}\left[0.7\left(\frac{gH_m}{W^2}\right)^{0.7}\right]\mathrm{th}\left\{\frac{0.0018\left(\frac{gD}{W}\right)^{0.45}}{0.13\mathrm{th}\left[0.7\left(\frac{gH_m}{W^2}\right)^{0.7}\right]}\right\} \tag{4-2}$$

$$T_m = 4.438h_m^{0.5} \tag{4-3}$$

式中：$h_m$ 为平均波高；$T_m$ 为平均波周期；$W$ 为计算风速，西纳川水库地处高寒地区，每年 11 月至来年 3 月为水库冰封期，其风力对库水不产生风浪影响，因此复核时只考虑(4～10 月份)最大平均风速进行计算(大坝正吹向为西南风)；$D$ 为风区长度；$H_m$ 为水域平均水深；$g$ 为重力加速度，取 9.8 $m/s^2$。

平均波长 $L_m$ 的计算公式为：

$$L_m = \frac{gT_m^2}{2\pi}\text{th}\left(\frac{2\pi H}{L_m}\right) \tag{4-4}$$

平均波浪爬高 $R_m$ 的计算公式为：

$$R_m = \frac{K_\Delta K_w}{\sqrt{1+m^2}}\sqrt{h_m L_m} \tag{4-5}$$

式中：$R_m$ 为平均波浪爬高；$m$ 为单坡的坡度系数，若坡角为 $\alpha$，即等于 $\cot\alpha$；$K_\Delta$ 为斜坡的糙率渗透性系数，根据坡面类型为 0.90；$K_w$ 为经验系数，取 1.0。

经计算：最大波浪在坝坡上的爬高为 1.72 m。

②官厅公式

$$\frac{gh}{W^2} = 0.007\,6\,W^{-1/12}\left(\frac{gD}{W^2}\right)^{1/3} \tag{4-6}$$

$$\frac{gL_m}{W^2} = 0.331\,W^{-1/2.15}\left(\frac{gD}{W^2}\right)^{1/3.75} \tag{4-7}$$

式中：当 $gD/W^2 = 20 \sim 250$ 时，$h$ 为累计频率 5%的波高 $h_{5\%}$；当 $gD/W^2 = 250 \sim 1\,000$ 时，$h$ 为累计频率 10%的波高 $h_{10\%}$。

经计算：最大波浪在坝坡上的爬高为 1.69 m。

③风壅水面高度

$$e = \frac{KW^2D}{2\,gH_m}\cos\beta \tag{4-8}$$

式中：$D$ 为风区长度（$D$=1 550 m）；$K$ 为综合摩阻系数，取 $3.6\times10^{-6}$；$\beta$ 为计算风向与坝轴线法线的夹角；$A$ 为安全加高，正常运用情况 $A$=0.7 m；非常运用情况 $A$=0.4 m。

④防浪墙顶高程

水库正常高水位为 2 938.98 m，坝顶设防浪墙，为安全考虑，防浪墙与混凝土面板顶部的水平缝高程高于正常高水位。防浪墙顶高程取下面运用情况中最大值：设计洪水位＋正常运用条件的坝顶超高；正常蓄水位＋正常运用条件的坝顶超高；校核洪水位＋非常运用条件的坝顶超高；正常蓄水位＋非常运用情况的坝顶超高＋地震安全超高 1.0 m（包括涌浪高程）。计算结果见表 4-1。

⑤坝顶高程

根据《碾压式土石坝设计规范》（SL 274—2020）规定，坝顶高程按照以上运用条件计算，取其大值的原则，通过莆田公式和官厅公式两种计算最终确定，防浪墙墙顶高程为 2 942.82 m，取坝顶高程低于防浪墙顶高程 1.2 m，大坝坝顶高程为 2 941.62 m，大坝趾板清基高程为 2 888.0 m，经计算坝高为 53.62 m；坝轴线处清基最低点高程为 2 884.80 m，经计算坝高为 56.82 m，故最大坝高采用坝轴线处高程，最大坝高为 56.82 m。

(2) 坝体结构设计

①坝顶宽度

根据《混凝土面板堆石坝设计规范》(SL 228—2013),中、低坝坝顶宽度选用 5 m~10 m,本工程无特殊交通要求,结合坝体稳定、施工期交通及观测要求,并参照国内外已建成的混凝土面板堆石坝的坝顶宽度,本工程坝顶宽度取 6.0 m。坝顶后缘设混凝土排水沟,其结构尺寸 $b \times h = 30\ \text{cm} \times 30\ \text{cm}$。

**表 4-1 坝顶高程计算表**

| 运用条件 | 水位 $H$(m) | 波浪爬高 $R$(m) | 风壅水面高 $e$(m) | 安全加高 $A$(m) | 地震安全加高(m) | 防浪墙顶高程(m) | 坝顶高程(m) | 备注 |
|---|---|---|---|---|---|---|---|---|
| 设计洪水位+正常运用条件 | 2 940.40 | 1.72 | 0.001 28 | 0.7 | — | 2 942.82 | 2 941.62 | 莆田公式 |
| 正常蓄水位+正常运用条件 | 2 938.98 | 1.72 | 0.001 32 | 0.7 | — | 2 941.40 | 2 940.20 | |
| 校核洪水位+非正常运用条件 | 2 941.02 | 1.10 | 0.000 56 | 0.4 | — | 2 942.52 | 2 941.32 | |
| 正常蓄水位+非正常运用条件+地震安全加高 | 2 938.98 | 1.10 | 0.000 59 | 0.4 | 1.0 | 2 941.48 | 2 940.28 | |
| 设计洪水位+正常运用条件 | 2 940.40 | 1.690 | 0.001 28 | 0.7 | — | 2 942.79 | 2 941.59 | 官厅公式 |
| 正常蓄水位+正常运用条件 | 2 938.98 | 1.690 | 0.001 32 | 0.7 | — | 2 941.37 | 2 940.17 | |
| 校核洪水位+非正常运用条件 | 2 941.02 | 1.048 | 0.000 56 | 0.4 | — | 2 942.47 | 2 941.27 | |
| 正常蓄水位+非正常运用条件+地震安全加高 | 2 938.98 | 1.048 | 0.000 59 | 0.4 | 1.0 | 2 941.43 | 2 940.23 | |

②坝顶构造

大坝坝顶轴线长 461 m,设坝顶公路。坝顶路面作成单侧坡,坡度为 1%,并设置排水系统,以使坝顶路面不积水;坝顶路面材料为 C20 混凝土,厚度为 25 cm,下铺设 25 cm 厚砂砾石或碎石垫层。上游设防浪墙,坝顶不设专项人行道及照明设施。

坝顶结构详图详见图 4-1 所示。

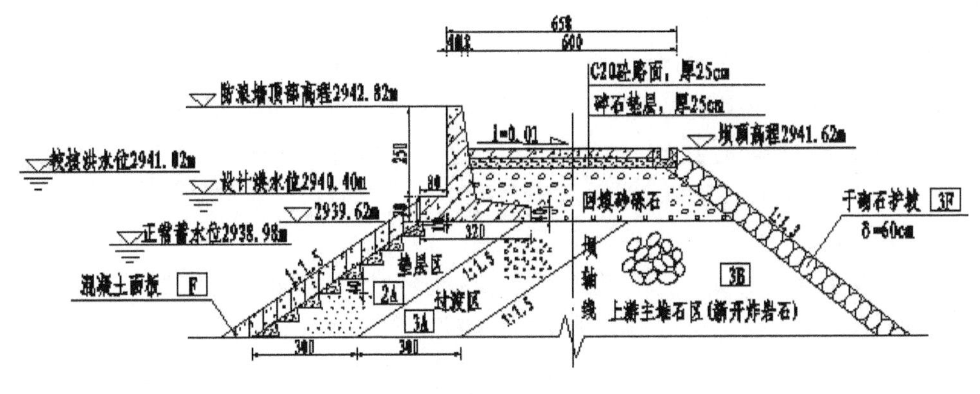


图 4-1 坝顶结构示意图

③坝坡的确定

根据《混凝土面板堆石坝设计规范》(SL 228—2013),当筑坝材料为质量良好的坚硬岩堆石料时,上、下游坝坡可采用1∶1.3～1∶1.4;当用质量良好的天然砂砾石料筑坝时,上、下游坝坡可采用1∶1.5～1∶1.6。西纳川水库面板坝堆石区采用开炸堆石料填筑。水库坝址附近可作为块石料的岩石为千枚状板岩,该岩石属坚硬岩石,设计参照类似工程大坝边坡,初拟西纳川水库的坝坡为上游取1∶1.5,下游综合坡比取1∶1.4。

### 4.1.2 坝料设计

(1) 坝内分区设计

①坝体分区原则

堆石坝坝体材料分区的目的:保证大坝安全运行的前提下,根据坝体各部位工作和受力条件、坝料来源、坝料性质,对各分区提出不同要求,充分利用建筑物开挖石料,降低工程造价、简化施工、缩短工期。

坝体分区原则:首先坝轴线上游对石质及级配的要求严格,其余部位要求相对较低,但也要有相应的要求。其次,应根据工程实际筑坝石料的质量、数量,具体确定分区线,整个堆石体在任何情况下均要求排水通畅。

坝体分区要求:第一,满足坝体各部位的变形协调,尽量减少变形量,减小面板和止水系统遭到破坏的可能性。坝轴线上游部位是承受水荷载的主体,此部分堆石体应具有较高的变形模量,坝轴线下游堆石体的变形模量可适当降低。第二,为使坝体排水通畅,各分区材料间应满足水力过渡要求,渗透系数从上游到下游递增。第三,合理利用建筑物开挖料。第四,分区尽可能简单,各分区最小尺寸满足机械化施工要求。

②大坝分区设计

大坝分区依据上述分区原则,共分垫层区(2A)、特殊垫层区(2B)、过渡区(3A)、上游主堆石区(3B)、主堆砂砾石区(3C)、下游次堆石区(3D)、过渡带(3E)、下游干砌块石护坡(3F)八个区;另在面板上游面2 905.0 m高程以下设粉土斜墙铺盖(1A)及其坝基开挖弃料盖重区(1B),共计十个区。

垫层区、特殊垫层区、过渡层等砂石料均从Ⅰ#块石料场按级配要求加工处理后使用。上游主堆石区采用Ⅱ#块石料场的开采料作为上坝料,质量能够满足技术要求。主堆砂砾石区料采用坝址上游Ⅰ#、Ⅱ#砂砾石料场的开采料作为上坝料,质量能够满足技术要求。下游次堆石区采用坝址上游Ⅱ#块石料场的开采料作为上坝料,质量能够满足技术要求。下游干砌块石护坡采用Ⅰ#块石料场开采的块石,人工铺设。粉土斜墙铺盖区采用下游防渗料场的粉土作为坝料。上游盖重区采用坝肩开挖的砂砾石及碎石土。

(2) 分区坝料设计

①垫层区(2A)

垫层区位于混凝土面板下部,为面板提供一个平整、均匀、可靠的支撑面。垫层料作为面板支撑及大坝的第二道防线,应具有以下特性:

第一,垫层料应具有级配良好、细料能填满粗料孔隙的特征,对面板起支承作用,以使面板所承受的水压力能均衡地传递给堆石体和坝基；

第二，垫层料应具有一定的防渗性和半透水性，要求渗透系数在 $10^{-4}$～$10^{-3}$cm/s 左右，以及在面板出现裂缝及止水失效时，能承担 70%以上的上、下游水位差并限制进入坝体的渗漏量，改善坝体稳定和抗渗性能；

第三，对粉细砂起反滤作用，在运行漏水时可起到堵塞渗流通道而起自愈作用，使修补工作简化；

第四，为保证压实后上游面的平整度，须限制最大粒径，要求 $D_{max}$≤80 mm；

第五，为了既满足半透水性要求又避免面板冻胀破坏，须控制含泥量（$D$<0.1 mm）小于 8%；

第六，施工时不易分离，便于整平坡面。

根据《混凝土面板堆石坝设计规范》（SL 228—2013）的规定，高坝垫层料应具有连续级配，最大粒径 80 mm～100 mm，粒径小于 5 mm 的颗粒含量宜为 30%～50%，小于 0.075 mm 的颗粒含量不宜大于 8%，压实后应具有内部渗透稳定性、低压缩性、高抗剪强度，并具有良好的施工特性。

《混凝土面板堆石坝设计规范》（SL 228—2013）中规定，垫层料应具有良好级配，内部结构稳定性或自反滤稳定要求。最大粒径 80 mm～100 mm，粒径小于 5 mm 的颗粒含量宜为 35%～55%，小于 0.075 mm 的颗粒含量宜为 4%～8%，压实后应具有低压缩性、高抗剪强度，渗透系数宜为 $1\times(10^{-4}\sim10^{-3})$cm/s；中低坝可适当降低对垫层料的要求。寒冷地区的垫层料渗透系数宜为 $1\times10^{-3}$cm/s～$1\times10^{-2}$cm/s。

本次设计依据砂砾石料场料源情况及大坝设计坝高、垫层料的选择应尽可能地利用料场砂砾石料为原则，以降低工程造价，因此初选Ⅰ＃、Ⅱ＃砂砾石料场料。经分析天然砂砾石料级配曲线基本平滑，级配连续，但天然砂砾石料中粗骨料含量较大，细骨料较少。垫层料作为传递面板应力的坝体重要分区，为保证坝体安全及实际施工中存在的差异性，设计对垫层料要求按照相对严格的谢腊德级配曲线制备，从本工程砂砾石料场级配分析，其天然料级配只有很少一部分位于谢腊德级配曲线以内，其余均位于谢腊德级配下线。天然料场级配曲线详见图 4-2、图 4-3，不能满足垫层料的要求。

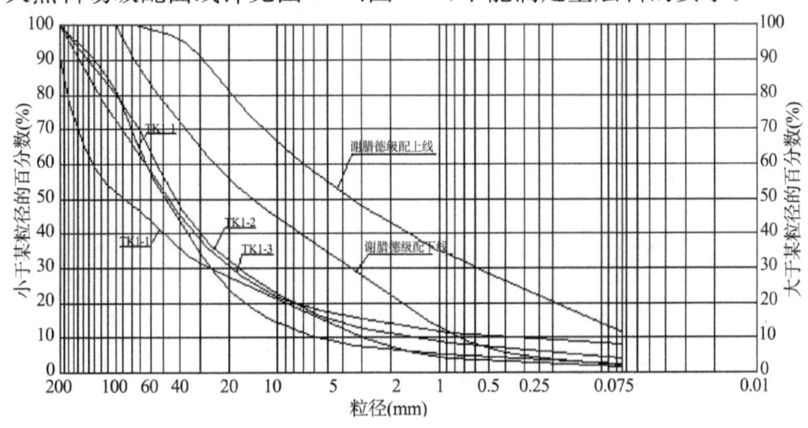


**图 4-2　Ⅰ＃砂砾石料场颗粒级配曲线图**

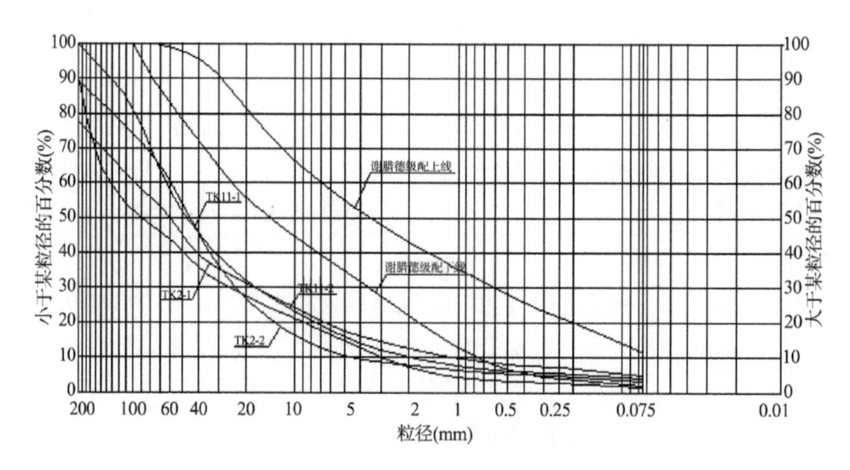


**图 4-3　Ⅱ＃砂砾石料场颗粒级配曲线图**

设计根据谢腊德曲线要求，垫层料粒径需小于 80 mm，因此设计剔除料场＞80 mm 粒径的料后进行级配分析，级配曲线如下图 4-4、图 4-5。

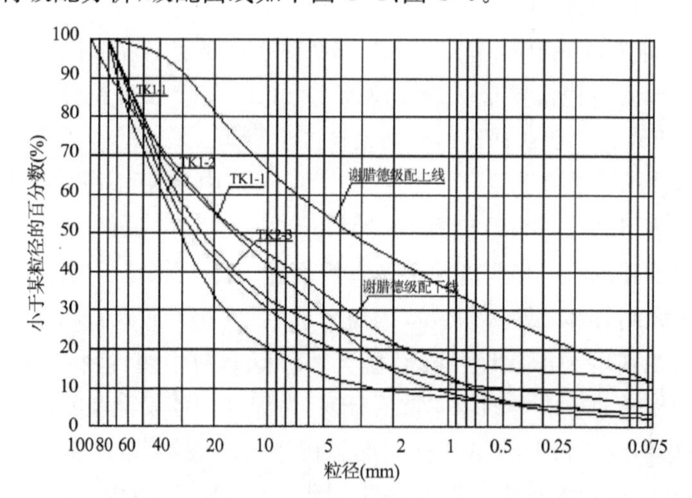


**图 4-4　Ⅰ＃砂砾石料场剔除 80 mm 粒径级配曲线图**

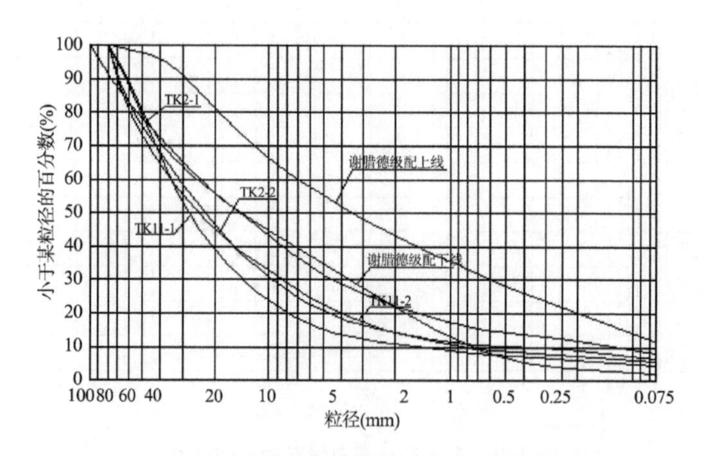


**图 4-5　Ⅱ＃砂砾石料场剔除 80 mm 粒径级配曲线图**

从剔除 80 mm 以上粒径的级配曲线分析，Ⅰ＃、Ⅱ＃料场粒径仍为偏粗粒径，不能满足谢腊德对垫层料的要求，若采用人工掺配料，需增加大量的细料，但区域内没有符合的细砂砾石料源，因此考虑人工制备。

人工制备料考虑到施工需要及同类工程类比，选定垫层的水平宽度为 3.0 m。垫层区设计填筑标准为：铺筑层厚 30 cm，18 t 以上振动碾碾压 6 遍，上游坡振动斜碾碾压 6 遍(上振下不振)，相对密度 $Dr \geqslant 0.8$，设计干容重 $\gamma d > 2.2\ \mathrm{t/m^3}$，孔隙率 16%～18%，渗透系数为 $10^{-3}$ cm/s，要求垫层料<5 mm 颗粒的含量占 35%～55%，$D < 0.075$ mm 含量小于 8%，不均匀系数 $Cu \geqslant 5$，要求级配良好、连续，且基本平行于谢腊德级配曲线。

②特殊垫层区设计(2B)

特殊垫层区设置于周边缝下游侧，为铜止水提供密实、均匀、平整的支撑面，当止水局部破坏出现渗漏时，可加强垫层料对渗流的控制。断面为梯形，顶宽 2.0 m，下游坡比 1∶1。

由于周边缝是混凝土面板坝很重要的部位，对其下游第二道防线提出更高要求，采用比垫层料更细的反滤料对粉细砂起更好的反滤作用。根据《混凝土面板堆石坝设计规范》(SL 228—2013)要求于此区要求适当提高填筑标准，粒径不超过 40 mm，参照类似工程经验设计，该区料制备时将垫层料中大于 40 mm 粒径剔除即可。最终确定特殊垫层区 2B 区：$D\max \leqslant 40$ mm，加水泥 2%～3%，铺层厚 20 cm，总厚 3.0 m；采用轻型振动设备碾压 8 遍压实，设计干容重 $\gamma d > 2.2\ \mathrm{g/cm^3}$，渗透系数<$10^{-3}$，孔隙率 $n$<16%～18%。特殊垫层区的布置如图 4-6。

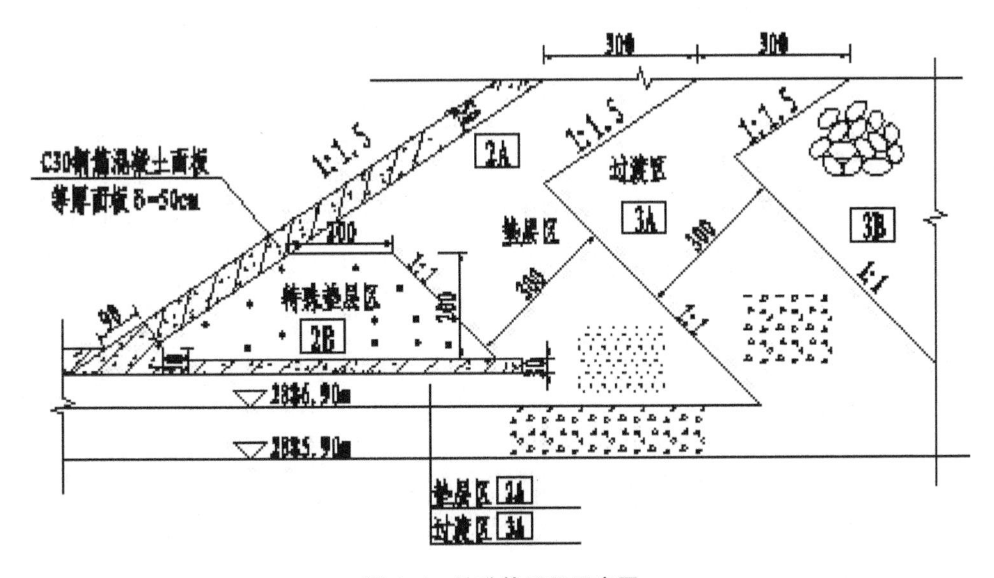


图 4-6 特殊垫层区示意图

③过渡区(3A)

该区是为满足垫层与主堆石的水力过渡而设置。水平宽度 3.0 m，等宽布置。为防止垫层中的细料在渗透水流作用下流失，从而导致垫层料渗透破坏，其颗粒级配须满足垫层与堆石体的水力过渡要求，根据《混凝土面板堆石坝设计规范》(SL 228—2013)要求其级配连续，最大粒径宜为 300 mm，压实后应具有低压缩性和高抗剪强度，并具有自由排水性。

本大坝过渡料从质量相对较好的Ⅰ＃砂砾石料场筛分，对规范要求的低压缩性、高抗剪强度是容易保证的。从工程经验分析，砂砾石通过碾压达到设计相对密度后，本身具有低压缩性，一般粗砂压缩系数 $\alpha_{1-2}<0.1\ MPa^{-1}$，抗剪摩擦角达 35°，符合规范要求。但按规范剔除 300 mm 以上粒径后，从料源级配曲线分析，其平均级配曲线基本均匀，属于级配连续，级配曲线如图 4-7 所示。

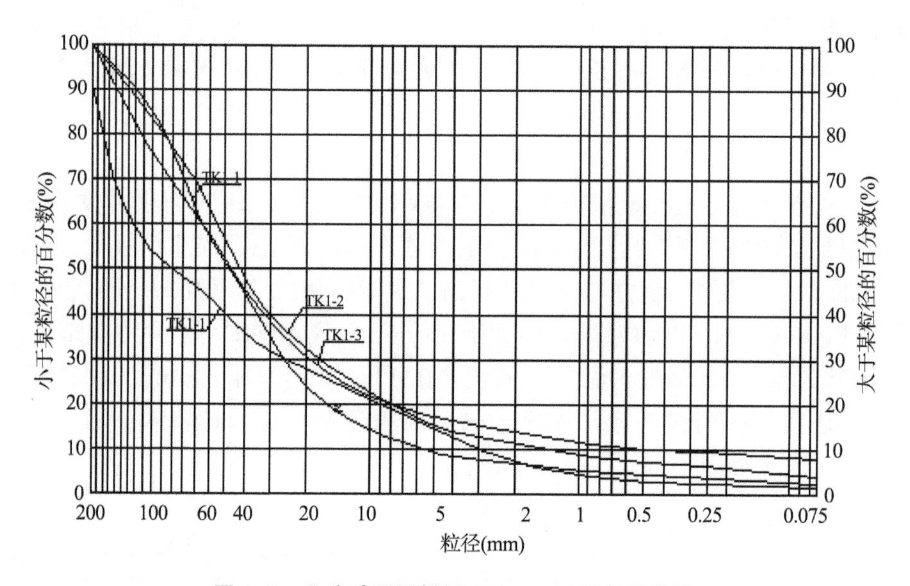


**图 4-7　Ⅰ＃砂砾石料场 300 mm 以下级配曲线**

从料源级配曲线可看出，300 mm 以下粒径的级配曲线基本平滑，属于级配连续料，虽不属于优良级配，但满足规范对过渡料级配连续的要求。本工程大坝属于中坝，可适当放宽对过渡料的要求，因此设计认为筛除 300 mm 以上颗粒后，各项参数满足规范要求，可作为过渡料使用，同时为满足过渡层排水能力，要求 $D\leqslant0.1$ mm 含量小于 5%。

过渡层在坝顶部水平宽度为 3.0 m。上游边坡为 1∶1.5，下延至趾板底部，下游边坡为 1∶1。铺筑层厚 50 cm，18 t 振动碾碾压 8 遍，设计干容重 $\gamma d=2.3\ t/m^3$，渗透系数$<10^{-3}$，孔隙率 $n\leqslant18\%\sim22\%$，相对密度 $Dr\geqslant0.8$ 控制。另外在砂砾石基础段与主堆砂砾石之间设 2.0 m 厚的过渡带，填筑碾压标准同坝体过渡层。本工程砂砾石料场料剔除 300 mm 以上粒径后可以直接上坝。

过渡料初步确定后应验证其对于垫层料起反滤保护作用，本工程确定的垫层料不均匀系数小于 8，按照反滤以保护垫层料中细料不流失为目的，依据《碾压式土石坝设计规范》(SL 274—2020)中的太沙基反滤要求进行计算，其粒径如下：

垫层料(被保护的无黏性土)：$d_{15}=0.65$ mm；$d_{85}=45$ mm；

过渡料(反滤料):$D_{15}=2$ mm;

太沙基反滤准则:$D_{15}/d_{85}\leqslant4\sim5$;$D_{15}/d_{15}\geqslant5$;

反滤计算结果:$D_{15}/d_{85}=2/45=0.04$;$D_{15}/d_{15}=3/0.65=3.08$。

从计算结果看,坝体垫层与过渡层之间不满足反滤要求,过渡料偏细,这对于保护垫层中的细粒部分较为有利,即滤土效果良好,但有可能导致坝后排水不利的情况发生。该坝为混凝土面板堆石坝,过渡料后为粒径相对较大的块石填筑,块石透水性能较好,能保证过渡层渗水的顺利排除,故剔除 300 mm 以上颗粒的Ⅰ#砂砾石料场料可以作为过渡料。

④主堆石区(3B)

该区是大坝的主料区和主要承载结构。分区顶部高程 2 930.0 m,与防浪墙底部齐平。本区填筑料设计时,对工程区内的砂砾石、块石料特性进行了分析,其Ⅰ#、Ⅱ#砂砾石料场总储量 $135\times10^4$ $m^3$,不能满足坝体全部填筑需求;块石料场储量大于 1 $300\times10^4$ $m^3$,完全满足坝体填筑需求。

坝体设计中设计优先考虑采用造价相对便宜的天然砂砾石料,但经分析地质勘察资料,选定的Ⅰ#、Ⅱ#料场砂砾石存在级配不良,质地不均一,天然含泥量高等特性,坝料全部采用砂砾石时储量不足,主堆石区(3B)作为支撑面板的主要区域,其料源级配将影响坝体渗透稳定和填筑质量,从而对坝体稳定及面板的受力变形产生不利因素,作为需求量较大的填筑料,对此区料进行人工掺配或筛分达到设计指标是不可取的,也将显著增加工程投资,同时采用砂砾石填筑此区还需增加块石排水区,增加坝体结构的复杂性。同时,考虑到水库以灌溉、供水为主要任务,后期运行时水位将频繁降落,因此要求上游区宜采用排水性能良好、料源质量有保证且均一的开炸堆石料填筑时,可对面板提供均匀可靠的支撑体,以减少在水压力作用下面板接缝产生过大的三维变形,保证止水的可靠性,同时可放陡坝坡,节省坝体的填筑方量。经综合考虑,设计最终确定此区采用开炸堆石填筑。

根据地质勘察块石料场,本次大坝开采堆石为坚硬岩石填筑料,根据《混凝土面板堆石坝设计规范》(SL 228—2013),其小于 5 mm 颗粒含量不宜超过 20%,小于 0.075 mm 的颗粒含量不宜超过 5%,未明确级配要求,但在《混凝土面板堆石坝设计规范》(SL 228—2013)中规定堆石料碾压后应宜有良好级配。据规范要求,设计根据国内外的设计经验,坝料要求 $D_{max}\leqslant800$ mm,$D\leqslant0.075$ mm 的含量小于 5%,块石料开采时应注意级配要求,在做现场碾压后,由设计确定。为了保证现有施工设备碾压密实,设计要求剔除大于 800 mm 粒径的大石后即可上坝,填筑层厚 100 cm,18 t 振动碾压 6~8 遍,渗透系数$>10^{-2}$,孔隙率 $n=22\%$,用料由坝址上游Ⅱ#块石料场开采,坝址下游Ⅰ#块石料场作为备用料场。

⑤主堆砂砾石区(3C)

本区为充分利用河床现有的天然砂砾石料而设置,以降低工程造价。砂砾石区规范未明确要求其级配,对其填筑料的设计指标相对较低,从坝体分区结构看,坝体主堆石区为开炸堆石料填筑,坝基渗属于强透水,均具备良好的排水性能,且要求垫层料、过渡料筛分后粗砂均被要求填筑于此区底部作为排水带,因此坝体主堆石排水性能良好。从有限元渗流计算结果看，由于坝前块石区排水良好，本填筑区处于干燥区，因此设计为充分利用河谷砂砾石料，降低工程投资。在大坝下游设置砂砾石填筑区，参考同类工程经验及料源情况，坝料要求 $D_{max}$≤400 mm，$D$≤5 mm 的含量占 35%～55%，$D$<0.075 mm 含量小于 8%。填筑层厚 60～80 cm，18 t 以上振动碾压 6～8 遍，设计干容重 $\gamma d$ = 2.20 t/m³，渗透系数>$10^{-3}$，相对密度 $Dr$≥0.8 控制。

本区所用Ⅰ＃、Ⅱ＃砂石料粒径基本在 400 mm 以下，因此可直接开采上坝。

⑥下游次堆石区(3D)

该区位于主堆砂砾石区下游，该区对坝体填料要求相对较低，不要求其排水性能，保证坝坡稳固即可，为减少投资，该区主要部分利用建筑物开挖料、料场碎石料等填筑。

该区次堆石总量约为 $53.6\times10^4$ m³，为了降低工程投资充分利用各种开挖料，做到安全、经济，该区利用两坝肩开挖岩石料(开挖料利用率为 60%)，其余采用开炸料，运距 2 km。下游次堆石区设计填筑料要求 $D_{max}$≤800 mm，$D$≤5 mm 的含量占 0%～20%。铺筑层厚 120 cm，18 t 振动碾碾压 6～8 遍，设计干容重 $\gamma d$=2.2 t/m³，渗透系数<$10^{-2}$，相对密度控制在 $Dr$≥0.8。

⑦过渡带(3E)

该区是为了满足主堆砂砾石区与河床洪积碎石土区的水力过渡而设置。该区对其填筑料的设计指标相对较低。设计填筑料要求 $D_{max}$≤300 mm，$D$≤5 mm 的含量占 15%～30%。铺筑层厚 60 cm，18 t 以上振动碾碾压 6 遍，设计干容重 $\gamma d$=2.3 t/m³，渗透系数<$10^{-3}$，相对密度 $Dr$≥0.8 控制。本区所用坝料为导流放水洞、溢洪洞开挖岩石料(开挖料利用率为 70%)，不足料采用开炸料。

⑧下游干砌块石护坡(3F)

为保护下游坝坡不受雨水冲蚀，在下游坝面设置干砌块石护坡，厚度 0.6 m。充分利用板岩爆破开采中的超径石、大块石进行砌筑，并逐层铺填级配料整平压实。

⑨上游粉土铺盖区(1A)

上游铺盖的作用为当面板局部开裂和止水系统受损后，防渗土料随水流带进缝中，经面板下垫层料的反滤作用，淤堵裂缝恢复防渗性能，起辅助防渗的作用，提高坝体的防渗可靠性。坝前铺盖顶部高程 2 905.0 m，顶宽 3 m，上游坡 1∶1.5。采用位于上坝址 2 km 的拉寺木土料场土料填筑，本料场土为含碎石的粉土料，其作为面板坝坝前防渗铺盖，《混凝土面板堆石坝设计规范》(SL 228—2013)对粉土料无明确规定，设计参照《碾压式土石坝设计规范》(SL 274—2020)中对碎石土防渗土料的规定，要求大于 5 mm 的碎石含量不大于 50%，最大粒径不宜大于 150 mm，0.075 mm 以下颗粒含量不小于 15%，并剔除土体表层的植物根系后上坝。斜墙铺盖用轻型振动碾振动碾压 4 遍，斜碾 4 遍。

⑩上游盖重区(1B)

该区是为了保护上游粉土防渗铺盖区而设置，采用坝肩所开挖的砂卵石及碎石土填筑，盖重区顶部高程同防渗补强区顶部高程，为 2 905.0 m，顶部水平宽度 5.0 m，坡度为 1∶2.5。盖重区用轻型振动碾振动碾压 6～8 遍，其铺盖压实度要求为 0.96，盖重区相对密度为 0.75。

以上各区碾压参数均需通过现场碾压试验确定，具体填筑参数如表 4-2。

**表 4-2 大坝主要填筑料参数表**

| 分区 | 代号 | 粒径要求 | 填筑方法 | 孔隙率（%） | 渗透系数（cm/s） | 干容重（$g/cm^3$） | 相对密度 | 备注 |
|---|---|---|---|---|---|---|---|---|
| 上游铺盖区 | 1A | δ=30 cm 振动碾压 4 遍，斜碾 4 遍 | δ=30 cm 振动碾压 4 遍，斜碾 4 遍 | | $\leqslant 10^{-5}$ | 1.78 | | 拉寺木土料场 |
| 上游盖重区 | 1B | δ=30 振动碾压 6～8 遍 | δ=30 振动碾压 6～8 遍 | | | 2.1 | | 利用两坝肩开挖坡积土 |
| 上游防渗体 | F | 混凝土面板，二级配，标号 C30F300W10 | 现浇 | | | | | |
| 垫层区 | 2A | δ=30 cm 振动碾压 6 遍，斜碾 6 遍 | δ=30 cm 振动碾压 6 遍，斜碾 6 遍 | 18% | $10^{-3}$～$10^{-2}$ | | 0.8 | 人工制备 |
| 特殊垫层区 | 2B | D≤40 mm 的良好级配，加水泥 2%—3% | δ=20 cm 轻型碾压 6～8 遍 | 18% | $<10^{-3}$ | | 0.8 | 人工制备 |
| 过渡区 | 3A | D<5 mm 含量占 15%～30% | δ=50 cm 振动碾压 8 遍 | 20% | $>10^{-3}$ | | 0.8 | 人工制备 |
| 上游主堆石 | 3B | D<5 mm 含量占 0%～20% | δ=100 cm 振动碾压 6～8 遍 | 22% | $>10^{-2}$ | | | 反滤通过现场试验验证 |
| 主堆砂砾石 | 3C | D<5 mm 含量占 35%～55% | δ=60 cm 振动碾压 6～8 遍 | | $<10^{-3}$ | 2.2 | 0.8 | Ⅰ#、Ⅱ# 砂砾石料场 |
| 下游次堆石 | 3D | D<5 mm 含量占 0%～20% | δ=120 cm 振动碾压 6～8 遍 | 22% | $>10^{-2}$ | | | 反滤通过现场试验验证 |
| 过渡带 | 3E | D<5 mm 含量占 15%～30% | δ=40 cm 振动碾压 6 遍 | 20% | $>10^{-3}$ | | | 反滤通过现场试验验证 |
| 干砌块石护 | 3F | 人工砌筑 | | | | | | |

注：表中各参数可与同类工程类比求得，填筑标准必须通过现场碾压试验确定。

### 4.1.3 防渗结构设计

（1）坝基防渗处理

坝基防渗处理包括砂砾石河床段坝基与两坝肩基岩防渗处理。

①砂砾石河床段坝基防渗

设计根据河谷深厚覆盖层及两坝肩岩石风化、透水情况，在河谷砂砾石河床段（0+130～0+420 m 段）采用混凝土防渗墙防渗，墙厚采用 80 cm，防渗墙自墙顶 9 m 深度范围内采用 C30 钢筋混凝土，9 m 深度以下为 C25 素混凝土，底部深入基岩 1.0 m，并考虑到后期抵抗趾板应力及变形，在墙体顶部 9 m 深墙体中布设钢筋笼，防渗墙渗透系数要求不大于 $1\times10^{-6}$ cm/s，由于防渗墙不能过深嵌入基岩至 5 Lu 线以下，因此待河谷段坝基防渗墙施工时，在钢筋笼内焊接预埋 $\varphi$90 mm 钢管，墙体中心部位每 1.5 m 设置一个，至防渗墙底部，待防渗墙施工完毕后进行帷幕灌浆，帷幕灌浆采用单排，孔距 1.5 m。

②两坝肩基岩防渗处理

设计考虑到两坝肩趾板位于强风化层内，岩石较为破碎，为有效提高岩石的不透水性能，防止绕坝渗漏，左、右坝肩根据《碾压式土石坝设计规范》(SL 274—2020)的坝基防渗要求，在趾板沿线及坝肩进行帷幕灌浆，鉴于基岩产状及风化程度，设计帷幕为两排，孔排距为 1.2～1.5 m，并应在固结灌浆后进行，帷幕灌浆方法为自上而下分段灌浆，灌浆起始压力初定为 0.3 MPa，施工时根据试验确定。

另外坝轴线左右两岸山体基岩风化严重，其与 5 Lu 交线范围内也需帷幕灌浆，由于山体岸坡倾斜，无法进行帷幕灌浆，因此在 2 941.62 m 高程左坝肩设一条长 60 m 的灌浆平洞，右坝肩设一条长 70 m 的灌浆平洞，平洞型式为城门洞型，底宽 3.0 m，高 3.5 m。

(2) 混凝土面板设计

混凝土面板是面板堆石坝的主要防渗结构，位于坝体的上游表面，面板的变形、应力状态受水压力和堆石体的沉降影响。面板设计应满足以下几点要求：第一，应具有较低的透水性，满足防渗要求；第二，应具有足够的柔韧性，以适应坝体的变形；第三，具有足够的强度，以承受一定的不均匀变形，防止面板变形引起的开裂；第四，满足耐久性要求。

①面板厚度

根据《混凝土面板堆石坝设计规范》(SL 228—2013)，并参考国内已建工程，本工程面板厚度按式(4-9)确定：

$$T = t_0 + (0.002 \sim 0.0035)H \tag{4-9}$$

式中：$T$ 为面板厚度；$H$ 为计算断面至面板顶部的垂直距离。

为了便于在面板内布置钢筋和止水，其相应最小厚度 $t_0$ 为 0.3 m，$H$ 最大为 56.82 m，计算的面板厚度 $t$=0.3～0.478 m，由于河床段趾板置于砂砾石基础，为保证安全，面板厚度取大值，最终采用等厚面板 50 cm。

②面板宽度

根据当地的气候条件、地基类型、施工条件的不同，在面板内部及其周边将产生不同的温度应力与沉降变形应力，这些应力有可能导致产生极其有害的裂缝，为了保证混凝土面板的整体性且满足防渗要求，常用的措施有多种。面板分缝是其中最有效而且比较经济的措施之一。

根据坝体和坝基可能产生变形的情况，对面板及其周边进行合理地分缝，以增加面板的整体柔性，消除有害裂缝，并在人为设置的缝中布设止水设施，防止产生渗漏，保证防渗的连续性。面板垂直缝间距即面板的宽度主要由坝体变形和施工条件决定，根据《混凝土面板堆石坝设计规范》(SL 228—2013)，垂直缝间距 8 m～16 m。参考国内已建根据三维有限元计算成果，河床受压区每 12 m 设置一条垂直缝；为使靠近岸坡的面板更好适应不均匀变形，在两岸的受拉区每 8 m 设置一条垂直缝。面板一次拉成，不设永久水平缝。

③面板混凝土技术指标

面板是坝体防渗的主体结构，应具有较高的耐久性、抗渗性和抗裂性。由于坝址地处高寒地区，因而需着重考虑冰冻对面板的作用和影响，根据已建工程经验，面板混凝土标号采用C30，抗渗标号W10，抗冻标号F300。考虑到面板一次拉成，为方便施工，水上、水位变幅区及水下采用相同的抗冻标号。为减小水位变幅区及水下面板的冻融破坏，表面涂刷保护材料。面板混凝土采用525＃硅酸盐水泥，水胶比为0.33，水灰比小于0.55，溜槽入口处的坍落度为5～7，采用二级配混凝土掺引气剂，强度保证率为95%。在水位变动区，根据小干沟和黑泉的经验混凝土中仍拟掺加5%的硅粉，在掺加1%的高效减水剂。另外在面板混凝土中掺入新型高分子材料——混凝土伴聚丙烯腈纤维，以起到增强防裂作用。

④面板配筋

混凝土面板配筋的主要作用有：控制或避免由于混凝土的干缩和硬化时自身体积变形引起的裂缝；控制或避免由于混凝土硬化初期的温升、运行期外界温度变化引起的温度裂缝；承受拉应力，控制或减轻由于面板拉应力超过混凝土抗拉强度引起的面板张拉裂缝。

面板钢筋采用双层双向配筋，每向配筋率0.4%，钢筋位于面板中部；同时在周边缝及邻近周边缝的垂直缝两侧配置抵抗挤压的构造钢筋，以防止面板边缘局部可能产生的挤压破坏。

⑤面板防裂措施

第一，对于坝体不均匀沉降引起的面板裂缝，主要是减小坝体变形对面板受力的影响，首先考虑到覆盖层压缩变形较大，对坝轴线以上覆盖层予以挖除；其次对坝体材料特别是主堆石料、过渡料和垫层料提出了较为严格的材料、级配及压实标准，坝体材料应具有低压缩性。施工时尽量将整个坝面平起填筑，分期填筑时填筑高差小于10 m，避免由于坝体的不均匀沉降造成的面板脱空而产生结构性裂缝。

第二，对于温度、干缩性裂缝，首先通过对混凝土原材料的优选，在不影响混凝土性能指标的前提下，选择抗拉强度高、水化热低、干缩小、极限拉伸大、弹性模量低和施工性能好的混凝土配合比，并通过添加抗裂减渗剂等外加剂提高混凝土的抗裂性能；其次，减轻垫层对面板的约束，采用垫层上游喷乳化沥青，施工中严格控制垫层表面的平整度等措施；最后，选择合适的施工时段，采取适当的温控措施，改善面板的温度应力，以减少面板温度、干缩性裂缝，严格控制施工工艺，加强混凝土养护，采取有效的保温、保湿措施等。

第三，为提高混凝土的抗裂能力，考虑在混凝土中掺加抗裂减渗剂。

第四，垫层料的挤压边墙采用低弹性模量的混凝土，并在挤压边墙表层涂乳化沥青。

(3) 趾板设计

趾板是承上启下的防渗结构，既是面板的底座，也是防渗帷幕灌浆的压浆板，与面板共同形成坝基以上的防渗体。本工程趾板采用平趾板的布置形式，结构简单、施工方便。趾板基础原则上宜坐落于坚硬、不可冲蚀、可灌浆的弱风化、弱卸荷基岩上，尽量避开不利的地质条件，减少开挖工程量、降低趾板边坡高度。本工程趾板分别位于河床砂砾石层和坝肩风化基岩层内。

根据《西纳川水库工程初步设计地质报告》，本工程河床段地形平坦，为Ⅰ、Ⅱ级阶地及河漫滩，河谷覆盖层为以洪积为主含大漂石的冲洪积碎块石土，厚度11～24 m，现代河床分布于河谷右侧，厚度6～10 m，内叠于冲洪碎块石土上，均属于高压缩、低强度、强透水层不良地基上。设计要求清除表层碎石土、软弱夹层后，趾板置于密实砂砾石层上，清基最低高程为 2 888.0 m。趾板宽度根据基岩的允许水力梯度和基础处理措施确定，采用(4+$X$)趾板及下游防渗板(内趾板)两部分组成，河床段趾板宽为 5.0 m，河床段内趾板取 3.0 m。趾板后接长 3.0 m 的连接板将坝体面板和 C20 混凝土防渗墙(防渗墙厚 80 cm)连接。趾板、连接板厚 50 cm，接缝按面板周边缝处理。河床段趾板结构如图 4-8 所示。

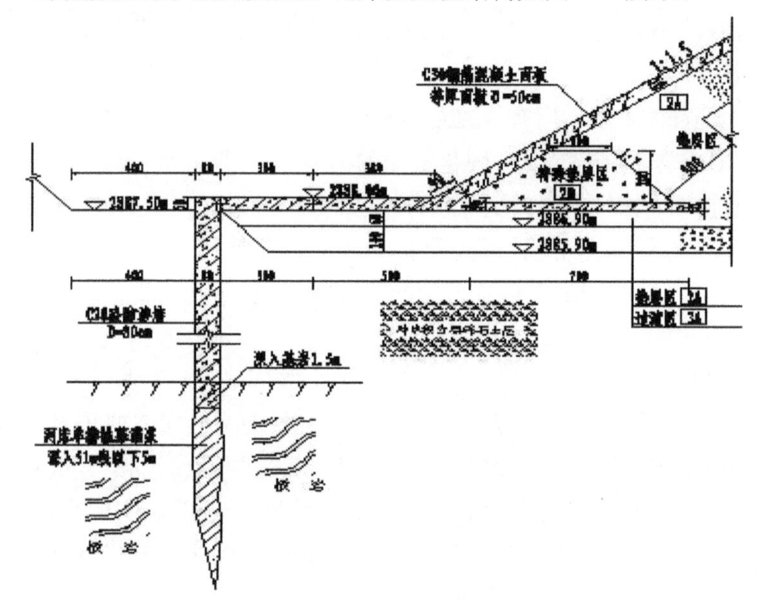


图 4-8　河床段趾板结构示意图

本坝址两坝肩强风化层较厚，达 15～20 m，坝肩趾板基础若开挖到弱风化岩层，其开挖工程量巨大，不但形成坝前近 50 m 高边坡，还将影响溢洪洞轴线的布置，为此设计参照已建面板坝工程，对于岩石风化层较厚的坝肩趾板基础，采取浅开挖方案，将趾板坐落于性质比较均一的强风化岩层内，而不再开挖至弱风化岩层，以减少风化岩石开挖量。但为保证风化岩体作为趾板基础时的变形，坝肩风化岩层上的趾板宽度采用 5.0 m，为保证渗流稳定，趾板底部设底宽为 1.5 m，开挖边坡为 1∶0.5，深度为 2.5 m 的齿墙，趾板下游坝体基岩面喷 C20 混凝土厚 10 cm，以延长趾板渗径，并在下游增设反滤料。为保证岸坡基岩段趾板及基础稳定，趾板沿线设三排固结灌浆孔、排距为 2.0 m，呈梅花状布置，灌浆孔深为 8 m，灌浆压力初定为 0.3～0.5 MPa，趾板设 $\varphi$30 mm 的砂浆锚杆，间距 1.5 m，长 $L$=5 m，梅花形布置。坝肩趾板结构图见图 4-9。

趾板和内趾板混凝土标号均为 C30，抗渗标号 W10，水灰比小于 0.45，水泥为 525＃硅酸盐水泥，掺用引气剂及减水剂、抗裂减渗剂以提高混凝土性能。趾板上部设一层双向钢筋，每向配筋率为 0.4%，保护层厚 10 cm，在周边缝侧设置抗挤压的钢筋。

(4) 分缝和止水设计

为了适应坝体变形，避免面板开裂，保证大坝的防渗安全性，需对面板进行合理分缝。分缝及止水设计原则：能适应接缝处的位移，满足防渗要求，有利于施工及保证质量，各道止水间应形成统一的防渗系统。

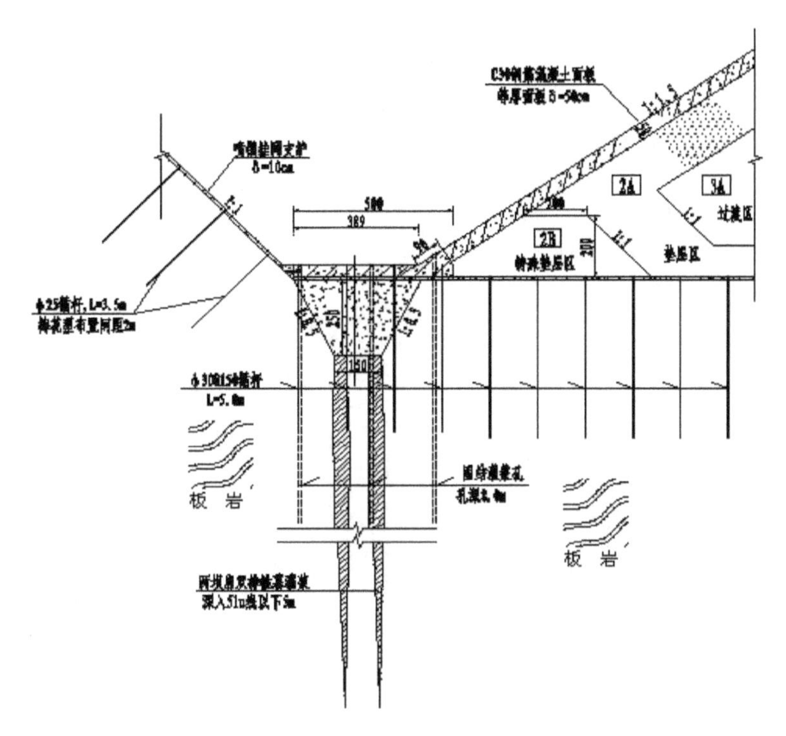


图 4-9 两坝肩趾板结构示意图

根据混凝土结构所在部位不同，接缝包括周边缝、面板张性缝、面板压性缝、防浪墙底缝、防浪墙伸缩缝、趾板伸缩缝等。根据各缝型受力特点分别设置相应的止水措施。

①周边缝

周边缝是混凝土面板堆石坝结构的重要部分，是面板坝可能产生漏水的主要通道，其止水效果的好坏直接关系到大坝的安全，因此，周边缝部位止水设计是接缝止水设计的重点。

参考国内外已建工程的经验，结合本工程三维应力变形分析计算的结果，周边缝采用两道止水，即表部的塑性填料和底部的铜止水。

底部止水采用“F”形铜止水。表部止水型式：底部为氯丁橡胶棒，其作用是支撑表部止水结构；氯丁橡胶棒的上部是 SR－W 遇水膨胀材料、SR－5 塑性填料，其作用是弥补取消中部止水对整体止水结构的削弱，对表层柔性填料进行封闭，使其在设计接缝位移范围内，滞留在表层发挥止水作用；塑性填料上部采用盖片进行保护。

周边缝的缝内填充沥青木板。周边缝止水结构如图 4-10 所示。

②面板张性缝

面板在两岸受拉部位每 8 m 设置一条垂直缝。张性缝设置两道止水，在底部设置“W”形铜止水，表部设置 SR－W 遇水膨胀材料、SR－5 塑性填料。缝面刷乳化沥青。

面板张性缝止水结构见图 4-11 所示。

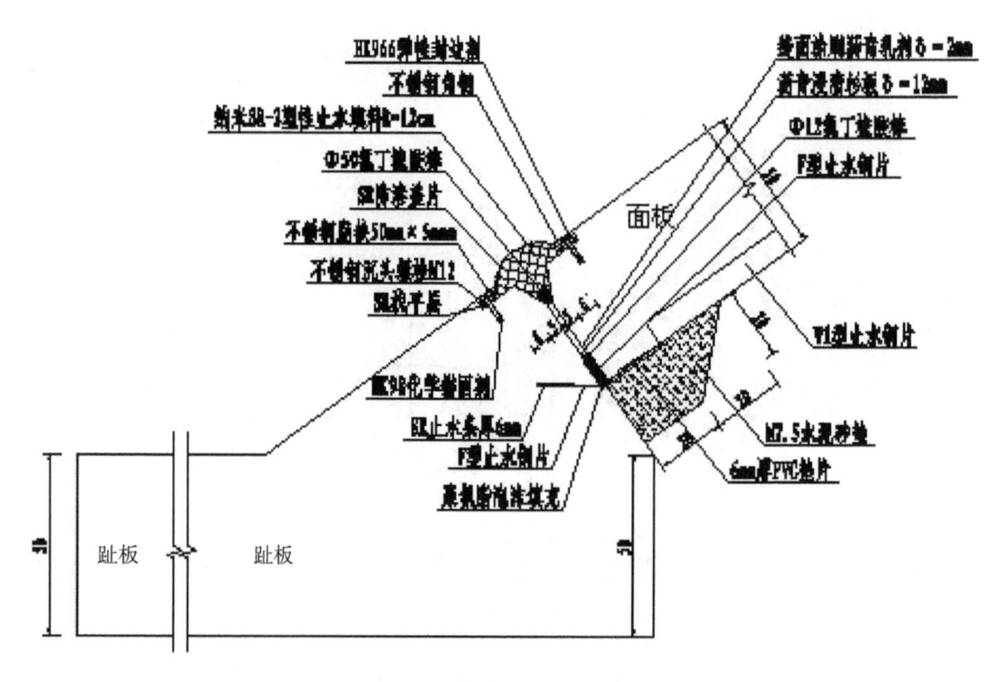


图 4-10　周边缝止水结构示意图

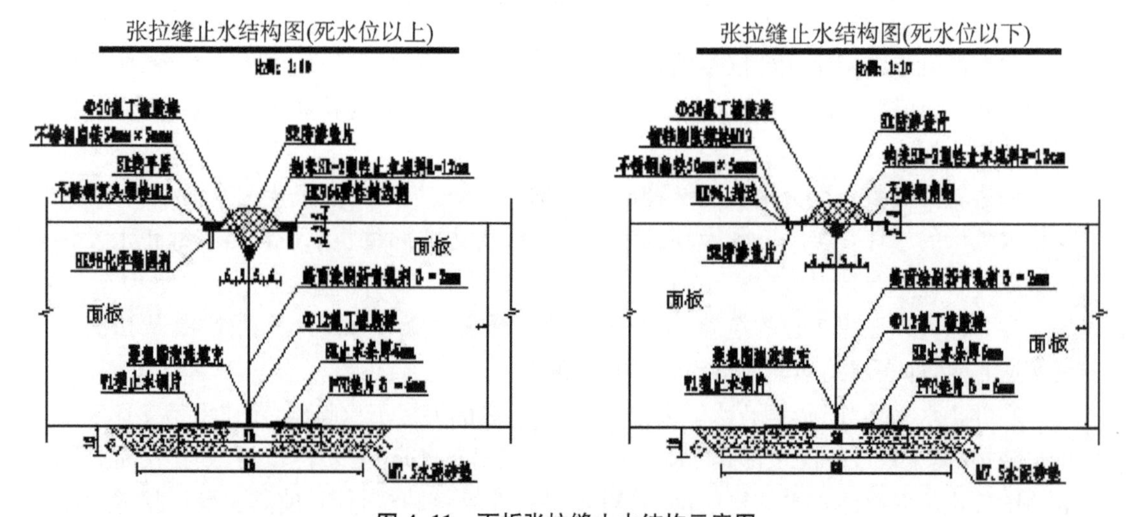


图 4-11　面板张拉缝止水结构示意图

③面板压性缝

面板中部为受压区，每 16 m 设置一条垂直缝。压性缝设置两道止水，在底部设置“W”形铜止水。表部止水型式：底部为氯丁橡胶棒，其作用是支撑表部止水结构；氯丁橡胶棒的上部是 SR－W 遇水膨胀材料、SR－5 塑性填料，缝内填充聚苯泡沫板。

面板压性缝止水结构见图 4-12 所示。

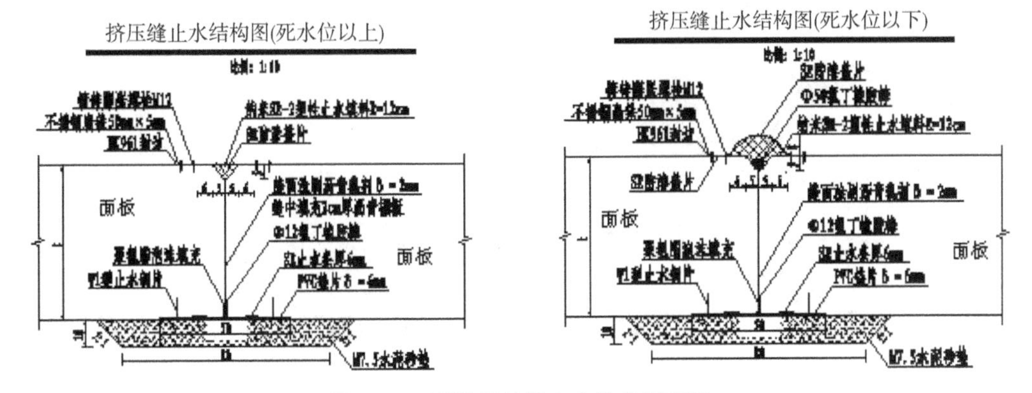


图 4-12 面板压性缝止水结构示意图

④趾板伸缩缝

河床部位的趾板伸缩缝的止水型式与周边缝基本相同，不同的是底部铜止水为“W”形。两岸趾板伸缩缝缝内填充聚苯泡沫板，顶部设置“U”形铜止水。趾板伸缩缝止水结构见图 4-13。

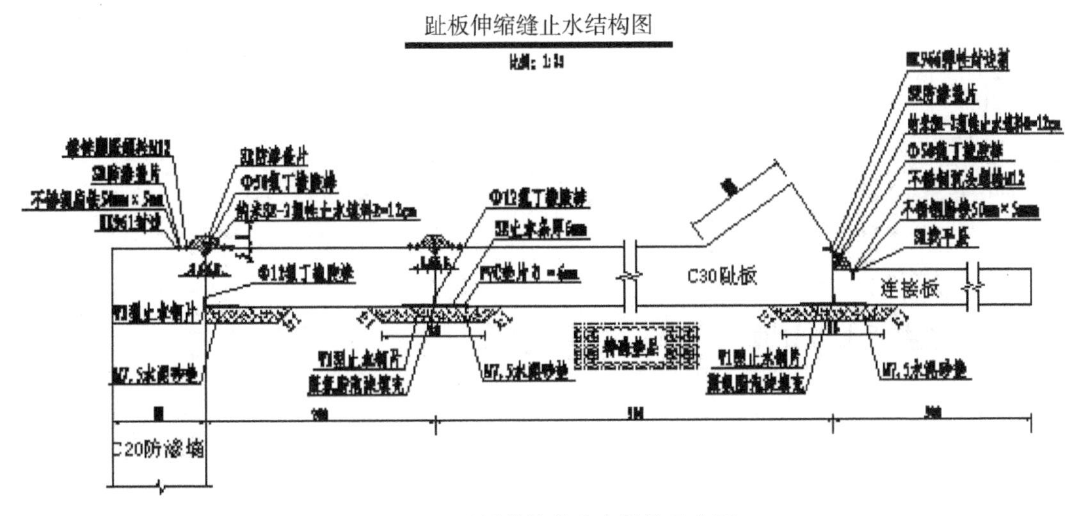


图 4-13 趾板伸缩缝止水结构示意图

⑤面板与坝顶防浪墙底板间水平缝

面板与坝顶防浪墙底板间的水平缝因其位于坝顶，防浪墙易产生不均匀沉降而诱发裂缝并导致该水平缝中的止水破坏形成渗水通道。尽管在坝顶附近作用水头较小，但由于坝体上部上游方向的尺度较小，作用的水力比降可能较大，沿此通道的渗流极易造成坝顶材料的冲刷。设计中按周边缝来设置止水系统，对三元乙丙复合板采用不锈钢角钢夹固后用不锈钢沉头螺栓固定，并采用 HK98 化学锚固剂锚固螺栓，具体见图 4-14。

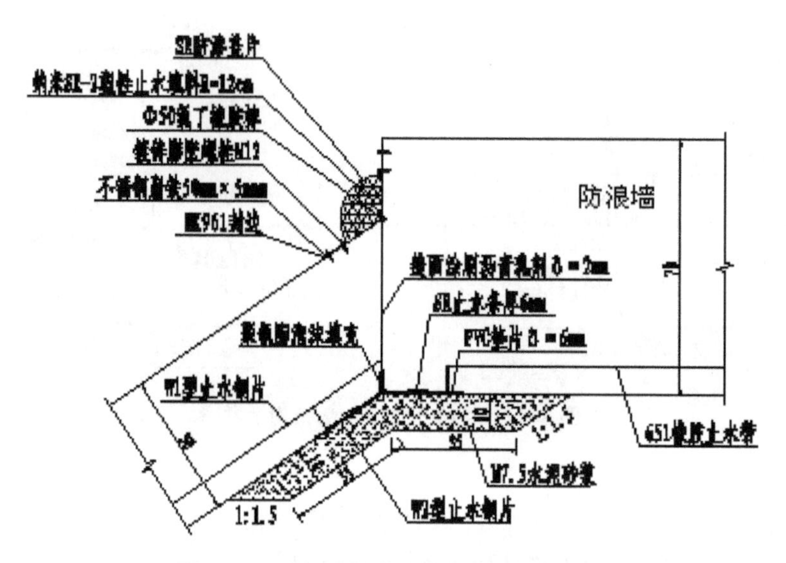


图 4-14　面板顶部水平缝止水结构示意图

⑥防浪墙底缝

防浪墙底缝设置两道止水。表部都为柔性填料，缝内填充聚苯泡沫板，底部为"W"形铜止水，铜止水与防浪墙伸缩缝内的铜止水相接，形成统一的防渗体系。

⑦防浪墙伸缩缝

防浪墙沿坝轴线方向每 9 m 设置一条伸缩缝，缝内设置"U"形铜止水。

## 4.2　溢洪洞工程设计

### 4.2.1　溢洪洞水力计算

西纳川水库工程大坝的设计洪水标准为 50 年一遇($P=2\%$)，校核洪水为 2000 年一遇($P=0.05\%$)。水库为Ⅲ等中型水库工程，设计洪水($P=2\%$)，洪峰流量 $Q=43.70\ m^3/s$，校核洪水 $P=0.05\%$，洪峰流量 $Q=98.60\ m^3/s$。根据拟定的调洪原则及防洪运用方式，溢洪洞为无闸门控制的开敞式溢洪洞方案，经调洪计算，设计洪水时对应的下泄流量 $Q_{设计}=20.28\ m^3/s$，相应的水位 2 940.40 m；校核洪水时对应的下泄总流量 $Q_{校核}=34.92\ m^3/s$，相应的水位 2 941.02 m，运行时由溢洪洞单独泄洪。

(1) 溢洪洞泄流能力计算

根据《溢洪道设计规范》(SL 253—2018)，溢洪洞过流能力按下式计算：

$$Q=\psi m\varepsilon\sigma_s B\sqrt{2g}H_0^{3/2} \tag{4-10}$$

式中：$Q$ 为流量；$\psi$ 为坝前行近流态影响系数；$\psi=0.99$；$m$ 为实用堰流量系数，$m=0.45$；$\sigma_s$ 为淹没系数，$\sigma_s=1.0$；$B$ 为溢流堰总净宽，$B=6$ m；$\varepsilon$ 为闸墩侧收缩系数，$\varepsilon=1-0.2[\xi_K+(n-1)\xi_0]H_0/nb$；$\varepsilon=1.0$；$H_0$ 为计入行近流速水头的堰上总水头，$H_0=H+v^2/2g$，$H_0=2.04$；$b$ 为单孔宽度，$b=6$ m；$n$ 为闸孔数目，$n=1$；$\xi_K$ 为边墩形状系

数，$\xi_K=0.7$；$V$ 为行近流速，可不考虑。

经过计算，$Q=35.25\ m^3/s$。

不同的堰上水头时，溢洪洞不同的下泄流量见表 4-3。

**表 4-3 不同的堰上水头溢洪洞下泄流量计算表**

| 序号 | 堰上水头 | 流量系数 | 水位(m) | 下泄流量($m^3/s$) | 堰宽(m) |
|---|---|---|---|---|---|
| 1 | 0.5 | 0.45 | 2 939.48 | 4.28 | 6 |
| 2 | 1.0 | 0.45 | 2 939.98 | 12.10 | 6 |
| 3 | 1.5 | 0.45 | 2 940.48 | 22.22 | 6 |
| 4 | 2.0 | 0.45 | 2 940.98 | 34.21 | 6 |
| 5 | 2.5 | 0.45 | 2 941.48 | 47.82 | 6 |

经过水库调洪计算，将正常水位 2 938.98 m 作为起调水位，堰顶高程即为正常蓄水位 2 938.98 m。泄洪方式为溢洪洞单独泄洪，放水洞不参与泄洪。采用新疆维吾尔自治区水利厅张校正编制的"C－2 水库调洪演算的数值解程序"进行调洪演算。不同溢流堰宽的洪水水位见表 4-4、表 4-5。

**表 4-4 设计工况下溢洪洞下泄流量计算表**

| 序号 | 溢流堰长度(m) | 流量系数 | 设计水位(m) | 设计下泄流量($m^3/s$) | 堰顶水头(m) |
|---|---|---|---|---|---|
| 1 | 4 | 0.45 | 2 940.69 | 17.83 | 1.71 |
| 2 | 5 | 0.45 | 2 940.53 | 19.20 | 1.55 |
| 3 | 6 | 0.45 | 2 940.40 | 20.28 | 1.42 |
| 4 | 7 | 0.45 | 2 940.30 | 21.12 | 1.32 |

**表 4-5 校核工况下溢洪洞下泄流量计算表**

| 序号 | 溢流堰长度(m) | 流量系数 | 设计水位(m) | 设计下泄流量($m^3/s$) | 堰顶水头(m) |
|---|---|---|---|---|---|
| 1 | 4 | 0.45 | 2 941.47 | 31.28 | 2.49 |
| 2 | 5 | 0.45 | 2 941.22 | 33.38 | 2.24 |
| 3 | 6 | 0.45 | 2 941.02 | 34.92 | 2.04 |
| 4 | 7 | 0.45 | 2 940.87 | 36.11 | 1.89 |

根据溢洪洞的地形、地质情况，开敞式溢洪洞适宜溢流堰宽度为 6 m。根据计算，设计洪水时，洪水流量为 43.7 $m^3/s$，溢洪洞最大下泄流量为 20.28 $m^3/s$，相应设计洪水位为 2 940.4 m；校核洪水时，洪水流量为 98.6 $m^3/s$，溢洪洞最大下泄流量为 34.92 $m^3/s$，相应校核洪水位为 2 941.02 m。水库调洪计算结果见图 4-15、图 4-16。

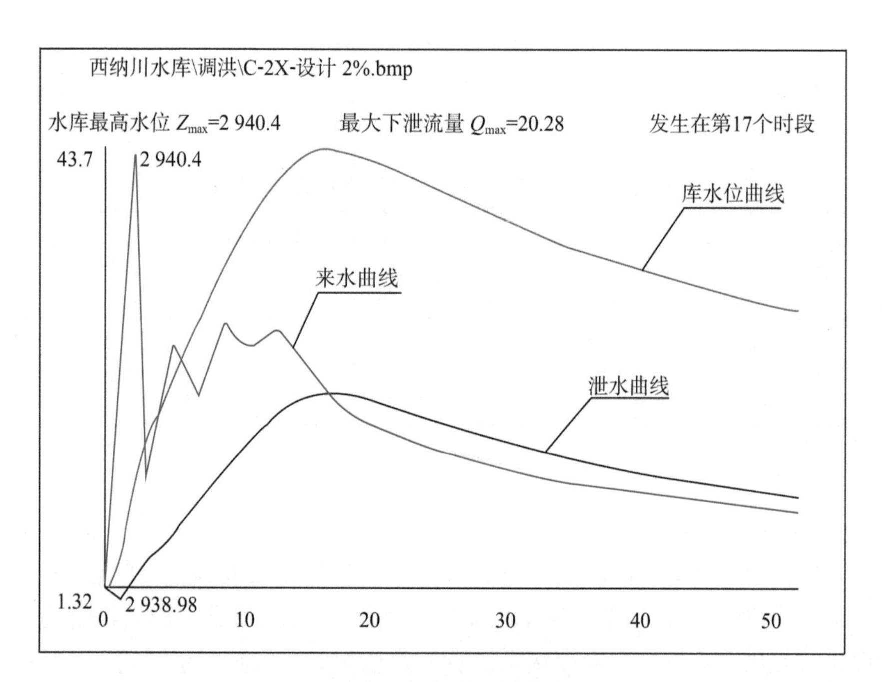


图 4-15 水库调洪计算结果简图(设计洪水)

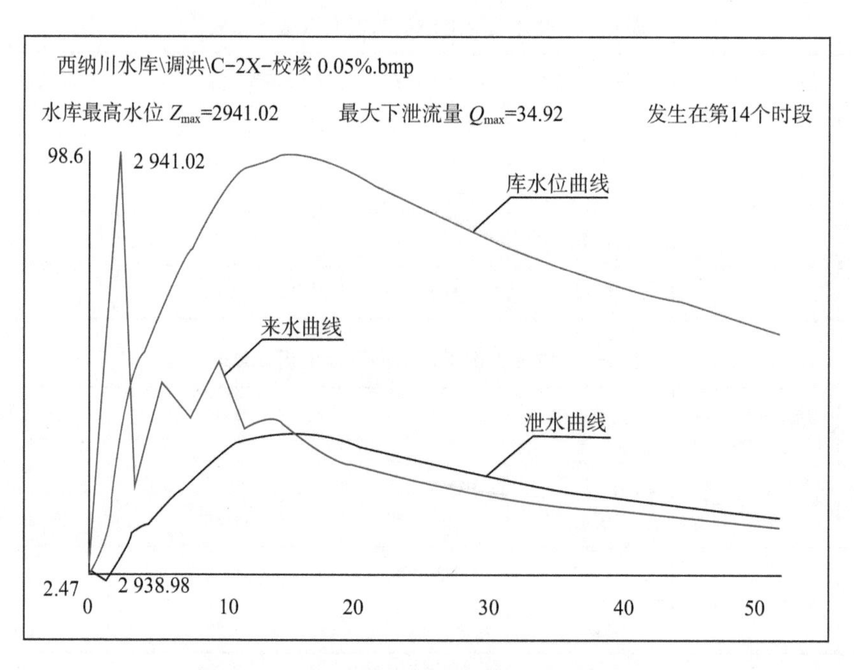


图 4-16 水库调洪计算结果简图(校核洪水)

(2) 溢洪洞水面线计算

溢洪洞水面线推求分为正槽段水面线推求、缓流段水面线推求和急流段水面线推求三个部分。

①溢流段水面线

溢流段桩号为0+025.0～0+030.3，起始堰上水头为2.04 m，收缩水深$hc$计算公式为：

$$E_0 = hc + \frac{q^2}{2g\phi^2 hc^2} \tag{4-11}$$

式中：$E_0$为以下游河床为基准面的泄水建筑物上游总水头（4.03 m）；$q$为收缩断面处的单宽流量（5.82 $m^3/s$）；$g$为重力加速度，取9.8 $m/s^2$；$\phi$为流速系数，取0.95。经计算得$hc$=0.76 m。

②控制段水面线

控制段桩号为0+30.3～0+37.5，水面线推求的关键在于确定推求的起始断面和起始水深。溢洪洞在0+37.5 m断面为缓流变为急流的控制性桩号，因此桩号0+37.5 m处水深应该为临界水深，即$h_k$。泄槽段水面线考虑按照明渠恒定非均匀流计算。临界水深按下式计算：

$$h_k = \sqrt[3]{\frac{\partial q^2}{g}} \tag{4-12}$$

式中：$q$为单宽流量，$q=Q/b$，其中$Q$为下泄流量（34.92 $m^3/s$），$b$为控制段底宽（4.7 m）；经计算得出$h_k$=1.8 m。

③溢洪洞段水面线

溢洪洞坡度较陡，所以计算其水面线时，按渠道非均匀流分段求和法求水面曲线，利用能量方程由控制水深的一端逐段向另一端推算，计算出水面线后确定其断面，计算根据的基本公式为：

$$\frac{\left(h_i + \frac{v_i^2}{2g}\right) - \left(h_{i+1} + \frac{v_{i+1}^2}{2g}\right)}{\Delta l} = i - \overline{J} \tag{4-13}$$

式中：$\Delta l$为流段的长度；$\overline{J}$为流段的平均水力坡度，$\overline{J} = \overline{v}^2 / \overline{C}^2 \overline{R}$；其中$\overline{v} = (v_i + v_{i+1})/2$，$\overline{C} = (C_i + C_{i+1})/2$，$\overline{R} = (R_i + R_{i+1})/2$。

溢洪洞水面线计算成果见表4-6。

**表4-6 溢洪洞水面线计算成果**

| 桩号(m) | 水深$h$(m) | 水位$Z$(m) | 流速$V$(m/s) | 备注 |
|---|---|---|---|---|
| 0+025.0 | 2.04 | 2 941.02 | 0 | 溢流段进口 |
| 0+030.3 | 0.76 | 2 937.76 | 7.66 | 溢流段出口 |
| 0+037.5 | 1.8 | 2 938.8 | 4.14 | 溢洪洞进口 |
| 0+334.5 | 0.94 | 2 886.74 | 15.09 | 溢洪洞出口 |
| 0+347.0 | 0.92 | 2 885.82 | 15.43 | 挑坎段出口 |

④出口挑距与冲坑计算

根据地形，泄槽末端即桩号0+334.5～0+347.0 m处设挑流消能，挑流鼻坎高程为

2 884.9 m，挑角为 11°。

鼻坎至下游水面的挑距计算公式为：

$$L=\frac{1}{g}[v_1^2\sin\theta s\cos\theta s+v_1\cos\theta s\sqrt{v_1^2\sin^2\theta s+2g(h_1\cdot\cos\theta s+h_2)}] \quad (4\text{-}14)$$

式中：$h_1$ 为鼻坎出口断面的水深；$v_1$ 为鼻坎出口断面的流速；$\theta s$ 为水舌射出角。

$$v_1=\psi\sqrt{2gh_2} \quad (4\text{-}15)$$

式中：$h_2$ 为上游水位至鼻坎顶点的高差，$\psi$ 为流速系数，按经验公式计算，计算式为 $\psi=3\sqrt{1-0.055/K1^{0.5}}$，$K1$ 为消能比。

$$\theta s=\theta-(\beta 0-\alpha) \quad (4\text{-}16)$$

式中：$\theta$ 为鼻坎挑角；$\beta 0$ 为溢流面与挑坎反弧末端切线的夹角，计算式为 $\beta 0=\theta+\psi c$，其中 $\psi c$ 为溢流面与水平面的夹角，$\alpha$ 为鼻坎出口断面中点水流方向与溢流面间的夹角。

冲刷坑深度计算公式为：

$$t=Kq0.5Z0.25-ht \quad (4\text{-}17)$$

式中：$K$ 为冲坑系数；$q$ 为单宽流量；$Z$ 为上下游水位差；$ht$ 为下游水深；通过计算，挑距 $xp=60.0$ m，冲坑深 $t=9.2$ m。挑距与冲坑深度比值为 60/9.2=6.5，即挑距大于冲坑深度的 3 倍以上，不会危及建筑的安全。

### 4.2.2 溢洪洞结构设计

(1) 进水明渠段

桩号 0－013.9～0＋037.5 m 为进水明渠段，地形坡度 30°左右，表层有 2～4 m 坡积碎石土，下伏下元古界板岩，为中等坚硬岩石。进水渠长 26.6 m，底宽 13.4～6 m，开挖底板高程为 2 936.0 m，岩石开挖边坡为 1∶0.5，坡积碎石土开挖边坡为 1∶1.25，边坡开挖后立即进行挂网喷锚支护，采用 $\varphi$22，间排距为 2.0 m，$L=3$～4.5 m 的锚杆梅花形布置，喷 10 cm 厚 C20 混凝土，$\varphi$8 钢筋挂网、间距 20 cm×20 cm。为防止边坡失稳，坡积碎石土产生滑动破坏，需在溢洪洞开挖边坡马道处布置锚筋桩，锚筋桩采用 3$\varphi$22，间距为 4.0 m，锚筋桩深入基岩 8.5 m，外露 0.5 cm。此段进水渠底板采用 50 cm 厚度 C25 衬砌，基础与底板之间设锚筋，锚筋间、排距均为 2 m，长 3 m，锚筋直径 $\varphi$22。左侧边墙采用半重力式挡墙，墙顶宽 50 cm，底宽 3.2 m，边墙采用 C25F200 钢筋混凝土现浇，边墙高度为 5.12～6.12 m；右侧边墙紧靠山体竖直开挖成矩形，并用 50 cm 厚度 C25F200 钢筋混凝土现浇。其中桩号 0＋025.0～0＋037.5 m 为控制段，堰顶高程 2 938.98 m，开挖底板高程为 2 937.0 m，开挖边坡为 1∶0.5～1∶1.25，底宽 6～3 m。

桩号 0＋025.0～0＋030.3 溢流堰段进行固结灌浆，固结灌浆为两排，每排灌浆线长度为 6 m，第一排位于桩号 0＋025.0 m 处，第二排位于桩号 0＋027.0 m 处，第三排位于桩号 0＋029.0 m 处，孔、排距为 2.0 m，孔深 5.0 m。灌浆压力按 0.4 MPa～0.5 MPa 控制。

①堰面曲线设计

桩号为 0+025.0～0+030.3 为溢流堰段，溢流堰采用整体式，堰型为 WES 实用堰，堰顶高程 3 397.0 m，堰宽 30 m。WES 标准剖面的曲线方程为

$$xn = kHdn - 1y \tag{4-18}$$

式中：$x$、$y$ 分别为以堰顶为原点的坐标；$Hd$ 为不包括行近流速水头在内的设计水头。$k$、$n$ 为与上游迎水面坡度有关的参数，具体如表 4-7 所示。

**表 4-7　堰面曲线参数表**

| 上游面坡度(△y/△x) | k | n |
|---|---|---|
| 3∶0 | 2 | 1.85 |

根据堰面曲线参数，堰面曲线方程为：

$$x1.85 = 2.0Hd0.85y \tag{4-19}$$

堰顶原点上游曲线，采用两段复合曲线相接，$R_1 = 0.5Hd = 1.02$ m，$R_2 = 0.2Hd = 0.408$ m，$a = 0.175Hd = 0.375$ m，$b = 0.282Hd = 0.575$；原点下游的曲线方程为 $x1.85 = 2.0Hd0.85y$，即 $y = x1.85/3.304$。

按上式算得堰面曲线坐标值见表 4-8。

**表 4-8　堰面曲线坐标表**

| x(m) | 1 | 2 | 3 | 4 | 5 | 6 |
|---|---|---|---|---|---|---|
| y(m) | 0.303 | 1.091 | 2.310 | 3.933 | 5.944 | 8.328 |
| x(m) | 7 | 8 | 9 | 10 | 11 | 12 |
| y(m) | 11.076 | 14.180 | 17.632 | 21.427 | 25.559 | 30.022 |

下游曲线直线段的坡度为 1∶0.8，为了和堰面水流平顺相接，减少控制段的开挖量，下游采用反弧段与控制段连接，下游反弧半径 $r$ 按下式计算：

$$r = (0.25 - 0.5)(Hd + z\max) \tag{4-20}$$

溢流堰宽 6 m，堰长 5.3 m，经调洪计算得校核洪水流量 98.6 $m^3/s$(标准 $p = 0.05\%$)时，水库最高水位为 2 941.02 m，堰上水头 $Hd = 2.04$ m，最大下泄流量 34.92 $m^3/s$。

②溢流堰稳定计算

溢流堰底板位于基岩中，岩性为三叠系安山岩，岩性均一，不存在可能导致沿基础内部滑动的软弱结构面，根据《溢洪道设计规范》(SL 253—2018)，按抗剪断强度公式计算溢流堰的抗滑稳定安全系数。

$$K' = \frac{f' \cdot \sum W + C' \cdot A}{\sum P} \tag{4-21}$$

式中：$K'$为按抗剪断强度计算的抗滑稳定安全系数；$f'$为堰体混凝土与坝基接触面的抗

剪断摩擦系数，取 $f'=0.6$；$C'$ 为堰体混凝土与坝基接触面的抗剪断凝聚力，取 $C'=0.1$ MPa；$A$ 为堰体接触面面积，取单位宽堰体为计算对象，面积为 16.0 $m^2$；$\sum W$ 为作用于堰体上全部荷载（包括扬压力）对滑动面的法向分值；$\sum P$ 为作用于堰体上全部荷载（包括扬压力）对滑动面的切向分值。

溢流堰在不同工况下的荷载组合如表 4-9 所示。

**表 4-9　溢流堰结构设计荷载组合表**

| 序号 | 荷载组合 | 计算工况 | 荷载名称 | | | |
|---|---|---|---|---|---|---|
| | | | 自重 | 静水压力 | 扬压力 | 地震荷载 |
| 1 | 基本组合 | 正常蓄水位 | √ | √ | √ | |
| 2 | | 设计洪水位 | √ | √ | √ | |
| 1 | 特殊组合 | 校核水位 | √ | √ | √ | |
| 2 | | 正常蓄水位 | √ | √ | √ | √ |

地基应力按下式计算：

$$P_{\min}^{\max}=\frac{\sum G}{BL}\left(1\pm\frac{6e}{L}\right) \tag{4-22}$$

式中：$\sum G$ 为铅直方向作用力的总和；$e$ 为$\sum G$ 的偏心距；$B$ 为基础宽度；$L$ 为基础长度。

采用拟静力法计算地震作用效应，沿建筑物高度作用与质点 $i$ 的水平向地震惯性力代表值按下式计算：

$$F_i=a_h\xi G_{Ei}a_i/g \tag{4-23}$$

式中：$F_i$ 为作用在质点 $i$ 的水平向地震惯性力代表值；$\xi$ 为地震作用的效应折减系数，取 0.25；$G_{Ei}$ 为集中在质点 i 的重力作用标准值；$a_i$ 为质点 $i$ 的动态分布系数；$g$ 为重力加速度。

经计算，溢洪洞溢流堰在基本组合和特殊组合下，其稳定安全系数和基底应力满足要求。其汇总结果如下表 4-10。

**表 4-10　溢流堰在不同工况下稳定及基底应力计算汇总表**

| 序号 | 荷载组合 | 计算工况 | 荷载名称 | | | |
|---|---|---|---|---|---|---|
| | | | $Kc$ | 规范值 | $\sigma_{max}$(kPa) | $\sigma_{min}$(kPa) |
| 1 | 基本组合 | 正常蓄水位 | 3.12 | {3.0} | 5.19 | 4.77 |
| 2 | 特殊组合 | 校核水位 | 2.84 | {2.5} | 7.27 | 5.67 |
| 3 | | 正常蓄水位＋地震 | 2.61 | {2.3} | 7.78 | 4.55 |

(2) 溢洪洞段

桩号 0＋037.5～0＋334.5 m 为溢洪洞段，隧洞纵坡为 $i=1/5.8$，洞室最大埋深 43 m，洞身段表部有 2～4 m 的坡积碎石土。下部基岩为下元古界板岩，岩层产状 NW330°SW∠80°，片理面发育，岩层呈薄层-中厚层状，强风化厚度 6～13 m。隧洞进口自然坡度 30°左右，出口自然坡 20°～25°。桩号 0＋037.5～0＋046.5 m 为城门型隧洞，断面由(宽×高)=4.7 m×4.6 m 渐变为(宽×高)=3 m×3 m,桩号 0+046.5~0+334.5 m 隧洞断面为(宽×高)=3 m×3 m,隧洞为顶拱 120°的无压城门型隧洞,顶拱半径 $R$=1.73 m。隧洞进、出口岩石开挖边坡 1∶0.5,碎石土开挖边坡为 1∶1.25,边坡开挖后立即进行挂网喷锚支护,采用 $\varphi$22,间排距为 2.0 m,$L$=3~4.5 m 的锚杆梅花形布置,外露 20 cm,喷 10 cm 厚 C20 混凝土,$\varphi$8 钢筋挂网、间距 20 cm×20 cm。为防止边坡失稳,坡积碎石土产生滑动破坏,需在溢洪洞开挖边坡马道处布置锚筋桩,锚筋桩采用 3$\varphi$22,间距为 4.0 m,锚筋桩深入基岩 8.5 m,外露 0.5 cm。

洞内支护:桩号(0+145.5~0+216.7)为Ⅲ类围岩,采用喷锚支护,混凝土衬砌厚度为 30 cm;桩号(0+064.5~0+145.5)(0+217.5~0+316.5)为Ⅳ类围岩,采用喷锚挂网支护:钢筋网钢筋直径 $\varphi$8,网格间距 20 cm;喷射混凝土强度等级为 C20,厚度为 10 cm,水灰比控制在 0.4~0.5 范围内,混凝土衬砌厚度为 40 cm;桩号(0+037.5~0+064.5)(0+316.5~0+334.5)为Ⅴ类围岩,开挖后紧跟支护或超前支护,以钢拱架支护为主,钢拱架,I16 工字钢,间距 1.5 m,采用 $\varphi$22 钢筋连接,混凝土衬砌厚度为 50 cm;洞内围岩支护的长度、位置,开挖后可根据实际地质情况进行调整。桩号(0+262.5~0+271.5)隧洞断层处初期支护采用钢拱架,间距 60 cm~80 cm,波浪形喷射混凝土加钢筋网片支护顶拱和边墙,钢筋网采用 $\varphi$8@200 钢筋。顶拱、边墙设系统锚杆,锚杆采用 $\varphi$22 的钢筋,入围岩长度 2 m,间排距为 65 cm,呈梅花形布置。顶拱段采用超前注浆导管支护,间距 30 cm($\varphi$22,$L$=3 m),混凝土衬砌厚度为 80 cm。桩号(0+037.5~0+0334.5 m)隧洞底板采用 C40HF 钢筋混凝土现浇,边墙及顶拱采用 C25F200 钢筋混凝土现浇,混凝土抗冻标号为 F300。

隧洞两侧直墙进行固结灌浆,孔排距 1.5 m,孔深 2.0 m,拱顶 120°范围内进行回填灌浆;灌浆压力:回填灌浆 0.2~0.3 MPa;固结灌浆 0.4~0.5 MPa。隧洞每 9 m 设一道伸缩缝,混凝土面密贴。

(3) 消能防冲段

桩号 0+334.5-0+347.0 m 为溢洪洞出口消能段,地形起伏,表层有 2~4 m 坡积碎石土,下伏下元古界板岩,为中等坚硬岩石。消能方式为挑流消能,消能段长 12.5 m,泄槽为(宽×高)=3 m×2.2 m 的矩形断面,挑流鼻坎高程为 2 884.9 m,挑射角 11°,挑坎段流速为 16.32 m/s,流速超过混凝土的抗冲蚀流速,为保证挑坎主体结构不受破坏,设计在消能段泄槽表面设 20 cm 厚硅粉混凝土抗冲层。出口消能段岩石开挖边坡为 1∶0.5,坡积碎石土开挖边坡为 1∶1.0,边坡开挖后立即进行挂网喷锚支护,采用 $\varphi$22,间排距为 2.0 m,$L$=3~4.5 m 的锚杆梅花形布置,外露 20 cm,喷 10 cm 厚 C20 混凝土,$\varphi$8 钢筋挂网、间距 20 cm×20 cm。为防止边坡失稳,坡积碎石土产生滑动破坏,需在溢洪洞开挖边坡马道处布置锚筋桩,锚筋桩采用 3$\varphi$22,间距为 4.0 m,锚筋桩深入基岩 8.5 m,外露 0.5 cm。泄槽底板及边墙均采用 50 cm 厚度 C25 混凝土衬砌,基础与底板之间设锚筋,锚筋间、排距均为 2 m,长 3 m,锚筋直径 $\varphi$22。

(4) 出口扩散段

桩号(0+347.0~0+360.6 m)为溢洪洞出口扩散段,扩散段长 13.6 m,扩散角 5°,

底宽 3～8.8 m，出口扩散段岩石开挖边坡为 1∶0.5，坡积碎石土开挖边坡为 1∶1.0，边坡开挖后立即进行挂网喷锚支护，采用 $\varphi$22，间排距为 2.0 m，L＝3 m 的锚杆梅花形布置，喷 10 cm 厚 C20 混凝土，$\varphi$8 钢筋挂网、间距 20×20 cm。

### 4.2.3 溢洪洞结构计算

溢洪洞洞室最大埋深 43 m，洞身段表部有 2～4 m 的坡积碎石土。下部基岩为下元古界板岩，岩层产状 NW330°SW∠80°，片理面发育，岩层呈薄层-中厚层状，强风化厚度 6～13 m。隧洞进口自然坡度 30°左右，出口自然坡 20°～25°。

根据溢洪洞运行的各工况及围岩参数，采用"理正结构工具箱 5.62 版"选取 30 cm、40 cm 和 50 cm 衬砌厚度的不同工况共进行六组计算。

山岩压力根据地址提供的围岩坚固系数和参考水工建筑物得知，坚固系数＞2 时不计侧向围岩压力，竖向的围岩压力由《水工隧洞设计规范》（SL 279—2010）的规定计算；岩石的单位弹性抗力系数由《水工设计手册 7：水电站建筑》或水工建筑物的相关公式（$k=100\times ko/r$）计算；衬砌混凝土标号为 C25；抗裂要求小于 4 mm。

溢洪洞洞身结构计算结果如表 4-11 所示。经计算，设计溢洪洞衬砌厚度满足稳定要求，作为设计衬砌厚度。

**表 4-11　溢洪洞洞身结构计算表**

| 工况 | 衬砌厚度(cm) | 有无外水压力 | 有无内水压力 | 有无灌浆压力 | 围岩 | 抗剪 | 抗裂 |
|---|---|---|---|---|---|---|---|
| 1(施工期) | 30 | 无 | 无 | 有 | Ⅲ | 满足 | 满足 |
| 2(运行期) | 30 | 有 | 有 | 无 | Ⅲ | 满足 | 满足 |
| 3(检修期) | 30 | 有 | 无 | 无 | Ⅲ | 满足 | 满足 |
| 4(施工期) | 40 | 无 | 无 | 有 | Ⅳ | 满足 | 满足 |
| 5(运行期) | 40 | 有 | 有 | 无 | Ⅳ | 满足 | 满足 |
| 6(检修期) | 40 | 有 | 无 | 无 | Ⅳ | 满足 | 满足 |
| 7(施工期) | 50 | 无 | 无 | 有 | Ⅴ | 满足 | 满足 |
| 8(运行期) | 50 | 有 | 有 | 无 | Ⅴ | 满足 | 满足 |
| 9(检修期) | 50 | 有 | 无 | 无 | Ⅴ | 满足 | 满足 |

## 4.3 导流放水洞工程设计

### 4.3.1 放水洞水力计算

本工程放水洞施工期时作为导流用、施工完毕后作为放水洞使用。二期引水工程从弧形闸门后部位修建引水设施，作为生态基流放水口和供水口。根据工程的导流和放水要求，确定的各种流量值分别为：

(1) 导流流量

西纳川水库属Ⅲ等工程，主要建筑物为 3 级，次要建筑物和临时建筑物级别为 4 级，根据《水利水电工程施工组织设计规范》(SL 303—2017)关于导流建筑物的划分标准，导流度汛标准采用50年一遇，相应洪峰流量为43.7 $m^3/s$。

(2) 放水流量

根据城乡供水的水量要求，其年供水694.05×$10^4$ $m^3$，供水的供水流量为0.22 $m^3/s$；农田灌溉用水根据用水过程分析，每年3月份最大，月供水227.9×$10^4$ $m^3$，其引水流量为0.85 $m^3/s$。城乡供水和农田灌溉加大引水流量总计为1.5 $m^3/s$。

(3) 水库放空流量

水库在运行过程中有可能发生突然情况，设计考虑采用放水洞可进行水库紧急放空，经采用《水力学》管嘴出流公式计算，闸门全开时，从正常蓄水位放空最大流量166.05 $m^3/s$，最大流速20.2 m/s，放空时间为95.5 h。

放水洞洞径确定：本工程放水洞在施工期作为导流放水洞使用，由于运行期放水流量较小(最大为1.5 $m^3/s$)，其施工期流量是洞身断面设计的控制流量，通过计算，并考虑洞身最小施工断面要求，初步设定放水洞施工导流期导流水深为$h=1.9$ m，混凝土糙率为$n=0.014$，过水断面近似为矩形，按照查表法及试算法计算洞宽。

计算特性流量$K=Q/(I)^{0.5}=43.7/(0.02)^{0.5}=309.0$；

过水断面面积：$W=4$ $m^2$；

水力半径：$R=d/4*(1-\sin\theta/\theta)=1.57$；

谢才系数：$C=R^{1/6}/n=77.0$；

复核流量$Q=\omega C(R_i)^{0.5}=44.5$ $m^3/s$。

计算值与施工期导流流量相符合，故可设洞水深1.9 m，洞径2.5 m，按照规范要求，洞内净空面积需占隧洞断面总面积的15%～25%，本次计算净空为19%，符合要求，故设计洞尺寸为$d=2.5$ m，断面形式为圆形，施工导流期按照无压洞设计。

(4) 施工导流期洞进口(无压)过流能力计算

放水洞在施工期导流方式为无压流，为保证洞进口过流能力，隧洞进口按照宽顶堰流的计算方式验证其过流能力。

宽顶堰流计算公式为：

$$Q=m\sigma_s b\sqrt{2g}H_0^{1.5} \tag{4-24}$$

式中：$b$为矩形隧洞过水断面的宽度，当过水断面为非矩形时，$b=\omega_k/h_k$；$h_k$为临界水深；$\omega_k$为相应于$h_k$时的过水断面面积；$\sigma_s$为淹没系数，取1；$H_0$为以隧洞进口断面底板高程起算的上游总水头；$m$为流量系数，取0.385；由于下游防洪要求，导流放水洞最大导流流量为43.7 $m^3/s$，放水洞断面为$d=2.5$ m。计算结果见表4-12。

**表4-12 导流放水洞(无压城门洞)进口段过流能力计算表**

| 序号 | 洞宽(m) | 上游水深 | 流量系数 | 淹没系数 | 流量($m^3/s$) | 单宽流量($m^3/s$) | 流速(m/s) |
|---|---|---|---|---|---|---|---|
| | $B$ | $H$ | $m$ | $\sigma_s$ | $Q$ | $q$ | $v$ |
| 1 | 2 | 5.48 | 0.385 | 1 | 43.75 | 21.88 | 3.99 |

续表

| 序号 | 洞宽(m) | 上游水深 | 流量系数 | 淹没系数 | 流量($m^3/s$) | 单宽流量($m^3/s$) | 流速(m/s) |
|---|---|---|---|---|---|---|---|
| | $B$ | $H$ | $m$ | $\sigma_s$ | $Q$ | $q$ | $v$ |
| 2 | 2.5 | 4.18 | 0.385 | 1 | 44.50 | 17.80 | 3.88 |
| 3 | 4 | 3.45 | 0.385 | 1 | 43.71 | 10.93 | 3.17 |
| 4 | 5 | 2.97 | 0.385 | 1 | 43.64 | 8.73 | 2.94 |

(5) 施工导流期洞内水面线计算

施工期放水洞闸门全开，当导流度汛流量保持 43.7 $m^3/s$ 时，在保证足够净空的前提下，隧洞水面线按照明渠恒定非均匀渐变流逐段式算法进行计算。计算结果见表 4-13。

**表 4-13 导流放水洞水面线计算表**

| 断面桩号 | 流量 | 洞径 | 底高程 | 水深 | 过水面积 | 湿周 | 水力半径 | 粗糙率 | 谢才系数 | 速度 |
|---|---|---|---|---|---|---|---|---|---|---|
| | ($m^3/s$) | (m) | (m) | (m) | ($m^2$) | (m) | (m) | — | — | (m/s) |
| 0+080.00 | 43.7 | 2.5 | 2 899.62 | 1.64 | 3.41 | 5.28 | 0.783 | 0.015 | 64.01 | 9.28 |
| 0+100.00 | 43.7 | 2.5 | 2 898.14 | 1.68 | 3.51 | 5.36 | 0.792 | 0.015 | 64.13 | 8.67 |
| 0+120.00 | 43.7 | 2.5 | 2 898.14 | 1.68 | 3.51 | 5.36 | 0.792 | 0.015 | 64.13 | 8.67 |
| 0+291.76 | 43.7 | 2.5 | 2 895.24 | 1.81 | 3.81 | 6.62 | 0.95 | 0.015 | 66.10 | 6.04 |
| 0+291.76 | 43.7 | 2.5 | 2 895.24 | 1.81 | 3.81 | 6.62 | 0.95 | 0.015 | 66.10 | 6.04 |
| 0+368.96 | 43.7 | 2.5 | 2 893.69 | 1.85 | 3.89 | 7.20 | 1.024 | 0.015 | 66.93 | 5.20 |
| 0+368.96 | 43.7 | 2.5 | 2 893.69 | 1.85 | 3.89 | 7.20 | 1.024 | 0.015 | 66.93 | 5.20 |
| 0+400.00 | 43.7 | 2.5 | 2 893.07 | 1.90 | 4.00 | 7.46 | 1.054 | 0.015 | 67.26 | 4.90 |

根据水面计算，在设计导流流量下，隧洞尺寸为 $d=2.5$ m 时满足水深及规范要求的>15%净空面积，>40 cm 净空高度要求。

(6) 运行期放水洞进口(有压)段过流能力计算

工程竣工运行期，控制塔前进口段洞身为有压洞，为验证运行期洞进口过流能力，按照《水力学》中孔嘴出流进行计算。

有压管道闸门出流公式：

$$Q=\mu_0 be\sqrt{2g(H-\varepsilon e)} \tag{4-25}$$

$$\mu_c=\frac{1}{\sqrt{1+\lambda\dfrac{l}{d}+\sum\zeta}} \tag{4-26}$$

式中：$\mu_0$ 为管道流量系数；$b$ 为过水断面宽度；$e$ 为闸门开度；$H$ 为管道水头；$\lambda$ 为沿程阻力系数；$\zeta$ 为局部水头损失系数；$d$ 为隧洞直径；$l$ 为隧洞有压段长度；运行期放水洞放水流量为 1.5 $m^3/s$，在运行时通过闸门开度控制放水流量。放水洞泄流曲线如图 4-17 所示。

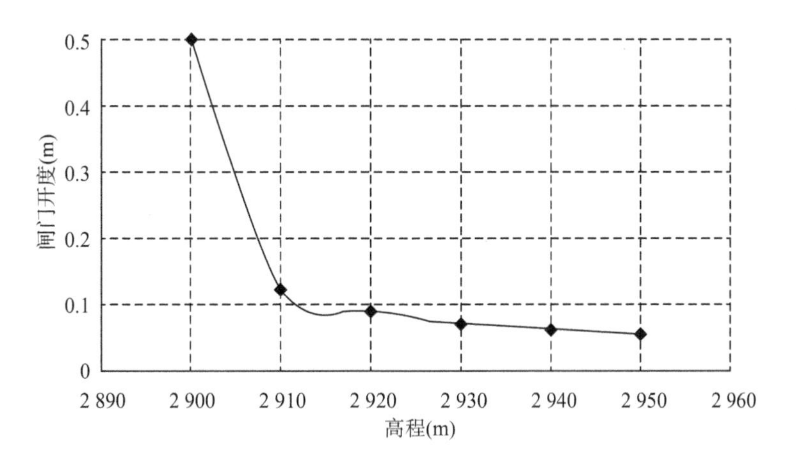


**图 4-17 放水洞泄流曲线**

(7) 消力池的水力计算

本放水洞施工期作为导流洞，封堵后期作为放水使用，消力池设计宜按最大施工期导流流量考虑，其最大流量为施工度汛 50 年一遇流量，为 43.7 $m^3/s$；运行期放水流量较小，仅有 1.5 $m^3/s$，按施工导流期设计的消力池可完全满足效能要求；水库突发事故紧急放空时，为保证水库大坝安全，允许消力池临时性破坏，事后进行补修。

根据洪水标准和不同运行工况，本工程放水洞出口消能工程按导流期度汛流量进行消能计算。消力池深度可按下列公式进行计算：

$$d=\sigma_j h''_c-(h_t+\Delta_z) \tag{4-27}$$

$$\Delta_z=\frac{q^2}{2g}\left[\frac{1}{(\varphi' h_t)^2}-\frac{1}{(\sigma_j h''_{c1})^2}\right] \tag{4-28}$$

消力池长度按下列公式计算：

$$L_k=(0.7\sim0.8)L_j \tag{4-29}$$

式中：$d$ 为消力池深度；$L_k$ 为消力池长度；$L_j$ 为水跃长度；$h_{c1''}$ 为护坦高程降低后收缩水深的跃后水深；$\sigma_j$ 为水跃淹没系数；$h_t$ 为下游水深；$q$ 为单宽流量；$\varphi'$ 为流速系数，一般取 0.95；根据计算，消力池最终选定池深 1.2 m，池长 20 m，宽 8 m。

### 4.3.2 放水洞结构设计

放水洞主要由进口段、闸室段、洞身段和出口段组成。为保障放水洞的运行和维修，在控制井设一道平板工作门、一道弧形检修门。导流放水洞洞总长 403.63 m，进口高程 2 898.50 m，底坡 1/50、1/14，出口高程 2 877.60 m，隧洞按导流期最大流量 $Q=43.7\ m^3/s$ 进行断面设计，为城门洞型，底宽 3 m，洞内设计水深 1.7 m，隧洞边墙高 2.13 m，洞净高 3.0 m，顶拱为半径 $R=1.73$ m 的半圆形，采用 C25 钢筋混凝土全断面衬砌。

(1) 进口段

桩号 0+000.0 m～0+025.00 为放水洞进口段，该段地形坡度 40°左右，植被发育好，表层基本被坡积碎石土及碎石层覆盖，厚度3.5～5.0 m不等，碎块石岩性为板岩，一般粒径5～10 cm，片状、板状，结构松散-中密，基岩表部分布有厚度达5～7 m的坡残积或基岩倾倒岩体，岩体以碎裂-散体状结构，粒径0.3～0.8 m不等，局部架空。建议进洞前需清除洞脸上坡积层及倾倒岩体，而且需做喷混凝土处理，洞进部分围岩划分为Ⅳ类围岩。放水洞进口底板高程为2 898.50 m。进口段洞脸开挖边坡为1∶0.75，开挖后立即进行挂网喷锚支护，采用$\varphi 22$，间排距为2.0 m，$L=3$ m的锚杆梅花形布置，采用$\varphi 22$，间排距为5.0 m，$L=15$ m的锚筋桩梅花形布置，喷10 cm厚C15混凝土，采用框格护坡，尺寸为40 cm×40 cm。

(2) 闸室段

①进口检修闸室

桩号0+167.96～0+172.16为放水洞检修闸室段，为保障放水洞的维修，在闸室段设一道检修闸门，检修闸门为平板闸门，孔口尺寸为$b\times h=2.5$ m×2.5 m；检修闸室段长4.2 m，闸门底板高程为2 895.63 m，检修平台高程为2 941.62 m，高于水库正常蓄水位2.64 m。闸室段采用钢筋混凝土结构，混凝土指标为C25W6F200。

②出口工作闸室

桩号0+428.63～0+439.63为放水洞工作闸室段，为保障放水洞的运行，在出口设置一工作闸门，工作闸门为弧形闸门，孔口尺寸为$b\times h=2.5$ m×2.0 m；工作闸室段长11 m，闸门底板高程为2 877.60 m，检修平台高程为2 941.62 m，高于水库正常蓄水位2.64 m。闸室段采用钢筋混凝土结构，混凝土指标为C25W6F200。

(3) 洞身段

导流放水洞洞身总长403.63 m，进口高程2 898.50 m，底坡1/50及1/14，出口高程2 877.60 m，隧洞设计流量$Q=43.7$ m$^3$/s，采用圆形，洞径$d=2.5$ m，洞内设计水深1.9 m，洞净高2.5 m，隧洞采用C25钢筋混凝土全断面衬砌，洞身每10 m长设一伸缩缝，缝内设651橡胶止水带进行止水，洞身以衬砌形式采用C25钢筋混凝土衬砌，厚40 cm。

为了保证施工安全，洞身施工根据围岩情况采用不同的支护方式。桩号0+025.0～0+428.63为导流放水洞洞身段，洞室围岩岩性为千枚状板岩，岩层产状NW330°～350° NE∠69°～80°，片理面发育，岩层走向与洞室走向夹角为5°～10°，岩层呈薄层-中厚层状，强风化厚度5～7 m，围岩分类以Ⅲ类为主，设计采用喷混凝土的支护方式；在洞室进出口段、层间挤压带及断层段为Ⅳ类～Ⅴ类，同时由于洞室围岩节理的切割，局部有掉块的可能，可采用钢支撑和随机锚杆支护。

(4) 出口段

放水洞出口后19.5 m作成扩散段，桩号为0+439.63～0+459.16，宽度由3 m渐变为8 m，后接消力池，长度20 m，桩号0+459.16～0+479.16。消力池后接10 m长浆砌石矩形明渠，明渠底宽8 m，高1.8 m，水深1.2 m；浆砌石梯形明渠后接干砌石梯形明渠通入下游河道，梯形明渠底宽8 m，渠高1.8 m，渠水深1.2 m，边坡1∶1.5，底坡1∶200，长度146.5 m。

### 4.3.3 放水洞结构计算

(1) 进口检修闸室稳定计算

本可研设计方案中检修启闭塔为井挖结构，不涉及基底抗滑稳定和抗倾覆稳定计算，因此不做计算，但为保证地基基岩承载能力，对基地应力进行分析计算。

闸室结构布置包括底板、闸墩、胸墙、排架、启闭机及人群荷载、闸门、交通桥等。闸室的稳定计算主要包括施工期闸室基底应力计算和运行期地基稳定计算。

闸室基底应力计算，依据"规范"当结构布置及受力情况对称时：

$$P_{max}=\frac{\sum G}{A}+\frac{\sum M}{W} \tag{4-30}$$

$$P_{min}=\frac{\sum G}{A}-\frac{\sum M}{W} \tag{4-31}$$

式中：$P_{max}$ 为闸室基底应力的最大值；$P_{min}$ 为闸室基底应力的最小值；$\sum G$ 为作用在闸室上的全部竖向荷载；$\sum M$ 为作用在闸室上的全部竖向和水平向荷载对于基础底面垂直水流方向的形心轴的力矩；$A$ 为闸室基底面的面积；$W$ 为闸室基底面对于该底面垂直水流方向的形心轴的截面矩。

在各种情况下，平均基底应力不大于地基允许承载力，最大基底应力不大于地基允许承载力的 1.2 倍。最大与最小值之比应满足规定，如表 4-14 所示：

**表 4-14　闸室基底应力最大与最小应力允许值**

| 地基土质 | 荷载组合 | |
|---|---|---|
| | 基本组合 | 特殊组合 |
| 松软 | 1.50 | 2.00 |
| 中等坚实 | 2.00 | 2.50 |
| 坚实 | 2.50 | 3.00 |

施工期偏心距：

$$e=\frac{B}{2}-\left(\frac{\sum M_a}{\sum G}\right)=-2.59$$

$$\sigma_{max}=\frac{\sum G}{A}\left(1+\frac{6e}{B}\right)=104.90(kN/m^2)$$

$$\sigma_{min}=\frac{\sum G}{A}\left(1-\frac{6e}{B}\right)=-48.50(kN/m^2)$$

$$\eta=\frac{\sigma_{max}}{\sigma_{min}}=2.17<[\eta]=2.5$$

运行期偏心距：

$$e=\frac{B}{2}-\left(\frac{\sum M_a}{\sum G}\right)=-0.61$$

$$\sigma_{max}=\frac{\sum G}{A}\left(1+\frac{6e}{B}\right)=442.5(\mathrm{kN/m^2})$$

$$\sigma_{min}=\frac{\sum G}{A}\left(1-\frac{6e}{B}\right)=177.8(\mathrm{kN/m^2})$$

$$\eta=\frac{\sigma_{max}}{\sigma_{min}}=2.49<[\eta]=3.0$$

经计算闸室基底应力满足基岩承载能力的要求。

(2) 出口工作闸室稳定计算

闸室结构布置包括底板、闸墩、胸墙、排架、启闭机及人群荷载、闸门、交通桥等。闸室的稳定计算主要包括：一、施工期闸室基底应力计算；二、运行期地基稳定计算。

①闸室基底应力计算

依据“规范”当结构布置及受力情况对称时：

$$P_{max}=\frac{\sum G}{A}+\frac{\sum M}{W} \tag{4-32}$$

$$P_{min}=\frac{\sum G}{A}-\frac{\sum M}{W} \tag{4-33}$$

式中：$P_{max}$ 为闸室基底应力的最大值；$P_{min}$ 为闸室基底应力的最小值；$\sum G$ 为作用在闸室上的全部竖向荷载；$\sum M$ 为作用在闸室上的全部竖向和水平向荷载对于基础底面垂直水流方向的形心轴的力矩；$A$ 为闸室基底面的面积；$W$ 为闸室基底面对于该底面垂直水流方向的形心轴的截面矩。

在各种情况下，平均基底应力不大于地基允许承载力，最大基底应力不大于地基允许承载力的 1.2 倍。

施工期偏心距：

$$e=\frac{B}{2}-\left(\frac{\sum M_a}{\sum G}\right)=-2.77$$

$$\sigma_{max}=\frac{\sum G}{A}\left(1+\frac{6e}{B}\right)=122.50(\mathrm{kN/m^2})$$

$$\sigma_{min}=\frac{\sum G}{A}\left(1-\frac{6e}{B}\right)=-50.2(\mathrm{kN/m^2})$$

$$\eta=\frac{\sigma_{max}}{\sigma_{min}}=2.44<[\eta]=2.5$$

运行期偏心距：

$$e=\frac{B}{2}-\left(\frac{\sum M_a}{\sum G}\right)=-0.74$$

$$\sigma_{\max}=\frac{\sum G}{A}\left(1+\frac{6e}{B}\right)=539.5(\mathrm{kN/m^2})$$

$$\sigma_{\min}=\frac{\sum G}{A}\left(1-\frac{6e}{B}\right)=182.9(\mathrm{kN/m^2})$$

$$\eta=\frac{\sigma_{\max}}{\sigma_{\min}}=2.95<[\eta]=3.0$$

经计算闸室基底应力满足基岩承载能力的要求。

②沿基底面的抗滑稳定计算

依据“规范”抗滑稳定安全系数计算：

$$K_c=\frac{f\sum G}{\sum H} \tag{4-34}$$

式中：$K_c$ 为沿闸室基底面的抗滑稳定安全系数；$f$ 为闸室基底面与地基之间的摩擦系数；$\sum G$ 为作用在闸室上的全部竖向荷载；$\sum H$ 为作用在闸室上的全部水平荷载。抗滑稳定安全系数应满足规定如表 4-15 所示。

**表 4-15 岩基上沿基底面抗滑、抗倾覆、抗浮稳定安全系数允许值**

| 建筑物级别 | 抗滑稳定安全系数 | | 抗倾覆稳定安全系数 | | 抗浮稳定安全系数 | |
|---|---|---|---|---|---|---|
| | 基本组合 | 特殊组合 | 基本组合 | 特殊组合 | 基本组合 | 特殊组合 |
| 3 | 1.08 | 1.03 | 1.5 | 1.3 | 1.10 | 1.05 |

经计算基底抗滑稳定安全系数 $Kc=3.02>[K_0]=3$，满足抗滑稳定要求。

③沿基底面的抗倾覆稳定计算

依据“规范”抗倾覆稳定安全系数计算：

$$K_0=\frac{\sum M_s}{\sum M_o} \tag{4-35}$$

式中：$K_0$ 为沿闸室基底面的抗倾覆稳定安全系数；$\sum M_s$ 为建基面上垂直力矩总和；$\sum M_o$ 为建基面上扬压力总和。经计算基底抗倾覆稳定安全系数 $K_0=1.32>[K_0]=1.30$，满足抗倾覆稳定要求。

④沿基底面的抗浮稳定计算

依据“规范”抗浮稳定安全系数计算：

$$K_f=\frac{\sum V}{\sum U} \tag{4-36}$$

式中：$K_f$ 为抗浮稳定安全系数；$\sum V$ 为建基面上稳定力矩总和；$\sum U$ 为建基面上倾覆力矩总和。经计算基底抗浮稳定安全系数 $K_f = 12.23 > [K_f] = 1.1$，满足抗浮稳定要求。

(3) 导流放水洞结构计算

根据导流放水洞运行的各工况及围岩参数，采用“理正结构工具箱5.62版”选取40 cm和50 cm衬砌厚度的不同工况共进行六组计算。

根据地址提供的围岩坚固系数和参考水工建筑物得知，坚固系数>2时不计侧向围岩压力，竖向的围岩压力根据《水工隧洞设计规范》(SL 279—2016)的规定计算。岩石的单位弹性抗力系数根据《水工设计手册7：水电站建筑》水工建筑物的相关公式($k=100\times k_o/r$)计算。衬砌混凝土标号为C25。抗裂要求小于4 mm。

计算结果如表4-16所示。经计算，设计放水洞衬砌厚度满足稳定要求，采用40 cm作为本阶段的设计衬砌厚度。

表 4-16　放水洞结构计算表

| 工况 | 衬砌厚度(cm) | 有无外水压力 | 有无内水压力 | 有无灌浆压力 | 围岩 | 抗剪 | 抗裂 |
|---|---|---|---|---|---|---|---|
| 1(施工期) | 40 | 无 | 无 | 有 | Ⅲ | 满足 | 满足 |
| 2(运行期) | 40 | 有 | 有 | 无 | Ⅲ | 满足 | 满足 |
| 3(检修期) | 40 | 有 | 无 | 无 | Ⅲ | 满足 | 满足 |
| 4(施工期) | 50 | 无 | 无 | 有 | Ⅳ | 满足 | 满足 |
| 5(运行期) | 50 | 有 | 有 | 无 | Ⅳ | 满足 | 满足 |
| 6(检修期) | 50 | 有 | 无 | 无 | Ⅳ | 满足 | 满足 |

## 4.4　边坡防护

### 4.4.1　大坝边坡设计

西纳川水库大坝、溢洪洞及导流洞进出口表层有碎石土覆盖层(厚度1～7 m)，下部均为岩石，设计强风化岩石开挖边坡取1∶0.5～1∶0.75，弱风化岩体开挖边坡为0.3～0.5，坡积碎石土层取1∶0.75～1∶1.2。根据坝体清基要求，坝体最大开挖边坡为30 m，其失稳后会直接进入库区，造成坝前暂时性的涌波，对坝面会有一定冲击影响，但不存在大规模的深层的边坡失稳和塌方问题，因此不会对坝体造成重大影响，依据《水利水电工程边坡设计规范》(SL 386—2007)中规定，确定为4级边坡。

为维持边坡开挖后的稳定性，设计均采用了不大于推荐开挖边坡比，基本不存在边坡失稳现象，但为防止开挖后岩层表面风化及蓄水后对边坡影响，设计分别对不同建筑物开挖的永久边坡进行了表面防护，对于相对开挖高度较高的溢洪洞边坡设计有锚筋桩。随着施工阶段开挖和地质情况，针对现场情况对边坡稳定应进一步采取防护措施，本阶段边坡防护设计如下。

大坝边坡开挖主要为趾板基坑开挖，其两岸山体多为基岩开挖，河床段为砂砾石覆盖层开挖，局部存在坡积土层，最大开挖边坡高度30米左右，最大开挖高度位于大坝左岸山体与址板线交线一带。大坝周边开挖时为防止边坡因开挖造成失稳下滑，设计土质、砂砾石层、坡积层开挖边坡不小于1∶1.0，基岩边坡不小于1∶0.5，基岩边坡开挖后，应清除表面松动体，并进行挂网喷锚防护，其中钢筋网采用$\varphi$8钢筋，间距20 cm，锚杆采用$\varphi$25，长3.5 m，间距为2.0 m，梅花形布置，锚杆深入基岩3.2 m，外露10 cm，钢筋网与锚杆必须焊接牢固，钢筋网保护层厚3 cm，坝前趾板开挖边坡喷20 cm厚的C15砼，坝后开挖边坡采用框格护坡。开挖施工和运行时应加强边坡稳定观测，确保施工期的施工安全和运行期的运行安全。

### 4.4.2 溢洪洞边坡设计

根据《水利水电工程等级划分及洪水标准》（SL 252—2017）和《防洪标准》（GB 50201—2017）的规定，溢洪洞为主要建筑物，级别为3级。其开挖边坡主要为进出口岸坡，失稳后的主要影响为堵塞溢洪洞，造成泄水不畅，但可以及时进行清理，对溢洪洞结构本身不造成重大影响，根据《水利水电工程边坡设计规范》（SL 386—2007）确定边坡级别为4级。正常运用条件下边坡抗滑稳定安全系数为1.15，非常运用条件下边坡抗滑稳定安全系数为1.1。

溢洪洞边坡开挖主要为进水明渠段和出口消能段，地形坡度30°左右，表层有2～4 m坡积碎石土，下伏下元古界板岩，为中等坚硬岩石。岩石开挖边坡为1∶0.5，坡积碎石土开挖边坡为1∶1.0，边坡开挖后立即进行挂网喷锚支护，采用$\varphi$22，间排距为2.0 m，$L$=3～4.5 m的锚杆梅花形布置，喷10 cm厚C20混凝土，$\varphi$8钢筋挂网、间距20×20 cm。为防止边坡失稳，坡积碎石土产生滑动破坏，需在溢洪洞开挖边坡马道处布置锚筋桩，锚筋桩采用3$\varphi$22，间距为5.0 m，锚筋桩深入基岩14.5 m，外露0.5 m。

### 4.4.3 导流洞进出口设计

导流放水洞进、出口全部为岩石边坡。设计按1∶0.75的坡度开挖，对于表层松动岩体、危岩、塌滑堆积碎块石全部清除，其边坡失稳后有可能造成进、出口淤塞，对导流洞结构本身不造成重大影响，根据《水利水电工程边坡设计规范》（SL 386—2007）确定边坡级别为4级。

边坡防护进口采用喷10 cm厚的素C15混凝土和框格护坡，并采用锚杆及锚筋桩锚固。锚杆、锚筋桩采用$\varphi$22，间距为5.0 m，锚杆深入基岩2.7 m，外露30 cm，锚筋桩深入基岩14.5 m，外露0.5 m；钢筋网采用$\varphi$8钢筋，间距20 cm，钢筋网与锚杆、锚筋桩必须焊接牢固，钢筋网保护层厚3 cm，喷10 cm厚的C25混凝土；坡面采用混凝土框格护坡，间距40 cm×40 cm，标号C25；为加固开挖边坡，进口处沿山体设置钢筋混凝土重力式挡墙，挡墙高度5 m，支护长度50 m，标号C25。出口按照1∶1.2的开挖坡比进行开挖，清除碎石土后采用混凝土骨架框格护坡，框格基础采用混凝土基础，并采用锚筋装加固。

# 第五章　西纳川水库机电与金属结构设计

本章对西纳川水库的机电与金属结构设计进行阐述和总结，从电气设备、输电线路和金属结构三个方面出发，其中电气设备设计涉及供电方案、电气设备选择及布置、保护及照明方案；输电线路设计涉及线路的自然条件和交叉跨越情况、机电配套设计；金属结构设计涉及水库整体及放水洞金属结构设计、闸门防腐防冻。对西纳川水库基础设施设计进行总结，有利于提高对工程整体的理解和认识。

## 5.1　电气设备设计

### 5.1.1　电力负荷计算及供电方式

（1）用电负荷计算

本阶段施工用电和永久用电根据施工专业提供的施工设备电机功率和金属结构专业提供的闸门启闭机等电机功率，进行施工用电和永久用电的负荷计算。施工用电和永久用电最高负荷按需用系数法计算，计算结果见表5-1和表5-2。

（2）系统供电方式

根据供电方案答复单确定供电方案为：新建线路从10 kV山五路101＃杆“T”接，向北引至西纳川水库坝区附近，主要满足筛分拌和系统、生活区、溢洪洞及右坝肩施工用电需求；在新建线路34＃杆“T”接一路分支线，以满足导流洞及左坝肩施工用电需求。线路为永临结合，引接线路全长2.5 km，电压等级10 kV，导线型号均选用JKLGYJ－70 $mm^2$ 架空绝缘线。

**表5-1　施工用电负荷计算表**

| 序号 | 用电设备名称 | 用电设备负荷(kW) | 同时系数 | 变压器容量(kVA) |
|---|---|---|---|---|
| 一 | 导流洞及左坝肩施工用电 | | | |
| 1 | 导流洞开挖 | 185.9 | 0.45 | 315 |
| 2 | 导流洞衬砌 | 118.1 | | |
| 3 | 左坝肩 | 232.5 | | |
| 4 | 负荷小计 | 536.5 | | |

续表

| 序号 | 用电设备名称 | 用电设备负荷(kW) | 同时系数 | 变压器容量(kVA) |
|---|---|---|---|---|
| 二 | 筛分拌和系统、生活区、溢洪道及右坝肩施工用电 | | | |
| 1 | 生产办公及生活 | 59 | 0.45 | 500 |
| 2 | 筛分系统 | 149 | | |
| 3 | 拌和系统 | 150 | | |
| 4 | 右坝肩 | 215 | | |
| 5 | 溢洪洞开挖 | 185.9 | | |
| 6 | 溢洪洞衬砌 | 118.1 | | |
| 7 | 负荷小计 | 877 | | |

**表 5-2 永久用电负荷计算表**

| 序号 | 用电名称 | 负荷总计(kW) | 需用系数 | 乘以需用系数后总计(kW) | 变压器容量(kVA) |
|---|---|---|---|---|---|
| 1 | 管理房负荷 | 82.4 | 1 | 134.4 | 160 |
| 2 | 坝顶照明 | 5 | | | |
| 3 | 引水管工作闸门 | 1.5 | | | |
| 4 | 导流放水洞事故闸门 | 15 | | | |
| 5 | 导流放水洞工作闸门 | 15 | | | |
| 6 | 管理房大门 | 7.5 | | | |
| 7 | 管理房锅炉 | 8 | | | |
| 8 | 总计 | 134.4 | | | |

### 5.1.2 电气设备选择及布置

(1) 电气设备选择

该工程地处海拔高度在 2 900 m 左右，普通电气设备的外绝缘水平已达不到设计要求，因此 10 kV 户外电气设备均选用高原型设备。主要电气设备材料如表 5-3 所示。

**表 5-3 主要电气设备材料表**

| 序号 | 设备名称 | 型号 | 单位 | 数量 | 备注 |
|---|---|---|---|---|---|
| 一 | 临时用电： | | | | |
| 1 | 电力变压器 | S11-M-500/10(GY) | 台 | 1 | 高原型产品，海拔 2 900 m |
| 2 | 电力变压器 | S11-M-315/10(GY) | 台 | 1 | 高原型产品，海拔 2 900 m |
| 3 | 真空断路器 | ZW32-12/T630(GY) | 台 | 2 | 高原型产品，海拔 2 900 m |
| 4 | 隔离开关 | GW9-10G/630(GY) | 组 | 4 | 高原型产品，海拔 2 900 m |
| 5 | 氧化锌避雷器 | HY5WS-17/50(GY) | 组 | 4 | 高原型产品，海拔 2 900 m |
| 6 | 故障指示器 | SF1-2C | 只 | 2 | 高原型产品，海拔 2 900 m |
| 7 | 户外防水低压配电箱 | 三合一型 | 面 | 2 | 高原型产品，海拔 2 900 m |
| 8 | 动力配电箱 | XL-21 | 面 | 9 | 高原型产品，海拔 2 900 m |

续表

| 序号 | 设备名称 | 型号 | 单位 | 数量 | 备注 |
| --- | --- | --- | --- | --- | --- |
| 二 | 永久用电: | | | | |
| 1 | 电力变压器 | S11-M-160/10(GY) | 台 | 1 | 高原型产品,海拔 2 900 m |
| 2 | 真空断路器 | ZW32-12/T630(GY) | 台 | 1 | 高原型产品,海拔 2 900 m |
| 3 | 隔离开关 | GW9-10G/630(GY) | 组 | 2 | 高原型产品,海拔 2 900 m |
| 4 | 柴油发电机组 | TP88/C64kW | 套 | 1 | 高原型产品,海拔 2 900 m |
| 5 | 跌落式熔断器 | RW11-10F/100A(GY) | 组 | 1 | 高原型产品,海拔 2 900 m |
| 6 | 故障指示器 | SF1-2C | 只 | 2 | 高原型产品,海拔 2 900 m |
| 7 | 氧化锌避雷器 | HY5WS-17/50(GY) | 组 | 3 | 高原型产品,海拔 2 900 m |
| 8 | 低压配电盘 | GGD1 型 | 面 | 2 | 高原型产品,海拔 2 900 m |
| 9 | 无功补偿柜 | GGJ1 型 | 面 | 1 | 高原型产品,海拔 2 900 m |
| 10 | 电力电缆 | ZR-YJV-3×35 | m | 150 | 以现场实测为准 |
| 11 | 电力电缆 | ZR-YJV-3×150+1×70 | m | 100 | 以现场实测为准 |
| 12 | 电力电缆 | ZR-YJV-3×95+1×50 | m | 100 | 以现场实测为准 |
| 13 | 电力电缆 | ZR-YJV-3×6+1×4 | m | 1 200 | 以现场实测为准 |
| 14 | 电力电缆 | ZR-YJV-3×4+1×2.5 | m | 2 000 | 以现场实测为准 |

(2) 电气设备布置

①“T”接点电气布置

“T”接点处布置有真空断路器、隔离开关、高压计量箱和氧化锌避雷器等户外电气设备布置在水泥杆上,四周应装设高度不小于 2.5 m 的围栏,围栏与电气设备外廓的距离不小于 1.5 m,并应在其明显部位悬挂警告牌。此处设备为永临结合。

②施工用电电气设备布置

施工用电变压器及高压侧装设的真空断路器、隔离开关、户外防水低压配电箱等户外设备布置在水泥杆上。其四周应装设高度不小于 2.5 m 的围栏,围栏与设备外廓的距离不小于 1.5 m,并应在其明显部位悬挂警告。

③永久性用电电气设备布置

水库管理房设低压配电室和柴油发电室。低压配电室内布置有 2 面低压配电屏,柴油发电机组布置在柴发室内。户外 10 kV 跌落式熔断器、氧化锌避雷器及 160 kVA 电力变压器以杆式安装,布置在低压配电室外附近。

### 5.1.3 过电压保护及接地

过电压保护及接地装置按《交流电气装置的过电压保护和绝缘配合》(DL/T 620—1997)、《水利水电工程接地设计规范》(SL 587—2012)的有关规定设置。

(1) 过电压保护

为防止架空进线与配电装置遭受雷电侵袭,在架空进线变压器高压侧装设氧化锌避雷器,作为 10 kV 配电装置防侵入雷电波的保护。

在配电室屋顶做避雷带,并与人工接地网相连,作为防止直击雷保护装置。

（2）接地

为了满足接地电阻、接触电压、跨步电压等要求，保护人身和设备的安全，"T"接点电气设备设人工接地网，接地电阻应不大于 4 Ω；管理房低压配电室基础下设置人工接地网，还充分利用埋入地下的钢筋和闸门等金属结构作为自然接地体。接地网接地电阻应不超过 1 Ω，以现场实测为准。

### 5.1.4 保护、通讯、照明设计

（1）继电保护

根据《通用用电设备配电设计规范》（GB 50055—2011）和《继电保护和安全自动装置技术规程》（GB/T 14285—2023）并结合本工程实际情况保护装置配置如下：

10 kV"T"接点进线断路器具有电流速断、过电流保护功能。施工用电断路器有电流速断、过电流保护功能。水库坝区永久用电变压器高压侧装设熔断器作为变压器和线路的过负荷及短路保护。低压电动机设置短路保护、过载保护、断相保护和低电压保护。

（2）测量表计装置

测量仪表装置按《电力装置电测量仪表装置设计规范》（GB/T 50063—2017）及《全国供用电规则》的有关规定设置。

计量方式根据西宁供电公司《高压供电客户供电方案答复单》的内容确定：施工用电计量方式为高供高计计量的方式，配组合计量电流互感器 50/5 A、电压互感器 10/0.1 kV 及计量表计 3/31.5～6 A 智能表一块。永久用电计量方式暂考虑高供高计方式，待下阶段经建设单位和供电部门进一步协商后确定。

（3）通讯

本工程施工过程中，项目区与外部联系采用市话和移动电话通讯方式。施工期施工营地固定电话按 2 部考虑，运行期管理房固定电话按 2 部考虑。

（4）照明

本工程管理房及所有施工区设置正常工作、生活照明，由管理房及施工区用电 380/220 V 中性点直接接地的三相四线制系统供电。管理房内设置事故照明，采用应急照明灯具（自带蓄电池）。

## 5.2 输电线路设计

### 5.2.1 输电线路自然条件

（1）线路路径

新建 10 kV 线路从 10 kV 山五路 101＃杆"T"接向西北方向行进至 IP2 右转 42°23′到达 IP3，接着右转 14°52′到达 IP5，后左转 42°06′沿正北方向引至西纳川水库右坝肩位置附近，从新建线路 34＃杆"T"接一回分支线至西纳川水库左坝肩附近。

（2）地形、地质条件

该工程 10 kV 配电线路所经地区海拔高度在 2 870 m～2 900 m 之间，地形变化较

大，地貌多为丘陵和大山。其地表层多为黄土或坡积碎石、砾石土，其下为砾石层及第三系泥岩夹砂砾岩构成。线路所经地段平地约 0.5 km，占线路全长的 20%；丘陵、山地约 2 km，占线路全长的 80%，大部分地段附近只有乡间道路或无路，交通运输比较困难，施工条件较差。

(3) 气象条件

根据本工程的水文气象条件调查，并参照附近已运行线路的设计值，确定本工程设计采用气象条件组合如表 5-4 所示。

**表 5-4　气象条件组合**

| 气象条件 | 气温(℃) | 风速(m/s) | 覆冰厚度(mm) |
|---|---|---|---|
| 最高气温 | +40 | 0 | 0 |
| 最低气温 | −30 | 0 | 0 |
| 最大风速 | −5 | 30 | 0 |
| 覆冰情况 | −5 | 10 | 10 |
| 平均气温 | 5 | 0 | 0 |
| 外过电压(有风) | +15 | 10 | 0 |
| 外过电压(无风) | +15 | 0 | 0 |
| 内过电压 | 5 | 15 | 0 |
| 安装情况 | −15 | 10 | 0 |
| 最大冻土深(m) | 1.45 | | |
| 年雷暴日数 | 40～50 | | |
| 冰重 | 0.9g/cm³ | | |

## 5.2.2　线路交叉跨越情况

西纳川水库输电线路跨越小路、通信线、河流、沟、树等物体，具体如表 5-5 所示。同时，输电线路跨越各物体最小安全距离如表 5-6 所示。

**表 5-5　线路交叉跨越情况表**

| 被跨越物 | 次数(次) | 备注 |
|---|---|---|
| 小路 | 1 | |
| 通信线 | 1 | |
| 河流 | 3 | |
| 沟 | 2 | |
| 树 | 6 | |
| 合计 | 13 | |

表 5-6 交叉跨越最小安全距离表

| 被跨越物 | 最小安全距离(m) | 备注 |
| --- | --- | --- |
| 房屋 | 3 | |
| 树木 | 3 | |
| 山坡 | 4.5 | 步行可到达 |
| 道路 | 7 | 居民区 |
| 通信线 | 2 | |
| 河流 | 3 | 不通航、浮运 |

### 5.2.3 机电设备配备

(1) 导线选择

本工程 10 kV 线路选用与原 10 kV 山五路导线型号一致的 JKLGYJ－70/10 架空绝缘线。导线安全系数取 3.0,最大使用应力 9.51 kg/mm$^2$。

(2) 绝缘配合

本工程 10 kV 线路所在地段污秽等级为Ⅰ级,根据《10 kV 及以下架空配电线路设计技术规范》(DL/T 5220—2021)及《架空绝缘配电线路设计技术规程》(DL/T 601—1996),并根据其他线路运行状况,本工程 10 kV 线路采用复合型绝缘子:直线、跨越杆采用 FPQ－10T20 型复合针式绝缘子;直耐、转耐、终端杆采用 FXBW4－10/70 型复合绝缘子组成单串。

(3) 金具选用

金具选择采用 2003 年修订的“电力金具产品样本”中的金具,供挂线及拉线使用。线路使用的金具、铁附件、接地体均为热镀锌。

(4) 杆塔类型及基数

不同塔杆类型及对应基数如表 5-7 所示。

表 5-7 杆塔类型及基数

| 塔杆类型 | 基数(基) | 备注 |
| --- | --- | --- |
| Z－10 | 29 | |
| Z－12 | 2 | |
| J1－10 | 3 | |
| J2－10 | 2 | |
| DD－12 | 2 | |
| KD－12 | 1 | |
| ZF－10 | 2 | 只计铁附件材料不计电杆 |

续表

| 塔杆类型 | 基数(基) | 备注 |
| --- | --- | --- |
| 合计 | 41 | |

### 5.2.4 杆塔与基础

(1) 杆塔

①对于10 kV线路电杆,选用10 m、12 m、预应力混凝土电杆。

②直线、跨越杆:采用直埋式。

③特殊跨越杆:采用直埋式,安装卡盘或安装防风拉线。

④直线分支、转角杆:采用直埋式,安装承力拉线。

⑤直耐、转耐、直线分支、终端杆:采用直埋式,安装承力拉线。

为了保证安全和防止拉线铁件被盗,拉线都要装设拉线绝缘子,拉线下巴以下螺栓全部安装新型防盗帽。

(2) 基础

①基础形式

根据线路工程地质条件,结合使用的杆塔型式,本线路采用的基础型式为:底盘、卡盘、拉线盘,三盘均用C25钢筋混凝土预制。电杆埋深为:10 m电杆埋深1.7 m,12 m电杆埋深2 m。对洪水可能冲刷到的地方,电杆基础要进行防洪处理。

②基础防腐

根据对库区河水水质简分析试验,水中游离 $CO_2$ 为0,侵蚀性 $CO_2$ 含量为0, $HCO_3^-$ 含量5.04 mmol/L, $CO_3^{2-}$ 含量为38.59 mg/L, $SO_4^{2-}$ 含量为52.85 mg/L, $CL^-$ 含量6.94 mg/L, $Ca^{2+}$ 含量为59.86 mg/L, $Mg^{2+}$ 含量为8.28 mg/L, $K^+$ 含量为11.70 mg/L, $Na^+$ 含量82.80 mg/L,pH值为7.89,总硬度为183.57 mg/L,总碱度为284.34 mg/L,矿化度为414.69 mg/L。水化学类型为重碳酸钠钙水。依据《水利水电工程地质勘察规范》(GB 50487—2008)中关于环境水腐蚀性评价,本工程所在地河水及地下水对混凝土结构无腐蚀性,对钢筋混凝土结构中的钢筋无腐蚀性,对钢结构具弱腐蚀性,故本工程线路基础不做防腐处理。

## 5.3 金属结构设计

### 5.3.1 金属结构设计概述

西纳川水库金属结构设备主要有:引水管工作阀门、导流放水洞事故闸门、弧形工作闸门及其启闭设备。工作阀门1套,1套阀门重量1.3 t,潜孔式平板钢闸门1扇、潜孔式弧形钢闸门1扇,共计2扇闸门,2扇闸门及其埋件总重47.73 t。固定卷扬式启闭机1台、液压启闭机1台,共计2台(套),2台启闭机重量29 t。

闸门、启闭设备特性及工程量见表5-8。

表 5-8 闸门、埋件、启闭机主要工程量及其特性表

| 序号 | 项目名称 | 数量（扇） | 孔口尺寸 宽×高（m） | 设计水头（m） | 估算工程量 单重/总重（t） | 闸门、启闭机型式及容量 | 闸门支承型式 |
|---|---|---|---|---|---|---|---|
| 1 | 导流放水洞事故闸门 | 1 | 3.0×3.0 | 43.35 | 8.6 | 平板滑动钢闸门 | 滑动支承 |
| | 闸槽埋件 | 1 | — | — | 15.41 | | — |
| | 启闭设备 | 1 | — | — | 15 | 800 kN 固定卷扬启闭机 | — |
| 2 | 导流放水洞弧形工作闸门 | 1 | 3.0×3.0 | 49.55 | 17 | 潜孔式弧形闸门 | 圆柱铰 |
| | 闸槽埋件 | 1 | — | — | 6.72 | | — |
| | 启闭设备 | 1 | — | — | 14 | QHSY－800 kN 液压启闭机 | — |
| 3 | 引水管工作阀门 | 1 | DN600 | 56.4 | 1.3 | 偏心半球阀 | — |
| 合计 | | — | — | — | 78.03 | — | — |

## 5.3.2 放水洞金属结构设计

（1）事故闸门

事故门孔口尺寸为 3.0 m×3.0 m(宽×高)，1 孔 1 扇，底坎高程 2 895.63 m，正常蓄水位 2 938.98 m，设计洪水位 2 940.4 m，校核洪水位 2 941.02 m。闸门承受的总水压力为 4 000.13 kN。门型为平面滑动钢闸门，门体材质采用 Q235B，总重 8.6 t，整体制造运输。门叶结构由面板、主横梁、纵隔板和边梁组成。面板厚度为 14 mm，支承在主横梁、水平次梁、纵梁组成的梁格上。门叶设置 4 根主横梁，为焊接工字梁断面，支承在边梁上，支承跨度为 3.58 m。沿跨度方向设有 2 道纵向隔板，为组合工字梁断面。

止水装置布置在门体背水面，为常规预压式止水。顶、侧止水为 P45－A 橡皮，在水压作用下压缩 4 mm；底止水为条形橡皮，依靠门重压缩 10 mm。

主支承采用 NG 系列滑道，反向支承采用灰铸铁滑块，边梁腹板上设置侧向支承。反滑块与反轨间间隙 10 mm、侧支承与门槽支承面间的间隙为 10 mm。

门槽宽 900 mm，深 550 mm，宽深比 1.63。其埋件包括门楣、主轨、反轨、侧轨、底坎、一期预埋件和二期连接件等。埋件材料采用 Q235－A。埋件总重 15.41 t。

闸门操作方式为动闭静启，启门时利用门顶充水阀充水平压后启门，启闭机选用 QPG－800 kN 高扬程固定卷扬式启闭机，启闭容量 800 kN，扬程 45 m，单吊点。

事故闸门主要构件应力及挠度计算成果见表 5-9。

表 5-9 事故闸门主要构件应力及挠度计算成果表

| 计算项目 \ 部位名称 | | 水平次梁 | 主梁 | 顶主梁 |
|---|---|---|---|---|
| 1 | 最大弯应力(MPa) | 54.9 | 126.78 | 119.45 |
| | 容许弯应力(MPa) | 160 | 160 | 160 |
| 2 | 最大剪应力(MPa) | 62.59 | 65.41 | 22.47 |
| | 容许剪应力(MPa) | 95 | 95 | 95 |

续表

| 计算项目 \ 部位名称 | | 水平次梁 | 主梁 | 顶主梁 |
|---|---|---|---|---|
| 3 | 最大挠度(mm) | 0.27 | 2.19 | 0.98 |
| | 容许挠度(mm) | 3.6 | 4.77 | 4.77 |

启闭力的计算结果为闭门力 866.92 kN，水柱重量 1 031.29 kN，水柱重量大于所需的闭门力，闭门力富裕 164.37 kN，持住力 684.90 kN，启闭机额定启闭容量能够满足闸门启闭要求。

(2) 弧形工作闸门

弧形工作门孔口尺寸为 3.0 m×3.0 m，1 孔 1 扇，底坎高程 2 891.47 m，正常蓄水位 2 938.98 m，设计洪水 2 940.4 m，校核洪水位 2 941.02 m。弧门面板外缘半径 6.0 m，支铰高度 4.0 m，闸门承受的总水压力为 5 154.34 kN。门型为潜孔式弧形钢闸门，门体材质采用 Q235B，总重 17 t，分节制造运输。框架为直支臂主横梁式结构，上、下主框架对称于水压中心线布置。闸门由门叶结构、支臂结构、支铰结构组成。门叶结构由面板、主横梁、纵隔板和边梁组成。面板厚度为 20 mm，支承在主横梁、水平次梁、纵梁组成的梁格上。门叶设置 2 根主横梁，为焊接工字梁断面，主梁高度 620 mm，支承在左右支臂上，支承跨度为 1.8 m。沿高度方向设置 5 根水平次梁，为槽钢及钢板。沿跨度方向设有 3 道纵向隔板，为组合工字梁断面。支臂为焊接工字梁断面。支铰由铰链、铰座、铰轴、轴套等组成，铰链、铰座为铸钢件，铰轴材质为 45 号优质碳素结构钢，轴套材质为 ZQAL9－4。

侧止水为 P45－B 橡皮，两侧各预压 2 mm。设 2 道顶止水，上面 1 道顶水封固定在门叶上，下面 1 道固定在门楣上，2 道水封均为 P45－A 型橡皮。止水橡皮预压 4 mm。

侧向支承采用灰铸铁滑块，侧向滑块与门槽支承面间的间隙为 2 mm。

门槽埋件包括门楣、侧轨、底坎、预埋座板、预埋地脚螺栓、一期预埋件和二期连接件等。门楣和侧轨焊接件上的止水座板为不锈钢加工面。止水座板不锈钢材料采用 1Cr18Ni9Ti，其他埋件材料采用 Q235－A。埋件总重 6.72 t。

闸门操作方式为动水启闭，启闭机选用 QHSY－800/450 kN 液压启闭机，启门容量 800 kN，闭门容量 450 kN，单吊点。工作闸门主要构件应力及挠度计算成果见表 5-10。

**表 5-10　工作闸门主要构件应力、稳定及挠度计算成果表**

| 计算项目 \ 部位名称 | | 水平次梁 | 主梁 | 支臂 |
|---|---|---|---|---|
| 1 | 最大弯应力(MPa) | 80.43 | 151.92 | — |
| | 容许弯应力(MPa) | 160 | 160 | — |
| 2 | 最大剪应力(MPa) | 92.78 | 99.02 | — |
| | 容许剪应力(MPa) | 95 | 95 | — |
| 3 | 折算应力(MPa) | 131.49 | 105.41 | — |
| | 容许折算应力(MPa) | 1.1×160 | 1.1×160 | — |

续表

| 计算项目 \ 部位名称 | | 水平次梁 | 主梁 | 支臂 |
|---|---|---|---|---|
| 4 | 最大挠度(mm) | 0.15 | — | — |
| | 容许挠度(mm) | 3.6 | — | — |
| 5 | 弯矩平面内稳定(MPa) | — | — | 121.07 |
| | 弯矩平面外稳定(MPa) | — | — | 114.56 |
| | 容许稳定应力(MPa) | — | — | 150 |

启闭力计算结果:闭门力 439.51 kN,启门力 676.314 kN,靠自重闸门无法关闭,依靠液压启闭机下压力关闭闸门,启闭机额定启闭容量满足闸门启闭要求。

### 5.3.3 闸门防腐及防冰冻

(1) 闸门防腐

闸门制造组装检查合格后,应进行预处理,预处理前,应将闸门表面修正完毕,并将金属表面铁锈、氧化皮、油污、灰尘、水分等污物清除干净。

表面预处理应采用喷射或抛射除锈,所用磨料表面应清洁干净。喷射用的压缩空气应进行过滤,除去油和水。

闸门表面除锈等级应符合《涂装前钢材表面锈蚀等级和除锈等级》(GB/T 8923—1988)中规定的 Sa2 $\frac{1}{2}$级,除锈后,表面粗糙度数值应达到 40～70 um,用表面粗糙度专用测量器具或比较样块检测。

闸门埋件表面,其埋入混凝土一侧除锈等级制造厂内可按 GB/T 8923—1988 中规定的 Sa1 级,除锈后涂苛性钠水泥浆。在安装前除去表面氧化皮后埋入混凝土内,埋件迎水面仍按 Sa2 $\frac{1}{2}$级进行除锈。

闸门除锈后,应用干燥的压缩空气吹净。涂装涂层前,如发现钢材表面出现污染或返锈,应仍重新处理到原除锈等级。

闸门除锈后涂装环氧富锌底漆 80 $\mu$m,然后涂装环氧云铁防锈漆 100 $\mu$m,最后涂装氯化橡胶面漆 70 $\mu$m。涂装程序按涂料说明书进行。涂装其他规定按《水利水电工程钢闸门制造安装及验收规范》(DL/T 5018—2018)执行。

涂装质量检查按《水利水电工程钢闸门制造安装及验收规范》(DL/T 5018—2018)执行。

(2) 闸门防冰冻

事故闸门在水下,且较深,不存在冰压力及冰冻问题;弧形工作门在导流放水洞出口,不存在冰压力问题,闸门如果漏水,冬季可能会出现冰冻现象。

# 第三篇

# 西纳川水库施工

主要内容：本篇详细阐述了西纳川水库的施工。结合西纳川水库施工环境和项目划分，针对性地介绍了挡水建筑物、溢洪洞和导流放水洞的施工设计，详述重难点以及应对措施，施工进度安排。同时围绕施工的总体部署，阐述临时设施设置以及质量与安全管理的相关事项。针对三类主要建筑物工程——挡水建筑物、溢洪洞和导流放水洞——在施工中遇到的各类挑战，剖析采用创新技术的解决方案：挡水建筑物施工克服了汛期雨量大的气候条件和复杂地质条件等对大坝施工产生的不良影响，通过大坝防渗墙技术、面板混凝土技术和高边坡处理技术等显著提高了挡水建筑物的防洪和水资源利用能力；为最大限度地减少对环境的影响，施工过程中改变了传统的溢洪道设计，转而采用溢洪洞设计。导流放水洞则实现了导流洞与放水洞的复合使用，在施工期间作为导流洞使用，施工完毕后作为放水洞使用。本篇还探讨了西纳川水库工程中的主要机电设备（电气设备、备用应急柴油发电机、电力电缆）和金属结构（闸门设备、启闭机和引水管）的安装技术。

# 第六章 西纳川水库施工组织设计

施工组织设计是指导施工活动科学进行的重要手段，是保障施工过程顺利实施的依据。本章首部分为对西纳川水库施工环境和项目划分的初步解读，随后针对性地介绍了挡水建筑物、溢洪洞和导流放水洞的施工设计，详述重难点、应对措施及施工进度安排。最后围绕施工的总体部署，阐述临时设施设置以及质量与安全管理的相关事项，力求实现施工的高效有序。本章作为施工的基础和指南，为实现工程的有序推进提供了重要参考。

## 6.1 综合说明

### 6.1.1 施工条件

(1) 工程条件

①工程位置及交通条件

西纳川水库位于青海省湟中区上五庄镇的拉寺木河上，水库坝址距拉寺木峡谷出口 5 km，水库距上五庄镇 12 km，距多巴镇 35 km，距西宁市 65 km，距湟中区府鲁沙尔镇 55 km。水库区交通较为便利，从西宁到上五庄镇纳卜藏村有正式公路相连，从纳卜藏村到北庄村有乡村临时便道(1.2 km)相通，北庄村至拉寺木村有乡村公路，拉寺木村至库区项目组修建一条宽 7 m，长约 3 km 的对外进场道路。西宁市到坝址公路里程 65 km，外购材料及当地材料供应均比较方便。

为满足库区上游森林防火等交通要求，项目组在大坝左、右坝肩各修建一条永久道路，道路总长 5.5 km，路面宽 3.5 m，碎石路面。永久道路在施工期可以作为上下游连接的施工道路使用。下游需要在导流洞出口明渠处修建一处永久桥，桥面宽 5.0 m。

根据施工总布置，下游施工道路结合永久上坝“之”字路布置，“之”字路路面宽度 3.5 m，总长度 580 m，转弯处设回车场地；上游从块石料场、砂砾石料场修建 1＃、2＃、3＃三条临时施工道路作为场区前期施工道路，用于围堰填筑等。

坝体填筑时在右岸设低线上坝路、中线上坝路、高线上坝路各一条，在左岸修建一条中线上坝路，左岸高线路与左岸永久道路结合布置。

右岸低线路控制坝体填筑高程为 2 878 m～2 906 m，路面宽度 7 m，总长度 475 m，设跨趾板栈桥一座；左、右岸中线上坝路控制坝体填筑高程为 2 906 m～2 935 m，道路路面宽 7 m，总长度约 1.2 km，高线上坝路结合左、右岸永久道路布置，控制坝体填筑高程为 2 935 m～2 940.56 m，右岸跨溢洪洞处采用开挖弃料先期进行填筑，路面宽 7 m，总长度 150 m。三条上坝路路面坡度均按不大于 10%进行控制。

②材料供应

外购材料钢材、木材、水泥等可从西宁市拉运，均为公路运输，运距 65 km，当地材料从附近料场拉运。

防渗土料位于坝址下游 2 km 的拉寺木村右岸，坝体砂砾料在坝址上游 0.5～2 km 范围内，块石料场位于上坝址上游 1.5～2.5 km 牛心沟的两岸。碎石土料场位于坝址下游左岸蓬窑冲沟沟口冲积扇，距坝址 1 km。由于坝段内无理想的混凝土骨料，坝址下游峡口段的花岗岩岩体人工破碎后可用于水库所需的混凝土骨料，运距约 4 km。坝址下游各料场交通均比较方便，上游的砂砾石料场和块石料场需修建临时道路，以满足运料要求。

③水电供应及施工通信

水库施工用水直接取用拉寺木河河水，该河道河水清澈，无污染，无有害元素，生产和生活用水均可直接取用。坝址区有拉寺木村，可通过照明电线路。施工用电则从下游的上五庄镇中心变电所接引，架设 10 kV 输电线路 2.5 km，1 000 KVA 变压器一台。施工通信由当地电信部门提供安装施工管理通讯总机。工区采用对讲机进行通信。

（2）自然条件

①水文、气象

西纳川河上游北岸支流拉寺木河下游段，坝址以上流域面积 64.5 $km^2$，多年平均流量 0.709 $m^3/s$。流域内植被良好，河水清澈，水质好，水量稳定。水库区属高原半干旱大陆性气候，光热充足，日照时间长，太阳辐射强，气温垂直变化明显。多年平均气温 3.0℃，极端最高气温 28.6℃，极端最低气温－30.9℃，无霜期 75 天，多年平均降水量 600 mm，多年平均蒸发量 1 100 mm，相对湿度 61%，多年平均日照时数 2 708 小时，年最大风速 20 m/s，风向多为西风或西北风，最大冻土层深度 1.7 m。

②洪水、泥沙

水库区流域的洪水主要由暴雨形成，暴雨的特点是历时短、强度大、面积小。洪水的特点是暴涨暴落、峰型尖瘦，峰现时间一般出现在 7～8 月。

水库区上下坝址以上流域的多年平均悬移质输沙量为 0.516 万 t、0.615 万 t。推移质沙量根据推悬比求得。库区两岸植被良好，河道内河水清澈、透明，河水悬浮物少，但由于冲沟沟口及沟床广泛分布洪积松散堆积物，一般以细小颗粒为主，少见大粒径物质，结构松散，泥石流是洪水季节水库固体径流的主要来源之一。

②地形地貌

水库区位于西宁断陷盆地北部边缘地带，受达坂山南缘断裂和拉脊山北缘断裂带的控制，区域构造单元属于中祁连中间隆起带二级构造单元，娘娘山复背斜褶皱带三级构造单元，区域主构造线方向 NW 向，褶皱轴线与区域主构造线方向一致。

③工程地质

水库两岸为基岩山区，山体雄厚，山梁顶部高程大于 3 000 m，河谷总体呈“Y”形，在牛心山分叉，现代河床在右岸，右岸有一大的冲沟，沟口分布有冲积扇，两岸坡分布有坡积层。

基岩为千枚状板岩，走向呈 NWW 向，河谷属于纵向谷，库区内没有区域性大断裂，岸坡基岩裂隙泉均流向拉寺木主沟道，高程发布在 2 915～2 920 m 之间，除强风化岩体外，基岩属于弱透水层。

库区内河谷宽广，左右岸发育两条大冲沟山体相对完整，两岸被植良好，左岸岸坡大部分为基岩段，坡度 50°～60°左右，右岸多为第四系松散堆积层岸坡，坡角 25°～40°，右岸岩层倾向顺坡向，左岸岩层倾向反坡向，岩层倾角较陡，左岸普遍发育倾倒体。

基岩岸坡所占比例较大约 70%左右，岸坡分布有 3～5 m 的坡积层，局部基岩裸露，蓄水后主要在库区左岸基岩陡立岸坡有再造现象，长度约 1.2 km，但不存在大的不稳定体，岸坡总体较稳定。

水库区坝前最大水深 56 m，回水长度 1.4 km，最大宽度 460 m，水库区基岩岩性主要为千枚状板岩，属于中等坚硬岩石，为单斜构造，库区没有区域断层，在距离坝址 600 m 牛心山一带，发育有张性断层，宽度 5～8 m，向两岸延伸，完整板岩属于弱透水性，水库蓄水后诱发地震的可能性小。

### 6.1.2 施工项目划分

西纳川水库主体工程包括挡水建筑物、溢洪洞、导流放水洞等，工程建设总工期为 36 个月。

根据工程总体布置特点、建设计划、可能的招标承包方式以及施工管理机构设置情况，分部分项工程划分如表 6-1 所示。

**表 6-1 西纳川水库工程枢纽工程项目划分**

| 工程项目名称 | 单位工程名称 | 分部工程编号 | 分部工程名称 |
|---|---|---|---|
| 青海省湟中区西纳川水库工程 | 挡水工程 | D1 - F1 | 坝基开挖与处理 |
| | | D1 - F2 | 趾板及周边缝止水 |
| | | D1 - F3 | 坝基及坝肩防渗 |
| | | D1 - F4 | 混凝土面板及接缝止水 |
| | | D1 - F5 | 垫层与过渡层 |
| | | D1 - F6 | 堆石体 |
| | | D1 - F7 | 上游铺盖与盖重 |
| | | D1 - F8 | 下游坝面护坡 |
| | | D1 - F9 | 坝顶工程 |
| | | D1 - F10 | 观测设施 |
| | | D1 - F11 | 高边坡处理 |
| | 溢洪洞工程 | D2 - F1 | 进口段 |
| | | D2 - F2 | 溢洪洞 |
| | | D2 - F3 | 出口消能段 |
| | 导流放水洞工程 | D3 - F1 | 洞进出口段 |
| | | D3 - F2 | 启闭塔 |
| | | D3 - F3 | 洞身段 |
| | | D3 - F4 | 导流明渠及出口明渠 |
| | | D3 - F5 | 消力池 |
| | | D3 - F6 | 放水管 |
| | | D3 - F7 | 机电设备安装 |

## 6.2 挡水建筑物施工组织设计

### 6.2.1 工程概况

西纳川水库坝址距拉寺木村上游 2 km 处，主河床布置大坝，大坝采用面板堆石坝型，坝顶高程 2 941.62 m，从坝轴线最低点建基面 2 888.0 m 算起最大坝高 56.82 m，坝顶长 461 m。

西纳川水库大坝为混凝土面板堆石坝，主要由粉土斜墙铺盖(1A)、坝基开挖弃料盖重区(1B)、垫层区(2A)、特殊垫层区(2B)、过渡区(3A)、上游主堆石区(3B)、主堆砂砾石区(3C)、下游次堆石区(3D)、过渡带(3E)、下游干砌块石护坡(3F)，共计十个填筑区组成。

### 6.2.2 本工程重难点及应对措施

(1) 重难点一：大坝防渗问题

西纳川水库工程位于降雨量较大的地区，平均降雨强度达 25 mm/h，极端降水强度最高可达 57.5 mm/h，加上地质条件复杂，大坝的防渗问题显得尤为重要。如果处理不当，可能导致水库水量的大量损失，甚至可能引发大坝破坏，对周围的生态环境和人类居民造成巨大影响。

对策：①设计并施工防渗墙，防渗墙能够有效阻止或减少水库水通过大坝渗漏，是防止水库水量损失和保障大坝安全稳定的重要措施。②进行对大坝的严密观测和监控，确保大坝防渗墙的效果，一旦发现渗漏现象，立即采取补救措施。③定期进行大坝的维护和保养，检查和修复可能的破损和裂缝。

(2) 重难点二：大坝侵蚀和破损问题

在大坝施工过程中，由于降雨量较大，加上施工期间可能发生的突发性天气事件，大坝可能会遭受到强烈的侵蚀和破损。

对策：①使用面板混凝土，提供防水层和防护层，防止水库水对大坝主体结构产生侵蚀和渗漏。同时，面板混凝土可以提供一定的抗压和抗折强度，增加大坝的稳定性。②优化混凝土配合比，选择适合施工环境的水泥品种，严格控制骨料的质量，以提高混凝土的抗侵蚀性和耐久性。③加强大坝的维护和保养，定期对大坝进行检查和维修，及时发现并处理侵蚀和破损问题。

(3) 重难点三：大坝高边坡稳定性问题

高边坡的稳定性对大坝的安全性具有直接影响，若未能妥善处理，可能导致土石流、滑坡等地质灾害，对大坝造成破坏。特别是在施工有效期短，且降雨量大的情况下，高边坡稳定性问题更加突出。

对策：①对大坝周边的边坡进行充分的地质调查和稳定性分析，制定合理的边坡处理方案。②进行合适的边坡开挖，使边坡形成合适的坡度，提高边坡的稳定性。③设置排水设施，防止边坡饱和，减少滑坡的可能性。④设置支护结构，提高边坡的抗滑稳定性，确保大坝施工和运营的安全。

### 6.2.3 施工进度计划

大坝坝基开挖工作于2016年8月9日开始，2018年9月5日完成。大坝填筑工作于2018年9月21日开始，2020年7月15日大坝坝体填筑至防浪墙墙底2 939.62 m高程处，2022年7月24日填筑至坝顶2 941.62 m高程，工程于2022年11月23日全部完工。挡水建筑物施工进度计划见表6-2。

**表6-2 挡水建筑物施工进度计划**

| 分部工程编号 | 分部工程名称 | 开始时间 | 完成时间 |
| --- | --- | --- | --- |
| D1-F1 | 坝基开挖与处理 | 2016年8月9日 | 2018年9月5日 |
| D1-F2 | 趾板及周边缝止水 | 2019年7月6日 | 2020年8月22日 |
| D1-F3 | 坝基及坝肩防渗 | 2016年10月2日 | 2021年6月7日 |
| D1-F4 | 混凝土面板及接缝止水 | 2019年8月11日 | 2022年9月21日 |
| D1-F5 | 垫层与过渡层 | 2018年8月7日 | 2020年7月15日 |
| D1-F6 | 堆石体 | 2018年9月21日 | 2020年7月15日 |
| D1-F7 | 上游铺盖与盖重 | 2022年6月30日 | 2022年8月16日 |
| D1-F8 | 下游坝面护坡 | 2021年4月8日 | 2022年12月6日 |
| D1-F9 | 坝顶工程 | 2018年4月15日 | 2022年10月11日 |
| D1-F10 | 观测设施 | 2018年4月15日 | 2022年10月11日 |
| D1-F11 | 高边坡处理 | 2017年4月1日 | 2022年11月6日 |

## 6.3 溢洪洞施工组织设计

### 6.3.1 工程概况

为最大限度地减少对环境的影响，施工过程改变了传统的溢洪道设计，转而采用溢洪洞设计。溢洪洞总长391.2 m，采用正向进水的方式，溢流堰长度为5.3 m，末端采用挑流消能方式，溢洪洞紧邻大坝右端10 m处山体内布置。隧洞为顶拱120°的无压城门型隧洞，顶拱半径$R=1.73$ m。溢洪洞出口消能段的消能方式为挑流消能。

### 6.3.2 本工程重难点及应对措施

(1) 重难点一：不稳定围岩的控制

由于工程区地质结构复杂，溢洪洞开挖时围岩类别均为Ⅳ、Ⅴ类围岩，地质条件较差，这为隧洞的施工带来了巨大的困难，特别是在穿越断层带、弱质岩石区域时，可能会引发地质灾害。

对策：①进行充分的地质勘查，明确岩层的性质和构造条件，进行科学的隧洞设计，确保施工过程中的安全。②在施工过程中，随时监控地质状况，对于可能存在的风险要及时预警，采取适当的应急措施。③在穿越弱质岩石区和断层带时，采用全面掌握的施工方法，如分段掘进、围岩预处理、水泥灌浆等。④为了保证施工的安全，在开挖过程中采取小步长、快速支护的方法，减少围岩的塌陷和变形。

(2) 重难点二：水泥灌浆后的固结问题

为了应对软弱围岩，采用水泥灌浆方法。水泥灌浆后，水泥会逐渐固结，形成坚硬的防护层。该过程中会产生热量，可能会导致围岩的热裂，甚至崩塌，同时灌浆后的固结过程也可能形成孔洞，影响灌浆效果。

对策：①选择适合的水泥类型和配比，尽可能降低水泥灌浆的热效应，减少围岩的热裂问题。②控制灌浆速度，使得灌浆后的固结过程可以均匀进行，减少孔洞的产生。③在灌浆过程中，定期进行质量检查，对于出现问题的地方，及时进行修复和处理。

### 6.3.3 施工进度计划

西纳川水库溢洪洞工程于 2016 年 9 月 19 日开工，2017 年 9 月 25 日全洞段贯通，2021 年 11 月 28 日完工。溢洪洞施工进度计划见表 6-3。

**表 6-3 溢洪洞施工进度计划**

| 分部工程编号 | 分部工程名称 | 开始时间 | 完成时间 |
| --- | --- | --- | --- |
| D2 - F1 | 进口段 | 2018 年 10 月 1 日 | 2021 年 11 月 28 日 |
| D2 - F2 | 溢洪洞 | 2016 年 11 月 10 日 | 2021 年 9 月 15 日 |
| D2 - F3 | 出口消能段 | 2016 年 9 月 19 日 | 2021 年 9 月 13 日 |

## 6.4 导流放水洞施工组织设计

### 6.4.1 工程概况

拉寺木河左岸山体内布置导流放水洞，圆形洞直径 2.5 m，洞身段长 410 m。导流放水洞在本工程放水洞施工期时作为导流洞用，施工完毕后作为放水洞使用，布置在坝左侧山体内。从洞出口处接 $\varphi$600 mm 供水管，经闸阀室引至现有的供水水厂，另外在洞出口设置弧形闸门作为生态基流、灌溉放水口。

### 6.4.2 本工程重难点及应对措施

(1) 重难点一：高原高寒气候导致施工有效期较短，施工工期长

西纳川水库工程地处青海省西宁市湟中区，属于典型的高原高寒气候区域。高海拔地区的气候条件严酷，昼夜温差大，冬季寒冷漫长，夏季短暂且多雨。高寒气候条件使得施工有效期大大缩短，严重影响工期。

对策：前期做好地形测量和地质勘察的准备工作，准备详细完整的鉴定资料，确保施工质量和施工安全。施工单位安排专业技术人员，确保上岗人员进行培训，严格要求工作人员持证上岗，还要有工作经验，避免缺乏相关工作经验和技术水平，从而保证施工的

工作质量和进度。工程施工机械化程度越高,效率也就越高。加强机械化程度,可以保证工程质量、安全和进度,从而获得较好的经济效益。先进的施工管理、技术、工艺、方法使工程的质量,尤其是外观质量得到了保证,同时能提高经济效益。

(2)重难点二:汛期水位波动的控制

在西纳川水库导流放水洞的施工过程中,汛期水位的波动会对施工造成严重影响。水位的快速升高可能会对施工现场造成淹没,雨水可能导致地面变软,引起滑坡、塌方等地质灾害,不仅会影响施工进度,还可能对施工设备和人员安全构成威胁。

对策:①加强对施工场地周边的地质监测,及时发现滑坡、塌方等危险情况,并进行紧急处理。②制定详尽的应急预案,包括人员疏散、设备保护、场地防护等措施,以应对可能的突发水位上升情况。③在施工现场设置必要的防洪设施,如挡水堤、排水泵等,减少因雨水引发的场地淹没风险。④在水位可控的情况下,适时调整施工进度,避免在汛期高峰进行关键性的施工。

### 6.4.3 施工进度计划

西纳川水库导流放水洞工程于2016年10月13日正式开工,于2022年9月7日完工。导流放水洞施工进度计划见表6-4。

**表6-4 导流放水洞施工进度计划**

| 分部工程编号 | 分部工程名称 | 开始时间 | 完成时间 |
| --- | --- | --- | --- |
| D3-F1 | 洞进出口段 | 2016年10月13日 | 2017年10月30日 |
| D3-F2 | 启闭塔 | 2017年5月6日 | 2018年5月10日 |
| D3-F3 | 洞身段 | 2016年11月26日 | 2017年11月15日 |
| D3-F4 | 导流明渠及出口明渠 | 2017年4月21日 | 2017年9月25日 |
| D3-F5 | 消力池 | 2017年6月13日 | 2017年10月11日 |
| D3-F6 | 放水管 | 2017年7月7日 | 2019年9月7日 |
| D3-F7 | 机电设备安装 | 2018年10月27日 | 2022年9月7日 |

## 6.5 施工准备与管理

### 6.5.1 施工总体部署

按照挡水、导流、泄洪和灌溉的要求,西纳川水库工程主要建筑物由挡水大坝、溢洪洞和导流放水洞三部分组成。

经对坝线、坝型、洞线及溢洪洞线的比较和确定后,水库总体布置为:大坝呈东西向布置,坝型为钢筋混凝土面板堆石坝,最大坝高56.82 m,坝顶长度461 m。溢洪洞布置在靠右岸的山体内,为开敞式正堰溢洪洞。在左坝肩山体布置导流放水洞,为了便于导流和放水,采用一洞两用:一期作为导流洞导流;二期作为放水洞,洞末设置弧形工作门。水库上坝路利用左坝肩入库道路通行至坝顶。

(1) 施工组织机构

根据西纳川水库工程特点，工程项目部组建宁夏水利水电工程局西纳川水库工程项目经理部，项目部对工期、质量、安全、成本等综合效益进行高效、有计划地组织协调和管理，配备先进的机具设备。

(2) 施工部署

根据工程施工特点及地形情况，将挡水建筑物工程划分为防渗墙施工区域、左右坝肩开挖支护区域、大坝填筑区域、左右灌浆平洞施工区域、坝后干砌石砌筑区域等5个施工区域，溢洪洞工程划分为进口段施工区域、溢洪洞洞身段区域、出口消能段区域等3个施工区域，导流放水洞工程划分为洞进出口段施工区域、启闭塔区域、洞身段区域、放水管区域、机电设备安装区域等5个施工区域，各施工区域均组织平行施工也可交叉进行施工。

### 6.5.2 施工临时设施

(1) 基本设施

西纳川水库工程区位于青海省湟中区上五庄镇拉寺木村上游，交通便利，工程建设所需的材料大部分在周边购买，运输较为便利，施工时充分利用这一优势，组织快速施工。同时加强交通安全教育和管理，设置明显施工标志，确保施工车辆和过往车辆的安全，外来物资可直接运至工地堆放。

施工期施工用水利用河道水；生活用水利用山泉水。施工期用电在施工区引380 V及220 V的电源到各个施工区域，在施工区域设立配电箱向各个施工点供电，并配备柴油发动机备用。施工期通信用移动电话可满足场内外通信要求。

本工程所使用的砂、碎石、块石、砖等材料，由周边供应商供料，水泥、钢筋等向厂家订购，由车辆运到工地现场，根据各用料部位分期分批堆放。

(2) 办公与生活用房

根据西纳川水库挡水单位工程的地形、地质条件及现场实际条件，进行本单位工程施工场地办公与生活用房的总平面布置。在具体布置中，利用现有的施工场地条件，合理布局，统筹安排，确保各施工时段内的施工均能正常有序进行。同时尽量少占林地，对施工区及周围环境进行有效的保护。临建设施布置合理、紧凑、厉行节约、经济实用，方便管理，确保施工期间各项工程能合理有序，安全高效地施工。在施工场地较宽位置搭建简易管理房作为项目部的办公用房及现场施工人员的生活用房，民工多为当地村民，可回家居住，场地内根据现场的实际情况和施工需要，设置足够的照明设备，确保通行的安全。由于本工程临近镇区，对外交通十分方便，无须在工地设立大型仓库。

### 6.5.3 质量和安全管理

(1) 质量管理

①建立健全质量管理体系

工程开工之初，项目部按照ISO9000标准及质量程序文件的要求编制了《质量计划》等质量体系文件，建立了项目部质量管理体系。确定本合同工程的质量目标为：顾客满意率不小于90%;工程产品合格率达到100%;重要单位工程、分部工程必须达到优良标准,分部工程、单位工程优良率不小于80%;单元工程优良率不小于85%;主要单元工程、重要隐蔽工程及关键部位的单元工程质量优良。

为确保项目部质量目标的实现,成立了以项目经理为第一责任人,项目总工程师为质量管理总负责人(负责质量管理体系的正常、有效运行),质量管理部负责日常质量管理及控制的质量管理体系的组织机构。

同时,明确各类人员的质量职责。项目经理为单位派往工程项目的最高管理者。由总经理聘任,接受总经理或主管副总经理领导并对其汇报工作。负责建立、健全本工程项目三合一管理体系,并保持持续有效的运行;负责组织制定项目三合一管理目标、项目质量计划及相应的管理体系文件,并确保实现管理、目标和指标;负责确定项目部有关质量、环境和职业健康安全人员与部门的管理职责、权限和沟通;负责本项目资源配置,确保满足三合一管理和合同要求;负责产品实现、测量、分析和改进等过程在项目上的控制。

②质量控制

在施工过程中项目部一直坚持质量管理体系的持续有效运行,并不断完善管理体系。从技术文件控制管理、原材料、施工过程等各个方面加强质量管理。

技术文件控制管理。项目部在参加完设计单位对施工详图的交底后,及时由工程管理部组织、项目总工主持对施工详图进行会审,对图纸中存在的问题及时与设计、监理人员沟通,并及时妥善解决。在每个分部工程开工前,及时编写《施工组织设计》报监理工程师审批,待施工组织设计获批准后,由项目技术人员编写作业指导书,总工程师审核、项目经理批准后,受控发放相关部门及人员,并由工程管理部组织、项目总工主持技术交底后,方开始施工。

原材料的质量控制。对进入工程实体的所有原材料检查出厂检测报告、合格证的同时,项目部质检实验室按规范要求的频次、在监理100%见证下,委托青海江海质量检测有限责任公司进行检测,对不能检测的原材送有资质的检测单位检测,检测合格后方投入使用。对于检测不合格的原材料,严禁进入工地现场,杜绝不合格品进入工程实体。

施工过程质量控制。为了保证施工质量,按照质量管理体系的要求,严格把好建基面(隐蔽工程)、混凝土、帷幕灌浆工程和坝体填筑工程质量关。同时,根据相应的规程、规范及施工措施要求组织施工,保证施工质量。

(2) 安全管理

①施工场地安全管理措施

施工现场设置明显的标牌,大坝施工现场布置"五牌一图"及企业标识,标牌设置和具体型式符合发包人的有关要求。施工现场的主要管理要员在施工现场必须佩戴证明其身份的胸卡。保证施工现场道路畅通,经常性洒水除尘,防止扬尘污染,排水系统处于良好的使用状态,在车辆、行人通行的地方施工,设置沟井坎穴覆盖物和施工标志。

施工现场的用电线路、用电设施的安装和使用必须符合安装规范和安全操作规程,严禁任意拉线接电。施工现场必须设有保证施工安全要求的夜间照明。危险潮湿场所的照明以及手持照明灯具，必须采用符合安全要求的电压。高空作业按标准挂设安全网。拆除模板和脚手架时，严格按规定程序施工，其上、下方均需要有人接应，严禁从高处向低处扔材料、工具和杂物的野蛮施工行为。

灌浆工作面产生的施工废水，设污水处理池，严禁污水乱流。在各施工区域施工点设置污水沉淀池，所有施工废水经三级沉淀处理达标后排放；沉渣定期清挖，统一运至指定弃渣场。

材料库房按照施工总平面布置图设置各项临时设施。堆放大宗材料、成品、半成品和机具设备，不侵占场内道路及安全防护等设施。设专职的管理人员管理材料库房。施工和安装用的各种扣件、紧固件、小型配件、螺钉的安全环保配件在专设的仓库内装箱放置。

②其他安全施工措施

施工现场的临建设施，按照安全文明施工标准化、规范化要求进行设计。施工现场的各种安全设施和劳动保护器具，必须定期进行检查和维护，及时消除隐患，保证其安全有效。施工期间，做好半成品、成品的管理防护，避免出现损坏、乱写乱涂现象。施工过程做到"工完、料尽、场地清"，工程垃圾及时回收，工程完工退场后场地恢复为原样。

成立质安队，做好施工现场安全保卫工作，采取必要的防盗措施，在现场周边设立围护设施，非施工人员不得擅自进入施工现场。搞好公共关系的协调工作。为最大限度地减少施工对周围环境的影响，我公司由专人负责公共关系的协调工程，随时听取有关方面对我方施工的意见和建议，并在可能的情况下加以改正，满足有关部门的要求，使工程能顺利进行。

成立技术攻关小组，研究、推广新工艺、新技术、新材料在工程建设中的应用。积极组织"安康杯"劳动竞赛活动。积极做好汛情预报，汛期配备足够的防汛设备和物资，做好施工期的防汛抢险工作。

# 第七章 西纳川水库主要施工技术

本章针对西纳川水库工程的三类主要建筑物工程——挡水建筑物、溢洪洞和导流放水洞——在施工中遇到的各类挑战，深入剖析了采用的创新技术解决方案。挡水建筑物施工克服了汛期雨量大的气候条件和复杂地质条件等对大坝施工产生的不良影响，通过大坝防渗墙技术、面板混凝土技术和高边坡处理技术等技术显著提高了挡水建筑物的防洪和水资源利用能力。同时，为最大限度地减少对环境的影响，施工过程中改变了传统的溢洪道设计，转而采用溢洪洞设计。导流放水洞则实现了导流洞与放水洞的复合使用，在施工期间作为导流洞使用，施工完毕后作为放水洞使用。本章通过对工程的整体概况、施工条件、施工技术布置、施工困难点和重大创新的全方位剖析，凸显了这三类主要建筑物工程的关键技术对西纳川水库工程成功实施和运营的决定性作用。

## 7.1 挡水建筑物施工技术

西纳川水库的挡水大坝为混凝土面板堆石坝，主要由粉土斜墙铺盖、坝基开挖弃料盖重区、垫层区、特殊垫层区、过渡区、上游主堆石区、主堆砂砾石区、下游次堆石区、过渡带、下游干砌块石护坡，共计十个填筑区组成。大坝坝顶高程为 2 941.62 m，坝顶宽为 6.0 m，设计坝顶长 461 m，最大坝高为 56.82 m，防浪墙顶高程为 2 942.82 m。大坝上游坝坡为 1：1.5，下游坝坡为 1：1.4，后坝坡砌筑干砌石。河床水平趾板高程为 2 885 m，水平趾板坐落在结构密实、以碎石和块石为主含漂碎石的冲洪积土层上。水平趾板底部做防渗墙体，防渗墙宽 0.8 m，墙体深入弱风化岩石以下 1.0 m。防渗墙下进行帷幕灌浆，帷幕灌浆采用双排，后排帷幕灌浆孔位于防渗墙中心轴线，两排帷幕间距 0.6 m，孔距 1.5 m，孔底深入弱风化岩石以下 5 m。灌浆方法为自上而下分段灌浆，平均孔深 45 m。两坝肩沿斜趾板线布设两排固结灌浆，孔距 1.5 m、排距 2.6 m，深度 8 m，灌浆压力为 0.4 MPa。

### 7.1.1 坝基开挖与处理技术

根据西纳川水库局域控制网，首先对坝基、坝肩进行测量放线。将坝基开挖线外侧 3 m 以内的表层植被土全部清除干净，坝基砂砾石开挖从上至下全断面整体水平分层进行开挖。

坝肩边坡按 1∶0.5 开挖，斜趾板边坡开挖至设计面时保留 20～30 cm 厚的保护层，等到防渗齿墙开挖时一起挖除。

对河床砂卵砾石坝基由 26 t 振动碾碾压 6～8 遍，基面先填筑过渡料，每层填筑 40 cm，填筑 2 层，自卸车拉运，后退法卸料，反铲挖掘机粗平，人工辅助精平，26 t 振动碾碾压 6 遍，边坡处振动夯板夯实。之后进行堆石料 80 cm 的填筑，与过渡料齐平之后进行整平、碾压 8 遍，碾迹搭接 30 cm。

### 7.1.2 防渗墙施工技术

#### 7.1.2.1 趾板及周边缝止水

水平趾板、连接板混凝土基面是回填压实的特殊垫层料基础，左右岸斜趾板基础坐落在 C25 混凝土防渗齿墙基面上。钢筋制作成型后运至工作面按施工图纸绑扎，采用套筒连接。预埋灌浆管制作成型后，运至施工现场，钢筋安装就位后进行预埋灌浆管安装，用拉筋将灌浆管与趾板钢筋焊接牢固。先安装侧模钢模板，模板拼接牢固后再用拉杆焊接到安装好的钢筋上，之后再安装表面钢模板，表面钢模与侧模钢模用螺栓紧固，钢模板在安装前均涂刷脱模剂。周边缝底部设“F”形止水铜片，连接板与水平趾板设“W”形止水铜片。止水铜片用专用压延机按 10～15 m 长度现场加工小心运至工作面，安装前先在铜止水鼻腔内嵌放 $\varphi12$ 氯丁橡胶棒之后在鼻腔空腔内填充聚氨酯泡沫，铜止水片采用双面搭接焊接，搭接长度不小于 50 mm，焊好后进行质量检测，止水安装前对其表面浮皮、锈污、油渍等清除干净，之后对准中线，铜止水安装就位后，用模板夹紧固定牢靠。

混凝土采用搅拌站拌和，混凝土罐车运输，溜槽入仓，人工摊铺均匀，用振捣棒分散混凝土，振捣过程中，层次分明，振捣有序。拆模后用自制的竹胶板保护罩保护止水，防止施工中碰撞导致止水破裂、变形。对水平趾板混凝土表面进行收面压光，斜趾板混凝土面模拆后进行人工收面，及时对外露部位采用土工膜覆盖，并安排专人在复合土工膜上用塑料软管洒水养护 90 天。

#### 7.1.2.2 坝基及坝肩防渗

防渗墙位于大坝趾板前段，墙厚 0.8 m，防渗墙自墙顶 9 m 深度范围内采用 C30W6 钢筋混凝土，9 m 深度以下为 C25W6 素混凝土，防渗墙深入基岩面以下 1.0 m。

防渗墙施工分两期进行，先施工Ⅰ期槽孔，后施工Ⅱ期槽孔。结合地层、施工强度、设备能力等综合考虑，本工程防渗墙成槽用“两钻一抓”法施工。防渗墙Ⅰ期槽的 1、3、5 号主孔和Ⅱ期槽的 3 号主孔采用冲击钻机钻孔形成，Ⅱ期槽的接头孔（1、5 号孔）采用“拔管”形成，Ⅰ期槽和Ⅱ期槽的 2、4 号副孔采用抓斗成孔。不论Ⅰ期槽还是Ⅱ期槽，每个槽段的主孔达到设计深度后再使用抓斗抓取副孔。

槽孔终孔后，开始组织进行清孔换浆工作，Ⅱ期槽终孔后进行接头孔的刷洗。终孔验收合格后进行清孔工作，采用气举反循环清孔（在浅孔槽段采用泵吸法清孔），ZX－200 型泥浆净化器净化泥浆。气举反循环清孔采用 W3.5/7 型空压机送风。送风管直径为 20～25 mm，管路密封良好。排渣管底口距沉渣顶面为 200～300 mm，排渣管底口加工成锯齿状，排渣管孔口与泥浆净化器连接，净化后的泥浆返回孔内。风压稍大于孔底水头压力，风量逐渐加大；当沉渣太厚或块度较大时适当加大风量并摇动排渣管。

清孔结束前在出浆管口取样，测试泥浆性能，其结果作为换浆指标的依据。根据清孔结束前泥浆取样的测试结果，确定需换泥浆的性能指标和换浆量。用膨润土泥浆置换槽内的混合浆，换浆量为槽孔容积的 1/3～1/2。换浆量根据成槽方量、槽内泥浆性能和新制泥浆性能综合确定。槽内置换出的泥浆输至入回浆池中，成槽时再作为护壁浆液循环使用。接头孔的刷洗采用圆形钢丝刷子，把钢丝刷卡在冲击钻机钢丝绳上或固定在抓斗斗瓣上，将钢丝刷压紧在接头孔壁上并上下活动斗体自上而下分段刷洗，从而达到对孔壁进行清洗的目的，结束的标准是刷子钻头基本不带泥屑，并且孔底淤积不再增加。

防渗墙浇筑用混凝土由混凝土生产系统拌制，拌制好的熟料采用 6 $m^3$ 混凝土拌和车输送至浇筑槽口，经分料斗和溜槽将混凝土输送至浇筑漏斗，从浇筑导管均匀放料至槽底部，导管出口始终埋在混凝土内，保证无泥浆进入导管，随混凝土面均匀上升，提升导管。

混凝土浇筑导管采用快速丝扣连接的 $\varphi$250 的钢管，导管接头设有悬挂设施并装配“O”形橡胶密封圈，保证导管接头处不发生水泥浆渗漏；导管使用前做调直检查、压水试验、圆度检验、磨损度检验和焊接检验，检验合格的导管做上醒目的标识，不合格的导管不予使用；导管在孔口的支撑架用型钢制作，其承载力大于混凝土充满导管时总重量的 2.5 倍以上。

导管下设前进行配管并作配管图，配管符合规范要求。导管按照配管图依次下设，根据每个槽段长度布设多套导管，在每套导管的顶部和底节导管以上部位设置数节长度为 0.3～1.0 m 的短管。导管安装满足如下要求：一期槽端导管距孔端 1～1.5 m，二期槽端导管距孔端 1.0 m，导管底口距槽底距离控制在 15～25 cm 范围内，导管之间中心距不大于 3.5 m，当孔底高差大于 25 cm 时，导管中心置放在该导管控制范围内的最深处。

混凝土搅拌车运送混凝土通过马道进槽口储料罐，再分流到各溜槽进入导管。混凝土浇筑施工如下图所示。

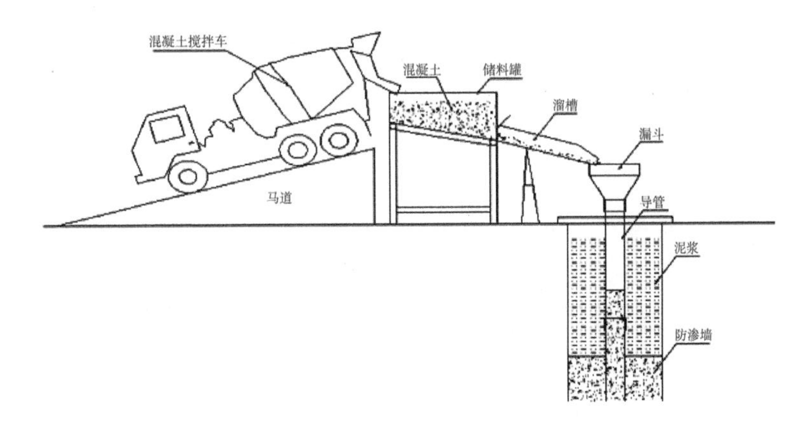


**图 7-1　混凝土浇筑施工图**

混凝土浇筑时采用压球法浇筑，每个导管均下入隔离塞球，开始浇筑混凝土前，先在导管内注入适量的水泥砂浆，并准备好足够数量的混凝土，以使隔离的球塞被挤出后，能将导管底端埋入混凝土内。混凝土连续浇筑，槽孔内混凝土上升速度不小于 2 m/h，并连续上升至高于设计规定的墙顶高程以上 0.5 m。

导管埋入混凝土内的深度保持在 2~6 m 之间，以免泥浆进入导管内。槽孔内混凝土面均匀上升，各处高差控制在 0.5 m 以内。每 30 min 测量一次混凝土面，每 2 h 测定一次导管内混凝土面，在开浇和结尾时适当增加测量次数，严禁不合格的混凝土进入槽孔内。浇筑混凝土时，孔口设置盖板，防止混凝土散落槽孔内。槽孔底部高低不平时，从低处浇起。混凝土浇筑时，在机口或槽孔口入口处随机取样，检验混凝土的物理力学性能指标。

一期槽孔清孔换浆结束后，在槽孔端头下设接头管，混凝土浇筑过程中及浇筑完成一定时段之内，根据槽内混凝土初凝情况逐渐起拔接头管，在一期槽孔端头形成接头孔。二期槽孔浇筑混凝土时，接头孔靠近一期槽孔的侧壁形成圆弧形接头，墙段形成有效连接。

灌浆施工程序为：物探测试钻孔及灌浆前测试→抬动观测孔→固结灌浆孔（帷幕灌浆孔）（Ⅰ、Ⅱ、Ⅲ序）→钻孔→压水试验→灌浆→固结灌浆（帷幕灌浆）检查孔→物探测试孔扫孔灌后测试。固结灌浆工艺流程如下图所示。

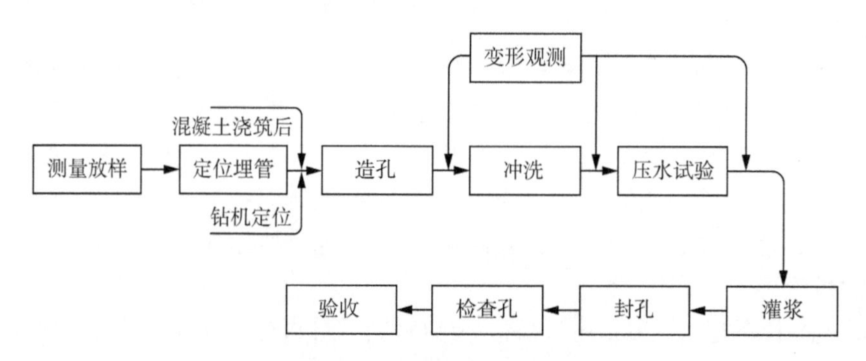


**图 7-2　固结灌浆工艺流程图**

灌浆孔、灌后检查孔钻孔均采用清水冲洗，选用 XY-2 型地质回转钻机钻孔。根据地层情况选用金刚石钻头或硬质合金钻头钻进。灌浆孔孔位偏差不得大于 10 cm，灌浆孔段在灌浆前采用压力水进行裂隙冲洗。冲洗水压采用灌浆压力的 80%；该值大于 1.0 MPa 时，采用 1.0 MPa，冲洗时间至回水澄清时为止或不大于 20 min。

灌浆压力与段长如表 7-1 和 7-2 所示。

**表 7-1　固结灌浆段长与灌浆压力**

| 段次 | 段长(m) | Ⅰ序排灌浆压力(MPa) | Ⅱ序排灌浆压力(MPa) |
|---|---|---|---|
| 第一段 | 2 | 0.3~0.5 | 0.3~0.5 |
| 第二段 | 3 | 0.5~0.8 | 0.5~0.8 |
| 第三段 | 3 | 0.5~0.8 | 0.5~0.8 |

表 7-2　帷幕灌浆段长与灌浆压力

| 段次 | 见基面以下深度(m) | 外侧排灌浆压力(MPa) | 内侧排灌浆压力(MPa) |
|---|---|---|---|
| 第一段 | 2 | 0.5～0.8 | 0.6～0.9 |
| 第二段 | 3 | 0.8 | 0.9 |
| 第三段 | 5 | 1.3 | 1.4 |
| 第四段 | 5 | 1.8 | 2.0 |
| 第五段及以下 | 5 | 2.5 | 3.0 |

灌浆用水泥主要采用 P. O 42.5 散装水泥。按灌浆试验确定的水灰比施灌，灌浆浆液由稀到浓逐级变换。当灌浆压力保持不变，注入率持续减少时，或当注入率保持不变而灌浆压力持续升高时，不改变水灰比。

当某一比级浆液注入量已达 300 L 以上或灌注时间已达 30 min 而灌浆压力和注入率均无显著改变时，换浓一级水灰比浆液灌注；当注入率大于 30 L/min 时，根据施工具体情况越级变浓。

固结灌浆在规定压力下，当注入率不大于 1 L/min 后，继续灌注 30 min 结束灌浆。当长期达不到结束标准时，采取待凝复灌措施直至合格。灌浆工作结束后，排除孔内积水和污物，采用压力灌浆法或机械压浆法进行封孔并将孔口抹平。固结灌浆封孔压力为该孔最大灌浆压力，帷幕灌浆封孔压力为 2.0 MPa，封孔时达到正常灌浆结束标准后持续 60 min 封孔结束。

灌浆全过程中，发现冒浆、漏浆，根据具体情况采用嵌缝、表面封堵、低压、浓浆、限流、限量、间歇灌浆等方法进行处理。

固结检查孔数量为总孔数的 5%，压水试验在灌浆结束 3～7 天后进行，压水试验透水率不大于 5 Lu 为合格。压水试验检查孔段合格率不小于 85%；不合格孔段的透水率不超过设计规定值的 150%，且不合格孔段非集中分布，灌浆质量认为合格。固结灌浆共布置 18 个检查孔，压水 54 段，检查孔压水试验合格率 100%。

帷幕灌浆检查孔的数量为灌浆孔总数的 10%，一个单元工程内至少布置一个检查孔。帷幕灌浆检查孔压水试验在该部位灌浆结束 14 天后进行。帷幕灌浆质量压水试验合格标准：混凝土与岩石接触段及其下一段的合格率应为 100%；以下各段的合格率不低于 90%；不合格段的透水率值不超过设计规定值的 150%且不集中，则灌浆质量认为合格。

墙下帷幕灌浆共 20 个检查孔，压水 273 段，共计 3 段超过 5 Lu，分别为 5.15 Lu、5.10 Lu、5.08 Lu，均不超过设计标准的 150%，单元合格率最低为 91%，符合规范标准；坝肩帷幕灌浆共布置 63 个检查孔，压水 464 段，共计 4 段超过 5 Lu，分别为 5.93 Lu、6.29 Lu、5.93 Lu、6.16 Lu，均不超过设计标准的 150%，单元合格率最低为 90%，符合规范标准。

防渗墙灌浆施工完毕后开挖防渗墙墙体两侧留出施工仓面，利用金刚石绳锯将 2 888.0 m 高程以上超浇混凝土切除，以便于下游连接板衔接，并将防渗墙 2 887.0～

2 888.0 m 高程范围内表面混凝土凿毛，验收合格后用高压风管将表面吹干净，之后按照施工图纸绑扎每仓钢筋，钢筋采用单面焊连接，焊接接头错开布置、随后安放 φ50 氯丁橡胶棒、“W”形铜止水等，最后进行侧模钢模板的安装，钢模板在安装前均涂刷脱模剂，待模板拼接牢固后再用拉杆将钢模板焊接到安装好的钢筋上固定牢固，验收合格后进行混凝土的浇筑，待混凝土浇筑完毕及时进行混凝土养护至龄期，为了避免外漏的一半和连接板相连的铜止水损坏用木质的保护壳防护。

#### 7.1.2.3 混凝土面板及接缝止水

(1) C5 挤压边墙施工

C5 挤压边墙混凝土在每层垫层料碾压合格后，在垫层料表面进行放样，确定边墙挤压机行走的路线，边墙挤压机安放在准确位置后进行边墙挤筑，自下而上。边墙挤压机由专人操作。边墙挤压完成后及时进行覆盖养护和试验检测，合格后进行上一层垫层料铺填和混凝土的挤压，依次循环挤筑至坝顶设计位置。

(2) C30 混凝土面板施工

C30 混凝土面板施工前在 C5 挤压边墙面上布置 3 m×3 m 的方格网进行平整度测量，偏差值不大于±5 cm，对超高部分进行削坡处理、欠浇部分进行填补整平处理，确保 C5 挤压边墙混凝土坡面平整度符合设计要求。待坡面处理完毕后在坡面测放出张性面板、压性面板的垂直缝位置线。

面板垂直缝止水片下的砂浆条带采用 M7.5 水泥砂浆，砂浆条带施工前先测放出面板分缝线，沿分缝线每隔 6～8 m 竖直打一个钢筋桩并测出该点基础面高程，然后以此线为中心线在 C5 挤压边墙混凝土坡面上挖凿一条上口宽 70 cm、下口宽 50 cm、深 10 cm 的梯形槽，清理干净梯形槽后浇筑水泥砂浆，浇筑的同时测量铺筑部位高程及砂浆摊铺厚度，砂浆条带铺筑后将砂浆面刮平、找平、抹光并覆盖土工布养护至龄期。砂浆条带浇筑完毕、坡面清理干净后在坝坡上喷涂乳化沥青，喷涂自上而下进行，喷涂表面平整、均匀，以减小挤压边墙对面板的约束力。

面板钢筋安装用吊车吊置于钢筋运输台车上，10 t 慢速卷扬机牵引台车输送至钢筋安装工作面，人工现场焊接、绑扎。上下两层钢筋网片间设架立筋，面板浇筑时边浇筑边割除架立筋。面板钢筋纵向 φ16、横向 φ14，间距@200，钢筋网片逐点绑扎牢。钢筋安装位置、间距、预留保护层及各部钢筋规格形式均符合设计要求。

止水片安装前对砂浆条带表面进行清理，清理完毕后测量放出垂直缝线、铜止水两侧边线，沿放样线铺设宽 50 cm、厚 6 mm 的 PVC 垫片，铺设平顺。使用挤压机冷压成型的“W”形铜止水片放置在 PVC 垫片上，铜止水鼻腔内放置 φ12 氯丁橡胶棒并用聚氨酯泡沫填充，铜止水搭接采用搭接焊接，搭接长度≥50 mm，焊接偏差符合止水片制作及安装允许偏差规定，焊接完毕后及时用煤油做焊缝渗漏试验，保证焊接质量达到要求。待铜止水铺设、焊接完毕后在铜止水平翼内黏结宽 10 cm、厚 6 mm 的 SR 止水条，其表面的油脂保护膜随着混凝土浇筑高度的提高逐渐撕去，以防止污损 SR，影响止水效果。

止水安装完成后及时进行面板侧模的安装，安装顺序为自下而上进行，模板与固定三角架底部加楔调整，用 φ20 mm×500 mm 钢钎固定于垫层面上。

侧模和面板钢筋安装完成后采用 25 t 吊车将定制滑模吊装到侧模上，用 2 台 20 t 卷扬机钢丝绳拉动，在滑模上加载混凝土配重块以防止在浇筑混凝土时浮模，浇筑前将滑模滑移至仓面起点，经检查滑模与侧模安全牢固后开始混凝土浇筑。

C30F300W10 混凝土面板采用间隔跳仓浇筑，其中 12 m 压性面板 26 仓，8 m 张性面板 18 仓，浇筑从第 21＃仓分左右进行。面板混凝土拌和采用左坝肩布置的拌和站拌和。引气剂、减水剂、WHDF 抗裂减渗剂等材料严格按照面板混凝土配合比进行添加。在每仓混凝土浇筑前先进行试拌，拌制的混凝土各项指标符合设计要求后再进行混凝土入仓浇筑。混凝土用农用三轮车水平运至浇筑仓面，溜槽入仓，每层入仓浇筑厚度严格控制在 250～300 mm 之间，人工平仓，ZN30 配合 ZN50 型插入式振捣器振捣密实，振捣间距不大于 300 mm，振捣器垂直插入下层混凝土深度不大于 50 mm，每仓面板两侧止水片处的混凝土用 ZN30 振捣器振捣密实，不触及止水片和侧模，滑模上滑速度严格控制在 1.5～2.5 m/h，夜间浇筑速度平均控制在 2.0 m/h，每仓混凝土面板连续浇筑完成。浇筑提升滑模同时，工人及时在滑模后部的收面平台上进行混凝土收面，收面后用土工布覆盖保湿。待每仓面板整体浇筑完毕凝固后，用坝顶铺设的养护水管进行不间断的洒水养护，养护 90 天以上，低温期加厚保温被进行面板保温。每块面板间留 1.2 cm 伸缩缝，缝面先涂刷乳化沥青再填充聚乙烯闭孔泡沫板，待面板混凝土拆模后对伸缩缝的“V”形槽不平整部位进行修整。

(3) 大坝面板表面接缝止水施工

接缝止水施工采用挤压成型机械配合人工作业的方式进行，主要止水结构包括面板张性缝、压性缝、周边缝、防浪墙水平缝等。

首先用高压风对面板混凝土接缝“V”形槽内的散渣及附着物进行清理，并将凸起打磨平整，使基面平整洁净并自然晾干。然后安装 $\varphi$30 遇水膨胀氯丁橡胶棒，“V”形槽内均匀涂刷 SR 配套底胶，槽底铺设橡胶棒，橡胶棒平贴槽底，顺直无明显凸起。SR－W 遇水膨胀材料按缝槽断面体型挤出成型，填入缝槽并找平至面板表面一致。缝槽两翼盖片宽度范围以内涂刷一道 SR 配套底胶，SR 填料机挤出设计外形尺寸所需的 SR－5 塑性填料鼓包，以结构缝为轴线，依次将 SR－5 塑性填料鼓包堆放在经找平的缝槽表面。

缝槽两翼盖片宽度范围以内混凝土面涂刷 SR 配套底胶；逐渐展开三元乙丙橡胶增强型盖片，以结构缝为轴线将三元乙丙橡胶增强型盖片摊铺黏贴在 SR－5 塑性填料鼓包上，摊铺时需从盖片中部向两边赶出空气，使盖片与 SR－5 塑性填料鼓包粘贴密实，不留空鼓；盖片采用搭接时搭接宽度不小于 200 mm，搭接时搭接面涂聚脲粘接底胶。

镀锌扁钢 50 mm×6 mm 安放在三元乙丙橡胶增强型盖片两翼，定位后用电锤在混凝土面上垂直打孔，孔位间距为 200 mm，成孔后用小型鼓风机清孔内灰渣，向孔内注入 HK－983 锚固剂并放入 M10 不锈钢膨胀螺栓拧紧紧固。盖片两翼与混凝土接缝处采用专用 HK－弹性封边剂封边。

(4) C25 混凝土防渗齿墙施工

C25W6 混凝土防渗齿墙位于斜趾板下端，施工时先将左右坝肩斜趾板处松散岩块挖除，挖至岩石面较完整部位，打孔安装 $\varphi$25 抗滑连接锚杆。再将岩面的岩削、泥土等杂物用高压水枪冲洗干净。因每仓混凝土浇筑方量较大，为有效防止混凝土出现温度裂缝，局部布置 $\varphi 8$ 温度应力钢筋网。钢筋绑扎完成后进行侧模和盖模的安装，盖模上预留出振捣孔，便于混凝土的振捣。模板安装完成后进行 C25 混凝土防渗齿墙混凝土的浇筑，混凝土采用坝后拌和站拌制，混凝土罐车运输，输送泵入仓，浇筑完成凝固后及时进行洒水养护至龄期。

(5) C25 混凝土基础施工

C25W6 混凝土基础位于左右坝肩边坡靠防渗墙处，施工时先将混凝土基础的松散岩石挖除，挖至岩石面较完整处，将岩屑、泥土等杂物用高压水枪冲洗干净并排干基坑内的积水。进行 C25 混凝土浇筑，混凝土采用坝后拌和站拌制，混凝土罐车运输，输送泵入仓，浇筑完成初凝后及时进行洒水养护至龄期。

### 7.1.3 大坝主体结构施工技术

#### 7.1.3.1 垫层与过渡层施工

在坝体垫层料、过渡层料、特殊垫层料、过渡带填筑开工前，进行与实际施工条件相仿的现场生产性试验(表 7-3)。

特殊垫层料填筑用自卸车拉运至坝面后掺入 2%～3%的水泥，充分拌和、人工配合反铲挖掘机摊铺整平，每层摊铺 200 mm，振动碾压 6 遍，距防渗墙 5 m 以内采用 8 t 振动碾碾压，对不平整部位进行补料补压，高差控制在±15 mm 以内，对靠近防渗墙特殊垫层料采用手扶式振动夯板夯压密实。

垫层料用自卸车拉运卸料，反铲挖掘机粗平，人工精平，摊铺厚度控制在 40～43 cm，略高于已成型挤压墙，用 8 t 振动碾沿坝轴线方向用进退错距法碾压(过渡料随同碾压)，对混凝土挤压墙内侧 10～30 cm 处垫层料用手扶式振动夯板夯压密实。

**表 7-3 垫层坝料现场生产性试验**

| 坝料名称 | 铺料厚度(cm) | 最大粒径(mm) | 干容重(g/cm³) | 设计孔隙率(%) | 取样方法 |
|---|---|---|---|---|---|
| 特殊垫层料(2B) | 20 | ≤40 | ≥2.28 | ≤18 | 灌沙法 |
| 垫层料(2A) | 40 | ≤100 | ≥2.28 | ≤18 | 灌水法 |
| 过渡层料(3A) | 40 | ≤300 | ≥2.22 | ≤20 | 灌水法 |
| 过渡带(3E) | 40 | ≤300 | ≥2.22 | ≤20 | 灌水法 |

过渡层用自卸车拉运，进占法卸料，反铲挖掘机粗平，人工精平，摊铺厚度控制在 43 cm 左右，用 26 t 振动碾碾压 6 遍，成型填筑厚度为 40 cm，第二层过渡层与上游主堆石料的填筑同时进行，待填筑齐平后，一同进行整平，骑缝碾压，搭接宽度控制在 35 cm。

过渡带用自卸车拉运，进占法卸料，反铲挖掘机粗平，人工精平，摊铺厚度控制在 43 cm 左右，整平后 26 t 振动碾靠坝肩边坡碾压 6 遍，难于碾及的地方，用夯板进行压实，第二层过渡带与上下游主堆石料的填筑同时进行，待填筑齐平后，一同进行碾压，碾压 6 遍，搭接宽度控制在 35 cm。

### 7.1.3.2 堆石体施工

在坝体上游主堆石填筑、下游次堆石填筑、上游主堆砂砾石填筑开工前，进行了与实际施工条件相仿的现场生产性试验(表 7-4)。

**表 7-4 堆石体坝料现场生产性试验**

| 坝料名称 | 铺料厚度(cm) | 最大粒径(mm) | 设计干容重($g/cm^3$) | 设计孔隙率(%) | 设计相对密度(%) | 取样方法 |
|---|---|---|---|---|---|---|
| 上游主堆块石 | 80 | ≤600 | ≥2.17 | ≤22 | — | 灌水法 |
| 上游主堆砂砾石 | 80 | ≤400 | ≥2.22 | — | ≥0.8 | 灌水法 |
| 下游次堆块石 | 80 | ≤600 | ≥2.11 | ≤24 | — | 灌水法 |

在河床段填筑区域，由于距防渗墙 40 m 范围内坝基尚未完成清理，经过相关参见单位协商，坝体采用分三期完成填筑的计划进行，一期先填筑距防渗墙下游 40 m 范围内的下游次堆石、上游主堆石及上游主堆砂砾石至 2 912.23 m 处；二期再填筑坝前上游主堆石填筑、下游次堆石、上游主堆砂砾石与一期填筑高程齐平；三期坝面平齐填筑完成上游主堆石、下游次堆石、上游主堆砂砾石至大坝坝顶 2 939.62 m 处。

坝料填筑前测放各区域分界撒白灰线标识，填筑时用各个区域的坝料在相应区域做高程控制点。坝料由自卸汽车运输，先填下游次堆石区、再填上游主堆砂砾石区，最后填筑上游主堆石区，进占法卸料，推土机粗平、反铲挖掘机精平，铺料过程全站仪实时测量，误差±5 cm 以内，对块石集中区域及时摊开、破碎锤破碎超粒径零星块石、人工配合机械整平。

碾压用 26 t 振动碾平行于坝轴线碾压，上游主堆石区铺筑 80 cm，碾压 8 遍，碾迹搭接 30 cm，行驶速度≤3 km/h，加水 20%用坝外自卸车坝料加水系统；下游次堆石区铺筑厚度为 80 cm，碾压 8 遍，碾迹搭接 30 cm，行驶速度≤3 km/h，加水 20%用坝外自卸车坝料加水系统，下游次堆石后坝坡用反铲挖掘机整平坡面再用平板振动夯夯实；上游主堆砂砾石区分层分料摊铺碾压，铺筑 80 cm，底部摊铺 50 cm 砂砾石料，顶部摊铺 30 cm 爆破料，进占法卸料、分层填筑、统一碾压，碾迹搭接 30 cm，行驶速度控制在≤3 km/h。

### 7.1.3.3 上游铺盖与盖重

在上游铺重、黏土铺盖施工前，进行与实际施工条件相仿的现场生产性碾压试验，试验指标符合设计要求，施工单位《碾压试验报告》结论经监理工程师审批后执行。黏土铺盖与上游铺重施工参数见表 7-5。

**表 7-5 黏土铺盖与上游铺重施工参数**

| 料区 | 设计标准 | 施工参数 | | | | | | |
|---|---|---|---|---|---|---|---|---|
| 黏土铺盖 | 压实度 | 碾压层厚 | 碾压机械 | 碾压遍数 | 行驶速度 | 加水量 | 铺料方式 | 碾压方式 |
| | 0.94 | 30 cm | 2 t 手扶式双轮振动碾 | 6 | ≤3 km/h | — | 倒退法 | 搭接 25 cm |
| 上游铺重 | 相对密度 | 碾压层厚 | 碾压机械 | 碾压遍数 | 行驶速度 | 加水量 | 铺料方式 | 碾压方式 |
| | 0.65 | 30 cm | 2 t 手扶式双轮振动碾 | 8 | ≤3 km/h | — | 进占法 | 搭接 25 cm |

黏土铺盖填筑采取用自卸汽车从土料厂拉运至距坝面 30 m 处堆放，由小型装载机

转运至黏土铺盖区进行摊铺，由人工破碎超粒径零星黏土土块、人工配合机械整平。每层摊铺厚度为 30 cm，GPS - rtk 实时跟进测量，填筑厚度误差控制在−5～0 cm，摊铺平整后用 2 t 手扶式振动碾碾压 6 遍，行驶速度≤3 km/h。采用倒退法进行铺料、碾迹搭接 25 cm，压实度>0.94，渗透系数≤10～5 cm/s，填筑高程为 2 888.00～2 905.00 m，顶部填筑宽度为 3 m，填筑坡比为 1∶1.5。根据料区层厚，在距填筑面前沿 4～6 m 距离设置移动式标杆，同时在小型整平机械上安装激光控制装置，控制填料层厚度与平整度，避免超厚或过薄，每层填筑碾压完毕后及时进行取样，取样合格后再进行上一层的填筑。依次循环往复，填筑至设计高程。

上游砂砾土铺重填筑料用自卸汽车从 2＃石料厂拉运至坝前填筑区，由小型装载机转运至上游铺重区进行摊铺、粗略整平，对局部超粒径块石剔除、人工配合机械整平，每层填筑厚度为 30 cm、GPS - rtk 实时跟进测量，填筑厚度误差控制在−3～0 cm。2 t 手扶式振动碾碾压 8 遍，行驶速度≤3 km/h，采用进占法进行铺料，骑缝碾压，碾压搭接 25 cm，相对密度>0.65，填筑高程为 2 891.00～2 905.00 m，顶部填筑宽度为 5 m，填筑坡比为 1∶2.5。每层填筑碾压完毕后及时进行取样检测压实度，取样合格后再进行上一层的填筑，依次循环，填筑至设计高程。黏土铺盖区和上游铺重区填筑前测放出两区分界线并撒白灰线标识，每层填筑时先填黏土铺盖区，再填上游盖重区，按照碾压指标进行碾压，两区平齐升高。

#### 7.1.3.4　下游坝面护坡

下游坝面护坡施工时，首先对下游坝面整体区域进行全站仪测量，对局部不平整区域进行人工削坡处理，施工时先开挖坝脚浆砌石基座基础，块石从 2＃料厂用自卸车拉运，浆砌石采用 M10 砂浆砌筑，砂浆拌和站拌和，用装载机运输至仓面，每 15 m 设置一道伸缩缝，缝宽 20 mm，用沥青衫板。

大坝下游面干砌石护坡人工砌筑，机械配合，厚 60 cm。砌筑时干砌石之间接缝密实、稳定、牢固，干砌石之间缝隙用适合缝口大小的石料嵌实。

干砌石砌筑完毕后及时进行坝后 C20 钢筋混凝土踏步施工，施工时清理干净 C20 踏步区域内的杂物后分段绑扎 $\varphi$12@200 的钢筋，钢筋采用电弧焊连接，木模按设计尺寸制作并安装稳固，混凝土采用坝后拌和站拌和，罐车运输至坝顶，溜桶入仓号，浇筑至坝顶 2 941.62 m 高程。

#### 7.1.3.5　坝顶施工

C30F250W6 混凝土防浪墙垫层基础面采用小型挖掘机刨松，人工平整，小型振动碾碾压夯实基面并浇筑 10 cm 厚 C20 混凝土垫层。

防浪墙混凝土浇筑，采取先浇筑墙体底座再浇筑墙体的方案进行施工。防浪墙垫层混凝土养护至龄期后进行防浪墙钢筋的绑扎，防浪墙钢筋在钢筋加工场制作完成，农用三轮车运输至施工面绑扎，钢筋绑扎完成后进行防浪墙铜止水的安装，铜止水与面板铜止水焊接在一起，搭接长度不小于 20 cm，焊接完毕后及时用煤油做渗透试验检验焊接质量。焊接完毕后将“W”形铜止水铺设在宽 50 cm、厚 6 mm 的 PVC 垫片上，铺设平顺，铜止水鼻腔内放置 $\varphi$12 氯丁橡胶棒并用聚氨酯泡沫填充。

图 7-3 大坝坝顶

止水安装完成后进行防浪墙钢模板的安装，钢模板安装位置准确、牢固可靠，经监理工程师验收合格后进行下一道工序的施工。混凝土浇筑从第 50＃仓开始，间隔浇筑。混凝土拌和采用坝后拌和站集中拌和，混凝土罐车运输至仓面，底座直接入仓，墙体采用吊车吊罐入仓，用 $\varphi$50 振捣棒混凝土分层振捣浇筑。浇筑完成后及时进行墙顶混凝土收面，收面后用土工布覆盖保湿养护至龄期。每仓混凝土之间留 1.2 cm 伸缩缝，缝侧面先涂刷乳化沥青再填充聚乙烯闭孔泡沫板。

坝顶砂砾料位于坝顶 2 939.62～2 941.12 m 高程处，砂砾料填筑用自卸车拉运至坝顶，每填筑层采取后退法卸料，反铲挖掘机粗平，人工辅助精平，松铺厚度控制在 35～40 cm，用 8 t 振动碾沿坝轴线方向进退错距碾压，对靠近防浪墙内侧处用粒径较细的垫层料，用手扶式振动碾碾压密实，每层填筑碾压完毕后及时进行压实度取样检测，检测合格后再进行下一层的填筑。循环工序，填筑至设计高程。

泥结碎石垫层位于坝顶高程 2 941.12～2 941.37 m 处，施工时用自卸车拉运，后退法卸料，小型挖掘机粗平、人工细平，铺筑厚度为 25 cm。碎石土铺好后碾压，碾压采用 8 t 振动碾慢速碾压 3～4 遍，碾压时按先边缘后中间、先慢压后快压的顺序进行。

坝顶路面混凝土浇筑时先安装木模板侧模，侧模用螺栓紧固，安装前均涂刷脱模剂。混凝土采用罐车运输至仓面直接入仓，人工摊铺均匀，用振捣棒振捣密实。振捣完成后用抹面机原浆抹面，终凝后进行洒水养护至龄期。待到路面混凝土达到设计强度的 70% 后，用切割机每 5 m 距离切出温度伸缩缝。

左右坝肩灌浆平洞洞喷混凝土强度为 C20，喷护厚度为 10 cm。左右坝肩灌浆平洞进口采用锚杆梅花状布置（$\Phi$25，$L$＝3.0 m），挂 $\varphi$8 钢筋网（@150 mm×150 mm），喷 C20 混凝土 15 cm 厚。隧洞洞身采用锚杆梅花状布置（$\varphi$22，$L$＝1.5 m），挂 $\varphi$8 钢筋网（@150 mm×150 mm），喷 C20 混凝土 10 cm 厚。

洞喷混凝土施工时先测量放线，用红油漆画出锚杆钻孔的位置，再使用手风钻造孔，孔深大于锚杆长度 10 mm。锚杆孔用高压水冲清，锚杆采用锚固剂安装。

喷射混凝土作业采取自下而上喷射，后一层喷射在前一层混凝土终凝后进行。喷射机操作严格执行喷射机的操作规程，干喷法连续作业。喷混凝土作业完成后，养护 7～14 d。

### 7.1.4 高边坡处理技术

左右坝肩边坡喷锚支护施工随着坝肩边坡开挖及时跟进，边坡支护时先贴坡搭设满堂脚手架，脚手架设置安全通道和隔离区，隔离区设置警戒标志，禁止在安全通道上堆放物品材料，脚手架外侧采用密目式安全网做全封闭不留空隙。测量员根据施工图纸将每根 9 m 长，3$\varphi$25 锚筋桩钻孔位置放样点利用 GPS－rtk 精确地在开挖坡面上放样并用红油漆清晰标记，平面位置中误差控制在±(20～30)mm，高程中误差控制在±(20～30)mm 以内，因锚筋桩施工工程量较大、工作面较复杂、质量要求高，为保证施工期间边坡的稳定和施工安全，采用 QZJ－100D 型轻型潜孔钻机干钻成孔。潜孔钻机钻头与开挖坡面呈 90°钻进，空压机为潜孔钻提供充足动能高压风出渣。在钻进过程中为保证与坡面垂直，钻杆上安装扶正器保证钻孔顺直，在钻进过程中遇到岩石破碎地带时及时跟管钻进，保护孔壁不坍孔。

锚筋桩采用先插杆后注浆的施工工艺施工，锚筋桩的 $\varphi$130 外接圆的直径作为锚筋桩直径来选择钻孔直径，每根钢筋束焊接牢固在 $\varphi$50 钢管对中环上，对中环的外径比孔径小 20 mm 左右，对中环钢管在端部切成 45°角以便于注浆，一个锚筋束在孔内有四个对中环，注浆管和排气管牢固地固定在锚筋束中间，并保持畅通，随锚筋一起插入孔内。

在安装锚筋前首先用空压机高压风清孔，因为裸孔安装锚杆过程中锚杆经过潮湿或有渗水的地段时容易沾上岩粉难以清除，影响水泥砂浆体对锚杆的握裹力，因此将锚杆和注浆管送到孔底后进行第二次清孔。清孔完毕后对灌浆管通风使其畅通，然后向管内灌少量水湿润其内壁，以防前部浆液在管内运移过程中因干燥的管壁吸收水分而变稠造成堵塞，之后将灌浆管送到孔底，利用 UBJ2 型挤压式砂浆泵从内向外反向式压浆工艺，在灌浆压力不低于 0.4 MPa，确定锚杆孔内灌浆饱满时边压浆边缓慢向外抽灌浆管，灌浆管在浆液中的深度不小于 2 m，待从孔底反推上来的水泥砂浆溢出孔口后才停止灌浆。

边坡锚筋桩施工完毕后清除坡面浮土碎石，坡面从低到高依次贴坡挂 $\varphi$8 钢筋网片，网孔间距 20 cm，与锚筋头焊接牢固。随后喷射混凝土，喷射砼自下而上分层进行，厚度 10 cm，喷射混凝土前预留 $\varphi$100 mmPVC 管泄水孔，间排距为 2 m，喷射混凝土初凝后立即洒水养护至龄期。

边坡喷射混凝土施工完毕后绑扎 0.4 m×0.3 m(高×宽)格构梁钢筋并与锚筋桩焊接牢固，格构梁框架间距为 4 m×4 m，采用木模板，混凝土浇筑采用坝后拌和站拌和，吊车吊罐入仓，浇筑完毕后及时洒水养护至龄期。

块石料场、两坝肩边坡治理时首先清除坡面杂物及松动岩块，对坡面转角、坡顶的棱角进行修整使坡面线条更加平顺。对坡面低洼处适当以植生袋装草籽土回填，以填至使反坡段与整体大面平顺为准。随后测量人员按照设计图纸利用 GPS－rtk 放样出坡面周边一圈及中部锚杆位置，每个点位用红油漆清晰标记。施工前作业人员系好安全绳从上往下依次采用风钻打设锚杆孔，孔位偏差不大于 5 cm，锚杆纵横间排距为 4.5 m×4.5 m，$\varphi$16 锚杆单根长 3 m，锚孔孔径不小于 40 mm，采用 M30 水泥砂浆锚固。

锚杆安装完毕后，将厚 2 cm 的三维柔性固土毯覆盖在处理完的坡面上，用 SO/2.0 mm/60 mm×60 mm 的钢丝格栅网将三维柔性固土毯固定平整，随后用 $\varphi$7.8 mm 的钢丝绳网覆盖其上结合锚杆再次固定稳固防止下坠、滑脱。$\varphi$32PE 喷管按浇灌区域纵横交叉网格状式的安装在钢丝绳网表面并固定牢靠，试通压力水保证其喷灌效果良好。喷播腐殖土分两次进行，每次喷播厚度为 5 cm，利用液压喷播机先喷 5 cm 厚腐殖土于坡面上，待腐殖土在坡面上黏接牢固后再将充分掺和草籽的腐殖土均匀喷播至坡面上，腐殖土水分稍干之后，施工人员及时将椰丝护坡植生毯均匀铺设于整个坡面上并固定牢固、平整，随即开启喷灌模式逐步使坡面草籽发芽，充满生机，使整个治理坡面与周边自然环境融为一体。

入库道路边坡治理根据边坡陡峭程度，分为 0＋720～1＋136 段浆砌石护坡治理和 0＋176～0＋722、1＋136～1＋265 高边坡挂网防护治理。浆砌石护坡砌筑时采用挖机开挖坡脚 1 m 深基础，块石从 2＃料场拉运至砌筑仓面，砌筑面贴坡平顺。高边坡挂网防护时首先清除坡面杂物及松动岩块，对坡面转角、坡顶的棱角进行修整使坡面线条更加平顺。对坡面低洼处适当以植生袋装草籽土回填，以填至使反坡段与整体大面平顺为准。随后测量人员按照设计图纸利用 GPS－rtk 放样出坡面周边一圈及中部锚杆位置，每个点位用红油漆清晰标记。施工前作业人员系好安全绳从上往下依次采用风钻打设锚杆孔，孔位偏差不大于 5 cm，锚杆纵横间排距为 4.5 m×4.5 m，$\varphi$16 锚杆单根长 3 m，锚孔孔径不小于 40 mm，采用 M30 水泥砂浆锚固。锚杆施工完毕后将厚 2 cm 的三维柔性固土毯覆盖在处理完的坡面上，用 SO/2.0 mm/60 mm×60 mm 的钢丝格栅网将三维柔性固土毯固定平整，随后用 $\varphi$7.8 mm 的钢丝绳网覆盖其上结合锚杆再次固定稳固，防止下坠、滑脱。

### 7.1.5 混凝土面板堆石坝施工关键技术

面板混凝土施工重难点：

（1）西纳川水库工程面板采用无轨滑模一次性浇筑：混凝土面板分仓浇筑块宽 12 m，最大长度 92.48 m，浇筑量约 554.6 $m^3$。按正常浇筑速度测算，浇筑时长长达 65～70 h，而面板混凝土滑模施工一旦开始应连续作业浇筑完成，这就对设备连续运转保证、人员组织及材料供应保证等提出了较高的要求。

（2）面板混凝土裂缝控制：混凝土面板板块薄而长，施工期间至蓄水前暴露在大气中，容易受气候条件及温湿度变化的影响而产生裂缝，因此需采取多种措施来减少混凝土裂缝的产生和发展。

（3）伸缩缝、周边缝止水处等特殊部位施工：面板接缝的止水结构是面板坝的技术关键，它关系到面板坝的运行安全，工程实例表明，面板坝漏水的一个重要原因就是接缝止水被破坏，因此加强止水部位施工质量至关重要。

(4) 滑模及长溜槽安全施工：滑模施工工艺是一种使混凝土在动态下连续成型的快速施工方法，在面板混凝土施工过程中，滑模置于两侧倾斜的侧模或混凝土面上，长溜槽分段固定在钢筋网上。滑模操作平台狭窄，且施工人员密集，若疏于管理，极易发生高处坠落群死群伤事故。因此确保滑模及长溜槽施工安全是面板混凝土施工中的一个重要问题。

(5) 面板施工顶部作业平台距面板底部高差较大，最大单块面板宽度 12 m，混凝土垂直运输和水平布料难度大。

(6) 坝面施工高差大，工序多，安全问题较突出。

针对以上重点及难点问题，西纳川项目总结以往混凝土面板浇筑施工经验，在拌和站布设、混凝土配合比、施工工艺、养护措施等方面严格控制，积极探索采取相应的措施提高面板混凝土的施工质量及进度要求，保证安全生产，在技术上保证施工目标的完成，取得显著成效。

#### 7.1.5.1 面板施工滑模施工关键技术

面板为钢筋混凝土面板，混凝土约 17 497.42 $m^3$，面板最大斜长为 92.81 m，总计 44 块面板，其中 12 m 宽压性面板混凝土共 26 块，8 m 宽张性面板混凝土共 16 块，1＃块和 44＃块分别为 2.05 m 和 5.98 m，总面积约 30 874 $m^2$。面板厚度均为 0.5 m 等厚，表面坡比 1∶1.5，两岸受拉区每隔 8 m 设一条垂直伸缩缝，中间受压区每隔 12 m 设一条垂直伸缩缝，面板采用 C30W10F300 二级配混凝土，面板混凝土布置双层钢筋。面板采用牵引式滑模施工工艺，侧模为定型钢木模板，定制角钢三角支架固定。

(1) 滑模系统

根据工程特点，面板混凝土滑模设计方案为：滑模由底部钢板、上部钢桁架及两侧行走系统组成，总长 14.0 m，其中主模体 12 m，行走系统（单侧）1.0 m，总宽 1.2 m。滑模自重 4.71 t，滑模前部焊接振捣平台，后部挂接水平抹面平台，顶部搭设防雨棚。

侧模：侧模由两部分组成，分别为模体和三角支撑系统，模体采用干松木加工制作而成，宽度为 45 mm，标准块长 3 m，模体高度为 50 cm，模体顶端布设角钢。侧模三角架支撑使用∠63×40×4 角钢加工，侧模固定采用 $\varphi$25 钢筋加工的钢钎穿过支持三角架上预留孔将侧模予以固定。侧模（兼支撑作用）、堵头模板采用钢木结构。

滑模提升系统为布设在坝顶的 2 台 20 t 卷扬机，卷扬机锚固采压重锚固法，每台卷扬机配 2 块 2.5 m×1.0 m×0.5 m 的混凝土墩；同时在坝顶埋设地锚，作为保险措施。钢筋小车采用 10 t 卷扬机牵引。

(2) 滑模参数计算

本项目有 8 m、12 m 两种滑模体，其重量如表 7-6 所示。

表 7-6 滑模的重量

| 滑模型号 | 设计尺寸($m^3$) | 重量(t) | 备注 |
|---|---|---|---|
| 8 m 滑模 | 900×124×34 | 4.7 | 含施工荷载：<br>人 11.03 kN<br>设备 5.71 kN |
| 12 m 滑模 | 1 400×124×34 | 7.1 | |

经计算，12 m 滑模自重 71 kN，已大于混凝土对滑模的上浮力，无须配重，但为了留有一定的富余度及确保滑模两端平衡，在滑模下部配置封闭钢管水箱，可存储 2 t 水，提供施工过程调整配重的功能。同样方式计算，8 m 滑模荷载同样满足要求，同时在滑模下部配置可存储 1.5 t 水的封闭钢管水箱。

卷扬机拉动钢筋小车，承受钢筋小车及钢筋荷载，对该荷载力进行正交分解，计算得出钢筋小车所需最小牵引力即配置一台 100 kN(10 t)卷扬机，完全可满足牵引力要求。

10 t 卷扬机拉动钢筋小车，受钢筋小车牵引力的反向作用力，大小与牵引力相等，方向相反，对该力进行正交分解，得出 10 t 卷扬机配重块最小总质量：$M=T\times\sin\alpha\div10=37.3\times0.581\div10=2.17$ t。即 10 t 卷扬机配一块配重块，配重块最小质量为 2.17 t，即可满足压重要求。

本工程采用的钢丝绳股数为 6×37 股，直径为 32.5 mm，钢丝绳破断拉力总和查表，钢丝绳技术性能表为 72 500 kgf(公称抗拉强度为 185 $kgf/mm^2$)。根据单位换算：1 kgf=9.81 N，即为 711.225 kN，钢丝绳受力为其牵引力 6.51 倍，满足强度要求。

卷扬机牵引钢丝绳为钢丝绳股数为 6×37 股，直径为 32.5 mm，卡扣选用相应型号，按照 25～36 mm 钢丝绳的要求，设置 6 个，要求绳卡的间距≥钢丝绳径的 6 倍，最后一个卡子距绳头间距≥140 mm。

无轨滑模为刚性结构，滑模上、下各设两个吊环，以确保安放位置准确，保证滑模提升到位。为了便于铺料、振捣，滑模顶部设 1.2 m 宽的操作平台(用于振捣等操作，搭设有雨阳棚)，后部设 2 个活动式修整平台(一个作为 1 次收面平台，另一个作为 2 次收面平台)。修整平台采用型钢三角架，悬吊在滑模桁架梁上，随滑模一起提升，三角架上铺木板。操作平台与修整平台呈水平状态，两侧设有护栏，以保证工人在平台上正常工作与安全。为养护面板混凝土，在修整平台背后吊装一根多孔喷水管。

滑模设置防滑安全保护，为此，在滑模两端各增设手动葫芦 1 台，挂在面板钢筋网上，用钢丝绳拉紧，随模板滑升而收短，使其始终处于受力状态，以确保施工安全，滑模结构如图 7-4 所示。

(3) 滑模的安装

滑模牵引设备选用 2 台 20 t 的卷扬机，每台卷扬机附加 1 套滑动轮和 1 股直径为 $\varphi$32.5 mm 长 120 m 钢丝绳来牵引滑模，卷扬机之间的宽度根据面板宽度而定。

卷扬机底座为钢结构，用配重混凝土预制块压于其上，配重为 2.5 m×1.0 m×

0.5 m的混凝土预制块(单块重3 t),根据计算,每台20 t卷扬机压重块为2块,每套滑模用4块,每台10 t卷扬机压重块为1块,每套滑模用2块,再把底座用钢丝绳锚固在坝后预埋地锚锚桩上。

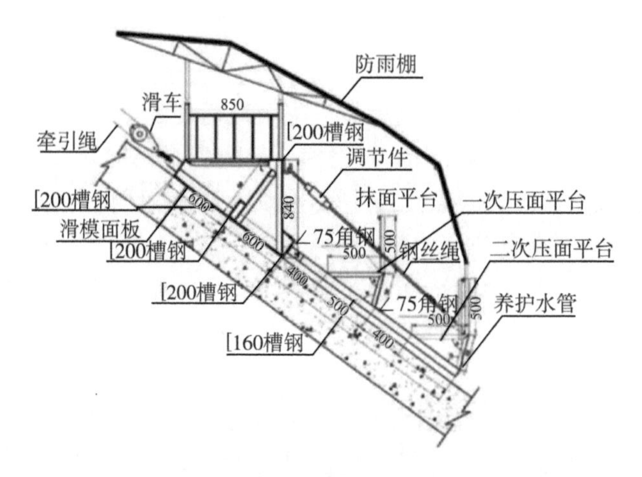


**图7-4 滑模结构图**

待侧模和钢筋制安完成且经监理工程师验收合格后,滑模运输至坝顶施工平台整体拼装并经检查无误后,放下抹面平台尾部两侧支承滑轮,将滑模吊装到侧模上,并及时加配重约2 t(采用滑模上的封闭钢管水箱注水),由自身行走机构支撑后用手拉葫芦保险绳固定滑模,卷扬机牵引滑模系统,试滑二至三次。在确保牵引装置稳固可靠后,卸下手拉葫芦。混凝土浇筑前,将滑模滑移至仓面起始点,经检查滑模与侧模安全无误后方可投入混凝土浇筑。需注意的是,在滑模安装前,将滑模清洗干净,清除滑模表面上的混凝土及杂物,以保证出仓混凝土表面的平整度。

在滑模下滑时,将溜槽堆放在滑模的工作平台上,边下滑边安装,滑模上堆放溜槽不得大于100节,不足部分用钢筋台车运输进行补充。溜槽加固采用$\varphi10$的铁丝拉在钢筋网上,间距以不大于10 m为宜。溜槽搭设必须顺直,加固牢靠,雨阳棚采用同样的方法加固,做到安全第一。

(4) 滑模的提升

滑模安装及施工如图7-5、7-6所示。卷扬机控制电路布置在滑模上,由滑模上施工人员操作,在坝顶卷扬机旁设专人负责设备运行,滑模滑升前,清除其前沿超浇混凝土,以减少滑升阻力。

每浇筑一层(25～30 cm)混凝土提升滑模一次,每次滑升的幅度控制在30 cm左右,滑模的滑升速度,与浇筑强度、脱模时间相适应,平均滑升速度控制在1.0～2.0 m/h,具体滑升速度通过工地现场试验确定,滑升间隔时间,不超过30 min,最大滑升速度不超过2 m/h;滑模提升过快,脱模混凝土可能出现流淌;过慢,混凝土便面可能出现拉裂。滑模滑升时做到平稳、均衡上升。

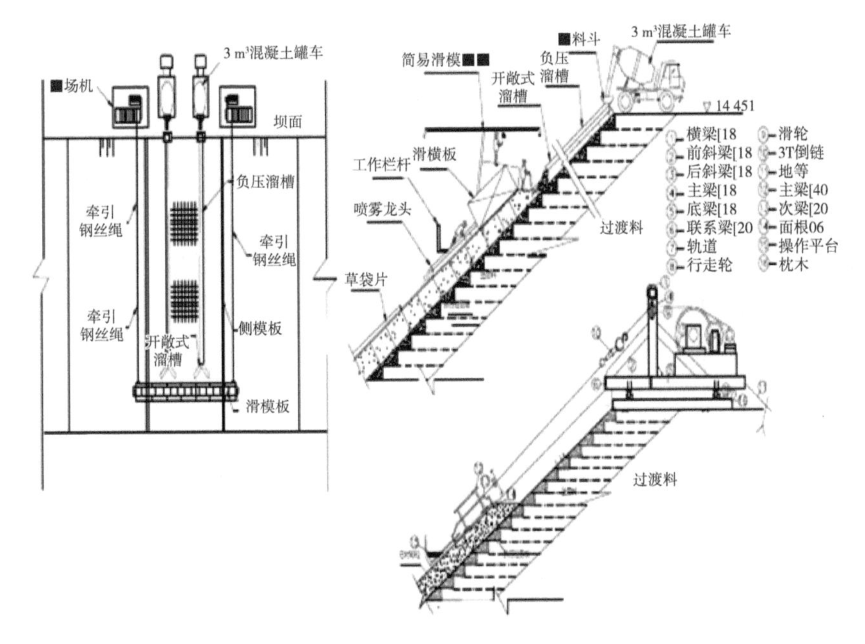


图 7-5　滑模安装及施工示意图

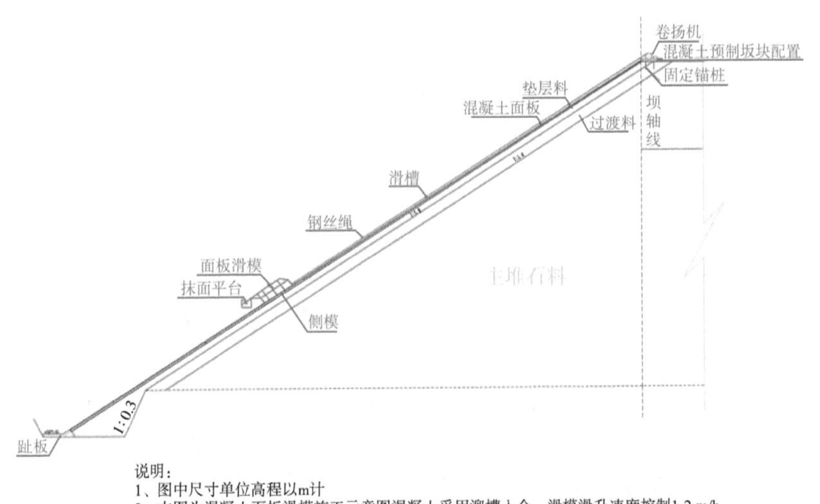


图 7-6　大坝混凝土面板滑模施工示意图

### 7.1.5.2　混凝土面板裂缝控制关键技术

（1）面板保湿特殊措施

由于面板混凝土浇筑在 5 月—8 月间进行，存在温度较高、温差较大、湿度变化明显等环境问题，为避免面板混凝土由于内、外温差过大产生裂缝。西纳川项目采取覆膜、自动洒水养护等措施保障恶劣气候条件下面板表面湿润，有效控制裂缝产生。

施工覆膜：面板混凝土浇筑过程中，滑模后拖挂较厚的塑料膜覆盖混凝土表面；二次收面后直接用塑料薄膜封闭覆盖，上覆土工布。一序块土工布固定于二序块内的钢钎上，每隔 5 m 一道，铁丝固定；施工二序块时，再将土工布用一序块内的铁丝（在一序混凝土施工时预埋）固定，同样每隔 5 m 一道。

自动养护系统：构建了西纳川水库自动养护系统，左右两坝肩设两个高位水箱，水通过供水管道（管径 150 mm）自流到坝顶，每两块面板设一分水管，分水管上每 6 m 接养护的长流水花管进行不间断养护，养护时间 90 d 以上，并持续养护到蓄水前。自动养护系统相比人工养护更能节约成本，降低人员安全风险，能更精准地保证面板保持湿润状态，同时有效减少了面板早期裂缝的发生。

（2）混凝土外加剂

西纳川项目经过严密比对分析及现场试验，选用 WHDF 混凝土抗裂减渗剂作为混凝土外加剂之一，以改善面板混凝土抗渗减裂的作用。WHDF 能有效改善新拌混凝土工作性能以及硬化后混凝土的力学性能和变形性能，具有抗裂、减渗及提高耐久性能之功能。经水电、铁路、公路、市政及民建等各领域的权威检测单位和大小几百个应用工程检验：掺入 WHDF 后，混凝土抗压强度提高 10%～15%，抗拉强度提高 15%～25%，极限拉伸值提高 15%～20%，弹性模量降低 5%～10%；压汞测孔试验表明：总孔隙率下降 8%，抗渗等级≥S12，冻融循环次数可达 300 次以上；早期水化热峰值的时间可推迟 24 h 以上；早期干缩值可降低 30%以上；坍落度损失率降低 30%以上，电通量可降低 20%左右。

经现场实验 WHDF 混凝土抗裂减渗剂早期强度增长快，最终混凝土的强度高，结合实验数据及施工便利性，项目采用使用该外加剂，有效实现了抗裂减渗的目标。

（3）裂缝应急处理方案

根据西纳川项目实际情况，对深度≥5 cm 的裂缝采用无溶剂环氧灌浆材料进行化学灌浆处理，待灌浆材料固化后，再在范围内的混凝土表层采用单组分手工聚脲封闭涂刷，最终达到灌浆和封闭涂刷相结合的防渗目的。对深度＜5 cm 的裂缝采取表面涂刷单组分手工聚脲封闭涂刷封闭裂缝，以达到裂缝修复及补强双重效果，恢复混凝土面板、趾板、连接板等整体防渗性耐久性。

**图 7-7　大坝全貌**

### 7.1.6 挡水建筑物工程施工技术小结

西纳川水库挡水大坝所在地区施工有效期较短，降雨量较大，地质条件复杂，施工困难较大。因此，该项目采取了多项技术手段和工艺流程，以确保施工的有效性和安全性。

(1) 西纳川水库挡水大坝施工中对防渗墙切割与凿毛作业的处理尤其重要。在切割防渗墙过程中，鉴于其所处共键位置的特殊性，且人工破碎时间长且工效低，因此采取了创新性的金刚钻链条切割技术。这种方式通过在防渗墙上每隔 10 m 打通眼，然后将带有金刚钻头的链条两端分别塞入通眼中，链接到动力设备上，再移动带有金刚钻链条的机械进行切割作业。为了防止链条过热，切割过程中还会在切割缝中不断注水，以此实现高效而且精确地切割。对于凿毛工作，考虑到防渗墙宽度不等的特点，采用了人工配合 60 挖机破碎锤、风镐凿毛的施工工艺进行凿毛处理。这样不仅满足了设计要求，也保证了工程质量的稳定。

(2) 挡水大坝工程重点关注了坝肩边坡的开挖及时跟进，以及锚筋桩的精准定位和施工。在开挖坡面上放样的过程中，采用 GPS - rtk 精确放样，提高了施工的准确性，降低了误差。同时，为了保证边坡稳定和施工安全，采用了 QZJ - 100D 型轻型潜孔钻机干钻成孔。通过设计特殊的注浆方式，使得锚筋桩的质量得到保障。在注浆的过程中，以特定压力进行反向压浆，保证灌浆全面且饱满。此外，在边坡治理中，采用三维柔性固土毯进行覆盖，并结合锚杆、钢丝绳网进行固定。最后，工程还借助液压喷播机在坡面上喷播腐殖土，加速植被恢复，使得整个治理坡面与周边自然环境融为一体。

## 7.2 溢洪洞施工技术

溢洪洞布置于大坝右岸，由进水明渠段、控制段、溢流段、洞身段、下游消能防冲段和出水渠组成。溢洪洞紧邻大坝右端 10 m 处山体内布置，总长 391.2 m，最大下泄流量 34.92 $m^3/s$。溢洪洞进口采用开敞的正槽式，进水渠长 25 m，底宽 13.4～6 m，开挖底板高程为 2 936.0 m，控制段长 12.5 m，堰顶高程 2 938.98 m，底板高程 2 937.0 m，底宽 6～3 m；底板采用 50 cm 厚度 C25 钢筋混凝土衬砌，边墙采用 C25 钢筋混凝土衬砌，左侧边墙采用半重力式挡墙，墙顶宽 50 cm，底宽 3.2 m，边墙高度为 5.12～6.12 m，右侧边墙紧靠山体。桩号 0＋37.5～0＋337.5 为洞身段，段长 300 m，隧洞纵坡为 $i=1/5.8$，隧洞为城门洞型，断面尺寸分别为 4.7 m×4.6 m(宽×高)和 3.0 m×3.0 m(宽×高)，隧洞顶拱及边墙均采用 0.4 m 厚钢筋混凝土(C25)全断面衬砌，洞身底板采用 C30HF 混凝土衬砌；隧洞为顶拱 120°的无压城门型隧洞，顶拱半径 R＝1. 73 m。隧洞全断面采用 0.4 cm 厚度 C25 混凝土衬砌。消能方式为挑流消能，消能段长 9 m，泄槽为(宽×高)＝3 m×2.2 m 的矩形断面，挑流鼻坎底板采用 C30HF 钢筋混凝土现浇，出口扩散段岩石开挖边坡比为 1∶0.5，坡积碎石土开挖边坡比为 1∶1.0，高程为 2 884.9 m，挑射角 11°，挑坎段流速为 16.32 m/s。桩号 0＋346.5～0＋391.2 m 为溢洪洞出口扩散段，扩散段长 44.7 m，扩散角 5°，底宽 3～8.8 m。

## 7.2.1 溢洪洞洞口段施工技术

### 7.2.1.1 进洞口开挖

溢洪洞工程进口段岩石开挖采用反铲挖机、破碎锤、自卸汽车等施工机械进行自上而下开挖，全站仪实施测量，严格按照设计图纸控制开挖边线，开挖完成后地质单位及时地进行地质编录工作。

开挖完成后经验收合格，对岩石开挖面进行高压水枪冲洗至洁净，表面无积水，施工人员进行底板钢筋的绑扎，钢模板的安装，橡胶止水带的固定安装。坝前拌和站拌和混凝土，混凝土罐车运输，进行底板混凝土的浇筑，3 台 $\varphi$50 振捣器振捣，人工及时进行混凝土的收面工作，待人工收面完成之后及时用土工布进行覆盖并洒水养护至龄期。

**图 7-8　溢洪洞进口**

因开挖边坡与边墙混凝土有较大间隙，为加强边坡稳定，在原始开挖面与边墙的外接触面之间进行浆砌石填筑。

待浆砌石砌筑完成之后进行进口段边墙钢筋的绑扎，钢筋采用 5 d 双面焊连接，待钢筋绑扎全部完成后进行边墙钢模板的安装，橡胶止水带的安装固定。坝前拌和站拌和混凝土，混凝土罐车运输，混凝土入仓采用吊车垂直运输，2 台 $\varphi$50 振捣器振捣，持续浇筑，浇筑完成后及时进行洒水养护，7 天后进行钢模板的拆除，洒水养护持续进行直到龄期结束。

底板及边墙混凝土养护龄期达到后进行溢流堰混凝土的施工，采用全站仪放样，对底板及边墙结合面人工进行凿毛处理，按设计图纸进行钢筋的绑扎，定型模板的安装、混凝土的浇筑入仓，2 台 $\varphi$50 振捣器振捣，持续浇筑入仓，浇筑完成待混凝土初凝后，用棉被覆盖保温。

### 7.2.1.2 出洞口开挖

溢洪洞出口消能段土石方开挖采用反铲挖机剥离表层、破碎锤破碎坚硬岩石、自卸车拉运至弃渣场集中堆放，开挖采取自上而下分层开挖，直至挖到设计建基面，经验收合格后进行下一道工序施工。

出口消能段挑流鼻坎钢筋制作成型后运至工作面按施工图纸绑扎，钢筋采用双面焊连接，挑流鼻坎预埋灌浆管制作成型后，运至施工现场，钢筋安装就位后进行预埋灌浆管安装，用拉筋将灌浆管与钢筋焊接牢固之后进行止水带的安装、钢模板的安装，验收合格后进行混凝土浇筑，并进行洒水养护。

图 7-9 溢洪洞出口

挑流鼻坎施工完后进行出口消能扩散段基础面的碾压，10 cm 厚垫层混凝土的浇筑，之后进行扩散段底板钢筋绑扎、侧模安装，验收合格后进行混凝土的浇筑。

扩散段底板浇筑完后进行扩散段边墙混凝土和台阶消能段钢筋的绑扎、钢模板的安装，待验仓合格后进行混凝土的浇筑。

#### 7.2.1.3 基础固结灌浆

溢洪洞口段固结灌浆采用卡塞灌浆法，按环间分序，环内加密的原则进行。环间分为两个次序，固结灌浆采用单孔灌浆的方法，对于注浆量较小地段，同一环上的灌浆孔并联灌浆，并联灌浆的孔数不多于 3 个，孔位保持对称。固结灌浆施工利用 XY－2 地质钻机，孔径不小于 75 mm，孔径、排距、孔深及影响偏差按设计、施工规范要求钻设，灌浆孔钻进结束后使用大流量水流进行钻孔洗孔，验收合格后进行灌浆。灌浆前保护好孔口，所有钻孔统一编号并注明各孔序号。灌浆按两个次序进行，先Ⅰ序环后Ⅱ序环，压水试验在孔钻冲洗后进行，试验孔数不小于总孔数的 5%，压水试验采用简易压水法，压水试验的压力不大于规定灌浆压力的 80%，每 5 分钟测读一次压入流量读数，以最终流量数作为计算流量。固结灌浆压力为 0.3～2 MPa，具体根据施工现场实际情况及时进行调整。在设计规定的压力下，灌浆孔注入率不大于 1 L/min 时，延续 30 min 即结束。固结灌浆采用的水泥浆液比级为水∶水泥＝3∶1，2∶1，1∶1，0.5∶1，开灌浆液水灰比选用 3∶1，灌浆过程中浆液变换，遵循以下几点：(1)当灌浆压力保持不变吸浆量均匀减少时或当吸浆量不变压力均匀升高时，灌浆工作持续进行，不改变水灰比。(2)当某一级水灰比浆液的灌入量已达到300 L以上或灌浆时间已达30 min，灌浆压力及吸浆均改变或改变不显著时，应改浓一级灌注。(3)当其吸浆量大于30 L/min时，根据具体情况适当越级变浓。固结灌浆检查孔为固结灌浆孔总数的5%，检查重点为洞顶，其次为侧壁、底孔，用压水试验法检查，合格标准为：压水试验≤5Lu，检查孔合格率不低于85%，不合格孔段的透水率值不超过设计规定值的150%，且不集中质量为合格。前期共布置2个检查孔，压水4段，出现一段不合格，后续进行加密补强，补强灌浆结束后布置1检查孔，透水率为3.18 Lu，符合设计标准。

### 7.2.2 溢洪洞洞身段施工技术

#### 7.2.2.1 隧洞支护

溢洪洞洞身段岩石开挖采用气腿式手风钻钻孔，全断面开挖，光面爆破，使用空压机提供施工用风。开挖时由于围岩类别均为Ⅳ、Ⅴ类围岩，地质条件较差，开挖后及时进行I16钢拱架支护、$\varphi22$锁脚锚杆固定拱腿、$\varphi22$超前锚杆支护、$\varphi8$钢筋网片挂网喷锚厚20 cm；对于断层破碎带，成洞条件较差的洞段，开挖支护紧跟并超前支护。溢洪洞洞身段内爆破后空压机送风，待视线清晰后，爆破人员确认安全后排除危石，利用装载机和小型挖掘机配合进行出渣。

Ⅳ、Ⅴ类围岩爆破时严格控制装药量，弱爆破、短进尺、强支护，喷锚及时跟进。施工过程中地质代表及时的跟进预判不良地质情况并给予合理建议，洞身段掘进采用出口段向进口段单向掘进的方式贯通，洞身段开挖坡度较大，整体呈1/5.8向上掘进，洞内无积水，只有少许岩隙渗水。

洞身段爆破采用电雷管引爆岩石膨化炸药的方式掘进，周边孔孔距一般为0.4 m，为取得较好的平整度，密集系数$m=0.75$，周边孔最小抵抗线$w=0.5$ m，布孔时周边孔与相邻崩落孔排距0.6 m。对于出现断层带、塌方段的岩石周边孔、相邻崩落孔、掏槽孔、压心孔间距根据不同地质情况进行适当调整。

#### 7.2.2.2 隧洞混凝土衬砌

洞身段衬砌采用移动钢模台车跳仓浇筑，每9 m为一段进行C30HF底板、C25F250W6侧墙及拱顶钢筋混凝土衬砌。衬砌厚度为40 cm；保护层厚度为5 cm；钢筋采用单面固定，橡胶止水带的安装。坝前拌和站拌和混凝土，混凝土罐车运输，混凝土输送泵泵送浇筑入仓，振捣采用移动钢模台车振捣板结合$\varphi50$振捣棒进行振捣，依次进行每仓混凝土的浇筑，浇筑完成后及时进行洒水养护至龄期。

#### 7.2.2.3 回填灌浆

溢洪洞洞身段回填灌浆采用纯压式灌浆法，灌浆孔按环间分序布置，分两个次序进行，自较低的一端开始，向较高的一端推进；同一区段内的同一次序孔单孔分序钻进、灌浆，一序孔灌浆结束48小时后进行二序孔灌浆。回填灌浆孔采用手持式风钻，从预埋管中钻孔，钻孔孔径不小于38 mm，孔深入岩10 cm，并测记混凝土厚度和空腔尺寸。孔口灌浆管处装设压力表控制灌浆压力，灌浆压力控制在0.3～0.5 MPa，在设计压力下，灌浆孔停止吸浆并延续10 min即结束该孔的灌注。浆液的水灰比采用1、0.5两级，一序孔直接灌注0.5级的浆液，二序孔用1∶1和0.5∶1两个比级的水泥浆。对于较大空腔和空隙的部位用水泥砂浆灌注，掺砂量不大于水泥重量的200%。回填灌浆质量检查在该部位灌浆结束后7 d进行，检查孔布置在脱空较大、串浆孔集中以及灌浆情况异常的部位，具体位置由监理工程师现场确定。质量检查采用钻孔灌浆法，检查孔钻孔成型后，向孔内注入水灰比为2∶1的水泥浆液，在规定的压力下，初始10 min内注入量不超过10 L为合格。灌浆孔灌浆结束和检查孔检查结束后，顶孔和有返浆的孔采用闭浆、待凝等措施，然后再用压力灌浆法封孔，其他孔使用水泥砂浆，采用机械封孔。

固结灌浆采用卡塞灌浆法，按环间分序，环内加密的原则进行。环间分为两个次序，地质不良地段分为三个次序。固结灌浆采用单孔灌浆的方法，对于注浆量较小地段，同一环上的灌浆孔并联灌浆，并联灌浆的孔数不多于3个，孔位保持对称。固结灌浆施工利用气腿式风钻YT-28钻孔，孔径不小于38 mm，孔径、排距、孔深及影响偏差按设计、施工规范要求钻设，灌浆孔钻进结束后使用大流量流水进行钻孔冲洗，冲净孔内岩粉、杂质，验收合格后进行灌浆。灌浆前保护好孔口，所有钻孔统一编号，并注明各孔序号。灌浆按两个次序进行，先Ⅰ序环后Ⅱ序环，按先底部后侧壁，再顶部，形成梅花形布置。压水试验在孔钻冲洗后进行，试验孔数不小于总孔数的5%，压水试验采用简易压水法，压水试验的压力不大于规定灌浆压力的80%，在规定的压力下，每5 min测读一次压入流量读数，以最终流量数作为计算流量。固结灌浆压力为0.3～2 MPa，具体根据施工现场实际情况及时进行调整。在设计规定的压力下，灌浆孔注入率不大于1 L/min时，延续30 min即结束。固结灌浆采用的水泥浆液比级为水∶水泥＝3∶1，2∶1，1∶1，0.5∶1，开灌浆液水灰比选用3∶1，灌浆过程中浆液变换，遵循以下几点：(1)当灌浆压力保持不变，吸浆量均匀减少时或当吸浆量不变，压力均匀升高时灌浆工作应持续下去，不得改变水灰比。(2)当某一级水灰比浆液的灌入量已达到300 L以上或灌浆时间已达30 min，灌浆压力及吸浆均改变或改变不显著时，改浓一级灌注。(3)当其吸浆量大于30 L/min时，根据具体情况适当越级变浓。固结灌浆检查孔为固结灌浆孔总数的5%，检查重点为洞顶，其次为侧壁、底孔，用压水试验法检查，合格标准为：压水试验≤10 Lu，检查孔合格率不低于85%，不合格孔段的透水率值不超过设计规定值的150%，且不集中，质量为合格。

回填灌浆共布置20个检查孔，10 min压入2∶1水泥浆液注入量均不超过10 L，符合规范标准；固结灌浆共57个检查孔，压水57段，1段不合格，最大透水率为11.29 Lu，不超过设计标准的150%，符合规范标准。

### 7.2.3 溢洪洞工程施工技术小结

西纳川水库工程地处生态环境敏感、地质条件复杂的区域，施工过程中，建设管理部在保护生态环境与确保工程质量之间寻求了平衡，并实现了重大技术创新：改变了传统的溢洪道设计，转而采用溢洪洞设计，并结合地面薄覆盖层施工，最大限度地减少了对环境的影响。

原设计的溢洪道是开放式的，容易受到洪水和气候的影响，对周边生态环境造成较大的冲击。而改为溢洪洞后，洪水流经的途径被封闭在地下，不仅可以减少对地表植被的破坏，还可以抑制洪水对土壤侵蚀的影响，从而更好地保护了生态环境。传统的溢洪道是开放式的，而溢洪洞则需要在地下施工。地下工程带来的困难包括需要对地质条件有详尽的了解的同时，处理好洞内的排水、通风、支护等问题。

薄覆盖层施工技术在溢洪洞施工中的应用，对于保护自然环境和保证工程质量至关重要。薄覆盖层技术，即在溢洪洞的围岩上铺设一层薄的防水层。这样可以有效防止洪水在流经过程中对围岩的冲蚀，延长溢洪洞的使用寿命，同时也保障了溢洪洞的稳定性。薄覆盖层的施工使用了新型的防水材料，这种材料不仅具有良好的防水性能，而且在生产过程中对环境的污染极小，符合西纳川水库工程的环保目标。

## 7.3 导流放水洞施工技术

西纳川水库工程的导流放水洞在施工期时作为导流用，施工完毕后作为放水洞使用，布置在坝左侧山体内。由于运行期放水流量较小(最大为 1.5 $m^3/s$)，其施工期流量是洞身断面设计的控制流量，放水洞施工导流期导流水深为 $h=1.9$ m，混凝土糙率为 $n=0.014$，设计洞尺寸为 $d=2.5$ m，断面为圆形，施工导流期按照无压洞设计。从洞出口处接 $\varphi$600 mm 供水管，经闸阀室引至现有的供水水厂，另外在洞出口设置弧形闸门作为生态基流、灌溉放水口。

导流放水洞进口布置在坝轴线上游 205 m 处，进口进行坡积物开挖及边坡防护处理，事故检修闸启闭塔为竖井式，桩号为 0+465.688～0+485.688。导流放水洞洞身轴线在山体内进行两次转向，总体呈东西走向，在山体内的洞身长度为 404.19 m。洞出口充分考虑现有的地形条件，将其布置在坝左岸下游的一冲沟出口处，其距坝轴线下游 156 m 处，洞出口根据地形和地质情况布置有消力池，采用底流消能方式，放水洞在施工期内作为导流洞使用。

### 7.3.1 导流放水洞进出口段施工技术

#### 7.3.1.1 洞口开挖

在洞口及洞脸完成后，开始进洞。采用循环爆破开挖，循环进尺为 0.8～1.6 m。首先钻孔爆破，采用潜孔钻钻孔，钻孔直径 42 mm。采用光面爆破技术，布孔按掏槽孔、掏槽辅助孔、周边辅助孔、周边孔、底边孔。周边孔垂直打孔，其他孔均倾斜打孔，具体布置见图 7-10。

装药量应根据围岩类别确定。周边孔采用间隔装药，周边孔线装药密度按 225～300 g/m 控制；周边辅助孔线装药密度按 525～600 g/m 控制；底边孔线装药密度按 750 g/m 控制；掏槽孔线装药密度按 750 g/m 控制。装药量根据围岩类别随时进行调整。

炮孔采用黏土堵塞，黏土含水量适中。炮孔堵塞长度不小于 50 cm。起爆方式采用

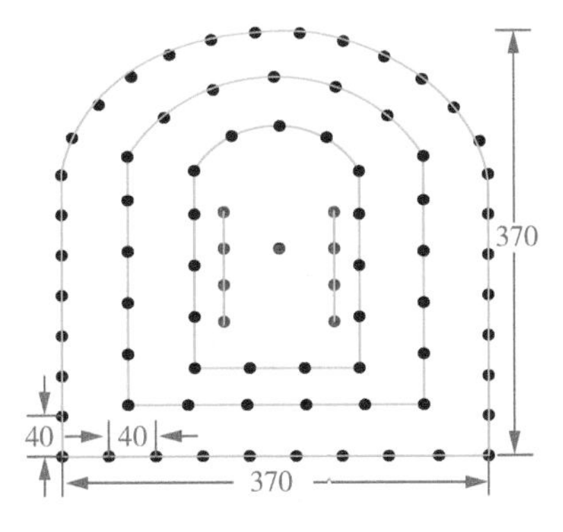


图 7-10 导流洞开挖爆破示意图

导爆管、非电毫秒雷管；顺序为掏槽孔→掏槽辅助孔→周边辅助孔→周边孔→底边孔。

进出口覆盖层明挖采用一台 1.0 $m^3$ 挖掘机挖装，4 辆 20 t 自卸汽车出渣；先运输至上游围堰位置，备用于围堰填筑；剩余部分运输至弃土场，石方明挖采用手风钻钻孔，使用 12 $m^3$/min 移动空压机提供压缩空气，自上而下梯段爆破，每层的高度约 2～3 m，1.0 $m^3$ 挖掘机挖装，20 t 自卸汽车及 3 $m^3$ 装载机配合出渣；石渣可用于工程临建。

放水洞进出口边坡开挖结束后，立即进行坡面易滑坡的碎石层喷锚支护施工，固定易滑体。采用 $\varphi$22 锚杆，间排距为 2.0 m，$L=3$ m，梅花形布置，挂 $\varphi$8 钢筋网，间距 20 cm×20 cm，喷 10 cm 厚 C20 混凝土。人工利用高压风或钢钎撬除开挖面上已张口、松动的岩块，按照设计图纸及监理工程师指示，红漆标识各锚孔位置。YT28 手风钻造孔，高压风将孔吹扫干净。锚杆制作由钢筋加工场制作，存放至仓库，施工时用 5 t 汽车运输至工作面。锚杆安装时，采用先注浆后插锚杆的施工方法，先用注浆机灌注水泥砂浆，再将锚杆人工打(插)入孔内设计深度。

喷混凝土在砂浆锚杆完成并验收合格后进行。施工前，首先将喷射面用高压风、水枪联合冲洗干净，并在出露的锚筋上安设混凝土厚度标志。同时用 5 t 汽车将挂网钢筋运输至工作面，钢筋网制安由人工将各单根钢筋与开挖面锚筋焊接，并分排分行间隔点焊成主网，再用铁锤将钢筋敲打，使其紧贴开挖基础面，然后将钢筋纵横加密成网型。

C20 喷射混凝土的配合比符合施工图纸要求。喷射混凝土前，向监理工程师递交喷射混凝土施工的混凝土材料试验报告，同时请监理进行喷前基面验收，同意后进行混凝土喷射施工。混凝土喷射采用干喷法，选用 ZPG－11 型转盘式混凝土喷射机施工。混凝土在拌和站干拌均匀，混凝土搅拌车运至工作面后，人工卸至喷射机筛网内，加水和速凝剂后分片分层自下而上将混凝土均匀喷射至坡面上，喷嘴与岩面大致垂直，与岩面距离控制约 0.7 m。为了减少回弹量及不必要的气孔孔降，不断调整气压与水压，确保喷射混凝土与岩面紧贴。

由于喷射厚度为 10 cm，拟分两层进行喷射，每层控制厚度 5 cm。后一层在前一层混凝土终凝后立即进行，若终凝 1 h 后再行喷射，须把喷层表面的乳膜、浮尘等杂物用风水高压冲洗干净，再二次喷射，以确保混凝土质量。喷射完毕后，清除掉黏附在喷射表面的喷射溅落物，混凝土终凝 2 h 后，喷水养护，养护时间不少于 7 d。

导流放水洞进、出口明洞段混凝土施工之初，基础建基面清理采用人工配以风镐、撬杠清除松动岩块，清扫碎石土渣，最后用高压风枪、水枪联合清洗干净岩面。对施工缝，要人工凿毛、清理积渣等。

钢筋进场后，按等级规格在钢筋加工场分别标识，垫高堆放，并用防雨布覆盖，按规范要求抽样合格后方可使用。加工前，先将钢筋表面清理干净，依据施工图纸及钢筋配料单在钢筋加工场机械加工成型，加工好后分类、标识堆放。安装前用载重汽车运至施工现场，人工进行绑扎、焊接。安装时，先以锚筋为依托，焊设架立钢筋，然后布设样筋，最后按施工图纸要求安装完所有钢筋。钢筋焊接时，焊接长度、焊缝高度及宽度满足设计及规范要求，同一截面接头数量须满足有关规定。为了保证混凝土保护层的必要厚度，在钢筋与模板间设置强度不低于设计强度的混凝土垫块。垫块互相错开，分散布置。

模板安装要求轴线位置偏差±2.5 mm 以内，垂直度偏差±3 mm 以内，表面平整度偏差不超过 3 mm。采用钢木组合模板，底部三角处垫木块，围囹采用双钢管，间距 90 cm，托架交叉点拉锚螺栓一端与锚杆焊接，另一端用螺栓组件与模板紧固。

施工缝及伸缩缝挡头模板安装，施工缝挡头用钢、木组合模板，为保证过缝钢筋完整，过缝钢筋处采用木模，木模上按钢筋设计间距钻孔，用于穿钢筋，围囹采用双钢管，竖围囹间距 100 cm，横围囹间距 50 cm。伸缩缝处模板，采用钢、木组合模板，围囹同上。

止水部位模板全部加工定型木模，确保构筑物外形尺寸，木模加工好后编号标识，归类整齐堆放。木模内侧刨光且平整，以保证混凝土外观质量及模板的重复使用。模板使用前涂刷不污染混凝土的油质脱模剂。止水安装时做到止水中线与设计中线相对应，安装偏差小于 5 mm。

#### 7.3.1.2 混凝土浇筑

采用 10 $m^3$ 混凝土罐车运输至浇筑平台，混凝土坍落度在控制 5～7 cm。设专职的混凝土运输调度，合理安排车辆，从混凝土拌和开始至工作面的运输时间控制在 30 min 以内。混凝土入仓选择混凝土输送泵入仓方式。每一层混凝土入仓后人工平仓，使每车混凝土在仓面上均匀分布，每层布料厚度应为 25 cm～30 cm，严禁出现骨料集中现象，并及时振捣。振捣时振捣器不得触及滑模、钢筋、止水片。振捣间距小于 40 cm，深入下层混凝土不小于 5 cm。振捣时间以混凝土表面不再明显下沉，不出现气泡并泛浆时视为振捣密实。

在规范规定的时间内拆模。拆模时，避免损伤止水及混凝土，一旦发现止水及混凝土表面损伤，及时进行处理，并将处理过程及质量情况作详细记录。

对平直段混凝土表面进行收面压光，并及时洒水后对外露部位采用土工膜覆盖养护，防止干缩及温降速率过大造成裂缝危害，养护时间不少于 28 d。

#### 7.3.1.3 启闭塔施工

启闭塔的施工首先从控制网经测量导线引控制点到井口附近，全站仪放样，定出启闭塔位置。按施工图纸放出启闭塔开挖边线，从上往下开挖至启闭平台 2 946.62 m，并修整边坡挂网喷锚。

井口用挖掘机开挖表层坡积碎石土，挖至弱风化岩面后自上而下分层爆破开挖。采取顺序毫秒微差起爆网络、掏槽松动爆破方法施工，爆破前用钢筋网片盖在井口，防止大块石飞出井筒，爆破结束后移开。爆破钻孔用潜孔气腿钻，锚杆钻孔用手风钻，爆后石渣用吊篮出渣。

井壁挂φ8钢筋网片喷锚，网格间距20 cm；锚杆梅花形式布置，喷射C20混凝土，厚10 cm，喷护结束后进行下一层开挖循环。

启闭塔钢筋加工成型后运至井口旁，吊车配合人工将钢筋入井安装。之后从井底用钢模板支模，钢管架从井底起架，井内满堂，随浇筑高度逐步搭高，模板随浇筑仓升高循环进行拆装。

启闭塔混凝土用混凝土罐车运至井口，吊车用吊罐浇筑，仓内混凝土平起，φ50振捣器振捣，仓面间施工缝凿毛处理，浇筑结束后抽水喷洒养护。

### 7.3.2 导流放水洞洞身段施工技术

#### 7.3.2.1 洞身开挖

根据设置在洞口的控制点（高程和平面位置）首先施测建筑物的开挖轴线控制线和高程，并随开挖的进展，边挖边测，放出洞室的轮廓线，并涂红油漆标记。根据设计图纸放样：城门洞型洞室断面为（宽×高）3.5 m×3.5 m，隧洞全断面采用C25混凝土衬砌，衬砌后为圆形洞。

施工工艺流程如下为：测量放样→钻孔→装药爆破→扒渣机挖装→小型农用车运输→验收→下一循环。

洞身开挖采用气腿式手风钻钻孔，全断面开挖，光面爆破。爆破用药采用岩石2#硝铵炸药，药棒直径32 mm，周边孔采用光面爆破的间隔装药法，其余孔按照单孔装药量依次装药，药孔余段以胶泥塞堵。爆破作业采用毫秒微差法。在进行第一次试爆时将线装药密度降低20%，其余不变。按每一循环1.5 m进尺，单位耗药量1.2 kg/$m^3$，每一循环耗药量28.35 kg。

放水洞开挖出渣结束后，立即进行洞室H16工字钢钢拱架支护并喷锚施工，固定裂隙岩体。根据设计图纸采用φ22锚杆，挂φ8钢筋网，网眼间距15 cm×15 cm，喷10 cm厚C20混凝土。

#### 7.3.2.2 导流放水洞混凝土施工

（1）建基面清理

洞底建基面清理采用人工配以风镐、撬杠清除松动岩块，清扫碎石土渣，最后用高压风枪、水枪联合清洗干净岩面。对施工缝，要人工凿毛、清理积渣等，建基面清理并验收合格后浇筑C15混凝土垫层，垫层终凝后绑扎隧洞底板及侧墙钢筋。

（2）钢筋制安

钢筋依据施工图纸及钢筋配料单在钢筋加工场机械加工成型，加工好后标识、分类堆放。安装前用载重汽车运至施工现场，人工进行绑扎、焊接。

（3）模板、止水安装

模板为定做两套组合钢模，定做成0.6 m×1.5 m弧形模板，螺栓连接，一次成型。

在进行模板选型时，需要考虑混凝土浇筑上升速度、入仓方式、振捣方式及新浇筑混凝土自重等因素。保证本工程新用的模板均满足建筑物的设计图纸及施工技术要求；保证混凝土浇筑后的结构物现状、尺寸与相对位置符合设计规定和规范要求；模板和支架具有足够的稳定性、刚度和强度，做到标准化、系列化、装拆方便；保证模板表面光洁平整、接缝严密，不漏浆。止水安装时做到止水中线与设计中线相对应，安装偏差小于 5 mm。

（4）混凝土浇筑

圆形隧洞混凝土衬砌安排在贯通后开始，衬砌可采用定形钢模板由内向外浇筑，衬砌每段长 9 m。混凝土坍落度在控制 20～30 cm。设专职的混凝土运输、泵送入仓调度。每节洞身一次浇筑完成。浇筑前预留回填灌浆孔。圆形隧洞混凝土衬砌由从进出口分别由内向外连续浇筑。在混凝土浇筑完毕后，依据设计要求和规范规定，1 d 后拆除模板，进行下一节洞身衬砌施工。

混凝土浇筑完毕 12～18 h 后，即对其进行 28 d 的喷洒水养护，使其表面持续保持湿润。混凝土浇筑采用 2 台 10 $m^3$ 混凝土搅拌车分别运输至进出口洞口，混凝土泵直接泵送入仓，附着式配合插入式振捣器振捣。浇筑结束后，养护到规定时间，即可准备脱模。养护时间不得少于 14 d。

#### 7.3.2.3 洞身灌浆

（1）洞身回填灌浆

导流放水洞灌浆工程分回填灌浆和固结灌浆，施工时严格按照已经预埋孔口管的回填灌浆和固结灌浆孔进行钻孔、灌浆。

灌浆按照先回填灌浆后固结灌浆的顺序进行，回填灌浆在二次衬砌混凝土达到设计强度 70%后进行，固结灌浆在该部位回填灌浆结束 7 天后进行，采用逐步加密法，回填灌浆和固结灌浆可相互结合进行，先期回填灌浆孔后期加深后可作为固结灌浆孔。回填灌浆施工范围为 0+433.89～0+045.14，共计 338.75 m。

导流放水洞回填灌浆在顶拱进行，采用填压式灌浆法。回填灌浆孔距和排距为 3 m，灌浆压力 0.2～0.3 MPa。待混凝土达到 70%设计强度后，才能进行相应部位的回填灌浆。灌浆孔深入基岩 0.1 m，钻孔终孔后，应测记混凝土厚度和空腔尺寸。灌浆压力按设计施工图纸要求执行。回填灌浆按分序加密的原则进行，分两个次序施工，按Ⅰ序孔→Ⅱ序孔→检查孔的顺序施工。各次序灌浆的间隔时间不得小于 48 h。浆液水灰比采用 1∶1 和 0.6∶1(或 0.5∶1)(重量比)两个比级。对空腔大(一般大于 0.2 m)的部位可灌注水泥砂浆，但掺砂量不得大于水泥重量的 200%，开灌水灰比 1∶1。在设计规定压力下，当灌浆孔停止吸浆时，回填灌浆即可结束。灌浆作业结束后，应排除孔内积水和污物，采用机械封孔并抹平。

（2）洞身固结灌浆

固结灌浆孔布设在顶拱和边墙范围，每排布设 6 孔，排距 3.0 m，孔深 2.0 m；回填灌浆孔布设在衬砌段隧洞上部，每排两孔，排距 3.0 m，回填灌浆孔深入岩石深度大于 5 cm。导流洞回填灌浆压力取 0.2～0.3 MPa，固结灌浆压力取 0.4～0.5 MPa。导流洞固结灌浆范围为 0+433.89～0+036.34，共计 1 444 个孔。

（3）回填灌浆与固结灌浆质量检查

灌浆压力和结束标准：回填灌浆为纯压式灌浆，孔口灌浆管处装设压力表控制灌浆压力，灌浆压力为0.3～0.5 MPa，在设计压力下，灌浆孔停止吸浆并延续10 min即可结束该孔的灌注。固结灌浆压力为1.5～2.0 MPa。在设计规定的压力下，灌浆孔注入率不大于1 L/min时，延续30 min，即可结束。

固结灌浆检查孔为固结灌浆孔总数的5％，检查重点为洞顶，其次为侧壁、底孔。单元设计钻孔灌浆完成，请设计和监理布置检查孔。检查孔数量为总灌浆孔数量的5％。用压水试验法检查，合格标准为：压水试验≤10Lu。检查孔的合格率在85％以上，不合格孔段的透水率值不超过设计规定值的150％，且不集中，质量可为合格。检查结束后，排除检查孔内积水，用设计压力灌注0.5∶1的水泥浆进行封孔。

灌浆孔灌浆结束和检查结束后，顶孔和有返浆的孔采用闭浆、待凝等措施，然后排出孔内的积水和污物，采用压力灌浆法或机械压浆法进行封孔并用水泥砂浆将孔口封堵严密，压抹齐一并，水泥砂浆标号和混凝土标号相同。

由于洞身段在洞出口段水压较大，所以k0＋411.16～k0＋465.688段设计为16 mm厚$\varphi$2500钢管外包C30F250W6钢筋混凝土。钢管采取手工电弧焊内外双面焊，16 mm厚钢管管口打坡口。将两根管用倒链拉到位对接好，然后焊接，焊缝质量要符合评定标准要求。

### 7.3.3 导流明渠及出口明渠施工技术

根据设置的测量控制点，首先施测放出建筑物的开挖边线，撒白灰开挖线。建立临时高程控制点，并随开挖的进展，边挖边测，控制好渠底高程和渠形，挖出渠槽的轮廓。碎石土开挖采用分层分段多工作面进行。其开挖工艺流程图如图7-8所示。

碎石土开挖采用全断面整体水平分层开挖，按设计图纸结构断面，挖掘机开挖渠槽，自卸车拉运碎石土至弃土场，人工配合挖掘机修坡。控制误差参数：中心线±20 mm，坡面平整度±30 mm，高程±20 mm。挖完后渠底及边坡均夯（压）实处理，防止上面建的构筑物下沉。边坡开挖按设计图纸的坡度进行放坡，边坡削成平整斜面。

明渠钢筋混凝土施工首先进行模板支护，钢筋混凝土明渠段内部尺寸（宽×高）8.0 m×1.8 m，根据结构尺寸及施工特点，采用组装钢木模板支护，采购木胶板做模板，钢管及方木楞做支撑。模板安装后，检查、校正；模板的缝宽、垂直度、平整度、错台等检验指标偏差均应在规范要求偏差范围内。

在搅拌站集中拌和混凝土，用2辆9 m$^3$混凝土罐车运至导流洞施工点，用溜槽把混凝土从渠边向下接到仓面。混凝土强度等级为C30W6F250，交通桥桥台及挡墙为C25混凝土，桥面铺装层为C40钢筋混凝土。两边侧墙混凝土浇筑时仓内混凝土平起，防止模板单侧受力变形，入仓分层厚度不大于50 cm，随浇随平。用Φ50插入式振捣器振捣，振捣器应按顺序振捣，防止漏振、重振，移动间距不大于振捣器有效半径的1.5倍；棒头垂直插入下层混凝土中5 cm左右，振捣至混凝土无显著下沉、不出现气泡、表面泛浆提出振动棒。侧墙与底板间的施工缝处理采用凿毛或刷毛等方法，混凝土强度达到2.5 MPa后清除混凝土表层的水泥浆薄膜至露出石子，采用高压风枪吹凿毛面，清除表面松散的混凝土块及杂物，并用水冲洗干净，排除积水。侧墙浇筑前仓底应铺设一层 1～2 cm 同标号的水泥砂浆。交通桥面要预埋栏杆柱焊接板。浇筑结束终凝后，采用水泵抽水喷洒后覆盖养护，持续保湿养护时间为 28 d。

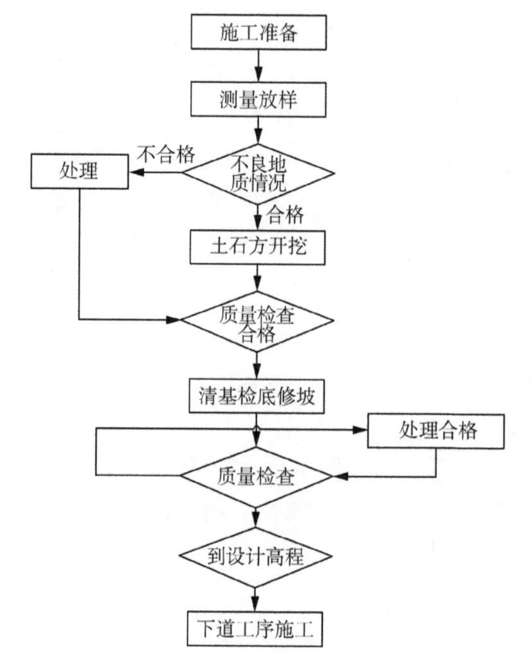


**图 7-11　碎石土开挖工艺流程图**

明渠干垒砌石在平整压实的渠底及渠坡上施工，干砌石石块间错缝搭砌，不得有超过 1 m 长度的通缝，块石大面朝下坐稳，石块垫塞稳固，表层垒 30～60 cm 的块石。表层块石尽可能选接近球状的多面体。砌后渠底宽 8 m，上口宽 13.4 m，渠坡 1∶1.5，保证不减小过水断面尺寸。

交通桥桥墩浆砌石护坡在干砌石桥墩坡上座砌 40 cm 厚浆砌石进行施工，浆砌石石块间错缝搭砌，不得有超过 1 m 长度的通缝，块石大面朝上座砌，石块间垫塞砂浆及小块石，石缝砂浆要饱满密实。表层块石尽可能选有平面能作大面的块石。

根据设计要求，干垒石渠每 15 延米留做一道分缝，缝平直。

## 7.3.4　消力池施工技术

### 7.3.4.1　缝面处理

(1) 基础面处理

基岩面处理时由人工按照设计和规范要求对基岩面进行修正、清理、人工配合清渣。在开仓浇筑前，用低压风进行仓面清洗并保持湿润。

(2) 混凝土施工缝的处理

新浇水平接合层面在混凝土浇筑初凝后，人工用竹刷将表层乳皮刷除，待一定时间间

图 7-12 放水洞

隔后，采用高压水对混凝土土面进行冲洗，直到混凝土表面无灰浆，积水变为清水为止。

7.3.4.2 模板施工

施工前根据施工图纸采用全站仪进行测量放样，测出闸室中心线，并准确明显地在现场标识。模板安装好后进行复核测量，采用 P6015 和 P1015 进行组合，在 P1015 钢模板上打眼，模板拉杆横向间距为 0.75 m，纵向间距为 0.7 m，选用防水对拉螺栓的直径为 M14。承重模板水平支撑可采用 $\varphi 48$ 钢管，模板安装完成后，对支撑排架进行进一步的检查、加固处理、以确保桁架的整体稳固。对门槽模板施工采用加工成型的木模板，并按设计要求预留插筋孔后，在按测量线安装。

7.3.4.3 钢筋制安

(1) 钢筋制作

钢筋由专业技术人员根据施工图纸提供配料单下发到钢筋加工厂，钢筋加工厂按照配料单的要求进行加工制作，堆放、标识，由质检人员进行检查、验收，复核质量要求后才能出厂用于现场施工。

(2) 钢筋安装

按照设计图纸和规范要求进行绑扎及焊接钢筋。放样，排筋绑扎。依据施工图位置放出钢筋实际位置和高程。

(3) 钢筋连接

现场竖向钢筋的焊接，采用接触电渣焊，受力钢筋接头的位置应相互错开，搭接焊接头的两根搭接钢筋的轴线应位于同一直线上。

7.3.4.4 混凝土浇筑

(1) 垫层混凝土浇筑

混凝土在拌和站集中拌制，采用 3 $m^3$ 混凝土罐车运送至工作面，人工摊铺和平仓，插入振捣器振捣密实后，人工收平。

(2) 底板混凝土浇筑

底板混凝土浇筑采用分层平铺浇筑法，先铺设水泥砂浆，保证新老混凝土施工缝面结合良好。

混凝土浇筑厚度为 30 cm，骨料集中处人工散开，采用 φ50 型插入式振捣器振捣密实，人工抹平。

(3) 墙体混凝土浇筑

墙体按结构分层浇筑，浇筑采用平铺的方式，最大浇筑高度 4.5 m，每层 30 cm，人工平仓，采用 φ50 型插入式振捣器振捣密实。

### 7.3.5 放水(导流)洞灌浆工程施工技术

(1) 回填灌浆施工

回填灌浆采用纯压式灌浆，施工工艺流程为：搭设施工脚手架→造孔→洗孔→回填灌浆→封孔→灌浆检查→清理工作面。

孔径 φ40 孔向垂直支护面，采用 YT－28 型手风钻打孔至入岩 0.1 m，并测记混凝土厚度和空腔尺寸。将清水经注浆泵加压使压力达到 1.2 MPa 后经管道输入孔中直至回水清澈为止。

灌浆浆液比为水灰比 1∶1 和 0.5∶1 两个比级的水泥浆。空腔大的部位采用水泥砂浆灌注，掺砂量不宜大于水泥重的 200%。规范要求灌浆压力为 0.2～0.3 MPa，原则上空腔小的部位采用最小值，空腔大的部位采用最大值，经监理单位现场确定灌浆压力为 0.3～0.5 MPa。

灌浆方法采用孔口封闭纯压式全孔一次灌注，从边墙往顶拱，从低往高分两序依次灌注。先灌注Ⅰ序孔；后灌注Ⅱ序孔。在 0.3～0.5 MPa 的灌浆压力下，灌浆停止吸浆，并灌注 10 min 后关闭封堵器上的阀门，同时将调压阀全部打开，关闭注浆泵卸下注浆管，同时待浆液稳定 4 h 后松开封堵器上的螺栓，慢慢取出封堵器(对不吸浆的孔可当时取下封堵器)。并将注浆管接到下一号孔的封堵器上，开始下一号孔的灌注工作。该单元灌注结束后清洗所有的管路和机具，并将机具移至下一施工单元。

本灌区内回填灌浆结束 7 d 后，按图纸和监理的要求做检查孔。回填灌浆质量检查采用钻孔检查，即向孔内注入 2∶1 的浆液，在规定的压力下初始 10 min 内注入量不超过 10 L 认为合格。

(2) 固结灌浆

固结灌浆采用小循环灌浆法，工艺流程为：造孔→洗孔→压水→灌浆→待凝→封孔→灌浆检查→清理工作面。

孔位和钻孔角度必须符合设计的相关规定方可进行造孔。采用 YT－28 型手风钻打孔。孔位偏差不大于 5 cm，孔深为 2 m 孔，斜偏差不超过 2.5%。用水进行冲洗孔洞，冲洗压力为灌浆压力的 80%。钻孔冲洗时，冲至回水清净后 10 min 结束，且总的时间要求，单孔不少于 30 min，串通孔不少于 2 h。对回水达不到清净要求的孔段，继续进行冲洗，孔内残存的沉积物厚度不得超过 20 cm。

灌后检查孔均进行“单点法”常规压水试验，常规压水试验压力为 1.2 MPa；压入流量的稳定标准为：在稳定压力下每隔 5 min 测读一次压入流量，连续四次读数中最大值与最小值之差小于最终值的 10%，或最大值与最小值之差小于 1 L/min 时，即可结束压水，以最高压力阶段压力值及相应的流量计算透水率。简易压水试验压力为 1.2 MPa；压水时间为 20 min，每 5 min 测读一次压水压力和流量，取最后读数为计算值。

固结灌浆孔全部采用孔口封闭灌浆法。施工前为保证固结灌浆施工质量，在固结灌浆试验区周围靠外侧先进行预灌浆施工，以形成灌浆封闭帷幕，防止固结灌浆时浆液扩散至较远区域。预灌浆孔深 2 m，孔距 2.0 m，孔径 φ50 mm，全长一次成孔、灌浆。灌浆采用有压循环式灌浆的方式，遵循“先围后挤”的原则分两个阶段进行。第一阶段，为了达到固结灌浆的“包围”目的，先进行周边孔和封闭孔施工；第二阶段，为了固结充填细小的缝隙和逐片压水检查灌浆效果，同时也进行加密灌浆，根据第一阶段的灌浆情况进行加密孔施工，根据加密孔的压水和灌浆情况，对个别透水率和吃浆量略大部位进行检查补灌，以确保盖重以下的灌浆完全符合设计规范要求，达到质量标准。

灌浆时由稀浆液开始逐级变换，至达到灌浆结束标准时以所变至的那一级浓度浆液结束。首先灌注 3∶1 的浆液，其目的在于稀浆的流动性好，宽窄裂隙和大小空洞都能进浆，优先将细缝、小洞灌好填实。而后将浆液逐级变浓，使中等较大的裂隙空洞均能进浆，得到良好的填充。这样在同一个段中各种裂隙和空洞都能获得有效灌注。灌注时每一级浓度的浆液灌入 300 L 后，如果注入率没有改变或改变不明显时，则浆液变浓一级灌注，如此逐级变浓直至结束。

按规定改变浓度后，当压力突增或注入率突然减小时，则表示浆液浓度变换得不是很适当，这时尽快换回原浓度的浆液继续灌注。

水灰比：灌浆压力按监理要求定为 1.5～2.0 MPa，将液浓度由稀变浓，水灰比按 3∶1、2∶1、1∶1、0.5∶1 四个比级逐级变换。按规定的压力(2.0 MPa)测定吸浆率小于 0.4 L/min，持续 30 分钟灌浆工作可结束。

固结灌浆结束 2～3 个班次后，应对已灌灌浆孔进行封孔。现场封孔压力按 2.0 MPa 控制，采用 0.5∶1 水泥浆液。顶拱倒垂孔采用压力灌浆封孔法，底板孔采用机械压浆封孔法，达到结束标准后扎管待凝，闭浆 4 h 再取塞。最后采用砂浆封堵，要求密实、平整、光滑，以满足过流面平整度的要求。

### 7.3.6 放水管施工技术

出口闸阀室(0＋465.688～0＋485.688)位于导流放水洞出口压力钢管和出口消力池扩散段之间，为矩形钢筋混凝土闸室，闸室长 20 m，宽 6 m，高 6.5 m，闸室混凝土强度等级为 C30F250W6。闸室安装弧门液压启闭机 QHSY－500/300－2.2－00 钢闸门 1 扇。闸阀室位于工作闸室左侧，闸室外接 φ600 mm 钢制放水管至闸阀室内，闸阀室内安装 φ600 mm 电动偏心球阀控制供水量。

根据设计图纸放出闸室基础开挖线，用挖掘机自上而下开挖，自卸车拉运土石方至弃渣场集中堆放。开挖至基底时预留 20 cm 厚保护层，人工配清除松动岩块，清理至设计高程，用高压风枪、水枪联合清洗干净岩面。待地质单位完成地质编录后，进行基岩面 $\varphi$22 抗滑连接锚杆的施工(间排距为 2.0 m，$L$=3 m，梅花形布置)，采用潜孔钻造孔，高压风管吹洗孔。安装锚杆时先用注浆机灌注 M20 水泥砂浆，再将锚杆打入孔内。

待闸室混凝土浇筑完成后及时进行输水管土方开挖，渣土堆放至开挖面 5 m 以外，便于回填。开挖完成后用小型手扶式振动碾夯实管槽，夯实后浇筑 10 cm 厚混凝土垫层。

闸阀室基础混凝土采用 C20 抛石(30%)混凝土浇筑，浇筑高度为 7 m(2 870.0～2 877.0 m)，分 4 层进行浇筑，层与层之间埋抛石、安装 $\varphi$22 连接筋，并凿毛清理，便于层间结合。

待闸室基础混凝土浇筑至 2 877.0 m 时，绑扎闸底板钢筋、埋设止水、设置预埋件等。模板采用大块竹木模板，外部用型钢桁架和木方支承围固，内外模用 $\varphi$14 对拉沉头螺栓拉锚，模板表面光洁平整，接缝严密。C30F250W6 混凝土采用拌和站拌和、混凝土罐车运至浇筑仓面，溜槽入仓，振捣密实，浇筑完毕后及时洒水养护至龄期。

待闸阀室底板混凝土浇筑完毕后及时对边墙施工缝部位进行凿毛处理，按图纸绑扎钢筋，搭接采用 5 d 双面焊接。闸阀室边墙高度为 10 m，分 3 层进行浇筑，C30F250W6 混凝土采用拌和站拌和，混凝土罐车运输，吊车吊罐入仓，浇筑完毕后及时洒水养护。

2 885.0～2 893.9 m 高程为闸阀室上部建筑物框架结构，建筑物长 11 m，宽 8 m，高 10 m，闸阀室边墙及盖板混凝土浇筑完毕后进行上部建筑物框架结构的梁、板、柱钢筋绑扎及支模。采用木模板，混凝土采用拌和站拌和，混凝土罐车运输，吊车吊罐入仓，浇筑完毕后及时洒水养护至龄期。闸室上部建筑物墙体采用 MU10 煤矸实心砖砌筑，墙面进行砂浆抹面及粉刷装饰。

### 7.3.7 放水洞施工技术小结

西纳川水库工程的导流放水洞设计理念具有显著的创新性，实现了导流洞与放水洞的复合使用，该工程的放水洞在施工期间作为导流洞使用，施工完毕后转变为放水洞。

在大坝的建设过程中，导流设施的建设是必不可少的。传统的导流设施在大坝竣工后通常会被废弃，这无疑是一种资源浪费。通过导流洞和放水洞的结合使用，显著提高了洞身的利用率，也实现了工程投资的节约。同时，这种设计方案在工程施工阶段能够顺利进行洪水的排放，保证了工程的顺利进行；在工程竣工后，又能够满足工程的供水和排洪需求，实现了工程的多功能一体化。

通过导流放水洞的结合使用，能够有效减少对环境的影响。由于导流设施的建设通常会对周围的地质环境产生一定的破坏，将放水洞和导流洞结合在一起，可以减少工程对环境的干扰和破坏。

在大坝施工过程中，导流放水洞的结合使用不仅节省了工程成本，还可以在一定程度上缩短施工周期。因为放水洞在施工期间充当导流洞的角色，可以减少导流设施的建设时间，从而提高工程效益。将放水洞作为导流洞使用，在施工过程中可以及时发现和解决问题，从而提高大坝的安全性。同时，由于导流放水洞是连通的，可以实现快速泄洪，确保大坝的安全。

# 第八章 西纳川水库主要机电设备与金属结构安装技术

本章将深入探讨西纳川水库工程中的主要机电设备和金属结构的安装技术。机电设备主要包括电气设备、备用应急柴油发电机以及电力电缆的安装，而金属结构的安装则主要涵盖了闸门设备、启闭机和引水管的施工。从工程现场的电气设备安装和维护开始，概述电气设备在水库工程中的重要性。针对备用应急柴油发电机的选择和安装，探讨其在应对突发停电事件时所起的关键作用。此外，电力电缆的安装和维护也是工程顺利运行的重要环节。对于金属结构的安装，详细探讨闸门设备、启闭机以及引水管施工的关键技术。闸门设备和启闭机是水库工程中的重要组成部分，其安装的准确性直接影响到工程的安全运行。引水管的施工则涉及整个工程的供水系统，本章详细剖析其在水库工程中的作用以及施工过程中需要注意的事项。本章旨在全方位解读西纳川水库工程机电设备和金属结构的安装技术，通过对其重要性、安装流程以及应对问题的策略阐述，反映它们在西纳川水库工程中的关键作用和影响。通过深入理解这些设备和结构的运行和维护方式，可以为工程的成功实施和稳定运营提供有力支撑。

## 8.1 主要机电设备安装技术

西纳川水库所经地区海拔高度在 2 870 m～2 900 m 之间，地形变化较大，地貌多为丘陵和大山，这对机电设备安装提出了较高的要求。上五庄镇 35 kV 山水变电站隶属于青海省西宁电网，电压等级为 35/10 kV，主变压器 1 台，总容量为 1×2 000 kVA，10 kV 出线 5 回。该变电站主要承担着附近居民生活供电任务，提供安全、稳定、可靠电能。机电设备等的安装主要是为了解决湟中区西纳川水库导流洞、溢洪洞进口、水库坝区辅助工厂生活区施工期间的生产生活用电需求，以及管理房的永久用电需求。

### 8.1.1 电气设备安装

(1) 电力变压器安装

变压器安装是通过起重机起吊安装到变压器基座上，变压器就位后其方位和距墙尺寸与图纸相符，允许误差为±25 mm，安装完毕后在距变压器 2.5 m 的周围安装了高 2.5 m 的防护栏。

变压器由供电所安装完毕、调试合格后移交给运行单位使用。变压器表面擦拭干净，顶盖上无遗留杂物，本体及附件无缺损，引线相位正确，绝缘良好，接地线良好，通风设施安装完毕，工作正常，挂有标志牌、围栏的门装锁。

(2) 真空断路器安装

三相联动断路器吊装时用吊绳拴在极柱顶部，先中间相再到另外两相的顺序吊装在支架的相应位置，吊装时用木方等将其和其他极柱隔离。起吊时，一直保持与极柱垂直，缓慢起吊，每个极柱出厂时已被调到分闸位置并预储能，该机构与C相传动室之间的连杆出厂已调整好，合闸缓冲器也已调整好，附件出厂时已安装并经过调试，断路器安装接线后已正常投入使用。

(3) 低压配电屏安装

螺钉固定采用M10的螺栓固定。配电屏底座上有安装孔，安装时，按底屏预埋好角钢或槽钢底座，安装好孔钻眼，并用螺钉固定。配电屏的底座用立放的槽钢、角钢做成。立放的槽钢和角钢用螺钉固定时，底座上打眼(即大于螺钉直径的孔)，用m10的螺钉固定，过眼直径为$\varphi 11 \sim \varphi 12$ mm，攻螺纹孔直径为$\varphi 8.4$ mm。

螺钉固定安装低压配电屏时，校正屏面的水平和垂直。经反复调整至合乎要求后固定牢靠。低压配电屏安装完毕后，达到下列要求：

①垂直度。每米偏差不大于1.5 mm。

②水平度。相邻两屏顶部不大于1 mm，成排屏顶部不大于3 mm。

③盘面平面度。相邻两屏面不大于1 mm，成排屏面不大于5 mm。

④盘间接缝应小于2 mm。

### 8.1.2 备用应急柴油发电机安装

在发电机吊装就位前对现场进行详细的观察，并根据现场实际情况熟悉运输路线。吊装时采用25 t汽车吊，卸车后直接将柴油发电机垂直吊至发电机房，使用垫铁等固定铁件实施稳机找平作业，预紧地脚螺栓。在地脚螺栓拧紧前完成楔铁找平作业，并将楔铁用点焊焊住。

(1) 排气、燃油冷却系统安装

排气系统的安装：柴油发电机的排气系统由法兰连接的管道、支撑件、波纹管和消声器组成，在法兰连接处加石棉垫圈，排气管管口经过打磨与消声器正确安装。发电机与排烟管之间连接的波纹管不受力，排烟管外侧包一层保温材料。

燃油、冷却系统的安装：主要包括油箱、卸油泵、循环泵、热交换器、风机、仪表盒、储油罐、管道等的安装。

(2) 电气设备的安装

发电机控制箱(屏)是发电机的配套设备，主要是控制发电机送电及调压。柜相互间与基础型钢的连接用镀锌螺栓固定，且防松零件齐全。

配线成束绑扎，不同电压等级、交流、直流线路及计算机控制线路分别绑扎，且有清晰标识，固定后不妨碍手车开关或抽出式部件的拉出及推入。

(3) 接地线安装

将发电机的中性线(工作零线)与接地母线用专用接地线及螺母连接,螺栓防松装置齐全,并设置标识。应急柴油发电机房下列导电金属做等电位联结。

(4) 接线

敷设电源回路、控制回路的电缆,并与设备进行连接。发电机及控制箱接线正确可靠。馈线两端的相序必须与原供电系统的相序一致。发电机随机的配电柜和控制柜接线正确无误,所有紧固件牢固,无遗漏脱落,开关、保护装置的型号、规格均符合设计要求。

(5) 发电机运行。

发电机空负荷运行:用启动装置的手动启动柴油发电机无负荷试车 1 h,确保机组的转动和机械传动无异常,供油和机油压力正常,冷却水温正常,转速自动和手动控制符合要求。

发电机带负荷运行:在额定转速下发电,发电机带负荷运行 24 h,受电侧的开关设备、自动和手动切换装置与保护装置等全部正常无故障。

### 8.1.3 电力电缆安装

(1) 电缆沟土方开挖

沟槽开挖前由技术员、施工员、测量员共同定位放线,并及时请监理单位进行复核,用小型挖掘机自上而下开挖,开挖深度 70 cm,宽度 40 cm。

沟槽开挖修整后,槽底平整并清理干净后,经质检员验收合格后,向监理单位报请验槽。

(2) 电缆安装

电力电缆安装时清除电缆沟内的杂物,准备好标示牌。

在所放电缆起端 1 m 处贴上标签,敷设电缆时留出一定余量,以便检修及补偿温度变化产生的长度变化。电缆敷设完毕后,在电缆两端、竖井两端及电缆转弯处,挂上电缆标志牌,不同用途的电缆应用不同的标志牌区分。麻外护层的电缆敷设在沟道内时,将麻外护层剥去钢带,并在外面涂一层防腐漆。电缆从盘的上端引出,电缆上未有铠装压扁、电缆绞拧、护层折裂等机械损伤。

电缆进入电缆沟、盘柜以及穿入管子时,出入口封闭,管口密封。沟道内电缆的排列,按高低压电力电缆、强电、弱电控制电缆的顺序标识清楚。

(3) 电缆沟填筑

电缆沟回填土方用挖机转运至回填基槽边,因施工厂区地形的限制挖掘机不能临边作业,采取人工挖运土方到基槽内进行平整、夯实,直埋段使用细砂填实。填土前将基槽内的杂物清理干净,填筑 20 cm 厚细砂层,压实后铺单层砖块,在砖层上铺土压实,填筑至与地面一样平。

## 8.2 金结工程安装技术

西纳川水库金属结构设备主要包括:引水管工作阀门、导流放水洞事故闸门、弧形工作闸门及其启闭设备。工作阀门1套,1套阀门重量1.3 t,潜孔式平板钢闸门1扇、潜孔式弧形钢闸门1扇,共计2扇闸门,2扇闸门及其埋件总重47.73 t。固定卷扬式启闭机1台、液压启闭机1台,共计2台(套),2台启闭机重量29 t。

### 8.2.1 闸门设备安装

闸门设备安装包括导流放水洞工作弧形闸门、启闭塔事故检修平板闸门。弧形工作闸门孔口尺寸为2.5 m×2.5 m,闸门底坎高程2 878.50 m,闸门安装高程2 878.50~2 882.20 m。弧形工作闸门规格为(高×宽)2 500 mm×2 100 mm,闸门门体材质采用Q235B钢板,总重12 t,配件运输至现场组装。闸门安装时先用吊车将支臂与支铰吊装至设计位置安装,再将门叶吊装至闸槽位置与支臂组装,组装完毕后进行调试。实时跟进测量矫正,保证弧形工作闸门安装位置的精准。弧形工作闸门安装完毕除锈后及时涂刷环氧富锌底漆,然后涂刷环氧云铁防锈漆,最后涂刷氧化橡胶面漆。

启闭塔事故检修闸门孔口尺寸为(高×宽)250 cm×250 cm,闸底板高程2 895.63 m。平板闸门安装高程2 895.63~2 940.00 m,检修平台高程2 940.0 m,平板检修闸门规格为(高×宽×厚)3 300 mm×2 850 mm×740 mm。闸门门体材质采用Q235B钢板,总重6.0 t。配件运输至现场组装,先安装启闭塔主轨、反轨、门楣等金属结构并浇筑二期混凝土,浇筑时跟进测量确保不出现因振捣而使轨道变形的情况,浇筑完毕后进行轨道安装位置的复测确保轨道安装位置的精准并养护至龄期,用吊车将平板检修闸门暂吊放至2 940.0 m检修平台上并安全固定好,再用630 kN卷扬机吊放入启闭塔井内进行调试。

### 8.2.2 启闭机设备安装

弧形工作闸门液压启闭机型号为QHSY-500/300-2.2-00,液压启闭机电器控制系统型号为XNC-C-BK10-13,液压启闭机、启闭机电器控制系统均由常州步科自动化科技有限公司供货。安装时液压启闭机与弧形工作闸门支臂连接组装,液压启闭机电器控制系统与液压启闭机组装,整体组装完毕后进行调试运行,在导流放水洞有一定压力的情况下看弧形工作闸门是否有漏水现象及闸门启闭过程是否顺畅。

启闭塔检修闸门卷扬机型号为QPG-1X630固定卷扬式启闭机,启闭力为630 kN,钢丝绳为6W-19-24-170-特-光-右交,卷扬机设备由常州步科自动化科技有限公司供货。安装时将630 kN卷扬机吊放至2 946.62 m卷扬机平台上安装并调整稳固,待卷扬机安装调试完毕后将钢丝绳与平板检修闸门连接,在试运行安全的情况下将平板检修闸门吊放至闸底槛处,在静水中进行开闭试运行,查看卷扬机、平板检修闸门是否运行平稳,反复调整使闸门密闭严密。

### 8.2.3 引水管安装

引水管出口闸阀包括活塞式调流调节阀(LT 942X-10Q)、电动偏心半球阀(47H-10)、伸缩器(BF2-10)、阀门电动装置(IWC12Q-24)、电动执行器(C111BQ10011)等设备,安装时将设备用吊车运至闸阀室内再利用倒链、三角架精确吊至镇墩准确位置。出口闸阀安装稳固后进行通水试运行，在手动、电动开启阀门自如的情况下，输水管和生态放水管均运行正常。为防止闸阀室引水管道、球阀等出现锈蚀情况，对闸阀室引水管道和球阀均进行防锈漆的涂刷。

输水管槽开挖后，在管底部混凝土垫层上固定马凳筋将 $\varphi$50 cm 输水管道吊运在上面，在钢管外部涂刷防锈漆并在钢管外围绑扎 $\varphi$18@200 的钢筋，绑扎完毕后支立外部钢模板，将钢管处于外包混凝土的中间。混凝土浇筑采用拌和站拌和，混凝土罐车运输，溜槽入仓，浇筑完毕后及时洒水养护至龄期。

输水管道回填采用挖掘机利用开挖料进行回填，用小型振动夯将外包混凝土两侧的砂砾土夯实，之后再将管道上部回填直至与地面齐平。

# 第四篇

# 西纳川水库施工管理

主要内容：对于项目施工过程中的所有管理措施，本篇进行了概括性阐述。结合西纳川水库规模和施工技术情况，从进度计划编制依据及原则、进度计划内容和进度控制措施等方面介绍项目进度管理；通过介绍质量管理体制、质量保证措施和质量检验评定对水库工程质量管理工作进行阐述；从安全管理体制、安全保证措施、安全检查管理及安全应急预案等方面阐述西纳川水库工程安全管理工作；从资金的计划管理、使用管理、监督管理三个方面介绍工程的资金管理工作情况；阐述水库建设中的环境保护管理，在分析环境保护管理体制、环境保护具体措施、环境监督与检查的基础上，介绍了西纳川水库堆石料场边坡植被恢复的典型环保案例。

# 第九章 西纳川水库进度管理

结合西纳川水库规模和施工技术情况,并参考国内近年完工及在建工程的实际施工水平,确定本工程施工总工期为3年。工程主要施工项目包括大坝基础开挖、基础处理、坝体填筑、溢洪洞开挖和浇筑、导流放水洞开挖浇筑、金属结构安装等多项,工程量较大,如何合理安排施工进度,控制工期,保证项目的按时、保质交付极其关键。凭借完善的进度控制制度、奖罚和保证措施,西纳川水库工程在工期内圆满完成任务。

## 9.1 进度计划编制依据及原则

### 9.1.1 编制依据

西纳川水库工程施工项目进度管理工作主要依据国家、各部委标准及规范进行,包括:水工、施工专业布置图及主要工程量汇总表、《水利水电工程施工组织设计规范》(SL 303—2017)、《水利水电工程项目建设工期定额》、《青海省湟中区西纳川水库工程招标文件》及国内外同类工程的施工组织设计规定。

除此之外,管理工作还结合本工程实际进行综合考虑,参考了本工程合同工期及各主要施工节点的工期要求、招标文件所制定的技术规程及规范要求、宁夏回族自治区水利水电工程局对施工现场踏勘及考察所进行的分析和研究、投标文件中施工组织设计所制定的施工程序及方法,并充分考虑自然条件对施工的影响,以作好雨季、冬季及节假日期间的施工安排,充分利用施工的黄金季节。

### 9.1.2 编制原则

编制西纳川水库工程总进度计划原则为:

(1) 按照招标文件中有关规定和总工期要求进行编制。

(2) 结合拟定的施工方案、机械设备的配备情况以及现场踏勘的实际情况,合理安排施工进度,确保工程施工能平顺地按进度计划进行,避免出现施工强度过载以及劳动力突变。

(3) 结合施工现场的天气、水文资料,考虑到部分工程项目施工的截流问题,先排出在极枯水期进行的项目,然后再排枯水期可以施工的项目。

(4) 区分各项工程的轻重缓急,将控制性项目排在前面,作为保证措施,相应为其施工需要的料场、道路、风水电系统及少量的生产用房准备须提前安排。

(5) 确定一些调剂项目,作为保证重点、实现均衡的施工措施。

## 9.2 进度计划内容

根据进度计划编制原则,结合本工程枢纽布置情况,并参考国内近年完工及在建工程的实际施工水平,拟定本工程施工总工期为 3 年,自 2015 年 6 月初开工至 2019 年 2 月末完工,合计 44 个月,其中主体工程施工期 36 个月。

根据《水利水电工程施工组织设计规范》的规定,西纳川水库工程建设全工程分为工程筹建期、工程准备期、主体工程施工期和工程完建期四个施工时段,施工总进度为后三个阶段工期之和。第 1 年 1—2 月份为工程准备期,共 2 个月;为加快施工进度,工程准备期即安排开始进行导流洞的开挖施工,即当年 1 月～第 3 年 11 月为主体工程施工期,共 33 个月;第 3 年 12 月为工程完建期。

### 9.2.1 准备期进度计划

工程准备期自第 1 年 1 月至 2 月,共两个月。以工程临建、场内交通作为主要任务,开始实施通信、用水、临时施工道路、三通一平工作等建设工作。主要工程项目如下:

(1) 场内交通公路

本阶段电站坝址处有对外公路通过,准备期进行场内、外施工道路的修筑。为了保证施工总进度目标的实现,场内施工道路需在第 1 年 3 月底前完成,并具备通车条件。

(2) 施工供电、供风及供水

电站施工用电从上五庄镇中心变电所接引。施工供风和供水可由施工单位进场后自行建立。

(3) 施工通信

业主协调建立所必需的施工通信网络。

(4) 施工工厂

工程施工单位进场后依需要提前建立。

(5) 仓库系统及生活设施

为统一管理火工材料,在坝址下游设立中心炸药库,距坝址约 500 m。本工程生活设施由施工单位进场后尽快建设完成。

### 9.2.2 施工期进度计划(主体工程)

第 1 年 1 月至第 3 年 11 月,为主体工程施工期,除去第 1 年及第 2 年的冬休期(6 个月)共 30 个月。在该阶段主体工程施工正式开始,完成的主要施工项目有:大坝基础开挖、基础处理、坝体填筑、溢洪洞开挖和浇筑、导流放水洞开挖浇筑、金属结构制安等。

(1) 施工导流

导流隧洞洞身全长 404.19 m,安排在第 1 年 1 月～4 月末进行开挖施工,并在第

1 年 5 月～7 月完成全部混凝土浇筑工作，第 1 年 8 月～9 月中旬完成全部灌浆及金属结构安装工作，具备过水条件；同期完成放水洞部分的开挖及混凝土施工。

主河床截流安排在第 1 年 9 月末进行，上、下游围堰填筑第 1 年 10 月下旬完成，填筑用料来源于围堰及大坝基础开挖的碎石土料，月填筑强度约 60 000 $m^3$。围堰防渗形式为土工膜斜墙，土工膜施工安排在第 1 年 9 月初～10 月末进行。

(2) 土石坝工程

土石坝坝长 461 m，最大坝高 56.82 m，坝体各分区填筑总量 $222.7\times10^4$ $m^3$，混凝土防渗墙 4 900 $m^2$，面板混凝土浇筑量 19 493 $m^3$。

坝基及岸坡土石方开挖于第 1 年 8 月～11 月末完成。第 1 年 10 月初～第 2 年 6 月底完成坝基混凝土防渗墙及帷幕灌浆施工，第 1 年 10 月初开始坝体填筑，至第 3 年 6 月末完成坝体的填筑施工。

坝体填筑总方量为 $222.7\times10^4$ $m^3$，平均填筑强度 160 000 $m^3$/月，最高月填筑强度 $(17.5\times10^4)m^3$/月(发生在第 2 年 6 月～第 4 年 9 月)，除去冬休期，坝体填筑总工期为 15 个月。

坝体填筑完成后进行混凝土面板的浇筑施工，施工时段为第 3 年 6 月～10 月。随后进行坝前盖重的施工。盖重填筑完成后 10 月 30 日导流隧洞下闸，至此水库开始蓄水。

(3) 溢洪洞工程

溢洪洞开挖施工于第 2 年 3 月～7 月底完成，石方开挖料直接用于坝体填筑。混凝土浇筑工作于第 2 年 8 月～10 月底完成，不占直线工期。

### 9.2.3 工程完建期进度计划

工程完建期是从水库下闸蓄水至工程竣工，具体时间为第 3 年 12 月，收尾及竣工验收等工作在此阶段被相继完成，至此整个工程竣工。

## 9.3 进度控制措施

### 9.3.1 进度管理考核办法

为了加强西纳川水库工程项目施工进度的管理工作，提高工程进度计划管理水平，规范工程进度管理及考核行为，确保按时完成建设工程项目，特制定进度计划考核管理办法，该办法适用于西纳川水库工程项目建设的各单位。该办法规定了监理单位和施工单位职责，并明确项目部重点审查的十大事项。

该办法明确监理单位主要职责为：①对工程的质量、进度、安全进行控制，尽量减少影响工程进度的因素。②熟悉工程合同，全面收集工程信息，及时协调各方关系，促进工程的顺利进行。③负责审核、控制进度计划，并提出施工滚动进度计划。④审批施工单位报送的施工进度计划，对进度计划实施情况进行检查和分析。⑤负责组织监理例会，根据监理例会的安排积极协调各施工单位的关系。⑥对于施工单位反馈的工程中遇到的困难和问题，监理单位无法协调处理时应及时报业主协调处理。⑦及时审核施工单位上报的各种报表,并按程序反馈到项目部。

施工单位职责为:①根据项目施工年度计划编制周、月、年工程进度计划并及时报监理单位和项目部审核。②根据工程进度情况上报完成的工程量报表并及时上报监理单位和项目部工程计划管理部门审核。③在工程施工中遇到困难和问题而达不到施工进度要求时,应及时以书面形式反馈监理单位及项目部,以便监理单位和项目部及时协调处理,推进工程进度。

项目部应对各施工单位制订的各阶段、各级施工进度计划予以审查,重点审查以下十个方面:①项目划分合理与否,项目衔接是否周密。②进度计划是否满足工期要求。③施工组织、施工工艺、工序安排是否科学、合理、可行。④人力、物力、供应计划是否能确保总进度计划的实现。⑤各单位工程、分项工程施工进度计划应尽量避免各时段、各专业在同一作业面上交叉作业。⑥项目部各部门按照每月下发的工程进度计划定期对实际进度进行跟踪、检查,分析未完成原因,并制定相应的整改措施。⑦项目部工程计划管理部门应会同相关部门,及时制订年、月、周进度计划,并组织督促实施。⑧定期组织工程例会,对本周施工进度进行总结,对施工中出现的问题进行协调和解决;安排下周工作任务,贯彻会议对工程施工进度的要求。协调解决各施工单位工程进度的相关问题。⑨依据合同对其自身因素造成延误工期的施工单位进行考核和处罚。⑩加强各单位之间的配合与协作,及时发现问题、解决问题。

### 9.3.2 进度控制奖罚措施

#### 9.3.2.1 奖励措施

为激励承包单位按进度完成工程项目,制定如下进度奖励措施:

(1) 发包单位及监理单位对承包单位施工班组进行管理的,在当月整体均按期完工且质量符合验收规范要求的情况下,对于按计划完成周进度的班组的前 3 名奖励 1 000～5 000 元。

(2) 对于连续 3 个月按计划提前完工的承包单位(整体均明显提前于发包人批准的工程总进度计划表),经发包人研究确认后,将奖励其 1 万～5 万元。

(3) 对于总进度(按合同约定的竣工日期)提前 1 周以上竣工完成移交的承包单位,将对其按 10 万元/周进行奖励。

(4) 发包单位不定期组织监理单位对各承包单位进行质量、安全、进度综合评比,评比分为三个档次(优良、合格、不合格),对评比整体达优良标准的承包单位奖励 5 000 元。

(5) 因承包单位质量、安全、进度方面的管理、执行到位,受到上级领导表扬或书面好评的,将对承包单位奖励 5 000～10 000 元。

(6) 承包单位提前发现设计或现场实际的问题,避免了发包人重大经济损失的,或主动提出并经批准采用新技术、新工艺等措施及方法而有效降低造价,为发包人节约了大量建设资金的,将对承包单位奖励 1 万～5 万元。

#### 9.3.2.2 惩罚措施

为保证承包单位进度控制质量,制定如下进度惩罚措施:

（1）承包单位应于每日工作结束之际将当日施工进展情况和第二天施工计划报监理单位、工程部进行沟通，不按此规定执行的则对承包单位按 200 元/次追究违约责任。

（2）周计划未完成的，将按每个未完成的分项工程（或子分部工程）施工节点工期对承包单位处以 1 000 元/个的违约金，若当月整个月进度计划如期完成，则可免除承包单位该月周计划未完成的违约赔偿，跨月不予免除。

（3）月计划未完成的，将按月进度延误时间与计划时间对比情况，对承包单位处以 1 万元/天的违约金，若下月度进度按计划按期完成，则可免除本月进度延误违约金，隔月不予免除。

（4）重要节点工期（分部工程）未按计划完成者，将按每个未完成的分部工程节点工期对承包单位处以 5 000 元/天的违约金，若该单位工程按计划完工，则可免除该单位工程中分部工程的节点工期违约金；重要节点工期（单位工程）未按计划完成的，将按每个未完成的单位工程节点工期对承包单位处以 10 000 元/天的违约金。

（5）总进度计划未完成者，按累加额处罚，从结算尾款中扣除，即：延误 1 天处罚 1 万元、延误 2 天处罚 3 万元（第一天的 1 万元加第二天的 2 万元）、延误 3 天处罚 6 万元（第一天的 1 万元加第二天的 2 万元加第三天的 3 万元），以此类推（因发包人造成工期延误的除外）。

（6）总工期未完成、重要节点工期未完成、月进度未完成、周进度未完成及其他违约均实行累加并行处罚，进度违约处罚不代表发包人同意工期顺延，承包单位应当采取合理有效的赶工措施予以消化。

（7）工期违约金最高限额为工程合同价款的 3%。如因承包单位延误工期导致发包人延期完工的，业主向法院提起诉讼要求发包人赔偿的，在发包人实际已经完成赔付，且赔付金额超过了本条约定的最高限额的前提下，对超过部分，承包单位依法承担相应的赔偿责任。

（8）如因总承包单位造成节点工期延误超过节点工序计划工期的 50%时，发包单位有权采取“紧急切割法”将剩余部分工程或剩余全部工程委托给其他承包单位进行施工；承包方应先行退场，如双方对已完成的工程量有争议，按本合同约定的解决方式确定。

9.3.2.3　奖罚程序

为保证进度奖罚措施的落地实施，制定如下奖罚程序：

（1）在日常施工管理工程中，一般由监理单位对承包单位施工过程的违约事项进行记录，通过下达《违约处罚通知单》对其违约事项对承包单位予以书面通告，按制度对其进行处罚，同时抄报发包单位。

（2）发包单位将定期（如按月或遇重大事件）对承包单位的违约情况进行索赔，通过下达《违约索赔通知书》对其违约事项进行追究违约索赔，并根据情节轻重将此通知书传至承包总公司。

（3）当承包单位违约，须向发包单位支付违约金或赔偿金时，发包单位有权从下一次应支付给承包单位的工程款中直接扣除，承包单位不得有异议。如当期工程款不足以抵扣，可直接从履约保证金中扣除。并可根据承包单位整改情况及后续表现，由承包单位书面提出申请，提交发包人讨论，视情况部分或者返回承包人。

(4) 承包单位在接到处罚通知单或索赔通知书后要针对违约事项积极整改，对拒不整改或不认真整改的将按本办法相关条款加倍处罚。

## 9.3.3 进度实现保证措施

为保证西纳川水库工程项目进度按计划进行，制定了如下组织和技术措施。

### 9.3.3.1 组织措施

(1) 做好施工准备。在施工项目开工前，编制施工进度网络计划。要求各施工队伍按施工进度编制各单项工程施工进度网络计划，熟悉和审查施工图及有关技术文件，编制实施性施工组织设计，落实重大施工方案，各项准备工作尽可能提前，各种有利不利因素应充分予以估计，按施工计划尽早开工，特别是配置较强的施工技术人员和施工机械设备、材料等务必限期到位。

(2) 抓住关键工序，保证重点部位。本项目的重点在大坝填筑施工工程 ，关键工序在面板施工，施工时紧紧抓住这两项工作，确保其节点工期的实现，凡是这两项工作有拖延时及时组织加班，确保阶段性工期实现。

(3) 建立例会制度。定期召开工程例会，及时检查总结前期计划的执行情况和存在的问题，对已拖后的施工项目，研究补救的方法及措施，并落实责任人，使施工能按计划顺利进行。

(4) 编制阶段计划并及时调整计划。根据项目总体计划进度，编制分阶段的月、旬计划，及时发现关键工序的转化，找出实际与计划之间的差距，确定阶段工作重点。运用电脑进行网络计划管理，及时掌握、分析和调整进度，使项目实施处于受控状态。

(5) 创造良好的外部环境。加强同代建队伍、监理、设计单位及各施工单位的联系和密切配合，及时与当地县、乡、村各级政府沟通，创造良好的外部环境，使影响施工生产的不利因素减到最少。

(6) 开展劳动竞赛。开展各种形式的劳动竞赛，保持施工队伍持久的劳动热情，活跃劳动气氛，提高劳动效率，使项目如期或提前完成。

(7) 设进度奖。为保证施工项目的顺利进行，设立工程进度奖，并把奖金落实到具体进度上，以增加奖励的透明度，做到奖勤罚懒，激发施工队伍积极性。

(8) 合理安排施工。安排好季节施工，根据当地气象、水文资料，有预见性地调整各项工程的施工顺序。施工中充分利用当地的劳动力资源。

(9) 实行目标管理制。施工中坚持突出重点、主攻难点、抓住质量、确保安全、加快进度的原则方法。对影响整体工期的重点项目制订工期控制目标，针对其各具体施工内容分解各为目标，并制定切实可行的针对性措施，有效控制网络计划，实现整体工期的总目标。

### 9.3.3.2 技术措施

(1) 优化施工方案。在施工全过程中，在保证总工期不变的条件下，随着情况的变化不断优化方案，优化和调整施工方法和施工计划，并制定相应的保证措施。

(2) 加强技术管理,为项目的顺利实施提供技术保证。一方面保证技术管理力量,建立技术管理体系;另一方面完善各项技术管理制度,在工程实施中严格执行。

(3) 实行管理、技术人员现场值班制。现场施工随时要有管理、技术人员跟班,随时解决各部位、各工序存在的技术问题,随时检查和指导各施工单位工作,做到施工交底要及时,纠正措施要及时。

(4) 加强作业程序的机械化以加快施工进度。要求各施工单位配备数量充足、情况完好、配置合理的机械设备,满足施工要求。

(5) 增加工作面。合理安排各单项工程,同时开展多个工作面作业,保证工期能按时完成。

# 第十章 西纳川水库质量管理

为了加强和规范西纳川水库工程质量管理，西纳川水库工程成立专项质量管理组织，并明确其管理职责，从质量控制、质量监督与检查、质量验评与考核等环节严格把关，全面保证工程的质量水平。本章从质量管理体制、质量保证措施和质量检验评定三个方面对西纳川水库工程质量管理工作进行详细阐述。

## 10.1 质量管理体制

### 10.1.1 质量管理依据

为确保西纳川水库工程持续有效运行，深入推进质量基础工作，实现工程质量创优目标，加强质量管理，规范管理工作程序，在项目整个实施过程中，始终贯彻“项目法人负总责，设计单位督促，监理单位控制，施工单位保证，政府部门监督”的质量保证体系，其质量管理体系主要依据如下：

(1)《中华人民共和国工程建设标准强制性条文》(水利工程部分)；

(2)《建设工程质量管理条例》；

(3)《中华人民共和国建筑法》；

(4)《建筑工程五方责任主体项目负责人质量终身责任追究暂行办法》；

(5)《建筑施工项目经理质量安全责任十项规定(试行)》；

(6) 水利水电行业有关技术规范、规程、质量标准等。

### 10.1.2 质量管理组织及职责

#### 10.1.2.1 业主单位质量管理组织体系

西宁市湟中区水电开发总公司作为西纳川水库工程项目业主方，为了加强本工程的质量管理，保证工程质量，达成“确保无质量事故发生”的工程质量管理目标，根据《建设工程质量管理条例》《水利工程质量管理规定》等有关规定，项目经理部成立质量领导小组，项目经理及总工程师任正、副组长，成员由质量、施工、技术、物资、计划、财务等部门负责人及各作业班长组成，负责全项目质量管理工作。其中：项目经理对本工程质量承担主要责任，严格实行工程质量终身负责制。定期进行质量检查，召开质量分析会议，分析质量保证计划的执行情况，及时发现问题，研究改进措施，积极推动项目经理部全面质量管理工作的深入开展。业主单位质量管理组织体系如图10-1所示。

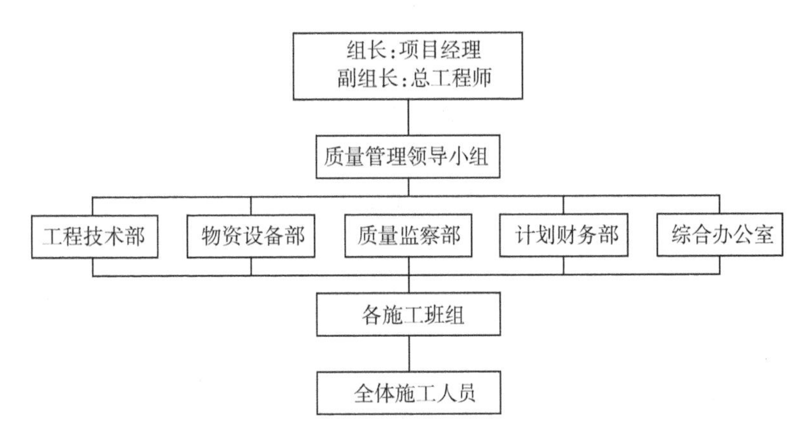


**图10-1 业主单位质量管理组织体系**

其中各级人员质量管理职能如下:

(1)项目经理主要职责

①贯彻实施公司质量方针和质量目标,建立项目质量保证体系,组织编制《项目质量计划》,按照业主的总体质量目标和质量要求,明确质量职能分工,保证质量目标的实现,对工程质量优劣负全面责任;

②严格执行公司质量体系文件和各项管理制度,定期组织项目质量检查、评比和改进,行使质量否决权;

③认真履行工程承包合同,同时强化项目管理"四控制""三管理""一协调",保证兑现合同承诺;

④对进入项目的人力、资金、材料、施工机械等资源按时段进行优化配置,合理安排施工进度,保证均衡生产,做到文明施工;

⑤组织项目质量成本预测、控制、分析和考核,用好项目资金,节约开支,降低成本消耗,提高效益;

⑥及时组织项目质量分析会,对质量问题不合格品按"四不放过"的原则进行分析,并向公司职能部门反馈各种质量信息;

⑦组织动员项目全体人员积极配合内外质量审核,对审核发现的不合格项,制定切实可行的纠正措施,限期整改,避免或减少不合格项的重复出现;

⑧负责工程管理和审核批准购买符合质量要求的原材料和半成品;

⑨组织制定、实施具有质量否决权的经济责任制,监督检查本项目岗位技能和质量意识教育培训,并考核和评价其工作。负责审批由项目总工程师策划建立的项目质量保证体系。

(2)总工程师主要职责

①组织项目专业技术人员进行施工图纸自审,参加业主或设计单位组织的施工图纸会审和技术交底,并做好会审和交底记录;

②组织编制项目质量计划、实施性施工组织设计和关键工序及特殊工序作业指导书，并按有关规定报批；

③审核项目材料需用计划和加工订货计划；

④监督有关人员做好进货、过程质量检验和试验，保证进货和过程质量控制符合标准；

⑤组织重要部位和特殊过程的工程检查验收，对发现的不合格或潜在不合格项目及时采取纠正和预防措施，并验证措施的实施情况；

⑥推广应用新工艺、新技术、新材料，努力提高施工工艺水平和操作技能；

⑦定期召开质量分析会，检查质量体系进行的适应性和有效性，及时研究处理质量活动中的重大技术问题，总工对质量持有否决权；

⑧定期组织项目工程质量检查，主持单位工程质量评定，仲裁质量争议；

⑨负责组织、监督材料和过程的检验和试验工作。

(3) 工程技术部主要职责

①组织编写施工组织设计和质量计划，负责过程控制，对重大技术难点工作、关键和特殊工序进行施工技术交底，负责施工方案的指导和审核；

②组织工程防护、交付工作，对统计技术的应用负责；

③组织提供采购产品的标准及主材计划；

④对质量记录的控制工作负责；

⑤配合总工程师组织纠正措施、预防措施的制定，并对其效果进行监督、检查、验证；

⑥负责工程质量记录的控制工作、原始资料的收集工作及技术资料的整理工作；

⑦根据月施工计划编写作业队伍旬、日施工计划；

⑧负责编制分项、分部工程施工方案，负责对施工作业队进行技术交底工作；

⑨负责测量交接桩，对桩位复测及加密，对控制桩位的保护；负责施工过程中测量放样、检测复核及测量资料的编制整理工作；

⑩负责原材料进场检验，施工过程中的试验检测，试验资料填写及整理。

(4) 物资设备部主要职责

①负责物资采购工作并组织物资进货检验和试验；

②对产品标识和可追溯性监督检查；

③负责控制顾客所提供的产品，主持对采购的不合格品的分析、处置工作；

④负责组织落实机械设备的配置、使用、维修及管理；

⑤组织对分供方进行评选评价，建立合格分供方档案；

⑥定期检查机械设备的运行情况，作好维修检查并记录，保证机械设备的完好；

⑦严格按技术标准及钢筋加工规范加工钢筋、半成品及构配件，为工程提供合格品。

(5) 质量监察部主要职责

①严格按验收标准评定质量等级，提出工程质量分析报告；

②组织对不合格产品的评审及处置，协助总工程师组织工程竣工交付；

③主持纠正措施、预防措施的制定，并对其实施效果进行验证；

④组织分部、分项工程质量评定及隐藏工程的检查验收；

⑤参加定期的质量大检查及QC(质量控制)小组活动，对存在问题及时提出整改措施，对不能自行解决的问题，及时向上级有关领导汇报。

(6) 计划财务部主要职责

①组织各相关部门进行合同评审及分承包方的评价工作；

②负责项目部的年、季、月施工计划编制，按质办理验工计价。

(7) 综合办公室主要职责

①负责制定各部门、单位对受控文件和资料的管理办法并监督其实施，定期发布受控文件清单，确保相关场所得到受控文件的有效版本；

②负责完善保证质量体系运行所需的组织结构，合理配置人力资源；

③根据项目部需要定期制订教育培训计划，确保相关人员持证上岗；

④建立并保持同顾客的有效联络渠道，主持、组织服务工作。

#### 10.1.2.2 设计单位质量管理组织体系

设计质量是保证工程安全和质量的前提，为确保西纳川水库工程的设计质量，加强设计过程质量控制，青海省水利水电勘测设计研究院建立了设计单位质量管理组织体系，如图10-2所示。设计单位实行以“项目为中心、专业为基础、质量为核心”的全过程项目管理制度，通过项目组织实施设计全过程的控制，提出技术先进、经济合理、安全可靠的设计方案，使设计质量得到保障。

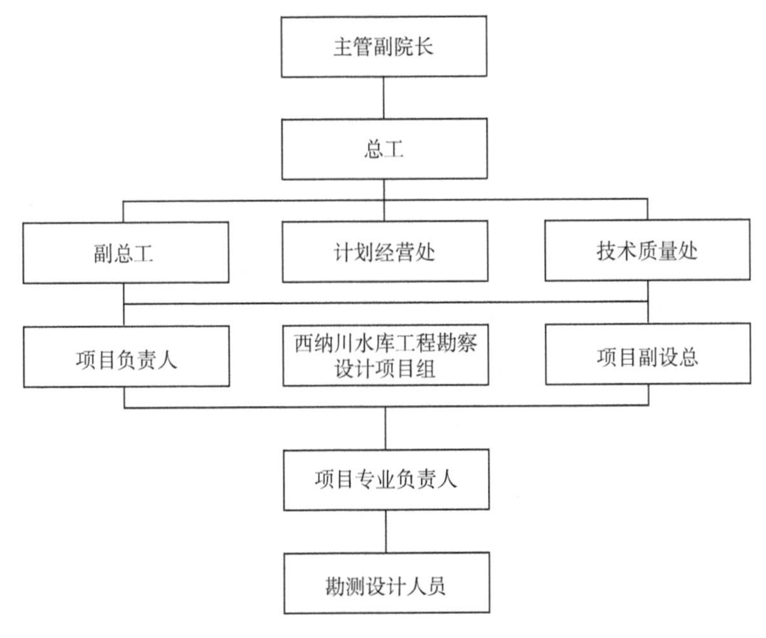


**图10-2 设计单位质量管理组织体系**

其中主要人员质量管理职能如下：

(1) 项目负责人主要职责

①项目负责人是单位与业主之间的联系人；

②组织编制项目勘测、设计、科研试验任务书和工作大纲，项目总体计划；

③根据业主及合同要求提出项目质量目标、创优目标；设立项目质量标准，组织各专业按单位质量保证体系运行，协调专业之间的各项技术问题；

④负责本工程现场设代工作，并组织设计回访；

⑤向设计院领导、总工及有关领导汇报设计合同执行情况、存在的主要问题、下阶段工作的安排与设想。

(2) 项目副设总主要职责

负责本项目授权范围内的技术管理工作及授权范围外提交总决策后的执行工作，并就其工作对项目负责人负责。

①协助项目负责人负责项目技术、质量管理；执行质量保证手册及技术责任制，负责产品的审查及核定；对项目重大技术方案的决策提出意见；

②制定并组织实施项目创优目标；

③指导本项目的质量计划、质量目标的编制并负责审查；

④协助项目负责人对各专业之间进行技术协调；

⑤负责组织并主持设计总体讲度计划的编制并监督其实施；

⑥审查或审阅主要的设计规程、大纲、标准，确保本工程的设计符合工程标准；

⑦在各专业设计之间协调，保持项目设计人员之间信息交流的畅通；

⑧审查西纳川水库工程项目的设计变更；

⑨主持(或参加)本项目的重大技术会议，并参与有关决策；

⑩安排各项咨询活动。

(3) 项目专业负责人

除接受专业部门的领导之外，在西纳川项目设计工作中应根据本项目的需要开展本专业工作，并就此对项目负责人负责。

①协助项目负责人估计本专业的工作范围、深度、进度。

②负责编制专业设计大纲和专业计划。明确本专业项目的具体工作内容、范围和技术质量要求，对各单项项目提出框架性设计，并承担部分项目具体设计工作。

③负责本项目专业设计人员的工作安排。负责专业间项目会签，签署本专业各级项目。做好与其他专业的衔接配合，对本专业对外提供资料负责。

④在项目提交项目总工之前，审查或校核本专业的所有设计标准、大纲、各种设计项目与文件。

⑤参加例会和协调会议。负责与有关专业之间的设计协调。

⑥充分利用本部门的质保体系，与项目负责人(项目总工)合作，确保对本专业的设计工作与项目实行有效的质量控制。对职责范围内的上述事项承担相应技术责任。

⑦负责工程专业项目现场设代工作，并组织设计回访。

设计单位在施工现场设立设计代表机构，以代表设计单位与业主、监理、施工等部门就设计方面的问题进行交流、沟通、协调。机构共有 10 人，工程施工期常驻 1～2 名人员，其他人员根据施工情况随时前往现场进行设代服务。现场设代在项目负责人指导下开展日常工作，负责协助业主进行技术管理工作，重点是在施工现场进一步勘验设计与实际的出入，并根据现场实际情况进行设计调整完善，纠正设计缺陷或优化设计。

10.1.2.3　施工单位质量管理组织体系

为确保工程质量达到优良标准，单元工程合格率 100%，宁夏水利水电工程局有限公司西纳川水库工程项目部按照 ISO 9000 标准及该单位质量程序文件的要求编制了《质量计划》等质量体系文件，建立了项目经理负责制的施工单位质量管理体系，遵照《建设工程项目管理规范》及强制性标准的要求，做好施工质量的控制。施工单位质量管理组织体系如图 10-3 所示。

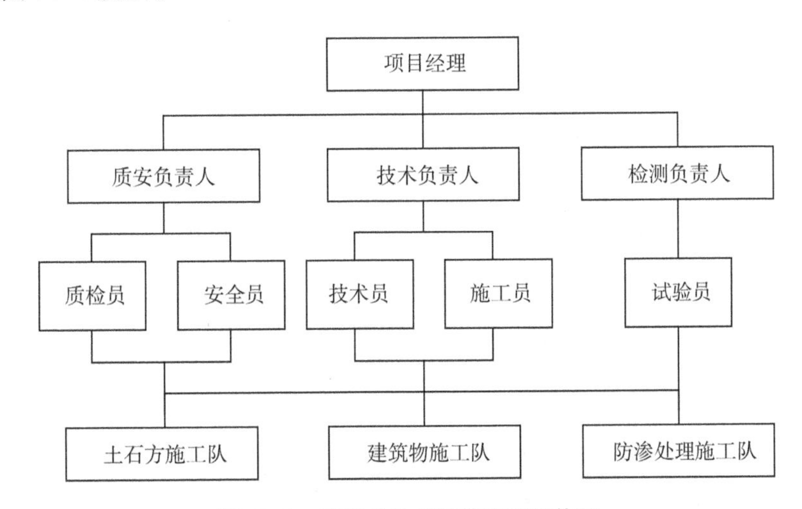


**图 10-3　施工单位质量管理组织体系**

其中主要人员质量管理职能如下：

(1) 项目经理主要职责

项目经理是项目工程质量保证的第一责任人，在合同环境下受施工单位法定代表人委托，并向业主做出质量承诺。

①组织开展质量体系活动，确立项目质量目标，组织编制实施施工组织设计。贯彻执行国家方针、政策、法规，坚持全面质量管理，推进各项质量活动正常开展，确保产品质量稳定提高，满足顾客需要，不断争创名牌工程。

②组织向业主提供质量依据，处理业主和监理工程师提出的有关质量方面的要求。

③负责对工程项目进行资源配置，保证质量体系在工程项目上的有效运行及所需的人、财、物资源的供给。

④贯彻实施施工单位质量方针和质量目标，制定项目质量规划及实施计划，监督检查计划执行情况，对不符合质量的工作，有权责令其返工或停工整顿，对项目经理部各职能部门的工作进行考核和评价。

(2) 技术负责人主要职责

①受施工单位总工程师和项目经理领导。对项目工程质量、施工技术、计量测试负全面技术责任,指导施工队工程技术人员开展有效的技术管理工作。

②负责图纸会审及技术交底工作。组织施工技术人员和质量管理人员对施工图纸认真学习、仔细审查,熟悉施工图的各项内容,对图纸中存在的问题及时提请监理工程师答复和修改。同时定期举行技术交底会,使参与施工任务的有关人员明确各自所负担的工程任务的特点、技术要求、施工工艺、规范要求、质量标准、安全措施等,做到心中有数、各负其责、权限分明。

③在施工单位总工程师和有关业务部门指导下,提出贯彻改进工程质量的技术目标和措施。负责新技术、新工艺、新设备、新材料及先进科技成果的推广和应用。

④负责组织对工程项目施工方案、施工组织设计及质量计划进行编制及经监理工程师批准后的实施。对不合格工程及其纠正、预防措施进行审核。解决工程质量中有关技术难题,并协助项目经理解决工程质量中的关键技术和重大技术难题,督促检查各项质量规划的实施。

(3) 质检员主要职责

①对项目部质量数据进行检测,对各部位尺寸、高程等进行复查;

②填写各质检表格,对质量及管理资料进行整理,并分析质检数据,评价质量状况向技术负责人、项目经理反馈质量状况,在项目部工作会议上通报质量情况;

③保养、维护、保管质量检测仪器;

④对工人进行技术培训及质量教育,明确质量标准。

(4) 技术员主要职责

①负责工程项目的施工过程控制,制定施工技术管理办法;

②负责工程项目的施工组织设计及调度、勘察、征地拆迁工作,参加技术交底、过程监控,解决施工技术疑难问题。参与编制竣工资料和进行技术总结,组织实施竣工工程保修和后期服务;

③组织推广应用新技术、新工艺、新设备、新材料,努力开发新成果;

④参加验工计价,并对合格产品进行量测计量。

(5) 检测负责人主要职责

①依据施工单位质量方针和目标,制定质量管理工作规划,负责质量综合管理,行使质量监察职能;

②确保项目在施工、交付及安装的各个环节以适当的方式加以标识,并保护好检验和试验状态的标识。负责产品的标识的可追溯性、最终检验和试验、检验和试验状态、对不合格项目的控制、对质量记录的控制,确定质量检验评定标准,对全部工程质量进行检查指导。

(6) 试验员主要职责

①负责工程项目检验、试验、交验及不合格项目的检验控制,按检验评定标准对施工过程实施监督并对检验结果负责;

②负责现场各种原材料试件和砼试件的样品采集和测试、检验及质量记录。根据现场试验资料，提出各种砼的施工配合比，土工室内外取样、试验和检验，并在施工过程中提出修正意见报批准执行。

③负责工程项目的计量测试工作，并负责工程项目的检验、测量和试验设备的核定、校准及使用管理工作。

10.1.2.4 监理单位质量管理组织体系

为确保工程质量，青海青水工程监理咨询有限公司作为西纳川水库工程的监理单位，按照与业主签订的《工程建设监理合同》，针对本工程施工的特点，在施工现场组建了青海青水工程监理咨询有限公司湟中区西纳川水库工程监理部，由总监理工程师总负责，下设综合技术办公室和专家咨询组，采取直线-职能型监理组织模式，建立了如图10-4所示的监理单位质量管理组织体系。

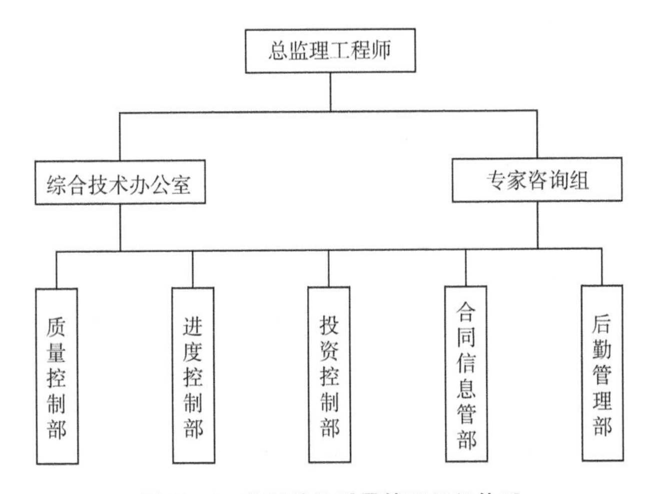


**图 10-4 监理单位质量管理组织体系**

(1) 总监理工程师主要职责

严格实行总监负责制，总监是监理机构的第一责任人，负责整个现场的监理工作，对工作进行全面的巡视和监督指导工作，安排下属的监理人员工作，负责与业主和承包商的协调；对监理合同所承担的业务及监理机构负领导责任。各级监理组织和人员必须在总监领导下开展工作。监理工程师协助总监开展工作，并按规定在总监离岗期间在书面委托书的授权范围内代总监履行职责，是分管监理项目、业务、行政和技术工作的主要负责人。

(2) 综合技术办公室主要职责

负责工程进度控制、施工质量监督、合同支付、信息处理、专业技术管理、合同商务管理等监理业务和监理行政、后勤服务、岗位管理、人员考核等内部管理事务。

(3) 专家咨询组主要职责

当工地出现重大技术难题时，由公司根据现场汇报情况派出相应的专家组，到现场及时解决施工现场和监理工作中出现的问题进行控制。

### 10.1.3 质量管理制度

西纳川水库工程的质量目标是各单项工程合格率100%，工程质量达到《水利水电工程施工质量检验与评定规程》(SL 176—2007)合格标准等国家相关质量验收合格标准。为确保质量体系持续有效运行，提升科学管理，明确责任到人，工程参建方从组织管理、施工资源管理、技术管理、验收及问题处理等方面制定了如下的质量保证制度：

#### 10.1.3.1 组织管理制度

(1) 质量目标分解与质量计划制定制度

西宁市湟中区水电开发总公司建立的总体质量目标是水利水电工程达到《水利水电工程施工质量检验与评定规程》(SL 176—2007)合格标准，其他部分达到国家相关质量验收合格标准。对总体质量目标进行分解，在质量管理体系的各层级建立分解的目标，各职能部门为实现自己的目标，制定科学可行的质量控制计划，详细部署工作内容，通过出色完成分内工作，来保证各分解目标的实现，进而保证总体质量目标的实现。

(2) 质量保证职能分工与质量责任制度

本工程中，为确保质量体系持续有效运行，实现工程质量创优目标，项目经理部成立质量领导小组，项目经理及总工程师任正、副组长，成员由质量、施工、技术、物资、计划、财务等部门负责人及各作业班长组成，组织创优管理工作。其中：项目经理对本工程质量承担主要责任，严格实行工程质量终身负责制；各级部门及岗位同样实行质量责任制，如质检工程师质量责任制、试验工程师质量责任制、班(组)长质量责任制等。

项目负责人质量终身责任制度，即参与工程建设的建设、勘察、设计、施工、监理等单位(本节以下简称"责任主体单位")法定代表人和项目负责人员，依法对工程质量承担终身责任。项目工程责任主体项目负责人是指承担建筑工程项目建设的建设单位项目负责人、勘察单位项目负责人、设计单位项目负责人、施工图审查单位项目负责人、施工单位项目经理、监理单位总监理工程师、检测单位项目负责人，以及其他生产单位的项目负责人。工程开工建设前，建设、勘察、设计、施工图审查、施工、监理、检测单位法定代表人应当签署质量终身责任制，明确本单位项目负责人。

项目负责人质量终身责任主要包括：

①责任主体单位建立以法定代表人为第一责任人的质量责任终身制管理体系，明确质量责任。发生质量事故以及出现严重质量问题的，各责任主体单位法定代表人负领导责任，技术负责人负技术责任，质量部门主要负责人负管理责任。项目现场主要负责人负直接领导责任，技术负责人负直接技术责任，质量部门主要负责人负直接管理责任，具体工作人员负相应直接责任；其他有关单位和责任人按国家法律法规和相关规定承担相应责任。

②建设单位项目负责人对工程质量承担全面责任，不得违法发包、肢解发包，不得以任何理由要求勘察、设计、施工、监理单位违反法律法规和工程建设标准，降低工程质量，因违法违规或不当行为造成工程质量事故或质量问题者应当承担相应的责任。工程交付使用后，认真受理业主的质量投诉，发现影响结构安全、重要使用功能的质量缺陷时，

积极组织承建单位检查维修。

③勘察、设计、图纸审查单位项目负责人应当保证勘察设计文件符合法律法规和工程建设强制性标准的要求,对因勘察、设计导致的工程质量事故或质量问题承担责任。

④施工单位项目经理应当按照经审查合格的施工图设计文件和施工技术标准进行施工,对因施工导致的工程质量事故或质量问题承担责任。

⑤监理单位总监理工程师应当按照法律法规、有关技术标准、设计文件和工程承包合同进行监理,对施工质量承担监理责任。

⑥检测单位项目负责人应该按照国家有关法律法规和工程建设强制性标准实施工程质量检测,对检测数据和检测报告的真实性和准确性负责。发现检测不合格事项应在24小时内通知工程项目建设、监理、施工单位并报告工程质量监督机构。

(3)质量管理工作制度

①工程质量管理例会制度

为了"强化质量意识,规范质量活动,加强质量管理,解决质量问题",防止质量问题在施工中滋生、蔓延,在施工过程中,湟中区西纳川水库工程项目定期召集现场各相关部室负责人、现场技术员、质检员和施工队负责人等,主持召开项目部工程质量例会。

质量例会分为周例会、月例会和质量专题会,其中周例会由项目总工或质检部部长负责于每周四上午9:00组织召开;月例会由项目副经理于每月25日上午9:00组织召开;质量专题会按工程实际需要不定期召开。

会议主要分为六项流程:第一,由各个施工队介绍施工进度情况、需要解决的技术质量问题;第二,由现物技术人员提出在施工过程中存在的质量问题、质量通病及监理的要求;第三,各个部门负责人分析施工中存在的质量问题、质量通病的原因;第四,项目总工就施工中存在的质量问题、质量通病提出解决措施;第五,项目经理总结质量例会就工程中存在的质量问题和通病提出具体的整改时间,布置下次施工质量目标和施工任务;第六,做好会议记录和会议签到,会议结束。

②工程质量检查制度

公司设置安全质量管理部,各单位特别是各项目经理部要设置安质部,按规定配备专职质量检查人员,成立质量管理委员会或质量领导小组。各级质量监察(检查)人员必须保持相对稳定,各单位不得随意变动质量监察人员的工作(升级、升职者除外),如确因工作需要,必须征得公司主管领导及安全质量管理部同意并备案,同时补齐人员。专职质量监察人员在项目经理部不得做兼职工作,避免造成质量管理上的失控。各级监察人员必须取得质量检查员证书并经授权,无证人员不得从事质量监察工作。

检查方式主要有两种:一是定期检查,公司实行"三级检查制度"及每季度组织一次检查,各单位每月组织一次检查。二是随机检查,公司、各单位质量监察人员对管内的施工质量实行不定期的随机检查,并将检查结果作为年终考核的部分内容。各单位质量监察人员对管内施工工程实行日常检查。

③工程质量缺陷管理制度

为加强西纳川水库工程建设的质量管理,规范西纳川水库工程质量缺陷处理、备案和管理行为，以《水利工程质量事故处理暂行规定》、《质量责任追究办法》和《水利水电工程施工质量检验与评定规程》(SL 176—2007)及相关专业规范规定，结合西纳川水库工程建设实际，制定工程质量缺陷管理制度。

Ⅰ质量缺陷划分

依据《水利工程质量事故处理暂行规定》，质量缺陷指对工程质量有影响，但小于一般质量事故的质量问题。根据质量缺陷对质量、结构安全、运行和外观的影响程度，将质量缺陷划分为以下三类。

一般质量缺陷：未达到规程规范和合同技术要求，但对质量、结构安全、运行无影响，仅对外观质量有较小影响的检验项和检验批。

较重质量缺陷：未达到规程规范和合同技术要求，对质量、结构安全、运行、外观质量有一定影响，处理后不影响正常使用和寿命的检验项和检验批。

严重质量缺陷：未达到规程规范和合同技术要求，对质量、结构安全、运行、外观质量有影响，需进行加固、补强、补充等特殊处理，处理后不影响正常使用和寿命的检验项和检验批。

Ⅱ质量缺陷调查

发生质量缺陷，由监理单位组织有关单位进行初步确认，明确责任单位。一般质量缺陷和较重质量缺陷由监理单位组织认定，报建设管理单位备案；严重质量缺陷由建设管理单位认定。

Ⅲ质量缺陷处理

施工单位应建立《工程质量缺陷处理方案》并报监理单位审批，对于质量缺陷要以预防为主，从“人、材、机、法、环”五个方面严格管理，做好事前控制，尽可能避免质量缺陷发生，确实发生质量缺陷后，对于不影响到建筑安全及使用功能的小缺陷，应当按处理方案所述方法进行处理；对于影响到结构安全使用功能的重大质量缺陷，应请设计单位对结构安全重新进行核算、评定，对其降级使用或拆除重做。

Ⅳ质量缺陷备案

在施工过程中，工程个别部位或局部发生达不到技术标准和设计要求(但不影响使用)，且未能及时进行处理的工程质量缺陷(质量评定仍为合格)，应以工程质量缺陷备案表的形式进行记录备案。

质量缺陷备案表由监理机构组织填写，内容应真实、准确、完整。各参建单位代表应在质量缺陷备案表上签字，有不同意见应明确记载。质量缺陷备案表应及时报工程质量监督机构备案。质量缺陷备案资料按竣工验收的标准制备。工程竣工验收时，项目法人应向竣工验收委员会提交历次质量缺陷备案资料。

Ⅴ发生质量缺陷的责任追究与处罚

对以下两类质量缺陷问题组织责任追究并进行处罚：对于已发生的质量缺陷，采取各种手段隐匿不报、擅自处理和不按规程规范和技术要求进行处理的；在一个分部工程中类似的较重质量缺陷、严重质量缺陷多次或反复出现的。已按规定进行质量缺陷处理的项目，原则上不再追究。

10.1.3.2　工程施工资源质量管理制度

（1）原材料质量保证制度

在进行原材料采购时，首先，做好市场调查，从中选择生产管理水平高、质量可靠稳定的厂家，作为待定的供应商，按采购程序文件进行评审，建立质量档案。其次，从待定的供应商产品中按规定取样，送甲方认可的具有相应资格的试验室进行检验或试验。试验结果得出后，进行质量比较，从中选择最优厂家，报监理工程师批准后作为合格供应商，建立供货关系。最后，建立供应商档案，随时对材料进行抽样，保证供应商所提供的产品合格。当材料质量出现变化时，加倍取样试验，试验结果报监理工程师，必要时按上述程序重新选择供应商。

在原材料的运输、搬运和贮存上，原材料进场保证“三证”齐全，包括产品合格证、抽样化验合格证和供应商资格合格证。对于易损材料，运输和搬运时做好防护，防止变形和破损。原材料进场后按指定地点整齐码放，并挂标牌标识，标明型号、进场日期、检验日期、经手人等，实现原材料质量的可追溯。原材料进场后由专人保管，对水泥、钢材、防水材料、止水带等材料加盖或在室内保管，避免风吹日晒。对于在运输、搬运过程中损坏或因贮存时间过长、贮存方式不当而质量下降的原材料，在永久工程结构中将不被使用，并且将对其进行及时清理分类堆放并标识，以免混用。

（2）机械设备质量保证制度

为充分发挥施工机械及机电设备在施工生产中的作用，切实做到科学管理、合理使用，制定机械设备质量保证制度。根据施工组织设计编制的机械使用计划，主要施工机械（包括备用机械）按时到达施工现场。避免大机小用、多要少用，而要合理调度、及时进退场。严格按照机械设备出厂说明书的要求和安全操作技术规程使用机械。结合施工进度，利用生产间隙，安排好机械设备的维护保养，使机械始终保持良好的技术状况，以便能随时投入使用、保证满足施工质量的需要。对于使用完毕或暂时不用的机械设备，及时通知设备部门进行调配，将其提供给其他部门使用，充分发挥其效能。

10.1.3.3　技术管理制度

（1）施工技术人员管理制度

①按项目法组织施工，成立高效运行的项目经理部。项目经理部主要施工人员和管理人员均由参加过水利水电工程施工的人员担任，具有丰富的施工经验。

②对关键及特殊工序制定详细的施工方法、操作细则及注意事项，明确技术要求和质量标准，并具体落实到各位负责人，使各工序都有具体的人员负责。

③定期、定时地对技术管理人员和工人进行各项技术培训，提高整体技术水平。

（2）图纸会审制度

按规定分级对设计文件进行审核，审核内容如下：

①熟悉设计文件，了解掌握设计意图、标准和工程特点。

②核对设计图尺寸，并与标准图配套使用。发现问题，清除差错，提出改善设计建议。

③补充施工详图，对复杂工程部位绘制大样图、施工详图，供施工现场使用。

④做好审查记录，发现问题应按专业登记，经各级部门审核后报建设、设计、监理单

位研究处理。

(3) 技术交底制度

①开工前技术部编制《施工手册》,向管理人员进行工程内容交底。

②施工阶段由技术人员对分项、分部工程结构、工艺、技术标准交底。

③现场交底由各技术组技术人员向领工员、工班长交底。

④实行书面技术交底,实行复核制、签认制、交底人保管制。

(4) 施工测量保证制度

①坚持测量双检制。

②现场控制桩,由技术部门接收、使用、保管。

③要逐点查看交桩,并在签认之后测量复核,及时上报结果。

④施工中必须定期对控制桩进行复测,避免累计误差。

⑤测量数据在测前、测中、测后分三次复核检查,内业资料由二人独立计算,相互核对。测量仪器定期检定。

(5) 施工技术资料管理制度

①技术资料管理专人负责,建立管理工作制度。

②建立档案室,技术资料的收发、借还由专人建立台账进行登记。

③指定专人填写工程日志,要求内容详细、真实、清晰。

④施工中资料及时整理归档。工程完工,竣工文件编制完成。

#### 10.1.3.4 质量验收及问题处理制度

(1) 工程质量验收管理制度

项目法人在施工现场设立专门的质量控制机构——现场工程部,认真做好质量控制工作,在施工过程中按照合同规定和规范的要求督促监理单位和施工单位(分包单位),材料、设备供应商严格履约,实现质量目标。

①事前控制

根据工程特点、质量目标编制《工程指导书》,对容易出现投诉的质量问题,要编制有效预防措施;根据工程特点、质量目标、监理合同以及有关法规,严格审查《监理规划》,以便监督监理质量管理行为;根据合同要求,现场工程部和监理单位对施工单位的施工组织设计、施工方案中有关质量保证的措施进行审核。

督促监理单位认真审核施工单位报验资料,严把施工单位材料进场关,确保无不合格材料进场。

②过程监控

分别对测量及定位放线、重要材料及设备、隐蔽工程及重要和关键工序进行质量监控。在需要进行中间验收的分部工程完工后,工程管理部按照有关施工中间验收控制程序的规定核查质量并组织验收。在单位工程完工后,工程管理部按照工程竣工验收控制程序的规定核查质量并组织验收。

③事后控制

对于重要分部分项工程,如防渗漏的有关工序,在完工后交工前要督促监理单位检查验收。在移交给物业公司时，针对各分部分项要再次与运行管理、监理、施工单位联合检查。

对于质量问题投诉的维修要有记录、统计和分析。对于容易出现质量问题的分部分项工程，工程部要结合设计、施工控制和管理检查措施写出专题总结报告，报项目经理。

（2）质量事故应急处理制度

以《中华人民共和国安全生产法》《中华人民共和国建筑法》《建设工程安全生产管理条例》《建设工程质量管理条例》等有关法律、法规的规定为依据编制质量事故应急处理制度。

质量事故是指由于施工单位违反工程质量有关法律法规和工程建设标准，使工程产生结构安全、重要使用功能等方面的质量缺陷，造成人身伤亡或者重大经济损失的事故。

①事故等级划分

工程质量事故按直接经济损失的大小，检查、处理事故对工期的影响时间长短和对工程正常使用的影响，分为一般质量事故、较大质量事故、重大质量事故、特大质量事故。

一般质量事故指对工程造成一定经济损失，经处理后不影响正常使用并不影响使用寿命的事故；较大质量事故是指对工程造成较大经济损失或延误较短工期，经处理后不影响正常使用但对工程寿命有一定影响的事故；重大质量事故是指对工程造成重大经济损失或长时间延误工期，经处理后不影响正常使用但对工程寿命有较大影响的事故；特大质量事故是指对工程造成特大经济损失或长时间延误工期，经处理后仍对正常使用和工程寿命造成较大影响的事故。

②质量事故的报告程序

发生质量事故后，项目负责人必须将事故的简要情况向项目主管部门报告，项目主管部门接到事故报告后，按照管理权限向上级水利行政主管部门报告并同时通知公安、监察机关等有关部门，相关主管部门逐级上报事故情况时，每级上报时间不得超过 2 h。事故报告后出现新情况，以及事故发生之日起 30 d 内伤亡人数发生变化的，应当及时补报。事故发生后，事故单位要严格保护现场，采取有效措施组织抢救，减少人员伤亡和财产损失，防止事故扩大。因抢救人员、疏导交通等原因需移动现场物件时，应当作出标志、绘制现场简图并做出书面记录，妥善保管现场重要痕迹物证，并进行拍照或录像。

③事故调查

水利工程行政主管部应当按照有关人民政府的授权或委托，组织或参与事故调查组对事故进行调查，并履行下列职责：

第一，核实事故基本情况，包括事故发生的经过、人员伤亡情况及直接经济损失。

第二，核查事故项目基本情况，包括项目履行法定建设程序情况、工程各参建单位履行职责的情况。

第三，依据国家有关法律法规和工程建设标准分析事故的直接原因和间接原因，必要时组织对事故项目进行检测鉴定和专家技术论证，必须坚持“三不放过”的原则进行（“三不放过”即事故原因不查清楚不放过、主要事故责任者和职工未受到教育不放过、补救和防范措施不落实不放过）。

第四，认定事故的性质和事故责任。

第五，依照国家有关法律法规提出对事故责任单位和责任人员的处理建议。

第六，总结事故教训，提出防范和整改措施。

第七，提交事故调查报告。事故调查报告应当包括以下内容：事故项目及各参建单位概况、事故发生经过和事故救援情况、事故造成的人员伤亡和直接经济损失、事故项目有关质量检测报告和技术分析报告、事故发生的原因和事故性质、事故责任的认定和事故责任者的处理建议、事故防范和整改措施，以及事故调查报告应当附具有关证据材料，事故调查组成员应当在事故调查报告上签名。

(3) 质量事故责任追究制度

为提高公司建设工程质量，将建设工程质量落实在实处，依法查处和追究造成质量事故(问题)的单位及责任人的责任，根据《建设工程质量管理条例》及其他法律、法规的有关规定，结合公司实际，制定质量事故责任追究制度，适用于项目所有参建单位和个人。

工程项目质量责任划分原则如下：项目经理对本职责的质量工作负领导责任；各分管项目的项目经理，对工程项目现场的质量工作负直接领导责任，各分管的工程技术负责人，负工程技术方面责任，造成工程质量问题或事故的当事人为直接责任人。

## 10.2 质量保证措施

西纳川水库工程的挡水建筑物、溢洪洞和放水洞三大主要建筑物采取了众多质量保证措施，考虑篇幅和详略得当原则，本书选取重要且关键的质量保证措施予以描述。

### 10.2.1 挡水建筑物质量保证措施

#### 10.2.1.1 坝基土石方开挖质量保证措施

为保证开挖施工质量，拟采取以下措施：

(1) 施工中严格按施工图纸及相关技术规范的要求操作，设专职质检人员对施工过程进行全过程控制。

(2) 进行爆破试验，确定合理的钻爆参数，保证基岩开挖质量。

(3) 保证钻孔的精度，钻孔孔位、孔向、深度都要进行严格的控制。

(4) 爆破装药时，一定要按经爆破试验调整确定后的爆破参数进行。

#### 10.2.1.2 趾板及周边缝止水质量保证

趾板、连接板及止水是面板堆石坝防渗体系中关键、重要的组成部分，是面板堆石坝具有挡水功能的关键。针对趾板、连接板混凝土施工安排，为了满足设计规范要求和保证面板堆石坝工程的施工质量，拟计划采取如下措施：

(1) 保温、降温防裂措施

①低温季节不安排浇筑趾板、连接板混凝土。

②高温时段采用在仓面周围喷水雾形成施工小环境的方式增加仓面湿度，并将混凝

土浇筑安排在早晚和夜间施工，以降低浇筑温度和防止混凝土产生干缩裂缝。同时采用EPE卷材对混凝土罐车的罐体包裹隔热，缩短混凝土暴晒时间。增加人员加强洒水养护，并对混凝土随浇随用塑料薄膜覆盖保湿。

③在混凝土强度、耐久性、和易性满足设计要求的前提下，加掺和料和外加剂适当减少单位水泥用量，降低混凝土的水化热，提高混凝土的抗裂能力。

(2) 工序控制措施

①混凝土外形尺寸的质量关键在于模板强度及稳定性控制，因此立模时由测量员采用RTK仪控制模板位置，挂线立模，模板加固的横竖双管围囹，拉锚筋采用$\varphi 12$钢筋，确保模板浇筑过程中不跑模变形。

②为避免浇筑混凝土时止水发生损坏，设置专人进行防护。

③为避免表面出现气泡造成的麻面，斜坡段趾板面模拆除后立即安排人工用铁模子压光收面。

④按规范要求依据设计图纸计算钢筋下料尺寸，确保原料足量，保护层采用按设计要求厚度事先预制并埋有铁丝的同标号砂浆垫块与钢筋绑扎来确保，钢筋层间采用按设计间排距事先制作的短钢筋点焊支撑架立，确保钢筋在混凝土浇筑中不变形。

⑤混凝土的内在质量控制关键在混凝土的拌和与浇筑，将安排专人参与混凝土的拌和质量控制，混凝土出机口温度、坍落度每班每车检测；混凝土抗压强度每仓(每单元)至少抽检一组；抗渗、抗冻性能每200 $m^3$抽检1组；仓面混凝土温度、气温每2 h测量1次。同时，根据外界环境变化和施工具体情况，随时增加抽检频率，以保证合格的拌和物进入仓号内。

⑥入仓厚度按30 cm控制，仓内安排5～10名工人用铁锨平仓，平仓人及时处理粗骨料集中的离析现象。安排专人监控止水部位混凝土铺料、振捣。

#### 10.2.1.3 坝肩防渗质量控制措施

为确保灌浆工程施工质量，拟采用以下控制措施：

(1) 钻孔冲洗和灌浆过程中，注意观测盖重的变形，若发生异样，立即降压，报告有关人员，并作好记录。所有钻孔统一编号，并注明施工次序；

(2) 固结灌浆孔的位置与设计孔位偏差不得大于10 cm，开孔角度偏差不大于5°。注浆孔深度满足设计要求。

(3) 灌浆前对孔进行冲洗，回水澄清后即可结束，回水澄清延时10 min为止，孔底沉积厚度不大于20 cm。裂隙冲洗采用压力水，冲洗压力不宜大于灌浆压力的80%；

(4) 灌浆时如出现串浆，尽可能与被串孔同时灌注，如无条件，可将被串孔堵塞，对灌浆孔单独灌浆，结束后立即清理被串孔而后进行该孔的灌浆；

(5) 灌浆因故中断，应如下处理：

①尽可能缩短中断时间，及早灌浆。中断时间大于30 min时，应设法处理至原孔深后恢复灌浆；

②恢复灌浆时，开始使用最大水灰比的浆液灌浆，如吸浆量与中断前相近时，可采用中断前的大水灰比，如吸浆量减少，则浆液逐渐加浓；

③恢复灌浆后，如吸浆量减少很多，且极短时间内停止吸浆，则该灌浆段不合格，需重新处理。

(6) 西纳川水库地处中纬度内陆高原，湟中区海拔较高，太阳辐射热效应较差，年平均气温为 0～5 ℃，最热月(7 月)平均气温 11～17 ℃，极端最高气温 29.4 ℃，极端最低气温－31.7 ℃，历年各月风向以西南风为主，其次为东北风，多年平均风速 2.1 m/s，最大风速 20 m/s。主要的自然灾害有春旱、冰雹、秋季阴雨低温以及霜冻等。项目区冰冻期长，11 月至翌年的 3 月中旬为霜冻期，年无霜期 138 d 左右，根据《中国季节性冻土标准冻深线图》，该区标准冻深 130 cm。因此进入低温季节后灌浆工程应采取相应措施以保证工程质量。

①浆、水供应和排污系统保温

低温季节浆和水的供应存在很大困难，首先，浆、水极易在管路内发生冻结。按照施工期间的气温情况，管路一旦冻结根本无法自然解冻，只能采取拆管后烤化的措施解冻，所以浆、水供应和排污系统的保温尤为重要；所有供水、供浆、排污管路采用 40 ℃恒温伴热带缠绕，外部用保温棉或者保温塑料包裹，保证管路畅通。

集中供水系统保温：集中供水系统上部用竹胶板和保温棉被搭设保温棚用于集中供水保温，保温棚沿集中供水系统四周搭设，檐高 1.8 m，长×宽＝3 m×2 m。保温棚用 $\varphi$50 脚手架管作为骨架，架管采用管扣件连接，保温棚四周用棉被封堵严密，充分利用白天的强日照蓄热，棚顶覆盖材料选用双层 PVC 塑料大棚膜，膜厚度为 0.12 mm。白天日光透射入保温棚内，棚内温度最高可达 5 ℃以上，为防止阴天或气温骤降时水泵冻结，棚内安装 2 盏 1.0 kW 碘钨灯作为备用热源。

供水、供浆中转系统保温：保温棚沿中转系统四周搭设，檐高 2 m，长×宽＝15 m×3 m。保温棚用 $\varphi$50 脚手架管作为骨架，架管采用管扣件连接，保温棚覆盖材料选用防水油布，兼顾保温和防水，棚内采用 2 盏 1.5 kW 浴霸作为热源，为保证大风天气时保温棚的稳定，专门布置搭设棚顶的斜拉铅丝，铅丝间距为 1.5 m，两端固定在地锚上。

②浆液温度保证措施

各个机组搅拌槽和灌浆泵所在位置搭设保温棚，檐高 2.5 m，长×宽＝5 m×5 m，保温棚覆盖材料选用防水油布，兼顾保温和防水，保温棚内采用 2 台 3 kW 电暖气作为热源。配浆用水采用 600 L 储水桶，桶内用 2.0 kW 加热棒对配浆用水加热，水温可达到 70 ℃，配浆时先在搅拌槽放入冷水，然后再加入热水，使配浆用水温度控制在 15～40 ℃，再进行配浆，保证浆液温度控制在 5～40 ℃范围内，现场配浆人员做好浆液温度记录。本地区标准冻土深度为 130 cm，混凝土盖重最小厚度为 250 cm，盖重厚度远超过冻土厚度，满足冬季灌浆施工要求。

③脚手架施工平台防冻、防滑措施

脚手架步梯位置采用防水油布遮盖，避免积雪，遮盖部位采用灯带照明，保证夜间施工人员通行。施工现场作业平台及其他作业场地，必须保持无积雪、无结冰状态，如有结冰在施工平台上撒食盐解冻，然后铺设防滑材料，如沙子、锯末、草毡等。交叉作业场所，各通道应保持通畅，危险出入口、井口、临边部位应设有警告标志或钢防护设施。

④水压塞和灌浆管路防冻措施

水压塞的充压介质采用盐水或者玻璃水；灌浆管路在灌完浆用水冲清后分节拆开，马上顺施工平台将水空净，防止管路结冰堵塞。

#### 10.2.1.4 混凝土面板质量控制措施

(1) 面板表面平整度控制

①根据实际施工情况及时对滑模改进，增加滑模刚度和重量，防止滑模变形或漂模，确保混凝土表面平整度。

②采用两次收面的工艺措施，滑模滑升后立即人工木模第一次收面，2～3 h 后采用人工配合振动抹面机二次收面，同时安排专人用 2 m 靠尺在混凝土初凝前对永久面、施工缝面增加检测频率，确保混凝土体型不出现划痕、鼓包、凹陷等缺陷，局部不平整 10 m 范围内起伏差不超过 5 mm。

(2) 面板混凝土防裂控制

①加强混凝土配合比的控制，结合以往面板坝的施工经验，加优质的掺和料和外加剂适当减少水泥单位用量，有效降低水化热，确定最佳面板混凝土施工配合比。

②加强混凝土拌制质量的控制，由于面板混凝土为业主提供的成品混凝土，为了确保面板混凝土的施工质量，计划安排专人参与混凝土的拌制质量的控制，每班在机口坍落度至少取样 4 次，仓面检测 2 次；拌和物的温度、气温和原材料温度，每 4 h 应检测 1 次。计划每车混凝土在机口和坝面各检测 1 次坍落度和温度，随时观测控制混凝土质量。

③由于面板混凝土浇筑均在 4～8 月进行，初期温度较低，极端低温天气较多，早晚温差大，应加强混凝土施工的温度和湿度控制，避免面板混凝土由于内外温差过大产生裂缝，防止面板开裂。计划低温时，混凝土加掺防冻剂，仓面周围采取复合土工膜加保温被覆盖保温等措施。高温时在仓面设置喷水雾降温、在滑模前仓面上制作遮阳棚，用彩条聚乙烯隔热板(EPE)铺盖遮阳，溜槽顶部用 EPE 卷材全覆盖遮阳，在滑模后部拖挂塑料薄膜及时覆盖混凝土，以防水分过分蒸发而产生温度裂缝，控制入仓温度使其符合规范及设计要求。采取此项措施共计需彩条聚乙烯复合土工膜 47 380 $m^2$，保温被 40 000 $m^2$，聚乙烯隔热板 47 380 $m^2$，塑料薄膜 47 380 $m^2$。

④表面止水施工时，要求混凝土表面干燥无水，面板表面处于外露暴晒状态，这与保湿养护相矛盾，再者表面止水施工工期很紧，表面止水施工期间养护效果一般都不好，为了尽最大可能减小对混凝土施工质量的影响，计划制作表面止水施工遮阳防尘活动棚，在棚内进行表面止水施工。采取此项措施共计需彩条聚乙烯隔热板 720 $m^2$。

⑤加强混凝土的养护，计划人工木模第一次收面后采用立即覆盖塑料薄膜保湿，暂缓洒水养护，2～3 h 采用振动抹面机二次收面后立即覆盖土工布保湿保温，对面板进行终生湿润养护，保湿保温养护至蓄水时为止。材料用量为：土工布 47 380 $m^2$，DN100 钢管 460 m，$\varphi$50 塑料软管 8 200 m，$\varphi$25 钢三通 120 个，$\varphi$25 闸阀 342 个，钢架管 240 t。

(3) 雨季施工

①浇筑过程中遇有意外的大雨、暴雨时立即停止浇筑，并用遮盖材料遮盖。

②雨后及时排除仓内积水,如在混凝土初凝时间内浇筑,则清除仓内雨水冲刷的混凝土,加铺同标号的砂浆后继续浇筑,否则按施工缝处理。

③降雨量不大时,一般可继续施工,对骨料加强含水量测定,及时调整配合比中的加水量。

(4) 施工过程质量控制

①混凝土浇筑实行技术干部 24 h 轮流值班制度,进行施工全过程质量控制,防止“漂模”或钢筋、止水等发生变形和位移。

②加强现场混凝土检查:每罐混凝土在坝顶进行 1 次坍落度、混凝土温度检测,每 3 罐混凝土在坝顶进行 1 次含气量检测,仓面每上升 3 m 检测 1 次坍落度、浇筑温度、含气量,气温每 2 h 至少检测 1 次,面板混凝土仓面坍落度控制在 3～5 cm,抗冻、抗渗检验试件面板每 1 000 $m^3$ 成型 1 组,不足以上数量时,也应取样成型 1 组试件。

③仓面振捣指派专业混凝土工进行浇筑振捣,做到分层清楚、振捣有序,既不漏振、也不过振,确保混凝土内在质量良好,外形美观。

④施工过程中,对止水严格保护,以防损坏。一旦出现损坏或缺陷时,及时进行处理,并做好记录。

⑤严格按有关规定进行拆模,拆模后及时进行表面覆盖,以防混凝土内部水分散失过大导致混凝土出现干缩裂缝。设专人进行混凝土表面保护和养护,并认真做好温度观测等施工记录。

⑥遇中到大雨时,立即停止混凝土浇筑,并及时用塑料薄膜覆盖混凝土表面,雨后先排除仓内积水,再进行混凝土施工。

⑦妥善协调坝体观测仪器的埋设工作,积极做好观测仪器的防护工作。

10.2.1.5 堆石体施工质量控制措施

(1) 坝体堆石(开挖料和砂砾石)的质量及颗粒级配应按施工图纸所示的不同部位(主堆石区和下游堆石区)采用不同的标准,不得混淆。

(2) 主堆石区和下游堆石区的坝料中不允许夹杂黏土、草、木等有害物质。

(3) 主堆石区和下游堆石区的坝料在装卸时应特别注意避免分离,不允许从高坡向下卸料,靠近岸边地带应以主堆石(开挖料和砂砾石)填筑,严防架空现象。应特别注意边角部位的压实。

(4) 堆石料铺料参数由试验确定,碾压过程不加水,可用洒水车解决扬尘。压实砂砾料和堆石料的振动平碾行驶方向应平行于坝轴线,靠岸边处可顺岸行驶。振动平碾难于碾及的地方,应用小型振动碾或其他机具进行压实,但其压实遍数应按监理工程师指示作出调整。

(5) 岸边地形突变及坡度过陡而振动碾碾压不到的部位,应适当修整地形使振动碾到位,局部可应用振动板或振动夯压实。

(6) 坝体或坝壳堆石料应采取全断面平起铺筑,分区之间高差不大于 1 层。特殊部位的填筑工艺必须经监理工程师批准。

(7) 各种料经压实后的相对密度(或孔隙率)应达到设计的规定,各控制指标在现场碾压试验完成后可能进行调整。

(8) 各类坝料填筑压实标准,其相关参数见表 10-1。

**表 10-1 各类坝料填筑压实标准表**

| 坝料名称 | 铺料厚度(cm) | 最大粒径(mm) | 渗透系数(cm/s) | 孔隙率(%) | 取样方法 |
|---|---|---|---|---|---|
| 特殊垫层料(2B) | 20 | ≤40 | $<10^{-3}$ | 18% | 灌沙法 |
| 垫层料(2A) | 30 | ≤80 | $10^{-3}\sim10^{-2}$ | 18% | 灌水法 |
| 过渡料(3A) | 50 | ≤300 | $>10^{-3}$ | 20% | 灌水法 |
| 上游主堆块石料(3B) | 100 | ≤800 | $>10^{-2}$ | 22% | 灌水法 |
| 上游主堆砂砾石料(3C) | 60 | ≤400 | $<10^{-3}$ | | 灌水法 |
| 下游次堆块石料(3D) | 120 | ≤800 | $>10^{-2}$ | 22% | 灌水法 |
| 过渡带(3E) | 40 | ≤300 | $>10^{-3}$ | 20% | 灌水法 |

10.2.1.6 防浪墙混凝土浇筑质量控制措施

(1) 进入现场的材料必须进行验收,对于砂、石等地方材料及证件与实物不符的钢筋、水泥等材料,委托检验中心复检。

(2) 钢筋分批进场时,先要检查钢材合格证书,同时分批抽样进行力学性能试验及焊接试验,试验合格后方可下料施工。

(3) 钢筋安装时设置水泥砂浆垫块,以保证钢筋保护层厚度。

(4) 模板安装时,接缝要拼接严密。模板内侧刷脱模剂作隔离剂。

(5) 浇筑混凝土落差超过 2.5 m,应采用串筒导送。

(6) 混凝土拌制前先进行配合比试验,拌制时要严格控制水灰比,并分批抽样进行强度试验。

(7) 混凝土浇筑用振捣器振捣密实、均匀。

(8) 各种规格钢筋要分类堆放、挂牌标识,以免误用。

(9) 构筑工程钢筋的搭接满足设计图纸的要求,采用焊接方法搭接的,钢筋焊接施工前必须进行钢筋焊接强度试验,钢筋焊接用单面焊时,焊缝搭接焊接长度不小于 10 d,钢筋焊接采用双面焊时,焊缝搭接长度不小于 5 d,焊缝必须满焊。

(10) 模板安装完成后必须进行复测核定。

(11) 混凝土浇筑过程按要求进行抽样试验,混凝土量每 100 $m^3$ 抽样 1 组或单台搅拌机每班抽样 1 组。

(12) 施工过程中采用插入式振捣器捣实混凝土的移动间距,不大于作用半径的 1.5 倍;振捣器距离模板不大于振捣器作用于半径的 1/2;同时尽量避免碰撞钢筋、模板、预埋(件)等。

(13) 混凝土浇筑完毕后及时覆盖养护,防止曝晒,并增加浇水次数,保持混凝土表面湿润。

10.2.1.7 边坡喷锚支护质量控制措施

(1) 保证边坡支护所使用的水泥,均有产品出厂日期、厂家的品质试验报告,经实验室按规定进行复检。试验检查项目包括：水泥标号、凝结时间、体积稳定性。

（2）如掺用外加剂，必须有试验资料和外加剂的材质单，并在通过配合比试验验证，经监理工程师批准后，方可使用。

（3）边坡支护所使用的砂石骨料，均符合技术规范要求，每批进料抽样试验数量不少于3组，试验成果报送监理工程师审核。检测项目包括：细度模数、比重、吸水率、含泥量、针片状含量、有机物含量等。

（4）拌和用水，新鲜、洁净、无污染，符合饮用水标准。

（5）锚杆砂浆灌浆配合比报告报送监理部审批同意后方可使用。

（6）边坡支护所使用的钢材（钢筋）的机械性能，符合国家规定，有出厂质量证书和标牌。证书标牌齐全者必须经过批量质量抽样检查合格后方可使用。有关证书标牌和抽样检查的记录，承建单位按月报监理审核。

（7）锚杆排水孔的钻孔，其孔径、孔位偏差、孔斜偏差及孔深等均应满足设计要求；因特殊原因，需调整孔位时，报经监理工程师确认批准。钻孔完成后采用高压风水将钻孔冲洗干净，并吹干孔内积水。

（8）锚杆注浆、安装、保护符合下列要求：

①注浆前对钻孔进行清洗，排除杂物岩屑。对浆液配比、原材料、计量设备等进行检查，同时，对注浆管要进行认真检查，确认准备工作到位合格后，方可开始注浆作业。

②砂浆拌和均匀，随伴随用，一次拌和的砂浆在初凝前用完。注浆时，注浆管插至距孔底50～100 mm，随砂浆的注入缓慢匀速将其拔出；杆体插入后，若孔口无砂浆溢出，及时进行补注。

③对照设计图，按每次锚杆安装分区单元的规格、数量，领用锚杆。同时，应对锚杆进行外观检查，杆体使用前应平直、除锈、除油。锚杆安装时，一定要钻孔内有浓浆流出，方可将锚杆插入，安好居中托架。锚杆插入孔内长度不应小于设计规定的95%。

④锚杆安装好、浆液初凝后，终凝前，不得敲击、碰撞锚杆和对锚杆施加外负荷如拉拔，以及其他形式的受力载荷。锚杆施工完毕7 d内，砂浆未达到设计强度的70%以上时，不得在距锚杆20 m范围内进行爆破作业。7 d后，强度达到70%的要求后，按质点安全振速进行爆破控制，并严防爆破作业对锚杆外露段的破坏影响。

⑤承建单位按规定要求，在安装锚杆的砂浆达到设计龄期后，进行抗拔检测，任意一根锚杆的抗拔力不得低于设计值的90%，同组锚杆的抗拔力平均值应符合设计要求。

（9）喷射混凝土施工应遵守以下原则：

①喷混凝土表面应当平整，呈湿润光泽，无干斑、滑移流淌、疏松、脱空、裂缝露筋等现象。

②回弹掉下的混凝土应被清除干净，严禁将回弹的混凝土回收再用于喷混凝土。

③混合料配合比和外加剂的参量符合设计和有关技术标准的要求，并通过试验确定。混合料的搅拌时间和要求按照有关规程规范执行。

④喷混凝土混合料应随拌随用。不掺速凝剂时，有效时间不得超过2 h；掺速凝剂时，存放时间不得超过20 min。

⑤由于天气条件过于恶劣，直接影响喷混凝土作业时，监理工程师下达现场指令停止施工，或推迟施工。

⑥承建单位对由于自身原因产生的不合格的喷混凝土(如：存在空洞与岩石黏结不良、剥落等现象)必须进行修补，或将不合格的部分全部除掉后重新加喷合格的混凝土，其费用由承建单位承担。

⑦喷射混凝土终凝后 2 d，开始喷水养护，养护时间一般部位不得少于 7 d，重要部位不得小于 14 d，气温低于+5℃时不得喷水养护。

⑧喷混凝土 48 h 后，承建单位对喷射混凝土的厚度进行检测(采用手提钻钻孔取芯)，如未达到设计厚度，及时补喷至合格为止。未经检查，不得擅自拆除排架。

### 10.2.2 溢洪洞质量保证措施

#### 10.2.2.1 土石方开挖质量保证

开挖前，监理部认真审批施工单位上报的施工技术方案，检查是否按照设计图纸的要求进行开挖放线；开挖中，检查开挖是否受施工技术措施控制，其开挖高程、轴线及轮廓线是否达到设计图纸及规范的要求，检查超、欠挖情况，及时纠正偏差；开挖完成后，根据揭露的地质情况，同业主、地质代表、设代等人员与施工单位技术人员进行联合基础检查验收。针对开挖基础存在的问题，采取以下处理措施：

(1) 对于局部不合格松动、松散层进行人工清除。

(2) 对于局部基础部位，基础由于地质原因不能满足设计要求引起的超挖现象，施工单位采用同标号混凝土回填处理。

#### 10.2.2.2 回填及固结灌浆质量控制措施

(1) 钻孔冲洗和灌浆过程中，注意观测盖重的变形，若发生异样，立即降压，报告有关人员，并作好记录。所有钻孔统一编号，并注明施工次序。

(2) 固结灌浆孔的位置与设计孔位偏差不得大于 10 cm，开孔角度偏差不大于 5°。注浆孔深度满足设计要求。

(3) 灌浆前对孔进行冲洗，回水澄清后即可结束，回水澄清延时 10 min 为止，孔底沉积厚度不大于 20 cm。裂隙冲洗采用压力水，冲洗压力不宜大于灌浆压力的 80%。

(4) 灌浆时如出现串浆，尽可能与被串孔同时灌注，如无条件，可将被串孔堵塞，对灌浆孔单独灌浆，结束后立即清理被串孔而后进行该孔的灌浆。

(5) 灌浆因故中断，应如下处理：

①尽可能缩短中断时间，及早灌浆。中断时间大于 30 min 时，应设法处理至原孔深后恢复灌浆；

②恢复灌浆时，开始使用最大水灰比的浆液灌浆，如吸浆量与中断前相近时，可采用中断前的大水灰比，如如吸浆量减少，则浆液逐渐加浓；

③恢复灌浆后，如吸浆量减少很多，且极短时间内停止吸浆，则该灌浆段不合格，需重新处理。

#### 10.2.2.3 混凝土施工质量控制措施

溢洪洞洞身段衬砌采用移动钢模台车跳仓浇筑，每 9 m 为一段进行 C40HF 底板、C30F250W6 侧墙及拱顶钢筋混凝土衬砌。衬砌厚度为 80 cm；保护层厚度为 5 cm；钢筋采用单面固定，橡胶止水带的安装。坝前拌和站拌和混凝土，混凝土罐车运输，混凝土输送泵泵送浇筑入仓，振捣采用移动钢模台车振捣板结合 $\varphi50$ 振捣棒进行振捣，依次进行每仓混凝土的浇筑，浇筑完成后及时进行洒水养护至龄期。

（1）混凝土浇筑前及时对原材料进行检查、抽检（包括水泥、砂、石、外加剂、钢筋、橡胶止水带等），督促各类试验的进行，为现场施工提供依据。

（2）要求施工单位严格执行“三检制”，层层检查，认真严格审核工程自检资料。

（3）混凝土开仓前对所有隐蔽工程的施工缝、建基面、混凝土接触面、模板、钢筋制安、止水、接地埋件等进行各专业联合验收，合格后签发开仓证进行混凝土浇筑。

（4）浇筑中对一般工程施工进行巡视、平行检查等方式监督质量，工程关键部位施工采取监理现场旁站。

（5）浇筑中重点检查混凝土拌和、运输、入仓、振捣、模板质量和排水。

（6）在低温季节进行混凝土浇筑时采取严格的保温措施：

①低温季节浇筑混凝土时，拌和站采用热水拌和，采取骨料预热、混凝土加防冻剂等措施。对混凝土罐车用双层保温材料进行包裹，混凝土浇筑完成后，及时用保温被等材料覆盖保温。若发生寒潮及气温骤降，立即采取再加设保温被覆盖保暖的措施进行防寒保温。

②高温时段采用在仓面周围喷水雾形成施工小环境，增加仓面湿度，并将混凝土浇筑安排在早晚和夜间施工，以降低浇筑温度和防止混凝土产生干缩裂缝。增加人员加强洒水养护，并对混凝土随浇随用塑料薄膜覆盖保湿。

（7）混凝土浇筑完成后进行质量跟踪，检查缺陷修复及养护工作等。溢洪洞工程所有混凝土依据行业标准《水工混凝土试验规程》（SL/T 352—2020），经检测试验结果表明：混凝土的强度等级满足设计及规范要求，混凝土施工质量全部合格。

（8）为了保证混凝土施工质量，按照质量管理体系的要求，严格把好原材料的质量关。重点控制基础面的清理，钢筋安装的规格、型号、数量及搭接长度、焊接质量，建筑物几何尺寸及模板刚度，止水的安装及保护，混凝土运输、入仓、振捣、养护等环节的质量。在施工过程中，拌和站严格控制混凝土拌和物质量，每 2 h 至少检测 1 次坍落度、每 4 h 至少检测 1 次各种原材料的称量值、拌和时间、拌和物出机温度等，不合格拌和物严禁运出拌和站。每浇筑仓至少取 1 组抗压强度试块，抽样频次严格控制在 1 组/100 $m^3$ 之内，大体积混凝土抽样频次严格控制在 1 组/500 $m^3$，对有抗渗要求的混凝土，则按规范要求的频次抽取抗渗试样，每季度最少 1 次。施工仓面则严格控制混凝土振捣质量及养护。

### 10.2.3 放水洞质量保证措施

#### 10.2.3.1 浆砌石衬砌质量控制措施

（1）石料的质量、规格必须符合设计要求和施工规范的规定。石料进场后抽样送到试验检测站进行相关检测，满足要求后才投入使用。

（2）砂浆品种必须符合设计要求，强度必须符合：同强度等级砂浆各组试块的平均强度不小于设计强度等级，任意一组试块的强度不小于75%。

（3）转角处必须同时砌筑，交接处不能同时砌筑时必须留斜槎。

（4）石砌体组砌应内外搭砌，上下错缝，拉结石、丁砌石交错位置，分布均匀；毛分皮卧砌，无填心砌法；拉结石每0.7 $m^2$墙面不少于1块；料石放置平稳，灰缝厚度合施工规范的规定。

#### 10.2.3.2 启闭塔井开挖质量控制措施

（1）开挖过程中如遇岩石较为破碎及时补打随机锚杆，锚杆为$\varphi$22螺纹钢，入岩3～4 m，外露1 m。

（2）施工前，由工程技术部组织相关施工人员进行技术交底，使全体施工人员能明确了解各项工作的施工工序、工艺及质量要求。

（3）严格按照设计图纸进行施工，在施工过程中，施工人员不得擅自更改或取消某项工艺或工序，若需更改时，需取得工程技术部同意后方可执行。

（4）要求所有参与爆破施工的人员必须经专业培训后持证上岗。

（5）施工过程中，要保护好测量控制点和一切监测设施，防止被爆破、机械等破坏，并定期复核、检查，保证施测或监测精度。

（6）钻爆施工必须进行现场爆破试验，在取得最佳爆破参数后正常施工。并且施工中要依据地质情况的变化及时修正爆破参数，以获得良好的开挖面。

（7）控制爆破规模，使保留岩体尽量减少振动破坏。

#### 10.2.3.3 金属结构与机电设备安装质量控制措施

（1）闸门埋件的精度要求高，整个闸室混凝土浇筑上升阶段的速度都与埋件有关。闸门埋件均采用二期混凝土埋设。埋件可利用现场的吊车吊运。

（2）启闭机的安装安排在启闭机平台土建工作全部结束时开始，并需设组装和安装两个场地。组装场地选择在地势比较开阔、平坦的地方。安装场地则设在其安装位置上的闸顶，利用现场的履带起重机作为起吊机械。启闭机线路安装按照设计图及产品设计说明书进行。

（3）各部位金属结构埋件吊运、预拼和安装工作需与混凝土浇筑穿插进行。一期混凝土浇筑后进行预埋件的安装校正，并分别安装底槛、主侧轨和门楣等并调整固定，经检查验收后浇筑二期混凝土，二期混凝土达到70%强度之后安装闸门和启闭机。

（4）闸门、闸阀及启闭机安装完成后进行调试，使闸门、闸阀和启闭机灵活开启与关闭，闸门与闸槽接触紧密不漏水。

（5）放水钢管安装采取内外双面电弧焊焊接管口，要求管口对接平顺，焊缝平整饱满。每道焊缝完成后必须做焊缝射线探伤检测，焊缝合格后可进行外防腐处理及后续填筑施工。

## 10.3 质量检验评定

### 10.3.1 质量检验评定依据

本工程质量监督单位为青海省水利厅水利工程质量监督中心站，从项目划分审批、重要工程验收、质量检查等方面进行质量监督工作。质量检测严格遵守已批准的设计文件，设计修改通知书，国家和行业规定的质量检测标准、规范、规程及与建设单位签订的质量检测合同，主要依据和标准有：

(1)《钢筋机械连接技术规程》(JGJ 107—2016)

(2)《水利水电工程单元施工质量验收评定标准》(SL 631、632、633、634、635—2012)

(3)《水利水电建设工程验收规程》(SL 223—2008)

(4)《水利水电工程施工质量检验与评定规程》(SL 176—2007)

(5)《混凝土面板堆石坝施工规范》(SL 49—2015)

(6)《水工建筑物止水带技术规范》(DL/T 5215—2005)

(7)《混凝土强度检验评定标准》(GB/T 50107—2010)

(8)《混凝土用水标准》(JGJ 63—2006)

(9)《水工混凝土施工规范》(SL 677—2014)

(10)《砌体结构工程施工质量验收规范》(GB 50203—2011)

(11)《混凝土质量控制标准》(GB 50164—2011)

(12)《土工试验规程》(SL 237—1999)

(13)《水工混凝土外加剂技术规程》(DL/T 5100—2014)

(14)《水利水电工程混凝土防渗墙施工技术规范》(SL 174—2014)

(15)《水工建筑物水泥灌浆施工技术规范》(SL 62—2014)

(16)《土工合成材料测试规程》(SL 235—2012)

(17)《混凝土面板堆石坝接缝止水技术规范》(DL/T 5115—2008)

(18)《水利水电工程锚喷支护技术规范》(SL 377—2007)

(19)《水工混凝土试验规程》(SL/T 352—2020)

(20)《水利工程建设标准强制性条文》(2020 年版)

### 10.3.2 质量检验评定结果

依据《水利水电建设验收规程》《水利水电工程施工质量检验与评定规程》等规程规范，西纳川水库工程质量等级经监理单位复核、项目法人认定、质量监督站核定，主体工程共 3 个单位工程，21 个分部工程。其中导流放水洞、溢洪洞及挡水工程分部工程质量评定情况见表 10-2。

**表 10-2 导流放水洞、溢洪洞及挡水工程质量评定汇总表**

| 单位编码 | 单位名称 | 分部编码 | 分部名称 | 单元工程 | | | | 重要隐蔽单位个数 | 是否核备 | 分部评定结果 |
|---|---|---|---|---|---|---|---|---|---|---|
| | | | | 单元个数 | 合格个数 | 优良个数 | 优良率 | | | |
| △D1 | 挡水工程 | D1-F1 | △坝基开挖与处理 | 22 | 22 | 0 | 0% | 4 | 是 | 合格 |
| | | D1-F2 | △趾板及周边缝止水 | 72 | 72 | 4 | 5.6% | 72 | 是 | 合格 |
| | | D1-F3 | △坝基及坝肩防渗 | 194 | 194 | 0 | 0% | 162 | 是 | 合格 |
| | | D1-F4 | △混凝土面板及接缝止水 | 195 | 195 | 0 | 0% | 161 | 是 | 合格 |
| | | D1-F5 | 垫层与过渡层 | 291 | 291 | 0 | 0% | 0 | 是 | 合格 |
| | | D1-F6 | 堆石体 | 274 | 274 | 0 | 0% | 0 | 是 | 合格 |
| | | D1-F7 | 上游铺盖与盖重 | 104 | 104 | 0 | 0% | 0 | 是 | 合格 |
| | | D1-F8 | 下游坝面护坡 | 12 | 12 | 0 | 0% | 0 | 是 | 合格 |
| | | D1-F9 | 坝顶工程 | 121 | 121 | 10 | 8.3% | 0 | 是 | 合格 |
| | | D1-F10 | 观测设施 | 172 | 172 | 169 | 98.3% | 0 | 是 | 优良 |
| | | D1-F11 | 高边坡处理 | 23 | 23 | 0 | 0% | 0 | 是 | 合格 |
| △D2 | 溢洪洞工程 | D2-F1 | 进口段 | 8 | 8 | 0 | 0% | 1 | 是 | 合格 |
| | | D2-F2 | 溢洪洞 | 57 | 57 | 0 | 0% | 0 | 是 | 合格 |
| | | D2-F3 | 出口消能段 | 7 | 7 | 0 | 0% | 0 | 是 | 合格 |
| △D3 | 导流放水洞工程 | D3-F1 | 洞进出口段 | 8 | 8 | 0 | 0% | 0 | 是 | 合格 |
| | | D3-F2 | △启闭塔 | 34 | 34 | 0 | 0% | 27 | 是 | 合格 |
| | | D3-F3 | 洞身段 | 85 | 85 | 0 | 0% | 7 | 是 | 合格 |
| | | D3-F4 | 导流明渠及出口明渠 | 6 | 6 | 0 | 0% | 1 | 是 | 合格 |
| | | D3-F5 | 消力池 | 9 | 9 | 0 | 0% | 0 | 是 | 合格 |
| | | D3-F6 | 放水管 | 23 | 23 | 0 | 0% | 0 | 是 | 合格 |
| | | D3-F7 | 机电设备安装 | 7 | 7 | 0 | 0% | 0 | 是 | 合格 |

# 第十一章　西纳川水库安全管理

安全施工是西纳川水库工程建设有序开展的必要保证，因此安全管理体系是西纳川水库工程管理工作的重点内容。安全管理体系的有效运行，要求各个参建方各司其职、相互配合，在工程建设的各个环节做好安全保证措施，同时强化安全检查与考核，才能确保工程平稳有序展开。本章从安全管理体制、安全保证措施、安全检查管理及安全应急预案几个方面对西纳川水库工程安全管理工作进行阐述。

## 11.1　安全管理体制

### 11.1.1　安全管理职责

#### 11.1.1.1　业主单位安全管理职责

为进一步规范和推动项目安全生产标准化体系建设，加强生产标准化建设工作的领导，特成立项目安全生产标准化建设工作小组，职责如下：

(1) 在组长的领导下，全面负责安全生产标准化活动的开展。

(2) 负责安全生产标准化活动的宣传培训。

(3) 负责组织编制安全生产责任制和安全生产管理规章制度。

(4) 负责组织事故隐患排查整改复查。

(5) 负责组织安全生产标准化自评、编写评审报告和提出评审申请。

(6) 及时收集并向领导小组及主管部门上报有关材料。

#### 11.1.1.2　施工单位安全管理职责

根据宁夏水利水电工程局有限公司的通知要求，为认真贯彻执行“以人为本，坚持安全发展，坚持安全第一、预防为主、综合治理”的安全生产方针和落实各级安全生产责任制、增强安全忧患意识，减少施工事故的发生，加强施工过程中的安全生产管理，切实保障职工生命和企业财产的安全，保证项目部各项工作的顺利实施，同时为实现施工现场安全生产标准化达标，项目部经研究决定成立安全管理领导小组，职责如下：

(1) 安全领导小组职责

①在项目经理的领导下，宣传、贯彻国家劳动保护、安全生产的方针、政策、法令、规定、制度。经常分析全处安全生产情况，消除事故隐患，防止工伤事故发生。

②组织制定和贯彻项目部安全管理制度，督促有关部门合理安排工作和休息时间。

③汇总编制安全措施计划，督促、检查、按期实施，具体掌握和管理好安全措施经费及安全奖惩经费。

④经常对职工进行安全生产宣传教育，并做好对新进职工的三级安全教育。

⑤组织安全检查和专业检查工作，并督促及时整改。

⑥根据上级的指示和要求，结合企业实际及时向处领导汇报，并提出召开有关安全生产工作会议，总结推广安全生产先进经验。

⑦加强对机动车辆的安全管理，开展交通安全宣传教育。

⑧负责工伤事故和重大未遂事故的调查、分析、处理和上报工作。

(2) 安全领导小组组长职责

①对项目部生产经营过程中的安全生产负全面领导责任。

②贯彻落实安全生产方针、政策、法规和各项规章制度，结合项目工程特点及施工全过程的情况，督查本项目部各项安全生产管理办法的制定与完善。

③根据项目部特点确定安全工作的管理制度和人员，明确人员的安全责任和考核指标，支持、指导安全管理人员的工作。

④每月领导、组织项目部各个人员对施工现场安全生产检查1次，针对发现的施工生产中不安全问题，组织制定措施，及时解决。对上级提出的安全生产与管理方面的问题，要定时、定人、定措施予以解决。

⑤发生事故，组织人员启动应急预案，指挥现场抢险救治，要做好现场保护与抢救工作，及时上报组织，配合事故的调查，认真落实制定的防范措施，吸取事故教训。

⑥为从业人员购买人身意外伤害保险，落实安全防护用品的购置与配备。

⑦每月对项目部管理人员进行安全绩效考核，按照考核成绩对项目部管理人员给予奖罚。

### 11.1.2 安全管理制度

#### 11.1.2.1 组织管理制度

(1) 安全生产例会制度

为了进一步做好安全生产工作，强化安全生产意识，特制定安全生产例会制度。每次例会各部门和项目部负责人和专职安全生产管理人员必须参加，无故不参加者，将根据公司有关制度给予罚款，并纳入年终单位评先评优考核指标。

(2) 安全生产教育制度

为不断提高广大员工对安全生产重大意义的认识，增强其遵守规章制度和劳动纪律的自觉性，避免事故的发生，确保各项建设工程顺利进行，必须对员工普遍、深入、经常地进行安全生产思想、安全技术知识、规章制度和操作技术的教育，制定安全生产教育制度。

新进员工必须经过从公司级到项目级到班组级的安全生产教育或培训。新进员工必须接受的一级安全教育(公司级)内容包含：建筑业的安全生产方针、政策、规定；本公司生产特点；各项安全生产操作规程；安全生产正反两方面的经验教训；公司安全通则和消防、急救常识等。一级教育安全知识考试合格者，由项目部进行二级教育（项目级），内容包含：本工程项目特点、设备特点、事故预防方法；安全技术规程、制度及安全注意事项等。二级安全生产知识考试合格者，将被分配到班组进行三级教育（班组级），内容包括：岗位生产特点及安全装置；工器具与个人防护用品及使用方法；本岗位发生过的事故及其教训等。经三级安全生产教育考试合格后，方可上岗操作。

从事电工、起重、电气焊、高空作业、脚手架作业等特殊工种工人，应参加专业强化训练班，进行专业安全技术知识的强化学习。

此外，还要对员工进行日常教育：①公司领导平时要自觉学习贯彻安全生产规章制度，坚持“五同时”，特别要加强对工人进行经常性教育，教育员工遵章守纪，履行安全职责。②各班组要根据工作性质、任务缓急、生产特点、气候变化，由班组长或班组安全员，进行班前安全讲话、班中安全监督、班后安全讲评，抓好典型，加强经验交流，组织技术示范表演等。③项目部要坚持至少双周一次安全活动，做到有计划、有目的、有要求、有步骤，要不断提高质量，防止流于形式。

#### 11.1.2.2 技术管理制度

（1）安全技术交底制度

①分部分项和各种安全技术措施内容应在开工前编制在施工组织设计中，并经有关部门审批通过。

②经过批准的安全技术措施具有技术法规的作用，必须认真执行。遇到因条件变化或考虑不周必须变更安全技术措施内容时，应经由原编制、审批人员办理变更手续，不能擅自变更。

③要认真进行安全技术措施的交底。工程开工前，技术负责人或安全员要将工程概况向班组长和职工进行安全技术交底。每个单项工程开始前，应重复交代单项工程的安全技术措施。对安全技术中的具体内容和施工要求，应与工地负责人、班组长进行详细交底和讨论，使每位员工了解其道理，为安全技术措施落实打下基础，安全交底有书面材料，有双方的签字和交底日期。

④分部分项和各种安全技术交底内容包括：土方工程根据基坑、基槽、地下室等土方开挖深度和土的种类，选择开挖方法，确定边坡的坡度或采取哪种护坡支撑和护壁桩，以防土方坍塌；脚手架等选用及设计搭设方案和安全防护措施；高处作业及独立悬空作业防护；安全网的架设要求、范围、架设层次、段落；关于塔吊等垂直运输设备的位置、搭设要求、稳定性、安全装置等的要求和措施；施工洞口及临边的防护方法和立体交叉施工作业区的隔离措施；场内运输道路的布置；施工临时用电的组织设计和绘制临时用电图纸，在建筑工程的外侧边缘与外电架空线路的间距，没有达到最小安全距离和采取的防护措施；中小型机具的使用安全；模板安装与拆除安全；防火、防毒、防爆、防雷等安全措施；在建工程与周围人行通道及民房隔离设置。

⑤将安全技术措施中各种安全设施、防护设置的实施列入施工任务单，责任落实到班组或个人，并实行验收制度。

⑥加强安全技术措施实施情况检查，技术负责人、安全管理人员及项目安全员，要经

常深入工地检查安全措施的实施情况，及时纠正反安全技术措施的行为、问题，要对其进行补充和修改，使之更加完善、有效，各级安全部门要以施工技术措施为依据，以安全法规和各项安全规章制度为准则，经常性对工地实施情况进行检查，并监督各项安全措施落实。

⑦对安全技术措施的执行情况，除认真监督检查外，还要建立必要的与经济挂钩的奖罚制度。

(2) 安全技术措施计划执行制度

①根据管生产必须管安全的原则，项目经理、总工程师、技术负责人对本单位编制与执行安全技术措施计划负主要责任，其他有关领导在其管理范围内负分管职责，财务负责人对安全技术措施计划所需经费，做到专款专用，按时支付，不得挪用。

②每年第四季度开始编制下年度的安全生产技术措施计划。

由负责生产的副经理、总工程师向项目经理布置编制计划的具体要求；项目经理、技术负责人、项目安全员广泛吸取职工群众意见和合理化建议，编制出年度客观存在安全技术措施计划，经审查后，上报公司；由公司质安部负责将各下属单位上报的安全技术措施计划，初步审查汇总，报公司主管领导。由公司主管领导组织总工程师、质安部、技术部详细讨论，明确资金限额、设备材料来源、实施单位及负责人，并限定完成期限；上报主管部门审查批复；根据批准的安全技术措施计划，组织实施；各级领导必须首先从思想上对批准后的计划高度重视，把这项计划的实施列入日程，关心和经常了解计划的实施过程情况，深入现场检查，听取汇报研究，推进计划实施，计划一经批准，任何人不得擅自修改。如果由于客观原因，必须变更内容时，也应按程序办理变更手续；安全技术措施经费，是实施安全技术措施的基础，只有专款专用，才能保证计划的实施；安全技术措施计划经批准后，纳入单位年度施工(生产)计划、财务计划、材料供应计划、机械设备购置(制作)计划。以保证安全技术措施有计划有步骤地实施，按期实现；各级安全生产部门对安全技术措施计划实施情况，要经常性地进行监督检查，以保证安全措施计划的实施；安全技术措施计划项目完成后，要及时组织验收。未按期完成的要查明原因，限期完成。

#### 11.1.2.3 其他管理制度

(1) 安全生产检查制度

为了及时了解和掌握安全生产情况，及时发现事故隐患，消除不安全因素，防患于未然，制定安全生产检查制度。

安全生产检查的内容包括：①查思想。查对安全生产的认识是否正确；查安全生产的责任心是否强；查对忽视安全生产的思想和行为是否敢于斗争。②查制度。查安全生产制度的建立和健全情况，有无违章作业情况；查安全生产制度的执行情况，有无违章冒险作业现象。③查纪律。查岗位上劳动纪律的执行情况，有无擅离岗位或进行与生产无关的活动。④查领导。领导是否把安全生产列入议事日程；对安全生产成绩显著的员工是否做到及时表扬和奖励；对忽视安全生产造成事故的责任者是否进行严肃处理；生产与安全是否做到了“五同时”。⑤查隐患。是否做到了文明、安全生产；每台设备是否都有安全装置；在建工程有无不安全因素；平台、栏杆是否安全可靠。

安全生产检查的形式包括:①综合性安全生产大检查。每月一次公司安全生产大检查,由主管安全生产的公司领导负责,召集以安全科为主的有关部门参加,组成检查组,对所有项目工程进行检查,检查和整改情况由安全科汇总上报。②每月两次项目级安全生产检查。由项目经理负责,召集有关人员组成检查组进行检查,检查和整改情况由安全员汇总上报。③专业性安全生产检查。专业性安全生产检查,由各主管部门负责,召集有关项目部参加,定期进行,并将检查和整改情况上报和抄送公司安全科。专业性安全生产检查的每一个项目,必须作好详细登记,每次检查都必须对前期检查登记的问题作出准确性的鉴定。④季节性安全生产检查。对防暑降温、防雨防洪、防雷、防电、防寒、防冻等季节性安全生产检查,由主管部门负责组织有关单位进行,发动群众做好预防工作,并将检查和整改情况上报和抄送安全科。⑤经常性的安全生产检查。每一个员工都必须坚持执行作业前后的安全检查制;每一个班组都必须坚持执行班前班后安全检查制,各级管理人员和专职安全员都必须结合自己的工作业务,深入生产工作现场进行安全生产检查;安全生产大检查要坚持普遍检查与专业检查相结合;经常性检查与临时性检查相结合;检查与整改相结合;对查出的不安全因素,一定要按“三定”措施进行处理,即:定项目、定时间、定具体完成项目的人;安全生产检查制度还应结合安全生产奖惩制度和员工考核制度。检查结果应作为奖罚或晋级评优的标准之一。

(2) 安全生产奖惩制度

为了加强安全生产,认真贯彻“安全生产,预防为主”方针,特制定安全生产奖惩制度。

①学习方面。现场技术人员和班组长应按月进行安全技术交底,及时组织学习操作规程和有关法律等,并上报存档。否则处以现场技术员或责任班组负责人100～500元罚款。班组长每天要作两次班前安全操作交代,否则处以班组负责人50～200元罚款。

②违规操作方面。技术人员违规指导造成事故的,则该技术人员应承担10%～20%的经济责任;作业人员在作业前不戴安全帽、系安全带及安全绳等个人防护用品,罚款50～100元,若造成事故的,其需承担20%～30%的经济责任;现场指挥人员违规指挥造成事故的,应承担20%～50%的经济责任;作业人员不听从指令而违规作业者,处以50～100元罚款;擅自违规操作造成事故的,当事人应承担50%～100%的经济责任;非上班时间违规操作发生事故的,损失一律由当事人承担,并处以50～200元罚款,情节严重者要予以开除。

③高处落物方面。高处落物未造成事故,但影响较大的,要处以责任人50～300元罚款;高处落物造成事故的,责任人和责任班组要承担10%～60%的经济责任;高处落物造成事故的,责任班组若找不出责任人,则责任班组承担50%的经济责任。

④环境方面。施工现场必须进行每天一次的场地清理,保持场地干净整洁,并将物料合理堆放,否则处以现场技术人员和班组长10～100元罚款;造成严重的环境污染或材料浪费的,处以现场技术人员和班组责任人100～500元罚款。

⑤检查方面。在施工前班组长必须进行班前检查,查看员工人身防护用品是否穿、戴、系好,作业场地是否存在隐患,并要及时进行处理,在未处理好之前不能进行施工,否

则对班组负责人处以50～200元罚款；建立岗位管理责任制(要责任到人)和设备维护管理制度，以及进行相应资料的报、存和落实等工作，否则对相关责任人处以50～200元罚款；发现安全隐患要及时整改，否则对现场技术人员和责任班组处以100～500元罚款；认真积极开展、贯彻、落实上级部门安全检查活动，按照要求进行部署、计划、安排、检查整改、落实，否则处以现场技术人员和责任班组100～500元罚款；保护、保持各种标志牌、警示牌及标识牌的完好、整洁，合理设立警示牌、警示区等，否则处以现场技术人员和班组长50～300元罚款，如因此导致有关事故发生的，责任技术员和责任班组承担50%以下的经济责任。

⑥责任认定方面。各现场所发生的一切事故都将进行责任认定，认定后责任方承担相应的责任。责任分4种：直接责任、主要责任、重要责任和领导责任。认定负直接责任的，责任人或责任班组承担50%～80%的经济责任；认定负主要责任的，责任人或责任班组承担20%～50%的经济责任；认定负重要责任的，责任人或责任班组承担5%～20%的经济责任；认定负领导责任的，相关责任人承担20%以下经济责任；认定有两种或两种以上责任的，相关责任方按相关比例分担经济责任；未及时准确上报事故信息的，处以相关负责人100～500元罚款。

⑦文明施工方面。在工作中随意对他人采取不文明行为、动作、语言等，且屡教不改的，罚款当事人50～200元；随意动手打人的，罚款100～300元，情节严重的并予以开除；对上级领导不礼貌的，罚款50～200元；在公共场所穿戴不整洁或有不道德行为的，罚款50～100元。

⑧奖励方面。对在工作岗位带头遵守安全生产规章制度并有突出表现的个人奖励100～200元；单个项目中，对在工程进度、质量、安全生产上工作成绩显著的班组奖励200～500元；在季度或年度以及单个项目的安全生产考评中，对成绩突出的相关安全技术人员和班组奖励200～1 000元。

(3) 工伤事故调查、分析、报告、处理制度

①工伤事故及其分类

根据《生产安全事故报告和调查处理案例》，凡在劳动过程中发生的人身伤害和急性中毒称为伤亡事故。工伤事故按伤害情况分为重大事故、轻伤、重伤和死亡四类。具体划分按《企业职工伤亡事故分类标准》(GB 6441—86)执行。

②工伤事故的报告

工伤事故发生后，负伤者或现场有关人员应立即报告班组、项目部或公司有关负责人及安监科。项目部或公司负责人在接到重伤以上事故时，应立即报主管部门和其他相关职能部门。应尽可能保护现场，迅速采取必要措施抢救人员和财产，防止事故的扩大。如特殊情况需要对现场进行损坏时，应在现场做标记或记录。

③事故调查和分析

轻伤和重伤事故，由公司经理或主管安全的副经理组织安全、技术、生产等部门及工会成员组成调查组进行调查。凡由上级机关插手的事故，公司按要求尽最大努力积极协助调查。凡调查涉及的单位和个人，必须如实回答有关的提问，提供相关的证据和证词。

不准弄虚作假，隐瞒事故真相。由公司处理的工伤事故的调查必须查清事故发生的时间、地点、经过、原因、人员伤亡、经济损失等。召开事故分析会，确定事故处理的意见和事故防范的措施建议。形成事故调查报告。

④事故处理和结案归档

由公司处理的工伤事故，必须在事故调查组提交事故调查报告后由公司召开专门会议研究处理。事故处理结果应向全公司干部职工公开宣布，并将整个事故处理情况形成书面材料，向有关部门报告。事故处理必须公正合理、不迁就、不避让、做到事故“三不放过”。对本公司处理不服的，可向上级有关部门提出异议和起诉。事故处理结案后，由公司安全科负责将各有关材料收集整理，存档建卡。必须要办理工伤审批手续的，由公司负责办理。

## 11.2 安全保证措施

西纳川水库工程采取了全面的安全保证措施，妥善保护参建人员的人身安全。本节选择挡水建筑物、溢洪洞及放水洞三个单位工程中部分具有代表性的安全保证措施予以介绍。

### 11.2.1 挡水建筑物安全保证措施

#### 11.2.1.1 高边坡施工安全保证措施

(1) 高边坡施工人员必须戴好安全帽，系好安全带，绑挂安全带的绳索应牢固地拴在可靠的安全桩上，绳索应垂直，不得在同一个安全桩上拴两根及以上安全绳或在一根安全绳上拴两人以上。

(2) 高边坡施工应设置安全通道；开挖工作面应与装运作业面相互错开，严禁上、下交叉作业。边坡上方有人工作时，边坡下方不准有人停留或通行。

(3) 清理边坡上突出的块石和整修边坡时，应从上而下顺序进行，坡面上松动的土、石块必须及时清除。严禁在危石下方作业、休息和存放机具。

(4) 施工中如发现山体有滑动、崩坍迹象危及施工安全时，应立即停止施工，撤出人员和机具，并报告监理办和项目部处理。

(5) 滑坡地段的处理，应从滑坡体两侧向中部自上而下进行，严禁全面拉槽开挖。施工中要设专人观察，严防塌方。

(6) 遇有大雨、大雪、大雾及六级(含六级)以上大风等恶劣天气时，应停止作业。高边坡路堤下方有道路的，施工时应设置警示标志。

(7) 施工机械靠近路堤边缘作业时，应根据路堤高度留有必要的安全距离，并应有专人指挥，指挥人员不得进入机械作业范围内。

(8) 弃土下方和有滚石危及范围的道路，应设警告标志，作业时下方禁止车辆、行人通行。

#### 11.2.1.2 砌石工程安全技术保证措施

(1) 施工人员进入施工现场前应经过三级安全教育，熟悉安全生产的有关规定。

(2) 施工人员在进行高边坡作业之前，应进行身体健康检查，查明是否患有高血压、心脏病等其他不宜进行高空作业的疾病，经医院证明合格者，方可进行作业。

(3) 进入施工现场应戴安全帽，操作人员应正确佩戴劳保用品，严禁砌筑施工人员徒手进行施工。

(4) 非机械设备操作人员，不应使用机械设备。所使用的机械设备应安全可靠、性能良好，同时设有限位保险装置。

(5) 砌筑施工时，脚手架上堆放的材料不应超过设计荷载，应做到随砌随运。

(6) 运输石料、混凝土预制块、砂浆及其他材料至工作面时，脚手架应安装牢固，马道应设防滑条及扶手栏杆。采用两人抬运的方式运输材料时，使用的马道坡度角不宜大于30°、宽度不宜小于 80 cm；采用四人联合抬运的方式时宽度不宜小于 120 cm。采用单人以背、扛的方式运输材料时，使用的马道坡度角不宜大于 45°、宽度不宜小于 60 cm。

(7) 堆放材料应离开坑、槽、沟边沿 1 m 以上，堆放高度不应大于 1.5 m；往坑、槽、沟内运送石料及其他材料时，应采用溜槽或吊运的方法，其卸料点周围严禁站人。

(8) 进行高边坡作业时，作业层(面)的周围应进行安全防护，设置防护栏杆及张挂安全网。

(9) 吊运砌块前检查专用吊具安全可靠程度，如性能不符合要求，严禁使用。

(10) 吊装砌块时应注意重心位置，严禁起重扒杆从砌筑施工人员的上空回转；若必须从砌筑区或施工人员的上空回转时，应暂停砌筑施工，施工人员应暂时离开起重扒杆回转的危险区域。

(11) 砌体中的落地灰及碎砌块应及时清理，装车或装袋进行运输，严禁采用抛掷的方法进行清理。

(12) 在坑、槽、沟、洞口等处，应设置防护盖板或防护围栏，并设置警示标志，夜间应设红灯示警。

(13) 严禁作业人员乘运输材料的吊运机械进出工作面，不应向正在施工的作业人员或作业区域投掷物体。

(14) 搬运石料时应检查搬运工具及绳索是否牢固，抬运石料时应采用双绳系牢。

(15) 用铁锤修整石料时，应先检查铁锤有无破裂，锤柄是否牢固。击锤时要按石纹走向落锤，锤口要平，落锤要准，同时要查看附近有无危及他人安全的隐患，然后落锤。

(16) 不宜在干砌、浆砌石墙身顶面或脚手架上整修石材，应防止振动墙体而影响安全或石片掉下伤人。

(17) 应经常清理道路上的零星材料和杂物，使运输道路畅通无阻。

(18) 遇恶劣天气时，应停止施工。在台风、暴风雨之后应检查各种设施和周围环境，确认安全后方可继续施工。

### 11.2.2 溢洪洞安全保证措施

#### 11.2.2.1 洞室开挖安全保证措施

(1) 洞口削坡应严格按照明挖要求进行，严禁上、下层同时作业，洞脸边坡一般设置马道，在马道外侧设挡碴墙，同时做好坡面的防护加固及坡面排水等工作.

（2）洞室开挖进洞前必须对洞脸岩体进行鉴定，确认稳定或采取措施后方可开挖洞口。

（3）自洞口计起，当洞挖长度不超过15～20 m时，应依据地质条件、断面尺寸，及时做好洞口的永久性或临时性支护。支护长度一般不小于10 m，当地质条件不良，全部洞身应进行支护时，洞口则应采用永久性支护。

（4）洞室开挖中如遇漏水和淋水地段。应有防水、排水措施。

（5）洞室开挖过程中应根据暴露时间、地质条件进行锁口，洞室钻孔作业时现场应有专人监护。

（6）保证洞内照明，加强通风换气，以增加洞室的清晰度，便于围岩观察。

11.2.2.2　爆破安全保证措施

（1）申报审批

①项目部爆破作业班组应根据生产实际需要，每月申报炸药计划用量、毫秒雷管段数等。项目部安全科汇总统计后，报公安机关等相关部门审批。

②实际作业时提前一天填报好爆破物品使用申请单，并将申请单送至项目部安全科。由项目部安全科负责通知爆破物品配送公司。

（2）保管

①项目部根据配送实际情况，在施工现场配爆破物品保管员。爆破物品经青海平盛爆破技术服务有限公司配送到现场后，由现场保管员负责保管。现场保管设保险柜，分区存放，爆破员保管员各一把，当天没有用完的器材通知青海平盛爆破技术服务有限公司及时退库。

②入库后保管员应签注物品到达的情况、数量，并将运输证回执联交回发证机关。收存和发放爆炸物品必须进行登记扫码，做到账目清楚，账物相符。

（3）使用及检查

①使用爆炸物品的人员，必须通过专门培训，经公安机关和行业主管部门考核合格，发放爆破作业证，方可作业，无证不得作业。

②对爆破员要进行定期考察，发现不能继续从事爆破作业的，应收回爆破作业证，停止从事爆破作业的权利。

③从业人员在使用爆炸物品前，必须认真填写爆破器材领用报告单，经主管签字审批后方可领用。

④从业人员领取爆炸物品时，必须严格履行领取、清退手续，领取数量不得超过当班的使用量，剩余的要当天退回，不得在作业地收藏。

⑤使用爆炸物品的作业组，除遵守上述应办理审批手续的规定外，必须实行爆炸物品领、耗、退登记及台账管理。

⑥严禁任何人将爆炸物品带回家私用、私藏、赠送、转让、转卖、转借给他人。

⑦从业人员在放炮前不得喝酒、作业中不得吸烟，必须坚持“双人双锁制”，不得违章作业。

⑧放炮员携带爆炸物品入井时，必须将炸药、雷管分开携带，不得混装。

⑨作业前，爆炸物品必须避开电源和危险地段存放，以防引爆或压爆事故的发生。

⑩使用爆炸物品的人员在作业中，必须接受项目部安全管理科和其他领导的检查和监督。

(4) 警戒

装药前在作业现场设置警戒线，用三角旗设置警戒范围；作业区用警绳标志，严禁无关人员进入作业区。

警戒前应做好与警戒范围内村民的沟通协调工作，做好安全宣传工作，以尽量得到其理解和协助。

为确保安全，清场小组于爆破前 1 h 在警戒范围内进行清场工作，撤离警戒范围内的闲杂人员，特别是警戒范围内放牧的村民，准备爆破前对清查区域进行检查。在确保警戒区内无闲杂人员的情况下向爆破组汇报，听从爆破组的命令，协助警戒小组做好安全警戒工作。起爆 5 min 后，经爆破专职人员对爆破现场安全检查，确认无拒爆、盲炮现象时，方可解除警戒。

(5) 对盲炮、哑炮的处理

爆破后，爆破员必须按规定认真检查爆区有无盲炮。发现盲炮或怀疑有盲炮时，应立即报告并及时处理。不能及时处理的盲炮，应在附近设立明显标志，并采取相应的安全措施。电力起爆发生盲炮时，应立即切断电源，及时将爆破网络短路。

处理盲炮时，应做好安全警戒工作，无关人员不得进入现场。盲炮处理后，应仔细检查爆堆，如有残余的爆破器材应收集销毁。具体的处理情况，应由处理人员填写登记卡片。

处理钻孔爆破盲炮时，可选用下列方法：

①因爆破网络问题引起的盲炮，经检查和处理后，重新连线起爆。

②在盲炮孔附近投放裸露药包诱爆。

③经测量定位，在盲炮周围钻孔、埋药起爆，消除盲炮浅点。

(6) 退库

当班爆破作业后，必须对火工品做退库处理，严禁存放在现场留到下一班使用或者过夜。仓库保管员必须对退回火工品作分类登记，并经签字确认。

(7) 其他注意事项

①石方开挖爆破，按国家《爆破安全规程》(GB 6722—2014)、《中华人民共和国民用爆炸物品管理条例》、省民用爆破物品管理实施细则及市公安局的有关规定执行，设立爆破安全小组，负责爆破作业安全工作。

②爆破作业必须统一指挥，统一布置。

③火工品由专人现场保管，专人负责领取，当天没有用完的火工品必须登记入库。

④进入施工现场的人员必须戴安全帽，没有戴安全帽的人员一律不准进入施工现场。

⑤对在坡度较陡或危险的工作面进行钻孔装药或危岩的处理等作业时，必须采取相应的安全措施，以保证工作人员的安全。

⑥爆破作业不准在夜间、暴雨天、大雾天进行，同一爆区爆破作业不准边钻孔、边装药联网络作业。

⑦爆破时，在爆破安全区外设置警戒人员，以防飞石击伤过往行人和车辆。

⑧爆破前，必须由爆破员对使用引爆器材进行检查，不合格材料不得使用。

⑨爆破前，必须对危险位置采取安全防护措施，确保爆破范围周边设施和建筑物的安全。

⑩起爆 5 min 后，经爆破员对爆破现场安全检查，确认无拒爆、盲炮现象时，方可解除警戒。

### 11.2.3 放水洞安全保证措施

#### 11.2.3.1 支护安全保证措施

在洞室开挖过程中，要根据工程地质条件情况、施工进度、围岩监测情况结合洞室用途掘进方法的要求，确定对围岩进行稳定加固的支护方式和支护时间，其具体要求包括：

（1）一般规定

①洞室的支护工作应根据地质条件，洞室结构断面尺寸、开挖工艺、围岩暴露时间等因素作出支护设计，并制定详细具体的施工说明书并向施工人员交底。

②施工人员应根据施工相关的规定及时进行支护，一般应在围岩出现有害的松弛变形之前支护完毕。

③开挖期间和每茬炮后，都应对支护进行检查维护，使之保持良好的受力状态。

④对于特殊不良地段的临时支护，应结合永久支护进行，即在不拆除或部分拆除临时支护的条件下，进行永久支护。

（2）喷锚支护

①施工前应通过现场试验法，制定合理的锚杆参数。

②岩石渗水较强地段，喷射混凝土之前应设法把渗水集中排出，喷后钻排水孔，以防喷层脱落伤人。

③凡锚杆孔的直径大于设计规定值时，一律不准装锚杆。

④喷锚工作结束后，应指定专人检查喷锚质量，如喷层厚度以及有关脱落、变形等现象，发现问题及时处理。

（3）构架支护

构架支撑包括木支撑、钢支撑、钢筋混凝土支撑，其架设应满足下列要求：

①采用本支撑时应严格检查材料质量。

②支撑柱应放在平整岩面上，一般应挖柱窝。

③支撑和围岩之间必须用板、楔或小型混凝土预制块塞紧。

④危险地段，支撑应紧随挖面进行，必要时可先设临时立柱顶。预计难以拆除的支撑应采用钢支撑。

⑤支撑应经常检查，发现杆件破裂、倾斜，扭曲、变形及其他异常征兆时，应仔细分析原因，采取可靠措施进行处理。

#### 11.2.3.2 隧洞工程预制构件安全保证措施

在钢拱架制作和搬运过程中，钢拱架构件需绑扎牢固，防止发生碰撞伤人、车辆倾覆、构件坠落等事故。在架设钢架前，采用垫板等将钢拱架的基础面垫平。架设时，采用纵向连结杆件将相邻的钢拱连结牢固，防止钢拱架倾覆或扭转及变位等质量事故。

隧洞施工所用的各种机械设备和劳动保护用品经常接受检查并进行定期检验，以保证它们处于良好状态。施工中，施工人员对洞内围岩及地面位移变形情况进行观测，检查支护、顶板是否处于安全状态，出现异常情况立即停工处理。

## 11.3 安全检查管理

### 11.3.1 安全检查机构

为保证安全制度和措施的落地和监督，本项目成立安全生产大检查大整治行动工作领导小组，总经理李延文任组长，副队长马成坤、卢义德、马占平任副组长，各建设项目负责人及专职安全员为领导小组成员。领导小组办公室设在西宁市湟中区水电开发总公司办公室，负责日常事务(图 11-1)。

在建工程项目部负责人组织人员对工程建设重点领域、薄弱环节进行安全隐患排查整治，全面落实安全生产责任和措施，努力实现安全生产监管全覆盖、无死角，确保不发生安全生产事故。

**图 11-1 安全工作领导小组会议**

### 11.3.2 安全检查内容

(1) 着重查看生产现场的关键部位和特殊作业的隐患排查整治工作。督促施工方以自检形式为主，进行全过程、各方位的全面安全状况的检查。在检查过程中发现问题，马上通知相关人员对现场进行整改，发现人的问题，立即批评、教育，必要时进行处罚和处理。做到闭环管理，安全隐患整改率达到100%。

(2) 督促施工单位对右岸边坡框格梁施工、坝顶排水沟作业等及时进行安全技术交底，明确操作要求，确保安全生产。

(3) 督促施工单位针对工程项目实际，对员工开展关于安全生产管理制度、安全职责、机械操作规程、事故防范、防护用品等方面的安全教育，督促施工单位进行"班前5分钟安全教育"培训，三类人员、特种作业持证上岗。保证持证上岗率达到100%。

(4) 严格执行强制性条文要求，对各单位及时开展强条检查，主要针对重点部位安全防护用品、高边坡安全防护措施及施工现场临时用电等情况的监督管理。

(5) 针对上级领导下发的疫情防控指示及近期施工现场的安全生产工作召开会议。

(6) 月底按时上报水利安全生产系统、上报安全生产专项整治三年行动的"三张清单"及安全生产月工作总结，每周上报安全生产隐患清单，应上级领导要求每日进行安全生产大督查大整治工作，及时上报"两单四表"，使安全生产工作层层闭环，确保水利工程建设安全运行。

### 11.3.3 安全监督检查

为认真贯彻落实工程安全管理的法律、法规、条例以及规范、规定和设计标准，确保西纳川水库工程安全生产，建立、完善以项目经理为首的安全生产大督查大整治行动工作领导小组，有组织、有领导地开展安全管理工作。每月组织监理、设计、施工、质检等参建单位及时对施工现场重点部位、危险区域进行安全生产联合大检查，针对检查中发现的隐患，要求相关负责人立即进行现场整改。督促施工单位进行定期和不定期相结合的排查，针对施工现场实际，按照不留死角的要求对高边坡、机械设备、安全用电、防火等"严查细查，查准查深，整改彻底"，从源头上彻底治理和杜绝隐患复发，对不能现场整改的，及时进行梳理汇总，及时召开安全生产例会进行讨论分析，明确隐患整治内容、责任部门、整改期限、整改措施、责任人、督查责任人。通过日常的工作和高频次的安全检查，使安全教育培训全面、细致落实，不留死角，做到闭环管理，确保整改率达到100%，并将安全隐患排查情况及时上报西宁市湟中区水利局。

## 11.4 应急安全管理

为保证项目安全，项目施工单位和建设单位制定各项应急安全预案，完善安全管理体系，本节就较为重要和常用的安全生产事故、人身伤亡应急预案作详细说明。

### 11.4.1 安全生产事故应急预案

(1) 信息报告与通知

①应急领导小组设立值班室，保证值班人员24 h值班。值班室明示应急组织通信联系人及电话等。

②突发安全事故发生时，事故现场有关人员立即迅速报告应急领导小组。

③应急领导小组值班人员接警后，立即将警情报告有关事故应急小组及负责经理；特别重大事故，可直接向应急领导小组总指挥、副总指挥及相关单位（部门）负责人报告。同时按规定，向上级主管单位报告。

（2）信息上报

①事故信息上报采取分级上报原则，最终由工程项目部向国家、政府有关部门上报。

②信息上报内容包括：单位发生事故概况；事故发生时间、部位以及事故现场情况；事故的简要经过；事故已经造成的伤亡人数（包括下落不明的人数）和初步统计的直接经济损失；已经采取的措施；等等。

③根据事故性质，工程项目部按照国家规定的程序和时限，及时向政府有关部门报告。

（3）信息传递

事故现场第一发现人员→项目负责人→应急领导小组→应急机构（各应急组）→应急小组人员→项目负责人→上级主管部门。

（4）应急响应

①响应程序

项目部应急响应的过程为接警、警情判断、应急启动、控制及应急行动、扩大应急、应急终止和后期处置。

②处置措施

施工现场突发事故发生后，由现场应急领导小组根据事故情况开展应急工作的指挥与协调，通知有关各应急救援组赶赴事故现场进行事故抢险救护工作。

③召集、调动应急力量

各抢险救护组接到应急领导小组指令后，立即响应，如派遣事故抢险人员、运送物资设备等迅速在指定位置聚集，并听从现场总指挥部的安排。现场总指挥部按本预案确立的基本原则、专家建议，迅速组织应急力量进行应急抢救，并且要与各应急救援组保持通信畅通。当现场现有应急救援力量和资源不能满足抢救行动要求时，及时向上级主管单位报告请求支援。

④现场处置

事故发生时，必须保护现场，对危险地区周边进行警戒封闭，按本预案营救、急救伤员和保护财产。如若发生特殊险情时，应急指挥中心在充分考虑专家和有关方面意见的基础上，依法及时采取应急处置措施。

⑤医疗卫生救助

事故发生时，及时赶赴现场开展医疗救治等应急工作。

### 11.4.2 人身伤亡专项应急预案

对受伤人员进行及时有效的现场急救以及转送医院进行治疗，是减少事故现场人员伤亡的关键。医疗救助人员必须了解相关伤害的救治特点，并经过相应的培训，掌握对受伤害人员进行正确消毒和治疗的方法。

(1) 急救和诊断注意事项

①紧急救护要争分夺秒,就地抢救,动作迅速,方法正确。

②要认真观察伤员全身情况,发现呼吸、心跳停止时,应立即在现场用心肺复苏法就地抢救。

③在现场紧急救护的同时,应与急救中心或附近医疗单位取得联系,请求给予救治的指导与帮助。在医务人员未到达前,或未送达医疗单位前,不应放弃现场抢救,伤员死亡诊断只能由医生做出。

④现场救护或伤员监护人,在将伤员移交医疗单位时,必须将有关伤员的情况向医生作情况通报。

(2) 诊断原则

①根据事故的性质、程度,毒物的种类和毒性,有无燃烧、爆炸、窒息,有无触电、撞击等现场情况分析可能致病原因。

②迅速准确地对伤员进行检查与询问,根据伤员临床症状和体征来分析判断。

③在原因不明、诊断不清的情况下,应认真做好与其他疾病的鉴别,以免误诊,造成抢救的延误和失效。

(3) 急救要点

①立即解除致病的原因,脱离事故现场。

②神志不清的病员应有专人监护,应防止病员气道梗阻,缺氧者给予氧气吸入;呼吸停止者立即施行人工呼吸;心跳停止者立即实行胸外心脏按压。

③皮肤烧伤者应尽快清洁创面,用清洁或已经消毒的纱布保护好创面;眼睛灼伤后应优先彻底清洗。

④伤员骨折(特别是脊柱骨折)时,在没有被正确地固定的情况下,除止血外,包扎应尽量少动伤员,以免加重损伤。

⑤请勿随意给伤员饮食,以免呕吐物误入气管。

⑥置伤员于空气新鲜、安全清静的环境中。

⑦防止休克,特别要保护心脏、肝、脑、肺、肾等重要器官的功能。

(4) 现场恢复

在恢复现场的过程中往往仍存在潜在的危险,如触电、受损建筑倒塌等,所以应充分考虑在恢复现场过程中可能发生的危险,制定现场恢复的程序,防止恢复现场的过程中事故的再次发生。

(5) 应急结束

应急工作中,在充分评估危险和应急情况的基础上,由上级公司安全生产部确认事故(事件)现场得以控制,或已经采取了必要的措施,可以关闭应急预案时,应向上级公司请示、报告,经上级领导同意并发布关闭应急预案命令后,现场应急处置工作结束,应急救援队伍撤离现场。

现场应急处置工作结束后,参加救援的部门和单位应认真核对参加应急救援人数;

清点救援装备、器材；核算救灾发生的费用；整理应急救援记录、图纸，形成救灾报告。

应急响应结束后，要做好预案的持续改进工作，根据应急救援工作记录、方案、文件等资料，组织专家对应急救援过程和应急救援保障等工作进行总结和评估，提出改进意见和建议，由事故（事件）现场应急救援指挥部完成事故（事件）应急救援总结报告，报送上级部门。

# 第十二章　西纳川水库资金管理

西纳川水库工程依照国家与行业的相关规定进行资金管理工作，为工程建设顺利开展奠定了重要的基础。本章从资金的计划管理、使用管理、监督管理三个方面来介绍西纳川水库工程的资金管理工作情况。

## 12.1　资金计划管理

### 12.1.1　投资估算

西纳川水库工程估算总投资为 49 615.87 万元，包含建筑工程投资、机电设备及安装工程投资等多项投资，投资估算主要指标如表 12-1 所示。

**表 12-1　投资主要指标表**

| 序号 | 名称 | 单位 | 数值 |
| --- | --- | --- | --- |
| 1 | 总投资 | 万元 | 49 615.87 |
| 2 | 静态总投资 | 万元 | 45 576.93 |
| 3 | 建筑工程投资 | 万元 | 33 669.32 |
| 4 | 机电设备及安装工程投资 | 万元 | 228.41 |
| 5 | 金属结构设备及安装投资 | 万元 | 186.85 |
| 6 | 临时工程投资 | 万元 | 2 723.97 |
| 7 | 独立费用 | 万元 | 6 598.05 |
| 8 | 预备费 | 万元 | 2 170.33 |
| 9 | 库区淹没补偿费 | 万元 | 1 647.33 |
| 10 | 建设占地补偿费 | 万元 | 1 243.36 |
| 11 | 水土保持费 | 万元 | 463.58 |
| 12 | 环境保护费 | 万元 | 684.67 |
| 13 | 基本预备费率 | % | 5 |
| 14 | 总工期 | 年 | 4 |

### 12.1.2　设计概算

设计概算是指在初步设计阶段，在投资估算的控制下，由设计单位根据初步设计或扩大初步设计图纸及说明、概算定额或概算指标、综合预算定额、取费标准、设备材料预算价格等资料，编制确定建设项目从筹建至竣工交付生产或使用所需全部费用的经济文件。设计概算是设计文件的重要组成部分，是编制基本建设计划，实行基本建设投资大包干，控制基本建设拨款和贷款的依据，也是考核设计方案和建设成本是否经济合理的依据。西纳川水库工程设计概算如表 12-2 所示。

**表 12-2 西纳川水库工程设计概算总表**

| 序号 | 工程或费用名称 | 建安工程费（万元） | 设备购置费（万元） | 独立费用（万元） | 合计（万元） | 占五部分百分比（%） |
|---|---|---|---|---|---|---|
| Ⅰ | 工程部分投资 | | | | | |
| | 第一部分：建筑工程 | 33 320.64 | | | 33 320.64 | 77.23% |
| 一 | 挡水工程 | 28 226.79 | | | 28 226.79 | 65.42% |
| 1 | 上坝址混凝土面板坝 | 28 226.79 | | | 28 226.79 | 65.42% |
| 二 | 泄洪工程 | 3 917.94 | | | 3 917.94 | 9.08% |
| 1 | 溢洪洞 | 1 359.44 | | | 1 359.44 | 3.15% |
| 2 | 导流放水洞 | 2 558.50 | | | 2 558.50 | 5.93% |
| 三 | 交通工程 | 411.67 | | | 411.67 | 0.95% |
| 四 | 房屋建筑工程 | 604.65 | | | 604.65 | 1.40% |
| 五 | 供电设施工程 | 38.94 | | | 38.94 | 0.09% |
| 六 | 其他建筑工程 | 120.65 | | | 120.65 | 0.28% |
| | 第二部分：机电设备及安装工程 | 64.34 | 429.71 | | 494.05 | 1.15% |
| | 第三部分：金属结构设备及安装工程 | 33.13 | 158.34 | | 191.47 | 0.44% |
| | 一至三部分之和 | 33 418.11 | 588.05 | | 34 006.16 | 78.82% |
| | 第四部分：临时工程 | 2 597.87 | | | 2 597.87 | 6.02% |
| 1 | 导流工程 | 683.36 | | | 683.36 | 1.58% |
| 2 | 施工交通工程 | 695.13 | | | 695.13 | 1.61% |
| 3 | 施工用电 | 21.24 | | | 21.24 | 0.05% |
| 5 | 临时房屋建筑工程 | 319.70 | | | 319.70 | 0.74% |
| 6 | 其他临时工程 | 878.44 | | | 878.44 | 2.04% |
| | 一至四部分之和 | 36 015.98 | 588.05 | | 36 604.03 | 84.84% |
| | 第五部分：独立费用 | | | 6 540.52 | 6 540.52 | 15.16% |
| 1 | 项目建设管理费 | | | 493.41 | 493.41 | 1.14% |
| 2 | 生产准备费 | | | 262.25 | 262.25 | 0.61% |
| 3 | 科研勘测设计费 | | | 3 910.37 | 3 910.37 | 9.06% |
| 4 | 其他 | | | 1 874.49 | 1 874.49 | 4.34% |
| | 一至五部分之和 | 36 015.98 | 588.05 | 6 540.52 | 43 144.55 | 100.00% |
| | 基本预备费 5% | | | | 2 157.23 | |
| | 静态投资 | | | | 45 301.78 | |

续表

| 序号 | 工程或费用名称 | 建安工程费（万元） | 设备购置费（万元） | 独立费用（万元） | 合计（万元） | 占五部分百分比(%) |
|---|---|---|---|---|---|---|
| | 动态投资 | | | | 45 301.78 | |
| Ⅱ | 工程占地及移民安置补偿费 | | | | | |
| | 工程淹没及征地补偿费 | | | | 3 168.72 | |
| Ⅲ | 水土保持工程(含水土方案编制费) | | | | 463.58 | |
| Ⅳ | 环境保护工程 | | | | 684.67 | |
| ∑ | 总投资 | | | | 49 618.75 | |

### 12.1.3 资金计划编报管理

规范公司资金计划管理程序，确保资金的有序调配，提高资金的使用效率，预防财务风险，降低财务成本，保障公司经营业务顺利有序地开展，对资金计划编报工作提出如下要求：

(1) 资金计划的编制要求

①资金计划应真实、全面地反映公司资金运作的实际情况。

②各部门应按统一格式编制资金使用计划。

③各部门应准确、及时地报送各期资金使用计划。

④资金计划中各项资金的收入、支出均按收付实现制原则确定。

⑤严格按照资金计划开展经营活动，并做好相应的监控、考核。

⑥实行资金计划分级管理原则，各计划编制部门负责人对计划的编制执行承担责任。

(2) 资金计划的编制程序

①公司资金计划的编制实行自下而上编报和自上而下下达执行的程序。

②公司各部门按年、季、月编制本部门货币资金收支计划，并上报公司资金部门。

③公司资金部门审查、汇兑各部门计划并综合平衡后，报公司领导批准，统一安排各部门的资金计划。

(3) 资金计划的编制时间

①每月 25 日前完成并上报下月的月度资金计划。

②每季度最后一个月的 20 日前完成并上报下季度的资金计划。

③每年 12 月 15 日前完成并上报下一年度的年度资金计划。

(4) 资金计划的执行

①资金计划经董事会资金会议审议确定后，即成为财务部门收付款及资金计划完成率的考核依据，原则上不得进行调整。

②各部门应积极组织，确保资金收入计划的完成。

③资金支出计划原则上不予追加。如遇突发事件需追加当期资金计划的，需由使用部门提出追加申请，经公司领导审批后，财务处在保证原资金计划付款项目的前提下予以支付。

### 12.1.4 历年投资计划

西纳川水库工程历年投资计划如表12-3所示。

**表12-3 西纳川水库工程历年投资计划** 单位:万元

| 编号 | 名称及规格 | 总投资 | 建设工期(四年) | | | |
|---|---|---|---|---|---|---|
| | | | 第一年 | 第二年 | 第三年 | 第四年 |
| 一 | 工程部分 | 35 918.51 | 10 775.55 | 14 367.40 | 7 183.70 | 3 591.85 |
| 1 | 建筑工程 | 33 320.64 | 9 996.20 | 13 328.27 | 6 664.13 | 3 332.06 |
| (1) | 挡水工程 | 28 226.79 | 8 468.04 | 11 290.72 | 5 645.36 | 2 822.68 |
| (2) | 泄洪工程 | 3 917.94 | 1 175.38 | 1 567.18 | 783.59 | 391.79 |
| (3) | 交通工程 | 411.67 | 123.50 | 164.67 | 82.33 | 41.17 |
| (4) | 房屋建筑工程 | 604.65 | 181.40 | 241.86 | 120.93 | 60.47 |
| (5) | 供电设施工程 | 38.94 | 11.68 | 15.58 | 7.79 | 3.89 |
| (6) | 其他建筑工程 | 120.65 | 36.20 | 48.26 | 24.13 | 12.07 |
| 2 | 施工临时工程 | 2 597.87 | 779.36 | 1 039.15 | 519.57 | 259.79 |
| (1) | 导流工程 | 683.36 | 205.01 | 273.34 | 136.67 | 68.34 |
| (2) | 施工交通工程 | 695.13 | 208.54 | 278.05 | 139.03 | 69.51 |
| (3) | 施工用电 | 21.24 | 6.37 | 8.50 | 4.25 | 2.12 |
| (4) | 房屋建筑工程 | 319.70 | 95.91 | 127.88 | 63.94 | 31.97 |
| (5) | 其他临时工程 | 878.44 | 263.53 | 351.38 | 175.69 | 87.84 |
| 二 | 安装工程 | 97.47 | 29.24 | 38.99 | 19.50 | 9.74 |
| 1 | 机电安装工程 | 64.34 | 19.30 | 25.74 | 12.87 | 6.43 |
| 2 | 金属结构安装工程 | 33.13 | 9.94 | 13.25 | 6.63 | 3.31 |
| 三 | 设备工程 | 588.05 | 176.41 | 235.22 | 117.61 | 58.80 |
| 1 | 机电设备工程 | 429.71 | 128.91 | 171.88 | 85.94 | 42.97 |
| 2 | 金属结构设备工程 | 158.34 | 47.50 | 63.34 | 31.67 | 15.83 |
| 四 | 独立费用 | 6 540.52 | 1 962.16 | 2 616.21 | 1 308.10 | 654.06 |
| 1 | 项目建设管理费 | 493.41 | 148.02 | 197.36 | 98.68 | 49.34 |
| 2 | 生产准备费 | 262.25 | 78.68 | 104.90 | 52.45 | 26.23 |
| 3 | 科研勘测设计费 | 3 910.37 | 1 173.11 | 1 564.15 | 782.07 | 391.04 |
| 4 | 其他 | 1 874.49 | 562.35 | 749.80 | 374.90 | 187.45 |
| 四部分之和 | | 43 144.55 | 12 943.36 | 17 257.82 | 8 628.91 | 4 314.45 |

## 12.2 资金使用管理

### 12.2.1 工程结算支付管理

#### 12.2.1.1 进度款阶段计量结算

(1) 合同工程计量结算

①工程量计算方式和计价方式严格按公司与各承包商签订的承包合同执行。

②承包商每月 25 日前上报本月实际已完成并经验收合格的工程量报表至监理单位。

③监理单位应在 7 日内审核完毕(暂不开具支付证书),并报工程部。

④工程部经理根据本月完成工程质量、进度、安全等情况进行复审后,5 日内上报给公司总工程师。

⑤总工程师对上报的进度计量书进行审核,并传递至公司项目经理。

⑥项目经理对进度计量书进行审批,计量的最终审批为公司总经理。经最终审批的进度计量报表发至监理工程师,进入支付程序。

(2) 零星工程的结算程序

①工程量计算方式和计价方式严格按公司与各承包商签订的承包合同执行。

②工程完工后,由承包人上报实际已完成并经验收合格的工程量结算书至工程部。

③工程部经理根据完成工程质量、进度、安全等情况进行审核后,5 日内上报公司总工程师。

④总工程师对上报的工程量结算书进行审查,并传递至项目经理。

⑤项目经理对工程量结算书进行审批,计量的最终审批权为公司总经理。经最终审批的工程量结算书发至工程部,进入支付程序。

#### 12.2.1.2 竣工验收计量结算

竣工验收计量结算主要依据以下规定:

(1) 工程量计算方式和计价方式严格按公司与各承包单位签订的承包合同执行。

(2) 单位工程经竣工验收后,由承包单位在 3 个月内上报竣工结算书至监理单位。

(3) 监理单位应在 1 个月内审核完毕,并报工程部。

(4) 工程部经理根据竣工工程实施情况进行初审后,委托造价咨询中介机构或评审中心审核。

(5) 工程部经理组织财务管理部依据结算书审核结果扣除工程进度款、质量保证金和其他应扣除的款项(预付款、水电费、违约金等)确定最后的支付金额,然后上报公司总经理。

(6) 公司总工程师签署意见后,传递至项目经理。

(7) 项目经理签署意见后,报公司总经理审批;竣工结算的最终审批权为公司总经理。

(8) 经最终审批的竣工结算书发至监理工程师,进入支付程序。

### 12.2.2 现场计量支付管理

项目法人全面负责督导施工单位、监理单位严格按照合同文件及建设单位有关工程结算、计量、支付管理制度规定的方法和程序实施现场结算计量管理工作。

建设单位组织施工单位、监理单位建立现场合同工程量台账和满足支付条件的月实际完成工程量台账，以合同工程量台账为目标，实施总量控制，以月实际完成工程量台账为依据，实施月进度支付。重视平时现场计量管理工作，将每月结算日集中计量审核工作有计划地分配到日常性工作中，减轻结算日集中计量审核工作量，提高审核质量。

由施工单位提出计日工支付需经监理单位批复的，或监理单位指示的动用合同规定的计日工方式实施某项目工作时，必须事先征得项目法人的同意，计日工结算支付必须有建设单位审批意见。合同规定的总价支付项目结算，要严格按照实际完成情况实施进度控制。

现场工程量台账的建立遵循以下要求：

(1) 建设单位负责组织施工单位、监理单位以及相关技术人员和本单位人员共同研究，统一工程量计算方法、统计格式，明确计算、校核、审核责任，限定时间，分别计算，互相校核，统一建账。

(2) 合同工程量和变更工程量分别计量支付。

(3) 对土石方工程及其他因施工进程而导致事后无法准确核算总量的工程项目，其总工程量的计量工作必须在该项工程开工前实施。建设单位负责组织施工和监理单位人员，三方共同研究确定统一的现场测绘方案和计算方法，测量记录等原始资料、计算书、计算结果在开工前由三方签字确认。加强施工过程中土石方分界线的测量确定，做好土石方工程量划分和月实际完成工程量计算工作。

(4) 月实际完成工程量台账由施工单位按照合同工程报价单规定的项目、编号填报，注明所报工程量的具体部位及项目划分编号，并附有每个项目工程量计算书及简图，然后由现场监理单位结合合同工程量台账进行审核，建设单位最终审定月实际完成工程量，施工单位以建设单位最终审定的月实际完成工程量办理月进度支付手续。

(5) 加强变更工程量计量管理，做好返工、变更前的量测记录工作。

### 12.2.3 款项支付原则

涉及款项支付，主要包括对工程款、按月支付进度款、零星工程款、竣工结算工程款、工程质量保修金的支付要求，具体如下。

工程款支付的原则主要包括：

(1) 严格按合同执行，按时间节点不得超付。

(2) 应支付的款项必须要有经公司分管副总经理或总经理审批的结算证明材料。

(3) 支付的款项必须已列入本月的支付计划。

(4) 充分尊重监理单位与工程部意见，以利于监理单位、工程部的现场管理。

按月支付进度款的支付原则为：

（1）每月财务管理部应根据工程部提供的相关进度说明，编制工程款支付额度计划，报总经理审批后执行。

（2）监理工程师收到经公司分管副经理审批的进度结算证明后，开具工程进度款支付证书。

（3）承包单位根据监理工程师的支付证书，填写《工程款支付申请审批表》，报给工程部。

（4）工程部在《工程款支付申请审批表》上签署意见后，上报给公司总工程师。

（5）公司总工程师在《工程款支付申请审批表》上签署意见后，传递至项目经理。

（6）项目经理在《工程款支付申请审批表》上签署意见后，传递至财务管理部。

（7）财务管理部在《工程款支付申请审批表》上签署意见后，上报给公司总经理。

（8）公司总经理在《工程款支付申请审批表》签署同意支付的意见后，进入支付环节。

（9）财务管理部出纳根据审批后的《工程款支付申请审批表》中的工程款支付额，通知承包单位到公司办理领款手续。

对于本月结算的零星工程计量款，按照下月月初才予以支付的原则进行处理：

（1）每月财务管理部制定的工程款支付额度计划，应单列一项用于零星工程款的支付项目。

（2）承包人根据经公司分管副总经理审批的工程量结算证明，填写《工程款支付申请审批表》，上报给工程部。

（3）工程部在《工程款支付申请审批表》上签署意见后，上报给公司总工程师。

（4）公司总工程师在《工程款支付申请审批表》上签署意见后，传递至项目经理。

（5）项目经理在《工程款支付申请审批表》上签署意见后，传递至财务管理部。

（6）财务管理部在《工程款支付申请审批表》上签署意见后，上报给公司总经理。

（7）公司总经理在《工程款支付申请审批表》签署同意支付的意见后，进入支付环节。

（8）财务管理部出纳根据审批后的《工程款支付申请审批表》中的工程款支付额，通知承包单位到公司办理领款手续。

竣工结算工程款的支付原则为：

（1）财务管理部应根据工程部提供的相关情况说明，编制竣工工程款支付额度计划，报总经理审批后执行。

（2）监理工程师收到经公司总经理审批的工程竣工结算证明后，开具竣工工程款支付证书。

（3）承包单位根据监理工程师的支付证书，填写《工程款支付申请审批表》，上报给工程部。

（4）工程部经理根据竣工项目情况在《工程款支付申请审批表》上签署意见后，上报给公司总工程师。

（5）公司总工程师在《工程款支付申请审批表》上签署意见后，传递至公司分管副总经理。

（6）公司分管副总经理在《工程款支付申请审批表》上签署意见后，传递至财务管理部。

(7) 财务管理部在《工程款支付申请审批表》上签署意见后，上报给公司总经理。

(8) 公司总经理在《工程款支付申请审批表》签署同意支付的意见后，进入支付环节。

(9) 财务管理部出纳根据审批后的《工程款支付申请审批表》中的工程款支付额，通知承包单位到公司办理领款手续。

工程质量保修金的支付原则为：

(1) 收集工程在保修期内的质量保修资料、保修记录。

(2) 工程部收到承包单位提交的申请支付质量保修金的报告后，应组织综合管理部、财务管理部、监理工程师进行审查，并征求公司领导和使用单位意见后，确认承包单位是否按保修书规定执行工程质量保修。

(3) 若认为保修期承包单位按保修书承诺的，已全面履行了保修义务，即可通知承包单位到公司填写《工程款支付申请审批表》，按规定程序申请审批。

(4) 若保修期内承包商未按保修书承诺进行保修，则由工程部提出保修期业主花费的费用，再由工程部、财务管理部、监理单位与承包商一起核定保修金应退还的额度，然后按规定程序申请审批后，由财务管理部支付剩余的质量保修金。

## 12.3　资金监督管理

### 12.3.1　资金监督管理机构

西纳川水库工程的资金监督管理机构包括上级行政主管部门和青海省审计厅。上级行政主管部门对资金管理工作进行不定期检查，青海省审计厅对其进行审计，使得资金管理工作更加标准、完善。

(1) 上级行政主管部门

上级行政主管部门对工程资金管理情况进行不定期检查，检查重点包括：

①各级配套资金到位情况。

②资金的使用明细，检查是否存在截留、挤占和挪用专项资金的现象。

③施工、监理、设计、征迁等过程中与工程相关的财务收支活动是否符合合同约定及财务管理要求，采购、招投标涉及资金使用的各项活动的规范性。防止出现大额现金支付、材料采购无发票、公款私存、资金流向与用途不符等情况。

④各项目部执行财务制定及纪律情况。

⑤对审计部门的审计检查意见的整改情况。

(2) 青海省审计厅

《中华人民共和国审计法》第二十二条规定审计机关应当对国家建设项目总预算或者概算的执行情况、年度预算的执行情况和年度决算、项目竣工决算，依法进行审计监督。

### 12.3.2　资金监督管理内容

西纳川水库工程的资金监督管理针对资金的计划、使用管理和与之相关的招投标管理、合同管理、内控管理等外延内容展开，全面覆盖资金管理工作的各个方面。西宁市湟中区水电开发总公司依照工程实际情况，确立了资金使用过程中的监督管理办法，主要包括财务责任、内外审计制度、建设资金筹措与管理、财务制度建设和加强资金管理等五方面。

(1) 财务责任

西纳川水库工程根据《中华人民共和国会计法》、《基本建设财务规则》、《水利基本建设资金管理办法》及国家有关政策法规的规定，结合建管局工程建设、管理要求，制定财务管理办法，建立并完善了会计核算、稽查、内控、报审体系，明确了各岗位职责、权限和行为规范。

(2) 内外审计制度

在内部审计方面，西宁市湟中区水电开发总公司依据国家法律法规实行内部控制制度，确定专岗专人负责，对单位内部的顶算管理、收支管理、政府采购管理、资产管理、建设项目管理、合同管理及其他领域进行检查监督，以明确管理权限、经济责任，及时发现问题，纠正违规行为。

在外部审计方面，西宁市湟中区水电开发总公司邀请和接受国家审计署、水利部、省发改委、省水利厅、省审计厅、区财政局、区审计局等主管部门对工程建设的全范围进行专项检查、监督、审计。对审计过程中发现的问题及时进行整改，对可能发生的问题，提前予以防范。

(3) 建设资金筹措与管理

西纳川水库工程总投资 49 618.75 万元。其中省级预算内资金 19 694 万元，市级预算资金 2 300 万元，县级预算资金 22 912.33 万元。

西纳川水库工程依据省财政部门下达的年度投资计划文件逐年拨入，并严格按照资金使用管理办法，按建设工程实际进度及时支出管理。

(4) 财务制度建设

西宁市湟中区水电开发总公司以国家财经法律法规为依据，制定出切合实际的工程进度款支付制度，每一笔工程款项的支付都必须由施工单位提出书面结算申请，经监理部门、项目部、质安办、技术办、计统办、财务办、主管领导审核，法定代表人批准，最终形成款项支付体系，明确岗位职责，对不相容职责分离、制约，部门间协调配合，办理时限效率都做出准确界定。在实际工作中，不断丰富管理经验，完善管理办法，保障工程建设资金安全、合理、及时、高效运行。

(5) 加强资金管理

所有工程建设资金，从拨入到支付、核算，都严格做到专户储存、专人管理、单独核算，在核算过程中，设立五级明细账户对工程项目、管理费用、债权债务、资金运转等详细记载。

# 第十三章 西纳川水库环境保护管理

西纳川水库的环境保护管理是指在水库工程的施工、运行等各个阶段，采取科学、合理、有效的措施，防止或减少水库工程对自然环境和社会环境的不利影响，保护生物多样性和水生态系统，促进水库工程与环境的协调发展，实现水库工程的可持续利用。通过系统化的环境保护管理体制、规范的环境管理措施、严密的监督与检查，确保工程建设过程中最大限度地减少生态破坏和环境污染。

## 13.1 环境保护管理体制

### 13.1.1 环境保护管理职责

环境管理是工程管理的一部分，是工程环境保护工作有效实施的重要环节，建设项目环境管理的目的在于保证工程各项环境保护措施能顺利实施，使工程建设对环境的不利影响得以减免，保证工程区环保工作的顺利进行，促进工程地社会经济与生态环境相互协调的良性发展。而环境保护管理职责的执行应以目的为导向，以确保有效实施环境保护措施，推动环境保护目标的实现。归纳工程建设的不同阶段，西纳川水库的环境保护管理职责如表 13-1 所示。

表 13-1 西纳川水库不同阶段的环境保护管理职责

| 工程建设阶段 | 环境保护管理职责 |
| --- | --- |
| 施工期 | ①组织、实施、验收施工期环境保护措施与监测工作；<br>②制定、落实各项环境保护制度；<br>③监督施工行为，保证各项施工活动符合环境保护要求；<br>④及时发现、处理施工期污染事故；<br>⑤协调、处理外环境敏感点因工程施工引发的环境问题 |
| 运行期 | ①贯彻执行国家及地方环境保护法律、法规和方针政策，执行国家、地方和行业环保部门的环境保护要求；<br>②组织、实施、验收运行期各项环境保护措施与监测工作；<br>③监督、管理库区各项开发活动及现有污染源排污情况，防止对库区环境造成污染，发现问题及时向当地环保部门反映，并协助解决；<br>④关注运行期环保措施，处理水库运行期间出现的环境问题 |

环境保护管理职责是实现环境保护管理目的的必要条件，而环境保护管理目的是指导和检验环境保护管理职责的依据。从项目全过程来看，水库工程的建设可能会对水环

境质量、环境空气、声环境质量、土地资源、生态环境、人群健康带来不利影响，产生固体废弃物，并对部分生态环境脆弱的环境敏感地区造成生态破坏，基于上述要素，西纳川水库的环境保护管理目标如下。

（1）水环境质量

施工期保证评价范围河段水质不致因本工程建设而降低，工程施工生产污水、生活污水经处理后应回用。运行期库区及坝下河段水质满足《地表水环境质量标准》（GB 3838—2002）Ⅱ类标准。

（2）环境空气与声环境质量

在工程建设过程中，采取切实可行的环保措施，尽量减少料场开挖对料场周边、材料运输对道路沿线居民及施工人员的影响，环境空气质量达到《环境空气质量标准》（GB 3095—2012）中的二级标准，声环境质量达到《声环境质量标准》（GB 3096—2008）Ⅱ类标准。合理安排施工方式和施工及运输时间，将施工区噪声控制在《建筑施工场界环境噪声排放标准》（GB 12523—2011）标准允许值以内；运行期厂界噪声控制在《工业企业厂界环境噪声排放标准》（GB 12348—2008）Ⅱ类标准以内。

（3）土地资源

保护和合理利用土地资源，对于受影响的耕地、林地及草场，尽可能采取恢复和防护措施，减小水库蓄水后的淹没、浸没影响。

（4）生态环境

保护库区和施工区生态系统的完整性、稳定性和多样性，维护其原有的生态功能。减缓工程建设活动对野生动物的繁殖、觅食的干扰和不利影响，使野生动植物物种不因工程建设而消失。维护库区水生生物和鱼类种群及生境，保障坝址下游河段水生生物生长、繁殖所需的基本流量。通过同步开展水土保持工作，尽量减少施工区、新建施工运输道路、取料场、弃渣场布置等的植被破坏，尽快恢复破坏的植被，妥善处理开挖和弃渣对环境的影响。

（5）人群健康

加强工程施工区的环境卫生管理，控制和消灭与工程施工和水库蓄水有关的传染病疫源地，防止各类传染病的流行。保障施工人员和周围村民人群健康，确保施工期施工区内不发生大规模的疾病流行，保证工程施工能顺利进行。

（6）固体废物

施工中开挖产生的弃渣应尽量做到回用，渣场要做好防洪和防流失处理。生活垃圾应被及时集中收集、清运，就近运至渣场进行卫生填埋处理。工程运行中大坝拦挡的上游漂浮物应及时打捞清理。

（7）环境敏感目标

经现场调查并结合工程地区环境功能和工程施工及运行特点可知，西纳川水库工程涉及环境保护敏感目标详见表 13-2。

表 13-2 西纳川水库环境敏感目标一览表

| 环境要素 | 环境保护目标 | 一般情况及相对位置 | 与本工程的关系 | 敏感对象 | 环境目标 |
| --- | --- | --- | --- | --- | --- |
| 陆域生态环境 | 施工区土壤、植被 | 主体工程永久占地 8.47 $hm^2$，管理区占地 0.27 $hm^2$，施工生产生活区临时占地 1.33 $hm^2$ | 主要施工场区 | 项目区土壤、植被 | 扰动土地整治率达到 99.47%，水土流失总治理度达到 99.13%，土壤流失控制比达到 1.2，拦渣率达到 100%，可实施林草措施的面积为 16.54 $hm^2$，绿化面积为 16.54 $hm^2$，林草植被恢复率达到 100%，林草覆盖率达到 47.38% |
| | | 料场占地 5 $hm^2$ | 取砂石、土料 | | |
| | | 弃渣场占地 3.00 $hm^2$ | 弃渣 | | |
| | | 施工道路永久占地 12.07 $hm^2$ | 施工运输道路 | | |
| | | 水库淹没 66.87 $hm^2$ | 永久占地 | | |
| 水环境 | 拉寺木河、西纳川沟 | 坝址处多年平均流量为 0.709 $m^3/s$ | 库坝建设区 | 拉寺木河、西纳川沟 | 水环境质量达到 GB 3838—2002 中Ⅱ类水域标准 |
| | | 湟中区上五庄、拦隆口、多巴 3 个镇农村饮水安全工程引水口 | 库坝下游约 3.5 km 处 | 供水规模为 7 568 $m^3$/日，供水收益区为 3 个镇 54 个行政村，64 312 人 | 水环境质量达到 GB 3838—2002 中Ⅱ类水域标准 |
| 环境噪声 | 拉寺木村、北庄村 | 坝址周围 500 m 范围内无居民区分布；建筑材料运输沿线分布居民区（拉寺木村、北庄村），影响人口约 200 人 | 声环境敏感点 | 声环境质量 | 施工期噪声控制在 GB 12348—2008 中Ⅱ类标准以内 |
| 社会环境 | 施工人员人群健康 | 施工高峰期人数 336 人 | 施工期入驻项目区 | — | 保障施工人员人群健康 |

### 13.1.2 环境保护管理制度

环境保护管理制度为西纳川水库建设工程提供了规范和指导，确保其在法律法规和环境标准方面的规范性。完备的管理制度有助于避免违法行为和环境污染，保障水库工程项目的可持续发展，本工程基于促进工程区环境保护与经济发展协调平衡的原则，制定了如下具有系统性和可操作性的管理制度。

（1）环境质量报告制度

为及时掌握工程及影响区环境现状与工程环境影响实际发生情况，建设单位应开展环境监测工作并实施环境质量报告制度。环境监测可采取承包合同制，由建设单位负责选择具有监测资质的单位，依照经审批的环境保护报告书确定的环境监测计划，对西纳川水库工程环境质量定期进行监测。

工程的生态与环境监测实行月报、年报和定期编制环境质量报告书以及年审的制度，及时将监测结果上报业主单位，以便随时掌握工程环境质量状况，并以此为依据制定工程区域环境保护对策。

（2）"三同时"验收制度

对防治污染、水土保持工程及水生生物保护工程等的设施执行"三同时"制度，即必须与建设项目同时设计、同时施工、同时投入运行。有关“三同时”项目须按合同规定经有关部门验收合格后才能正式投入运行。防治污染的设施不得擅自拆除或闲置。

(3) 宣传、培训制度

工程环境管理机构应经常通过广播、宣传栏等多种形式向工程技术人员宣传增强环保意识,使他们自觉地参与环境保护工作,让环境保护从单纯的行政干预和法律约束变成人们的自觉行为;定期组织对各施工单位环境保护专业技术人员的业务培训,提高其业务素质。

(4) 污染事故预防和处理措施

工程施工期间,如发生污染事故或其他突发性事件,造成污染事故的单位除立即采取补救措施外,还要及时通报可能受到污染的地区和居民,并报告建设单位环保部门与当地环境保护行政主管部门接受调查处理。建设单位接到事故通报后,会同地方环保部门采取应急措施,及时组织对污染事故的处理。

(5) 环境监理制度

西纳川水库施工期较长,环境影响及环境保护要求涉及因素较多,环境管理要求高,有必要成立专门的监理机构,对各项环保措施的实施效果进行监督控制。

### 13.1.3 环境保护管理依据

在制定环境保护管理制度时应充分考虑法律、法规、政策、技术规范、行业标准等内容。一方面,法律法规及政策规定了环境保护的基本要求、限制和标准,包括土壤、水质、大气质量、噪音、废物管理等方面;另一方面,技术规范与标准是根据行业最佳实践和经验制定的,能确保水库工程符合行业标准,保证环境管理活动的科学性、规范性和可持续性。本工程在进行环境保护管理时,重点以上述两方面为参考依据。

## 13.2 环境保护措施

### 13.2.1 施工期间的环境保护措施

(1) 水环境保护措施

①施工期生活污水处理措施

在施工期间,本工程的废水概况为:施工高峰期施工人数为 336 人,最不利情况下日产生废水量为 21.5 $m^3$,生活污水中 $BOD_5$ 浓度为 150 mg/L,COD 浓度为 200 mg/L,悬浮物浓度为 250 mg/L,$NH_3-N$ 浓度为 30 mg/L。为达到生活污水经过处理后,水质满足灌溉、绿化水质标准要求的设计目标,设计以下三种方案。

方案 1:采用化粪池。施工期生活污水在经过化粪池初步处理后排放,在以往工程中应用比较广泛,其原因主要是化粪池具有造价低、运行费低等特点,但是其处理效果较差。

方案 2:采用成套生活污水处理设备。随着人类环保意识增强和排放标准的提升,适宜于规模较小的生活污水的成套处理设备在水电工程施工中也应用广泛。生活污水属于低浓度有机废水，可生化性好且各种营养元素比较全的同时受重金属离子污染的可能性比较小。

方案 3：地埋式无动力设施。地埋式无动力设施工程投资小，处理效果较好，占地面积少，运行能耗低，管理维护方便，并可根据施工区地理位置的特殊性合理利用有限场地，但处理后污水水质不稳定。

通过对比三个方案结合主体工程施工情况，大坝施工区施工点集中，施工人数较多，水质保护级别高，因此，推荐本工程的生活污水采用方案 2 的成套生活污水处理设备对施工期生活污水进行处理，本工程运行后，还可续用该生活污水处理设施，节约环保投资并保护了区域水环境。对方案 2 进行详细设计，根据废水的排放强度，选用 WSZ－1 型钢板结构地埋式生活污水处理设备。为保证生活污水处理效果，粪便应预先经过化粪池处理，由于化粪池是公共卫生配套设施，因此不在污水处理系统设计考虑之列。本方案工艺流程如图 13-1 所示。

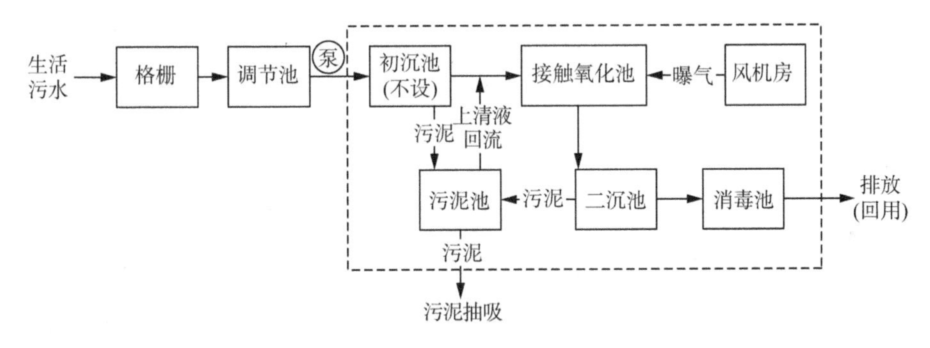


**图 13-1 生活污水处理工艺流程图**

在图 13-1 中不同的污水处理单元在整个污水处理工艺流程中相互衔接，各自承担不同的功能和作用，对此，分别进行如表 13-3 所示的设计。

**表 13-3 生活污水处理工艺中不同污水处理单元的设计情况**

| 污水处理单元 | 方案工艺设计 |
| --- | --- |
| 格栅 | 格栅井采用砖混形式，其尺寸为 $L \times B \times H = 1.0\ m \times 0.8\ m \times 1.0\ m$。在格栅井中设置人工格栅，主要是拦截随废水一起流出的大块悬浮物等，以免影响后续处理及损坏设备。由于含渣量不大，本方案采用人工定期清渣 |
| 调节池 | 格栅井出水送至调节池，调节池采用地下土建结构并做防渗处理，其尺寸为 $L \times B \times H = 2.5\ m \times 2.0\ m \times 2.0\ m$，污水停留时间为 4 h。污水在池内混合使其水质、水量达到均匀。在调节池中设置液位自动控制系统，当达到启动控制液位时，提升泵将污水提升进入初沉池 |
| 初沉池 | 由于废水的排放强度较小，故不设初沉池 |
| 接触氧化池 | 本方案接触氧化池分二级，污水流入该池进行生化处理，总停留时间 1 h 以上，池内挂净性填料或填装多面空心球，曝气装置为微孔曝气器，气水比 12∶1 左右 |
| 二沉池 | 生化处理后污水自流入二沉池，采用竖流式沉淀池，表面负荷 0.9～1.2 $m^3/(m^2 \cdot h)$，停留时间为 1.5～2.0 h，沉淀污泥自流至污泥池中 |

续表

| 污水处理单元 | 方案工艺设计 |
|---|---|
| 污泥池 | 初沉池和二沉池的污泥在该池进行厌氧消化,消化后剩余污泥较少,一般 1～2 年清理一次,清理时可用吸粪车从污泥池的检查孔伸入污泥底部,抽出外运施肥等 |
| 风机房、风机 | 采用 2 台鼓风机(交替使用),风机进口部位配有消音设备,可设于地面或地下 |
| 消毒池及消毒装置 | 消毒时间按规范的标准时间为 30 min,采用固体氯片接触溶解的消毒方式,消毒装置可根据出水量的大小不断改变加药量 |

注:初沉池、接触氧化池、污泥池、二沉池、消毒池包含在一体设备内。

同时,本方案所需的主要仪器设备详见表 13-4。

**表 13-4 生活污水处理设备清单**

| 序号 | 名称 | 型号/规格 | 数量 | 备注 |
|---|---|---|---|---|
| 1 | 人工格栅 | 间隙 5～10 mm,防锈防腐蚀 | 1 台 | 安装在格栅池 |
| 2 | 污水提升泵 | $Q$=5 $m^3$/h,功率 0.75 kW | 1 台 | 调节池提升泵 |
| 3 | 自动液位控制器 | MSA-11 | 1 个 | 安装在调节池 |
| 4 | 玻璃转子流量计 | LZB-50 | 1 个 | |
| 5 | 生活污水成套处理设备 | WSZ-A-1 | 1 套 | 地埋式钢制结构 |
| 6 | 风机 | L21LD,功率 1.5 kW | 2 台 | 两台交替使用 |
| 7 | 电控箱 | — | 1 套 | 风机房 |

②砂石料加工系统废水处理

本工程在大坝下游设置了一座砂石加工系统,砂石骨料加工系统中的筛分工艺需要加水冲洗和降尘,加入的水少部分消耗于生产过程,大部分将作为废水间接排放。经计算,本工程的废水概况如下:高峰期砂石料加工废水排放量约为 162 $m^3$/h,该类废水具有水量大、SS(固体浮悬物)浓度高的特点,借鉴一些已建工程的现场采样实测资料,确定工程砂石料加工系统废水 SS 浓度约为 40 000 mg/L。

为达到处理后的砂石废水 SS 浓度降低到 200 mg/L 以下的设计目标,本工程在砂石加工系统设置生产废水沉淀处理系统,废水经过处理后循环用于砂石骨料的筛分、冲洗,并根据砂石加工系统废水特性,拟定 3 个方案进行技术经济比较,具体如下。

方案 1:自然沉淀法。砂石加工系统产生的含高浓度 SS 的废水进入沉淀池,不使用絮凝剂,在沉淀池中自然沉淀,上清液回收利用。自然沉淀法方案的特点是处理流程简单,对基础建设技术和费用的要求相对较低,运行操作简单,运行费用少,但为了达到较好的处理效果,沉淀池对规模的要求很大。

方案 2:絮凝沉淀法。含高浓度 SS 的废水从预筛分、筛分、制砂等流出,先经过沉砂池把粗砂去除后再进入沉淀池,并在沉淀池中加入絮凝剂,使得小于 0.035 mm 的悬浮物得到快速、有效的去除,上清液回用。与方案 1 相比,本方案的占地面积相对较小,整个工艺处理效果好,但需要增加设备和运行费用。处理流程见图 13-2。

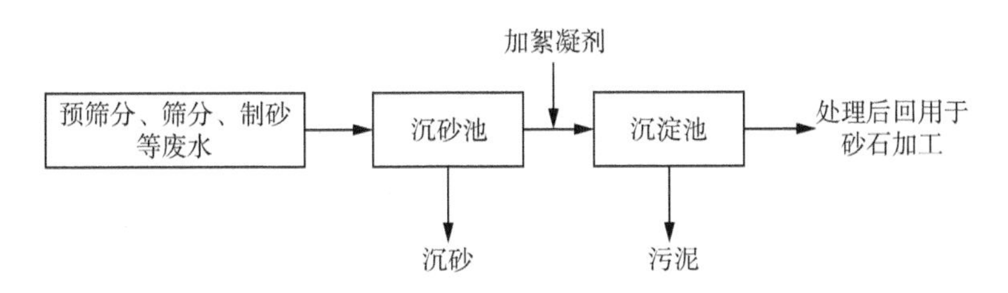


**图 13-2 砂石加工系统絮凝沉淀法废水处理流程图**

方案 3:机械加速澄清法。机械加速澄清法与方案 2 不一样的地方是把混合反应池和沉淀池合为一体,节约占地和减少絮凝剂用量,该工艺处理效果相当好,占地面积较前两个方案均小,但池体结构复杂,设计难度和基建要求较高,特别是运行维护管理要求更高。方案 3 的处理流程见图 13-3。

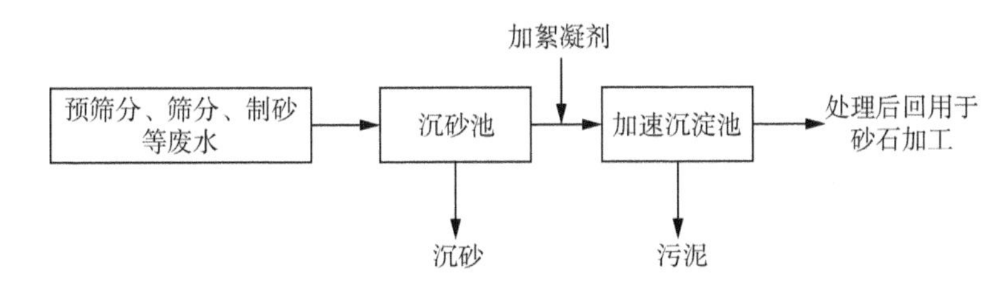


**图 13-3 砂石加工系统机械加速澄清法废水处理流程图**

从维护管理、运行费用方面来看,方案 1 具有较大的优势,就去除悬浮物的工艺效果和占地而言,方案 2 和方案 3 优势较大。方案 3 虽然占地最小,絮凝剂用量最省,但设计、施工及管理要求较高,不适合水利工程的临时项目。针对本工程砂石加工系统废水中绝大部分是无机颗粒,沉降性能较好,加之施工用地较为紧张,经对三个方案进行比较,本工程砂石加工废水系统处理推荐选用方案 2,即絮凝沉淀法进行处理,并进行如下设计。

砂石料加工废水首先流入沉砂池,其中的砂石在池内自然沉降。而后废水自流进入调节池,并由池内水泵定时定量将废水泵入絮凝沉淀池。废水中无法自然沉降的小颗粒悬浮物在絮凝沉淀池内通过絮凝剂的作用进行沉淀。经混凝处理后的污水进入清水池以待回用。沉砂池内自然沉淀的污泥中砂石含量较高,由专用的砂石泵将其泵至砂石场,砂石经筛选后回用。絮凝沉淀池内的污泥经压滤机脱水处理后被送至渣场处理。由于砂石料系统高峰期废水排放量约为 162 $m^3/h$,故本处理方案将设计流量确定为 194 $m^3/h$。

上述污水处理设施在整个废水处理工艺中都会起到关键的作用,各设施相互配合,通过完整的流程工艺,能达到进一步去除悬浮物、有机物和污泥,提高水质的净化程度的效果,从而使排放水达到更高的水质标准,以满足环境排放要求。这类污水处理设施在污水处理系统中起到重要的作用,合理设计这些污水处理单元是实现污水治理和可持续发展的关键要素。对此,对本工程砂石料加工废水处理工艺中不同污水处理单元进行如图 13-4 与表 13-5 所示的设计。

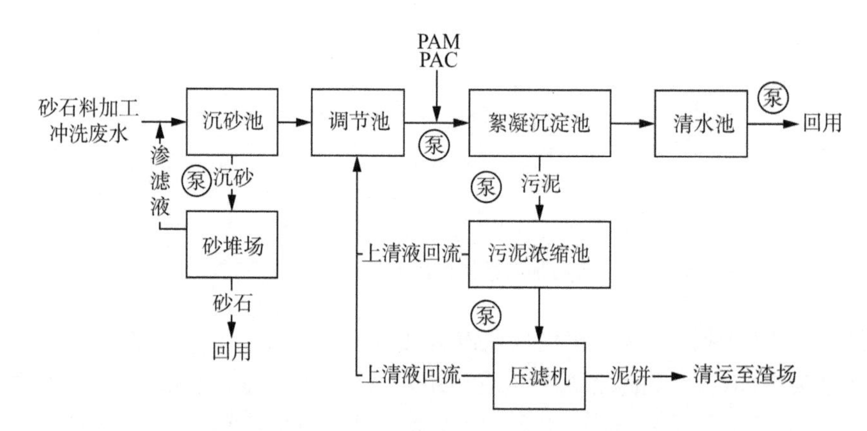


图 13-4 砂石料加工废水处理工艺流程图

表 13-5 砂石料加工废水处理工艺中不同污水处理单元的设计情况

| 污水处理单元 | 方案工艺设计 |
| --- | --- |
| 平流式沉砂池 | 结构：半地下钢筋混凝土结构<br>设计尺寸：池长 $L=8$ m，总宽 $B=1.4$ m，高 $H=1.5$ m<br>池内构造：该沉砂池共分 2 格，每个宽 0.7 m，每一分格设有 2 个沉砂斗，沉砂斗容积为 100 $m^3$<br>泥砂泵型号：$Q=100$ $m^3/h$，$H=15$ m，$N=15$ kW，池内配 1 台，定时将沉砂斗内沉砂泵至砂堆场 |
| 调节池 | 停留时间($HRT$)：2 h<br>有效容积：$V=388$ $m^3$<br>设计尺寸：长×宽×高=8.0 m×8.0 m×6.5 m<br>结构：半地下钢筋混凝土结构<br>污水泵型号：$Q=200$ $m^3/h$，$H=15$ m，池内配备 2 台污水泵，一备一用，定时定量将污水泵入絮凝沉淀池 |
| 絮凝沉淀池 | 设计尺寸：采用竖流式沉淀池，$D=5$ m，$H=6.5$ m，共 4 座<br>停留时间($HRT$)：1.5 h<br>结构：半地下钢筋混凝土结构<br>抽泥泵型号：$Q=50$ $m^3/h$，$H=20$ m，$N=5.5$ kW，共 4 台，池内共有 4 个泥斗，每个泥斗配 1 台抽泥泵，定时将沉泥泵至污泥浓缩池 |
| 污泥浓缩池 | 有效容积：$V=100$ $m^3$<br>设计尺寸：长×宽×高=5.0 m×5.0 m×4.5 m<br>结构：半地下钢筋混凝土结构<br>螺杆泵型号：G85-2($Q=8$ $m^3/h$，$P=12$ bar①，$N=7.5$ kW)，在污泥脱水间安装 2 台螺杆泵，人工定时将浓缩后的污泥送至污泥脱水机进行脱水处理 |
| 清水池 | 设计尺寸：长×宽×高=8.0 m×8.0 m×6.5 m<br>有效容积：$V=388$ $m^3$<br>停留时间($HRT$)：2 h<br>结构：半地下钢筋混凝土结构<br>污水回用泵型号：$Q=300$ $m^3/h$，$H=15$ m，$N=22$ kW，池内安装 1 台 |

同时，本方案所需的主要仪器设备详见表 13-6。

① 1 bar=$10^5$ Pa。

**表 13-6 砂石料加工废水处理设备清单**

| 序号 | 名称 | 型号规格 | 数量 | 安装位置及作用 |
| --- | --- | --- | --- | --- |
| 1 | 泥砂泵 | WQ100-15-15($Q=100\ m^3/h$, $H=15\ m$, $N=15\ kW$) | 1台 | 沉砂池,用于抽排沉砂 |
| 2 | 污水泵 | $Q=200\ m^3/h$, $H=15\ m$ | 2台 | 调节池2台,一用一备 |
| 3 | 污水回用泵 | $300\ m^3/h$, $H=15\ m$, $N=22\ kW$ | 1台 | 清水池 |
| 4 | 抽泥泵 | $50\ m^3/h$, $H=20\ m$, $N=5.5\ kW$ | 4台 | 絮凝沉淀池 |
| 5 | 螺杆泵 | G85-2($Q=8\ m^3/h$, $P=12\ bar$, $N=7.5\ kW$) | 2台 | 污泥浓缩池 |
| 6 | 厢式压滤机 | XMY4/500-UB | 1台 | 污泥脱水间 |
| 7 | PAC储药罐 | $\varphi600\times1500$ | 1台 | 加药房 |
| 8 | PAM储药罐 | $\varphi600\times1500$ | 1台 | 加药房 |
| 9 | 加药计量泵 | JXM120/0.7 | 2台 | 2个储药罐各1个 |
| 10 | 加药减速机 | 0.75 kW | 2台 | 2个储药罐各1个 |
| 11 | 电控箱 | — | 1套 | 控制室 |

③混凝土拌和系统废水处理

混凝土拌和系统废水主要来源于交接班时的冲洗废水,废水在很短的时间内排放,排放量小且为间断性排放,废水污染物主要是SS,浓度为5 000 mg/L,pH值在11左右。混凝土拌和系统废水产生量为66.4 $m^3/d$。

为达到混凝土拌和系统冲洗废水经过处理后,水体水质满足回用的标准要求的设计目标,设计如下处理方案。

方案1:竖流式沉淀池。其占地面积小,但是要求池子较深,施工难度大,对冲击负荷适应性较差,造价较高。

方案2:统一型式的矩形处理池,每台班末的冲洗废水排入池内,静置沉淀到下一班末放出,沉淀时间达6 h以上。池的出水端设置为活动式,便于清运和调节水位。

方案1占地面积小,排泥简单但池子深大、施工困难,对冲击负荷的适应能力较差,造价较高,且由于沉渣含水率较高还需进一步处理。方案2池型采用矩形,土建施工简单,造价低且泥渣可定期清理,但是所需池子面积较大,如废水量较大则不适宜。鉴于方案2相较于方案1有较大的优势,选择方案2作为推荐方案。方案2的工艺流程见图13-5。

本工程在拌和站附近布置一套混凝土系统废水处理设施。拌和站的冲洗废水每台

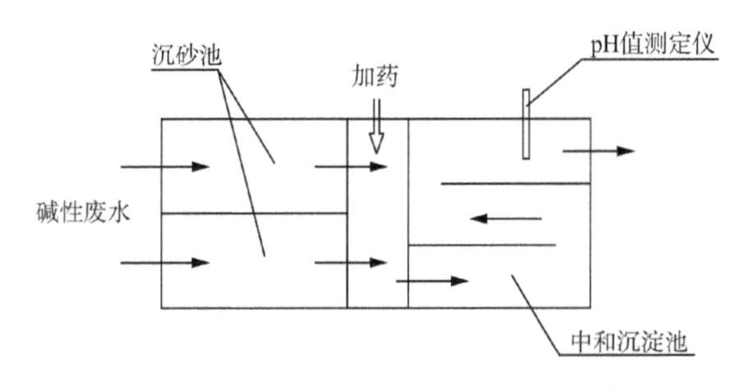


**图 13-5 混凝土拌和系统碱性废水处理工艺流程图**

班末排放进入沉淀池(另一个备用),在静置沉淀时间达 4 h 后外排,必要时可人工投加绿矾,以降低悬浮物浓度同时调节废水 pH。沉淀池的出水端设置为活动式,便于清运和调节水位。污泥在沉淀池沉淀到一定程度则换备用沉淀池。原沉淀池的污泥进行自然干化,干化后的污泥可运输至渣场处理。

混凝土系统冲洗废水处理设施构筑物主要为沉淀池。各混凝土系统沉淀池尺寸及设计参数见表 13-7。

**表 13-7　混凝土生产废水处理沉淀池设计参数表**

| 位置 | 构筑物名称 | 数量(座) | 尺寸(m) | | | 备注 |
|---|---|---|---|---|---|---|
| | | | 长 | 宽 | 高 | |
| 混凝土生产场 | 沉淀池 | 2 | 4.0 | 3.0 | 2.3 | 钢制结构,停留时间 4 h |

④含油废水处理

本工程含油废水处理主要来自在工区内设立的小型机械修配站,施工期含油废水产生量为 50 $m^3$,污染物主要是石油类和 SS,石油类浓度可高达 100~300 mg/L。

为达到含油废水经过处理后,满足回用的水质要求的设计目标,设计如下处理方案并进行比选。

方案 1:采用气浮除油法。废水用压缩空气加压到 0.34~4.8 MPa,使溶气达到饱和,当压缩过的气液混合物被置于正常大气压下的气浮设备中,微小的气泡从溶液中释放出来,油珠即可在这些小气泡作用下上浮,并附着在絮状物上。混合着油污的絮状物上升到池表面即被撇出。该方法处理效果较好,但投资较大。

方案 2:采用小型隔油池。该方法构造简单,造价低,性价比高。

方案 3:采用成套设备。处理效果好,占地面积小,操作简单并且管理方便,但设备投资高,修理保养要求高。

考虑到施工区机械修配站规模小,且废水产生量少等实际情况,经综合比较,以方案 2 作为推荐方案。对方案 2 进行如下详细设计。

在机械修配站设置简单的废水收集系统,含油废水经过集水沟汇集后进入小型隔油池(图 13-6),废水在池内经浮子撇油器排除废油,废水再经焦炭过滤器进一步除油。经处理后的污水可循环使用。处理过程中收集的油渣为危险废弃物,应妥善保存在专用容器,并委托有相关处理资质的单位外运处置,禁止将废油直接丢弃。

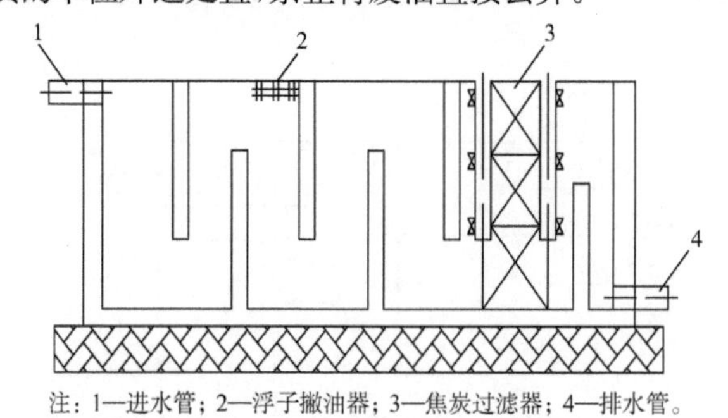


注:1—进水管;2—浮子撇油器;3—焦炭过滤器;4—排水管。

**图 13-6　小型隔油池示意图**

隔油池布置于机械修配站附近，采用钢制结构，池内水平流速为 0.01 m/s，停留时间为 10 min，排油周期为 7 d。

⑤基坑废水

基坑废水由初期基坑废水和经常性基坑废水两部分组成，废水产生量约为 2 $m^3$/d，初期基坑废水包括降水、渗水和施工用水（主要是混凝土养护水和冲洗水），此水未受污染，仅 SS 较高，沉淀后可直接排放；而经常性基坑废水主要产生于大坝基础开挖和混凝土填筑（灌浆）过程，污染物主要是 SS，其浓度约为 5 000 mg/L，pH 11～12。为达到处理后回用，满足回用水质标准的处理目标，设计如下处理方案。

对于初期基坑废水，根据已建和在建水电工程对基坑废水的处理经验，对此类废水不采用特殊的处理设施，仅向基坑投加絮凝剂，静置、沉淀 2 h 满足《污水综合排放标准》（GB 8978—1996）一级标准后综合利用，优先考虑用于大坝混凝土养护，剩余污泥定时人工清理。对于经常性基坑废水，采用加絮凝剂沉淀的处理方法，每期导流期间，在大坝基坑内修建 2 个矩形沉淀池（四周设排水沟将积水引入），每个尺寸为 1.5 m×1.5 m×1.2 m。在废水静置 2 h 后投加絮凝剂，静置、沉淀后，使废水满足《污水综合排放标准》（GB 8978—1996）一级标准后综合利用，不外排，剩余污泥定时人工清除后运至渣场。上述两类基坑废水均采用绿矾和聚丙烯酰胺（PAM）的混合溶液，此絮凝剂不仅可以使废水中的悬浮物凝聚、自然沉淀，而且可起到中和作用，降低 pH 值。

（2）生态环境保护措施

①陆生生物保护措施

在植被保护方面，在工程建设施工期内应对陆生植物资源的影响进行监测或调查，分析陆生植被与景观的变动情况，重点调查植物的垂直和水平分布、植物物种、植被类型、优势种群、生物量等情况以及生态系统整体性变化。施工占地先移栽乔木至工程管理区或临近疏林地，加强管护。剥离表层土壤与草皮并妥善保存，用于施工完成后临时占地区域的覆土和植被重建。在施工区设置警示牌，标明施工活动区，并加强施工区生态保护的宣传教育，以公告、宣传册等形式，教育施工人员和附近居民，禁止到非施工区域活动，尽量减小施工活动区域。结合水土保持措施，工程结束后对临时占地及时疏松土壤结构并覆盖表层土，根据当地气候、土壤、地形等条件补种乔、灌、草，加强后期养护。

在动物保护方面，在施工区边界设立警示牌，严格控制施工人员与机械的活动范围，采用低噪声设备，减少噪声对野生动物的干扰。施工前对施工人员进行宣传教育，提高施工人员的保护意识，严禁施工人员围猎、抓捕、伤害野生动物。施工过程中若发现重点保护或濒危野生动物的生存受到威胁，应立即停止施工，尽快消除施工影响，并向林业局动物保护主管部门汇报情况。

②水生生物保护措施

在水生生物保护方面，一方面，本工程加大了对施工人员的宣传教育力度，提高对鱼类的保护意识，加强管理，严禁将施工过程中产生的生活垃圾、污水等排入拉寺木河，严禁施工人员下河捕鱼和非法捕捞作业。另一方面，本工程加强施工期内水生生物监测工作，施工过程中若发现重点保护或濒危鱼类的生存受到威胁，应立即暂缓施工，消除施工影响，并向渔业主管部门汇报情况。

(3) 大气环境保护措施

①扬尘污染防治措施

对施工作业面采取防尘措施，施工区配备洒水设备，对施工道路、施工开挖面、施工场地等地进行洒水降尘，在晴好天气每日洒水 4～6 次，遇高温干旱天气可适当增加洒水次数，洒水量按 1.5 L/$m^2$ 控制。对于临时堆土和剥离的表土应堆放整齐以减少起尘面积，并适当采取加湿或苫布压盖等措施以减少扬尘。

对混凝土拌和采取防尘措施，合理进行施工布置，混凝土拌和系统设置在尽量远离居民生活区的位置，并布设在常年主导风向的下风向。混凝土拌和采用自动化拌和站，安装相应的除尘设备，除尘设备和拌和站同时运转，平时加强除尘器的维护保养，使其始终处于良好工作状态。

对运输过程采取防尘措施，在装载多尘物料时，对物料适当加湿或采取覆盖措施，确保运送散装水泥车辆的储罐保持良好的密封状态。在施工区进出口处设置车辆冲洗平台，及时清洗车辆。在办公生活区行驶的车辆车速控制在 15 km/h 以内。

对砂石料加工采取防尘措施，砂石加工工艺尽量采用湿法破碎的低尘工艺，在生产过程中需要注意使用喷雾器维护，保证骨料得到足够的湿润。砂石料加工系统运行时，尽量采用密闭施工作业。在砂石料加工系统和混凝土生产系统附近采用洒水降尘减轻粉尘污染，最大限度地减少粉尘影响的时间和范围。

②尾气污染防治措施

加强大型施工机械和车辆的管理，执行定期检查维护制度。承包商所有燃油机械和车辆尾气排放应执行《汽车大气污染物排放标准》(GB 14761—1999)，若其尾气不能达标排放，必须配置尾气处理装置使其达标。施工机械使用合格油品，并严格执行《在用汽车报废标准》，推行强制更新报废制度，特别是对发动机油耗多、效率低、排放尾气严重超标的老旧车辆，应予更新。

③敏感点防护措施

车辆在经过居民区时，车速必须控制在 15 km/h 以下，并在居民集中的路段两旁设置限速指示牌，限速牌间距约 200 m。对居民点集中的施工路段进行洒水降尘，以道路无明显扬尘为准，非雨日每天洒水不少于 5 次，确保扬尘削减到最低。为减少运输过程中的粉尘，采取密闭运输，以减少施工车辆在运输过程中产生的扬尘对居民造成影响。必要时可给予受影响较大的居民一定的经济补偿。

(4) 声环境保护措施

①噪声源控制

施工单位必须选用符合国家有关环保标准的施工机械，如运输车辆噪声符合《汽车定置噪声限值》(GB 16170—1996)和《汽车加速行驶车外噪声限值及测量方法》(GB 1495—2002)，其他施工机械符合《建筑施工场界环境噪声排放标准》(GB 12523—2011)，在满足上述标准的情况下尽量选用低噪声设备和施工工艺。同时，加强设备的维护和保养工作，减少设备非正常运行时所产生的噪声。此外，合理安排施工时间，当日 22:00～

次日 7:00 尽量避免施工，以减少对周围施工人员的影响。振动大的机械设备使用减振机座降低噪声，也可在机器基础与其他结构之间铺设具有一定弹性的软材料，如毛毡、橡胶板等，以减少振动的传递，从而起到隔振作用。必要时对高强噪声设备采用移动式声屏障，以降低噪声影响。

②施工人员噪声防护

为减少噪声对办公人员的影响，施工营地建筑物应选择具有较强吸声、消声、隔音性能的材料建造。对于强噪声源，如混凝土拌和作业区等，尽量提高自动化程度，实现远距离监控操作，既可以减少对作业人员的需求，又可以使作业人员远离噪声源。同时，加强劳动保护，处于生产第一线高噪声环境下的施工人员，每天连续工作时间不超过 6 h，且在施工过程中，当施工人员进入强噪声环境中作业时，如凿岩、钻孔、开挖、机械驾驶等，应佩戴个人噪声防护用具。在招标合同中明确施工人员有关噪声防护的劳动保护条款，承包商需给受噪声影响大的施工作业人员配发防噪声耳塞、耳罩或防噪声头盔等噪声防护用具。在具体施工中，根据施工需要可选择如表 13-8 所示防噪声用具。

**表 13-8 防噪声用具**

| 种类 | 衰减噪声[dB(A)] | 备注 |
| --- | --- | --- |
| 棉花 | 5～10 | 塞在耳内 |
| 伞形耳塞 | 15～30 | 塑料或人造棉胶 |
| 耳罩 | 20～40 | 罩壳内充海绵 |
| 防噪声头盔 | 30～50 | 头盔内加耳塞 |

③环境敏感点噪声防护

环境敏感点通常是居民居住或工作之地，如住宅区、学校、医院等。通过噪声防护措施，可以减少噪声干扰，提供更宜居、舒适的生活环境。本工程在运输道路居民区路段两侧设置禁鸣牌和限速牌，限制工区内车辆时速，并在路牌上表明施工车辆白天尽量减少鸣笛，夜间禁止鸣笛，以避免车辆噪声影响附近居民和施工人员。同时，严格控制施工爆破时间。坝区附近的爆破作业时间应避开深夜，建议爆破时间选择在 9:00～11:00，15:00～17:30，降低噪声影响历时。爆破前 15 min 应鸣警笛，提示警戒。同时，加强期噪声跟踪监测，发现问题及时采取跟进措施。

(5) 固体废物处置措施

①工程弃渣

本工程弃渣量为 56.75 万 $m^3$，对于施工产生的弃土、弃石尽量回用于筑坝、修路、厂房建筑物等，对不能利用的弃土、弃石，必须严格按照设计规划，运往工程设置的弃渣场。弃渣场先挡后堆，降低区域水土流失及对河道、水环境产生的不利影响。工程完工后，对弃渣场要进行覆土整治，并种植一些乔木、灌木、草皮等，使工程弃渣的水土流失量减少到最低。

②设备检修、维护过程中产生的固废

设备在日常检修及维护时产生的废润滑油、废机油、废机油桶、含机油废抹布等均属于危险固废，应委托有资质的单位回收处理，同时按照《危险废物贮存污染控制标准》(GB 18597—2023)，要求建设单位设置临时危险固废贮存处，并设置醒目标志牌。

对本工程对设备检修、维护过程中产生的固废贮存设施建议采取以下措施：一是在危险废物场所设置明显标志，不与其他固废混存，且必须按《环境保护图形标志》(GB 15562—1995)的规定设置警示标志；二是必须将危险废物装入容器内，装载液体、半固体危险废物的容器内须留足够空间，即容器顶部与液体表面之间保留 100 mm 以上的空间，无法装入常用容器的危险废物可用防漏胶袋等盛装；三是废物贮存设施内清理出来的泄漏物，一律按危险废物处理，并且基础必须防漏；四是建设项目必须按照《危险废物贮存污染控制标准》(GB 18597—2023)中其他要求建设暂存场所。

③生活垃圾

生活营地设置有容积为 1 $m^3$ 的垃圾收集池，同时各工棚内均设置有小型垃圾桶，各区域生活垃圾能回收利用的送交废旧物资回收站处理，不能回收利用的临时堆放于生活区的垃圾池或垃圾桶，每日由专人清扫、收集、分类，要及时向垃圾池喷洒灭害灵等药水，以防蚊蝇滋生，避免垃圾桶成为蚊子聚集地，增加传播疾病的概率。生活垃圾定期运至临近的湟中区垃圾处理场填埋处置，污水处理站污泥经干化后的泥饼也一起定期运往湟中区填埋场处置。

(6) 人群健康保护措施

①卫生检疫

为预防施工区传染病的流行，在施工人员进驻工地前，各施工单位应对施工人员全面进行健康调查和疫情建档。调查和建档内容主要包括年龄、性别、籍贯、健康状况、传染病史等，调查和建档人数按施工高峰期人数 336 人计。在施工区配备必要的医疗机构设施和卫生防疫人员，负责施工区的疾病检测和防疫工作，有效地控制传染病的流行。根据调查情况施工期内每年定期对施工人员进行体验，检查内容为肠道传染病、呼吸道传染病以及疟疾、钩端螺旋体病(以下简称钩体病)等其他传染性疾病。施工期间，施工人员健康体检要结合当前流行的疾病，并结合职业工种定期进行，对接触高浓度粉尘、高强度噪声作业岗位的职工应增加特殊检查项目。接触高浓度粉尘作业的职工应增加胸部 X 光透视；接触高强度噪声作业的人员应增加听力检测，这有利于疾病的尽早发现、控制和治疗。针对疫情，本工程加强监控并完善了有关应急措施，施工单位应明确卫生防疫责任人，按当地卫生部门制定的疫情管理制度及报送制度进行管理，并接受当地卫生部门的监督；施工区应备有痢疾、肝炎等常见传染病的处理药品和器材。一旦发现疫情，立即对传染源采取治疗、隔离、观察等措施，对易感人群采取预防措施。同时，立即将病员送医疗单位救治，并将疫情上报当地及上级防疫部门，组织消除疫情，发放防疫药品，保护人群健康。

②健康检查

工程开工后，施工区环境医学状况逐步改变，施工人员劳动强度较大且体质各不同，可能会有新感染病例出现。施工期间对施工人群进行观察和体检，有利于掌握不同施工期劳动力的健康状况，及时预防和控制各种疾病的发生和蔓延，保证施工正常进行。健康检查根据具体情况确定，安排施工区食堂的餐饮从业人员，接触粉尘、高噪声环境的施工人员和其他从事对人体伤害较大工种的施工人员每年体检一次，其他人员每两年检查一次，检查结果建立档案。

③预防免疫

范围及对象：施工区，主要针对施工人群。

接种或服药项目：针对疟疾进行预防性服药，对钩体病、伤寒等传染病进行预防接种。疟疾、钩体病、伤寒疫苗预防药品按施工人数每人各准备 2 份。此外，在施工区各医疗单位储备足够的破伤风免疫药剂，以便及时抢救可能受破伤风感染的外伤人员。

时间：根据体检和对施工人群传染病监测情况确定，一般在疾病流行季节进行预防接种或服药。

④卫生管理

生活用水：加强饮用水源保护、监测及消毒工作，并结合施工实际情况，在施工现场设立开水供应点。

食品卫生：根据《中华人民共和国食品卫生法》和有关法律法规的规定，加强对施工区食品生产经营单位及从业人员卫生检查，开展餐饮具卫生监测，防止食物中毒及其他食源性疾病的发生。

公共场所卫生：根据《公共场所卫生管理条例》的有关规定，加强对公共场所的卫生检查和卫生监测，防止疾病和空气污染事故的发生。

⑤场地消毒

范围及对象：主要在施工营地、施工人员集中活动场所和原有的厕所、粪坑、牲畜圈、垃圾堆放点以及施工结束后拆除的临时办公场地、生活营地、临时厕所、垃圾堆放场地进行消毒和清理。

方法及频次：选用苯酚药物用机动喷雾器进行消毒，对施工临时用地范围及其重点污染源旧址进行定期清理和消毒。

⑥病媒生物消杀

主要是灭鼠、灭蚊蝇，以控制各种传染性疾病的传染源和切断传播途径。

范围：主要在办公生活区和临时工棚

方法及频次：灭鼠采用鼠夹法和毒饵法；灭蚊蝇选用灭害灵。在卫生防疫人员的指导下，将药物和工具分发给施工人群投放或使用。施工期内，每年定期在春秋两季对生活区进行统一消杀工作。

### 13.2.2 运行期间的环境保护措施

(1) 水环境保护措施

①库底清理

库底清理包含了库底卫生清理和库底消毒两个环节。

在库底卫生清理的建筑物卫生清除方面，淹没区和浸没区所有建筑物均应迁至库外。一般民用建筑房屋应一律拆迁，墙壁应全部推倒铺平，使其经烈日暴晒以杀死病菌。

残留的墙根断壁不应高出地面0.3 m，土墙及火坑的土块可用于填坑，所有桥梁、电线杆、水泥桩等均应拆除运走，可利用的尽量利用，不可利用的运至枢纽工程区渣场堆放。为了安全，靠近居民区的水库岸边和沿岸100 m的地区内，应设防护栅栏，垫平库边。淹没区内残存的水井、渗井、地下室等均应用净土或卵石填平，而不应用垃圾、碎砖来填垫，以免发生渗漏而污染地下水。产生病原体(细菌、病菌、寄生虫卵等)污物的公共设施，如厕所、卫生室等，除按上述方法处理污物外，对于受污染的场地、土壤及墙面等也应使用漂白粉进行严格的消毒。

在库底卫生清理的植被清除方面，水库蓄水后，未加清除的枯枝落叶会在水中分解，增加水中的COD、$BOD_5$及含氮的溶解性盐类的浓度，使库水内的生物学过程急剧增强，促进藻类的生长繁殖，使水质产生各种嗅味，特别是在加氮消毒后更为显著，甚至可生成次生致突变物质。水中的有机物分解时，能消耗水中的溶解氧，使水的含氧量不足，从而降低了库水的自净能力。同时，浅水区杂草大量生长，给蚊类、鼠类、螺类滋生创造了适宜的条件。因此整个淹没区的所有灌木、乔木应尽可能连根拔除，残留的树桩不宜超过30 cm。

在库底卫生清理的漂浮物清理方面，水库蓄水后，会有大量漂浮物出现在坝前，当中有植物的残体如枯枝、落叶，也有生活垃圾如塑料包装袋、废纸等杂物，一方面漂浮物在水中释放出的有机污染物影响水体水质，另一方面漂浮物的出现也将影响水库的整体景观。水库库区离林场管理区较近，受生活垃圾无序丢放的影响较大，为保证库区水质及景观，应加强库区水面漂浮物的清理工作，并配备相应的打捞工具。将打捞搜集的漂浮物运至附近的垃圾填埋场进行填埋。

在库底消毒方面，水库库底消毒要与清理同时进行，采取边清理、边消毒、边验收、边检查的方法。水库库底消毒时间一般应在蓄水前半年内进行，使土壤有充分的无害化时间。消毒对象应包括淹没区内的粪坑、牲畜圈、垃圾堆、坟墓、厕所及卫生室的墙壁、地面。消毒使用的药物及浓度为：苯酚(3%、4%、5%)；生石灰(1.0 $kg/m^3$、1.5 $kg/m^3$、2.0 $kg/m^3$)；石灰乳(20%、25%、30%)；漂白粉液(2%、4%、6%、8%有效氧)。在药物用量上，除生石灰外，以上其余三种药物的多种浓度用于不同的消毒对象均以2.0 $kg/m^3$用量计划。

②水源保护措施

考虑到本工程建成后是今后当地乡镇人畜饮水的供水水源，工程运行期间为保证库区水质达到管理目标需采取以下措施。

一是将库区划为水源保护区。根据划分的水源保护区范围，在水库保护区内采取相应的保护措施，保障水源地饮用水安全；保护区内应严禁各类生产、社会活动，严禁非工作人员进入，严禁堆放杂物，对水源地应进行保护，应拆除一切水源地排污口，加强水源地排污监控与监督管理；保护区范围内严禁使用化肥、农药等，严禁放牧，可适当进行绿色生态农林生产活动；在保护区内设置明显标志的警示牌，进行公众告知，注明保护区内禁止内容，减少人为破坏。

二是完善水源地监控与预警系统。进一步落实《全国城市饮用水水源地环境保护规划(2008—2020年)》和《青海省城市饮用水水源地安全保障规划》。在水库取水口设立监测站点,利用现代化通信传输、数据库、系统管理等技术手段,将采集的水源地安全状况数据传入西宁市湟中区水利局,对突发性污染事故、水质水量变化和水源工程等情况进行监控和预报。

三是加强水源地安全应急管理。由当地政府和水库管理部门制定水库水源地安全保障应急预案,成立应急指挥机构,建立技术、物质和人员保障系统,形成有效的预警和应急救援机制。

③运行期废污水处理措施

工程运行期废污水主要为管理人员产生的生活污水。工程运行期间管理人员按10人计,污水排放量约为0.96 $m^3/d$。该废水和生活污水经化粪池发酵沉淀后采用排粪车抽离。

(2)生态环境保护措施

在运行期内,应采取同施工期一致的陆生生物保护手段,而对于水生生物,具体采取以下措施。

①严禁引进外来物种进行增殖、养殖,控制外来物种对土著鱼类的影响,确保拉寺木河土著鱼类的健康,以及繁殖的持续、稳定,维护青藏高原的水生生态平衡,保护水生生物生物多样性。

②西纳川水库工程影响的拉寺木河河段鱼类本底数量和种类均较少,利用现有增殖放流设施就可完全满足本工程增殖放流需要。在水库运行期工程业主单位与现有增殖放流站签订技术服务合同,定期购买鱼苗进行放流,放流过程邀请渔业部门进行监督,放流2~3 a后,进行增殖放流效果评估,每年放流3万~5万尾、规格5 cm,放流品种主要选择具有较高保护价值的土著经济鱼类黄河裸裂尻鱼。

③设置保护鱼类的宣传牌,在库区建2个保护鱼类的宣传匾,在大坝及大坝下游各建1个保护鱼类的宣传牌;并加大对鱼类的保护力度,设置专人负责非法捕捞的监管工作。

④在鱼类繁殖季节采取人工捕捞过鱼措施,将坝前、坝后鱼类进行交流,确保鱼类的种质资源交流,防止近亲遗传。自工程开工之日起,于每年的5月份和8月份各实施为期10 d的人工捕捞过鱼活动,过鱼活动自觉接受当地环保、渔政部门的监督。

⑤严格落实生态下泄措施,生态基流管应为无障碍的管道,确保最小下泄生态流量不小于多年平均流量的20%,因为拉寺木河本身枯水期水流量较小,若下泄10%的生态流量,可能会出现断流的现象,对水生生物造成毁灭性的影响。在鱼类繁殖和越冬季节应加大下泄流量,满足鱼类繁殖和越冬的需要。

(3)固体废弃物处置措施

西纳川水库工程管理处工作人员生活垃圾产生量约为3.65 t/a,水库工程管理处配备垃圾桶3个,单个有效容积为0.2 $m^3$,垃圾收集池1个,有效容积2 $m^3$,收集工作人员生活垃圾,并定期运至湟中区上五庄镇北庄村垃圾中转站处置。

## 13.3 环境监督与检查

环境监督与检查在环境保护管理中扮演着重要角色，它涉及监测和评估环境状况，通过现场检查和调查核实环境法规遵守情况；收集、分析环境监测数据，进行环境风险评估和违法行为处理；提供咨询和指导，支持企业、公众和政府部门的环境保护工作等内容。因此，环境监督与检查是评估环境改善效果、推动环境管理不断改进的关键手段。

### 13.3.1 环境监督检查机构

环境监督检查机构的设置能确保完成工程环境管理任务，西纳川水库工程的各项环境保护措施将在当地环保部门的指导和监督下，由建设单位组织实施，且在工程项目的施工期和运行期，环境监督检查机构有所差异。

(1) 施工期环境监督检查机构

在施工期，在西纳川水库指挥部下设环境保护管理办公室(以下简称环保办)，作为工程环境管理的职能部门，环保办应与环境监测、监理单位密切合作，共同为本工程环境保护工作服务。同时，在施工期，西纳川水库工程环境管理体系由建设单位环境管理机构、环境监理机构、施工单位环境管理机构组成。

建设单位环境管理机构全面负责施工区环境保护管理工作，监督、协调督促施工区内施工单位依照合同条款及国家环境保护法律、法规相应规定开展、落实各项环保措施；及时发现并纠正违反环保法规、各项环保要求的施工行为；按时组织协作单位完成由建设单位负责实施的环保措施；依据环境监测数据、现场巡视结果等资料对施工区环境进行及时治理，根据工作需要调整优化环保措施。

环境监理机构由具有监理资质的单位承担，依照合同条款及国家环境保护法律、法规、政策要求，根据环境监测数据及询查结果，监督、审查和评估施工单位各项环保措施执行情况；及时发现、纠正违反合同环保条款及国家环保要求的施工行为。

施工单位环境管理机构作为工程施工期环境保护工作的主要责任机构和执行机构，按照合同条款和国家建设项目环境保护要求，开展施工期环境保护工作，具体实施施工单位承担的环境保护任务。

湟中区环保局对工程建设期间及运行过程中环保措施的落实情况进行执法检查，并给予具体的监督和指导。

(2) 运行期环境监督检查机构

在运行期，本工程不专设环保机构，各项环保措施采取合同方式委托具备资质的单位承担。西纳川水库管理机构设专人负责环保工作，负责开展运行期环境保护工作，具体工作内容是环保设施的日常检查、维护，配合当地环保、林业、建设部门完成对水库环境保护工作的监督。

### 13.3.2 环境监督检查责任

工程的环境监督检查侧重于对建设项目在建设过程中和竣工后的环境保护措施和设施的执行情况进行监督和检查，以保障工程符合环境影响评价文件和批复文件的要求，防止或减少对环境的污染和破坏。在本工程中，环境监督检查责任主要落实在环境监理与环境监测两方面。

(1) 环境监理责任

环境监理是指环境监理机构受项目建设单位委托，依据环境影响评价文件及环境保护行政主管部门批复、环境监理合同，对项目施工建设实行的环境保护监督管理，是工程监理的重要组成部分，应贯穿工程建设全过程。本工程环境监理由专业人员组成环境监理小组通过日常巡视、旁站、下发指令性文件等方式，监督、审查和评估施工环境保护措施的执行情况，设环境监理1人。

①监理目的

落实项目环境影响报告书和省环保厅批文提出的各项环保措施，对其进行全面监理，使项目环保施工落到实处。全面监控施工过程存在的主要环境影响问题(如生态环境影响)，使项目可能引起的不利影响降到最低程度，并及时解决污染事件。全过程监理项目的环保工程设计和施工进度，保证“三同时”的顺利完成。

②环境监理机构主要工作内容

监督检查施工过程中的各项环保措施落实情况，包括：施工区生活饮用水水质保护，污水处理、环境空气污染控制、噪声污染防治、固体废物处置、水土流失防治、施工现场环境卫生、卫生防疫等方面。

监督承包商对合同中环保条款的执行情况，并负责解释环保条款；对重大环境问题提出处理意见和报告，通过工程总监理工程师责成有关单位限期纠正。

参加承包商提出的施工组织设计、技术方案和进度计划的审查，就环境保护方面提出改进意见；审查承包商提出的可能造成污染的施工材料、设备清单是否符合环保指标。

及时发现施工区出现的环境问题，进行妥善处理；对某些环境指标下达监测指令，并对监测结果进行分析研究，提出环境保护改善方案。

记录现场出现的环境问题及处理结果，通过提交日记录、月报和年报，及时将监理情况反馈给环境保护管理机构和工程建设开发公司，以获得进一步指导。

根据有关法律法规及承包合同，协助环保办和有关部门处理工程影响区的环境污染事故和环境纠纷。

参加单项工程的竣工验收工作，负责组织和参加已完成工程的施工迹地的限期清理和恢复现场工作，检查施工区水土保持、施工迹地恢复及绿化等措施落实情况。

(2) 环境监测责任

环境监测是指对代表环境污染和环境质量的各种环境要素(环境污染物)的监视、监控和测定，从而科学评价环境质量及其变化趋势的操作过程。

①监测目的

为做好本工程的环境保护工作，验证环境影响预测评价结果，预防突发性事故对环境的危害，同时为工程施工期和运行期环境污染控制和环境管理的环境保护提供科学依据，有必要开展环境监测工作，及时掌握工程施工期环境变化情况。

②监测点布设原则

一是与工程建设紧密结合的原则。监测工作的范围、对象和重点应结合工程施工特点，全面反映工程施工过程中周围环境的变化，以及环境的变化对工程施工的影响。二是针对性和代表性的原则。根据工程特性、环境现状和环境影响预测结果，选择影响显著、对区域或流域环境影响起控制作用的主要因子进行监测，合理选择测点和监测项目，力求做到监测方案有针对性和代表性。三是经济性与可操作性原则。按照相关专业技术规范，以满足本监测系统主要任务为前提选择监测项目、频次、时段和方法，可利用现有监测机构成果，力求以较少的投入获得较完整的环境监测数据。

### 13.3.3 环境监督检查计划

环境监理主要关注工程项目在环境管理和施工过程中的环境保护措施，而环境监测则重点在于监测和评估工程项目对环境的影响，提供环境数据支持。两者相辅相成，共同确保工程项目的环境保护工作得到有效实施，符合法规和标准要求，根据环境监理和环境监测的不同责任，本工程制定如下环境监督检查计划。

(1) 环境监理计划

环境监理的工作范围为建设项目西纳川水库的施工区、生活服务区及环境影响区，具体建立的工作程序和工作内容如下。

①环境监理的工作程序

环境监理单位开展环境监理工作的程序如下：勘察施工现场→环境监理单位与建设单位签订委托环境监理合同→组建现场环境监理项目部，选派环境监理技术人员与其他人员，及时进场开展工作→环境监理项目部编制建设项目环境监理实施方案→环境监理项目部具体实施施工期环境监理工作→向建设项目单位提交建设项目竣工环境监理工作总结报告→按照档案管理要求，整理、立卷、归档、移交环境监理档案。

其中，环境监理实施方案应包括以下内容：建设项目概况，环境监理工作范围，环境监理工作时间段，环境监理工作内容，环境监理工作目标，环境监理工作依据，环境监理机构及人员岗位职责，环境监理工作程序，环境监理工作方法及措施，环境监理工作制度，环境监理设施等。

环境监理工作总结报告必须包括以下内容：环境保护设施、污染防治措施、生态保护措施的落实完成情况，环境监测工作情况及其报告，环境监理工作情况，建设项目涉及环境保护的工程变更情况，环境监理工作结论，存在的问题及建议。

②环境监理工作内容

环境监理工作包括环境监理控制、环境监理介入和环境监理协调等。

在环境监理控制工作中，进行项目建设与批复要求符合性监理、环境保护达标监理、生态保护措施落实监理。

一是项目建设与批复要求符合性监理。要求对项目选址、建设内容、规模、工艺、总平面布置、设备、配套污染防治设施、污染防治措施、生态环境保护措施等实际建设内容与环评(环境影响评价)文件及批复要求进行相符性监理,环境监理单位在实施项目监理过程中,发现与经批准的环境影响评价文件和环境保护主管部门批复意见不相符合,应及时通知项目建设单位予以纠正,发现重大问题时,应及时向环境保护行政主管部门报告。

二是环境保护达标监理。监督检查项目施工建设过程中各种污染因子达到环境保护标准要求:控制项目施工期间废水、废气、固废、噪声等污染因子的排放,满足国家有关环保标准和环境保护行政主管部门的要求。委托有资质的监测单位进行相关环境监测,定期或不定期对环境质量、污染源、生态、水土流失等进行监测,确定环境质量及污染源状况,评价控制措施的效果、衡量环境标准实施情况和查看环境保护工作的进展。对施工过程中的生产废水和生活污水的来源、排放量、水质指标及处理设施的建设过程进行检查、监督,检查废(污)水是否达到了环境影响评价文件及其批复的排放标准。对施工过程中产生的废气和粉尘等大气污染状况进行检查并督促施工单位落实环保措施。对施工期固体废弃物(包括施工、生活垃圾和施工废渣)的处理是否符合环境影响评价文件及其批复的要求进行检查监督。对施工过程产生强烈噪声或振动的污染源,监督施工单位按设计要求进行防治,重点是环评文件中的噪声敏感区。

三是生态保护措施落实监理。监督检查项目施工建设过程中自然生态保护和恢复措施、水土保持措施落实情况。对控制施工场界范围进行监理,按照环境影响评价文件及其批复的要求,控制施工作业场界,禁止越界施工,占用土地。对施工过程进行监理,检查监督建设项目的施工场地布置,采取环境友好方案合理安排施工季节、时间、顺序,采取对生态环境影响较小的施工方法。对因地制宜保护措施落实情况进行监理,结合建设项目所在区域的生态特点和保护要求,采取必要的生态保护措施,减少和缓和施工过程中对生态的破坏,减小不可避免的生态影响的程度和范围。对水土流失防治措施落实情况监理,控制环境监理的水土保持工作,负责监督环境影响评价文件中涉及的防治水土流失工程、措施的落实。对人群健康保护措施的落实情况进行监理,监督工程参建各方建立疫情报告和环境卫生监督制度,检查落实制定的保护措施,检查医疗卫生保障机制运行情况,检查保护水源地和饮用水消毒措施的落实。

在环境监理介入工作中,进行环境监理设计介入和环境监理验收介入。

一是环境监理设计介入。参加建设单位组织的建设项目设计技术交底会议,掌握项目重要的环境保护对象和配套环保设施,掌握项目建设过程的具体环保目标,对敏感的环保目标做出标识,并根据环境影响评价文件缺陷和现场实际情况提出补充和优化建议。审查项目施工单位提交的施工组织设计、环保设施技术方案,对施工方案中环保目标和环保措施提出审查意见,审查环保规章制度及污染防治关键岗位人员的资质及培训情况。

二是环境监理验收介入。参加单位及单项工程验收,签发单位及单项工程验收环境监理意见。参加建设项目试生产核查、竣工环境保护验收、提交竣工环境监理总结报告。

环境监理协调工作针对环境保护相关单位之间在建设项目施工过程中间出现的环

境保护相关事宜与问题进行调解，包括明确与工程监理之间职责分工、明确与水保（水土保持）监理之间的职责分工、参建单位的协调和环境保护相关单位的协调等。

一是明确与工程监理之间职责分工。工程监理单位对建设项目质量、造价、进度、安全四大控制进行全面控制和管理，包括环境保护单项工程、环保设施建设过程中的四大控制。环境监理负责建设项目的环境保护达标，环保、生态措施落实，特别是环境影响评价文件及批复符合性的监督检查。与工程监理侧重点不同，针对建设项目的全过程。

二是明确与水保监理之间的职责分工。水保监理负责建设项目中水土保持工程的质量、进度、投资、安全四大控制，负责水土流失防治措施及效果的控制，落实水土保持报告书及其批复。环境监理负责建设项目的环境保护达标、环保、生态措施落实，包括环境影响评价文件中涉及的水土流失工程、措施的落实，与水土保持监理侧重点不同，针对建设项目的全过程。

三是参建单位的协调。协调参建单位，包括勘察单位、设计单位、施工单位、污染治理设施运行单位之间涉及的环境保护相关问题。

四是环境保护相关单位的协调。配合建设单位做与环境保护行政主管部门及建设项目相关的自然、生态、文物、风景、水源、土地、森林等保护管理部门的协调工作，提供环境保护政策、法规及环境保护技术支持。

(2) 环境监测计划

①施工期环境监测

施工期环境监测包含施工期水环境监测、施工期大气环境监测和施工期声环境监测等内容。

施工期水环境监测具体包括地表水环境质量监测、生产废水监测、生活污水监测。监测点位布设在污废水排放口和施工营地下游 500 m 处。水样采集和分析按照《地表水和污水监测技术规范》、《水污染物排放总量监测技术规范》和《地表水环境质量标准》执行，如表 13-9 所示。

**表 13-9 施工废污水监测技术要求要求一览表**

| 对象 | 监测点 | 监测参数 | 监测频率及时间 | 备注 |
|---|---|---|---|---|
| 砂石骨料生产废水 | 废水排放口 | SS、pH | 砂石骨料正常生产时间进行监测，每季度监测 1 次，连续 3 d，每次监测 3 个时段（10:00、14:00、17:00） | 监测废污水处理后回用水达标情况和废污水处理效果 |
| 混凝土拌和废水 | 废水排放口 | SS、pH | 选择混凝土拌和废水排放时间，每季度监测 1 次 | |
| 生活污水 | 施工营地污水排放口 | $BOD_5$、COD、总磷、总氮、动植物油、粪大肠菌群 | 每季度监测 1 次 | |
| 地表水水质 | 施工营地下游 500 m | SS、pH 值、石油类、总磷、总氮、氨氮、COD | 每年丰、平、枯水期各监测 1 次，每次监测 3 d | |

施工期大气环境监测具体包括空气中的主要污染物监测，为监控工程施工废气对环境敏感点的影响，结合《环境监测方法标准及监测规范》的要求，在施工区和大气环境敏感点（拉寺木村、北庄村）共设置3个大气环境监测点，进行大气环境监测。主要监测内容为$SO_2$、$NO_2$、TSP，同时监测风向、风速。各监测点共监测4次，每季度监测1次，每期连续监测7 d。

施工期声环境监测主要测量噪声水平以及噪声源的特征，如频率、持续时间等。根据工程施工进度、噪声源的分布状况和敏感受体距噪声源所在位置设定噪声监测点。在施工场界、砂石料加工区（距砂石料加工区50 m），混凝土加工区（距混凝土加工区50 m）、施工营地、北庄村、拉寺木村设置9个环境噪声监测点位。主要监测内容为A声级及等效连续A声级，每月监测1次，每次连续监测2 d，每天昼间和夜间各监测1次。

②运行期环境监测

运行期环境监测包含运行期地表水监测和运行期水生生物监测等内容。

运行期地表水监测有助于评估地表水的污染状况、水质变化趋势和对生态系统的影响，为了实时掌握水库蓄水对水质的影响，规划布设2个水质监测断面，即坝址断面、回水末端断面，每年监测12期，每期连续监测2 d。主要监测内容为地表水的色、混浊度、嗅和味、pH值、总大肠菌群、氨氮、溶解铁、汞、铅、锰、锌、氯化物、挥发酚、铜、砷、硒、镉、氟化物、溶解性总固体、硫酸盐等。根据《生活饮用水水源水质标准》（CJ/T 3020—1993）规定的分析方法进行分析，监测计划详见表13-10。

**表13-10 运行期水环境监测计划**

| 监测断面 | 监测参数 | 监测频率及时间 | 备 注 |
|---|---|---|---|
| 坝址断面 | 色、混浊度、嗅和味、pH值、总大肠菌群、氨氮、溶解铁、汞、铅、锰、锌、氯化物、挥发酚、铜、砷、硒、镉、氟化物、溶解性总固体、硫酸盐等 | 12期/a，2 d/期 | 对监测数据及时分析，发现问题及时处理 |
| 回水末端断面 | | | |

运行期水生生物监测在项目竣工后连续监测3年。浮游动、植物和底栖动物在4月、10月各监测1次，鱼类种群监测在3～6月、10～11月进行，每月20 d左右，监测点设于水库及大坝下游，共设2个监测点。

## 13.4 环境保护管理案例

在西纳川水库的建设与管理过程中，环境保护管理起着至关重要的作用。本章通过对环境保护管理体制、环境保护措施、环境监督与检查三方面进行详细的梳理，全面地介绍了西纳川水库环境保护管理的有关内容。经上述三方面的综合管理，西纳川水库建设工程在环境保护方面取得了突出的成绩（图13-7与图13-8），《堆石料场边坡恢复施工安全专项方案》即为成功案例之一，该专项方案的环境保护管理如下。

### 13.4.1 环境保护管理案例简介

青海省湟中区西纳川水库料场高边坡主体为岩石边坡，边坡高度 200 m 左右，面积约 $5.4\times10^4$ $m^2$，边坡坡度约 75°。由于料场边坡为开挖边坡，且岩石整体性较差，多次发生垮塌现象，因此未形成马道，坡长较大，再加上西纳川水库库区范围存在小气候，夏季雨水较多，冬季降雪频繁，因此边坡绿化恢复存在一定难度，尚无可参考的工程实例，常规措施难以达到理想效果。

图 13-7　块石料场边坡治理前

图 13-8　块石料场边坡治理后

### 13.4.2 环境保护管理案例措施

(1) 高边坡坡面修整

清除作业面杂物及松动岩块，对坡面转角处及坡顶的棱角进行修整，使之呈弧形，尽可能使作业面平整，以利于客土喷播施工，同时增加作业面绿化效果。保证施工前作业面的凹凸度平均为±10 cm，最大不超过±15 cm；对低洼处适当覆土夯实回填或以植生袋装土回填，以填至使反坡段消失为准，有条件的可在作业面上每隔一定高度开一横向槽，以增加作业面的粗糙度，使客土对作业面的附着力加大。

若岩石边坡本身不稳定，则采用预应力锚杆锚索进行加固处理。

(2) 基材喷射与草种喷播

①作业前，空压机、搅拌机、喷射机等设备应布置在安全地段，应在使用前进行安全检查，水管、输料管、喷头必须进行密封性能和耐压试验，满足安全要求后方可使用。喷射机、水箱、油泵等设备，应安装压力表和安全阀，使用过程中如发现破损或失灵时，应立即更换。

②喷射作业面应采取综合防尘措施降低粉尘浓度。

③将混合好的基材，用喷播机喷射到岩石上，在铁丝网外喷射基质厚度保持在 2～3 cm，不可超过 5 cm。喷头距岩面距离应有 1.5 m 左右垂直喷射。喷射时水压要适当，同时要根据喷出的混合料的情况适当调动水阀控制水量。

④在喷播施工过程中，喷枪应左右各偏 45°～60°范围以全扇面或半扇面沿喷播路线依次按最佳着地点(在射液抛物线最高点后 1～3 m 范围内)要求实施喷播，并注意左右扇面搭接。喷播施工时应注意风向，应避免逆风喷播，大风、大雨应停止喷播施工。

⑤喷播现场各机械设备应保持一定距离，互不干扰。发电机、空压机、潜水泵、搅拌机、喷播机等设备管线必须通畅。作业时必须有专人负责操作空压机和搅拌机，查看潜水泵和发电机，发现潜在故障和危险，应立即挥手示意扛枪头人员做停机准备。空压机泄气停机时，作业人员注意防止沙尘入眼。

⑥喷播作业人员必须系好安全绳、安全带，坡下不得站人；多级边坡喷播时，严禁站在平台上直接从上往下面喷播。

⑦施工期间应经常检查输料管、喷头、水管等管路的连接部位，如发现磨薄、击穿或连接不牢等现象，应立即处理。

⑧施工过程中进行机械故障处理时，应停机、断电、停风；在开机送风、送电之前应预先通知有关的作业人员。

⑨喷射枪头前方不得站人；喷射作业的堵管处理，应尽量采用敲击法疏通，若采用高压风疏通时，风压不得大于 0.4 MPa(4 kg/cm$^2$)，并将输料管放直，握紧喷头，喷头不得正对有人的方向。

⑩应适当减少喷射操作人员连续作业时间。锚喷工作结束后，应指定专人检查喷射基材客土质量，若客土厚度达不到要求，有脱落、变形等情况，应及时补喷处理。

(3) 椰丝护坡植生毯覆盖

①完成喷播植生施工后，应及时铺设外层覆盖材料椰丝护坡植生。高陡边坡、表土

松散边坡以及非适应季节施工的边坡，应铺设单层椰丝护坡植生。椰丝护坡植生铺设后，应采用"U"形铁丝钉及时固定，高堑或风口处还应在其上下压土（石）、中部拉绳加固。

②覆盖椰丝护坡植生时，坡上人员应注意安全，减少对坡面客土的践踏。

### 13.4.3 环境保护管理案例成效

传统的堆石料场边坡恢复在植被恢复上有以下缺陷。首先，植被组成较简单，物种多样性低，群落稳定性差；其次，植被恢复过程中需要大量的人工投入和管理，成本高，效率低；再次，植被恢复后的边坡仍然面临着水土流失、风化、侵蚀等自然因素的影响，容易导致植被退化或死亡；最后，植被恢复速度较慢，环境破坏较严重。

在本案例的环境保护管理措施实施后，管理成效十分显著。椰丝护坡植生毯覆盖可以提高边坡的物种多样性、群落稳定性和提升生态功能，增加植被覆盖度和提高土壤质量；可以有效地防止水土流失、风化、侵蚀等自然因素对边坡的破坏，增强边坡的抗侵蚀能力和美观度；可以降低人工成本和维护难度，施工方便快捷，节省时间和资源；还可以与周围环境协调，不会造成二次污染，符合绿色发展理念；最重要的是，本案例所采用的环境保护管理措施能使堆石料场的植被以最快的速度恢复，不仅保障了边坡的稳定性，更使水库周边地区的生态环境得到了保护。

# 第五篇

# 西纳川水库综合效益

主要内容：本篇对西纳川水库取得的综合效益进行评估分析。从水库建设的经济效益出发，分别介绍了西纳川水库建设工程的城乡供水效益、灌溉效益和旅游效益；从工程的防洪效益、就业效益和民族团结的社会效益三个方面进行社会效益分析；在评估水库区自然环境状况、生态环境状况、生物分布状况的基础上，从水库区水环境及水生生态和水库区水土保持及陆地生态两个方面分析西纳川水库的生态效益。

# 第十四章 西纳川水库经济效益

西纳川水库作为重要的基础设施项目，能给当地和周边地区带来显著的经济效益，本章从水库建设的经济效益出发，分别介绍了西纳川水库建设工程的城乡生活供水效益、灌溉效益和旅游效益。从上述三个角度分析可知，西纳川水库对当地经济的可持续发展起到了积极的推动作用。

## 14.1 城乡生活供水效益

### 14.1.1 城乡生活供水效益概述

水是人类生活不可或缺的基本要素，高效、可持续的城乡供水体系能够确保人们获得清洁、安全的饮用水，改善人民的生活质量和健康状况。西纳川水库的建设可解决15.87万人、70 973头牲畜的饮水问题，同时满足多巴新城6.22万城镇人口及周边10村1.22万农村人口的用水需求，由此可见，项目的城乡生活供水效益十分突出，不仅为当地乡镇居民和城市居民提供了可靠的供水保障，还推动了农村和城市的发展和进步。

从城乡供水的概念上看，城乡供水是指以县域为单位，统一规划、统筹建设，以城市供水管网延伸和规模化供水工程为主、小型集中式供水工程为辅、分散式供水工程为补充的供水工程体系，能实现全民覆盖，城乡共享优质供水服务的供水保障模式。城乡供水的实施，不仅能够保障城镇、农村居民的饮水安全和生活用水需求，还能够带来多重效益。一般概念中的城乡供水效益包含向城镇工业企业和居民提供生产、生活用水可获得的效益，是衡量水利产出效益的重要指标。西纳川水库运行期的主要任务是实现水库年可供水量1 940.67×$10^4$ $m^3$，其中供给农村生活用水277.55×$10^4$ $m^3$，供给上五庄镇、拦隆口两镇生活用水24.32×$10^4$ $m^3$，供给多巴镇生活用水392.19×$10^4$ $m^3$。可见，在西纳川水库的规划中有35.76%的供水是为了满足于城乡生活用水需求的，本书在计算城乡供水效益时将城乡工业企业用水等内容分离出来，仅计算城乡生活供水效益。

在计算方法上，城乡生活供水效益有多种计算方法，依据《水利建设项目经济评价规范》(SL 72—2013)，供水效益可采用分摊系数法、最优等效替代法、综合替代法、影子水价法计算。

①分摊系数法

分摊系数法目前为国内供水工程规划设计中常用的计算方法，是按照水在工业生产中的地位来分摊工业效益的一种计算方法，假定在工业生产中供水工程投资与其他投资有相同的投资收益率，计算供水工程投资占工业生产总投资的比例，作为效益分摊系数。由于生活供水效益难以准确计算，因此本项目的城乡生活供水效益暂按生活供水与工业供水产生相同的效益看待，采用如下公式计算：

$$B_W = \frac{\omega}{\omega_0} \cdot \beta \cdot \gamma \tag{14-1}$$

式中：$B_W$ 为年供水效益，单位万元；$\omega$ 为年城乡生活供水总量，单位 $10^4\ m^3$；$\omega_0$ 为万元工业产值用水量，单位 $10^4\ m^3$；$\beta$ 为工业净产值率，是工业企业的净产值与总产值的比率，用来反映工业企业的生产效率和经济效益，但本项目计算的是生活供水效益，因此取工程水库末端乡镇生活效益分摊系数带入公式；$\gamma$ 为供水工程的分摊系数，本项目采用净产值法，根据本项目的耗水量、净产值和单方水价等因素确定分摊系数。

②最优等效替代法

最优等效替代法是一种间接计算供水效益的方法，它是根据采用最优等效替代工程或采取节水措施所需的年折算费用来表示供水效益的，计算公式为：

$$B_W = NF_{替} = \sum_{t=t_0}^{T} \frac{K_t}{(1+i)^{T-t}} \tag{14-2}$$

式中：$B_W$ 为年供水效益，单位万元；$NF_{替}$ 为最优等效替代工程或节水措施的年折算费用，单位万元；$K_t$ 为第 $t$ 年的运行费，单位万元；$i$ 是贴现率；$T$ 是西纳川水库工程的设计年限。

最优等效替代法的优点是不需要考虑供水量和供水价格，只需要估计替代方案的费用，但其缺点是难以确定替代方案是否达到“最优”和“等效”的条件，而且替代方案的费用与所求工程供水效益之间并无内在必然联系，计算结果的合理性、可靠度易受质疑，一般只在极度缺乏资料时使用。本项目的数据资料相对齐全，因此不选用此方法。

③综合替代法

综合替代法是根据供水工程的规模和功能，选择一种或几种能够替代供水工程的方案，计算其费用并折算成年现值，作为供水效益估算值的供水效益计算方法，计算步骤如下：确定供水工程的规模和功能，包括供水量、供水质量、供水范围等→选择一种或几种能够替代供水工程的方案，如建设井、管道、水厂、水塔等→计算各种替代方案的费用，包括建设费用、运行费用、维护费用等→选择一个合适的社会折现率，将各种替代方案的费用折算成年现值→比较各种替代方案的年现值，取最小的一个作为供水效益的估算值。

综合替代法的优点是能够考虑供水工程与其他投资项目之间的竞争关系，反映出供水工程在社会经济中的相对价值，但其缺点也十分明显。由于综合替代法是由多种措施组成的，在应用时往往会缺乏替代措施的数据、参数和技术指标，且该方法计算过程较为复杂并可能存在多个可行的替代方案，难以确定最优的选择，因此本项目不选用此方法。

④影子水价法

影子价格又称最优计划价格或效率价格。它是指有限资源在最优分配和合理利用条件下，对社会目标的边际贡献或边际效益。国家发展改革委建设部颁发的《建设项目经济评价方法与参数》(第三版)要求，为了正确计算项目对国民经济所作的净贡献，在进行国民经济评价时，对项目的投入物和产出物，原则上都应使用影子价格，并就部分货物影子价格的计算方法作了严格规定。

计算影子水价通常采用成本分解法、机会成本法和支付意愿法，并可将其划分为两种情况：一是商品水作为工业生产的投入物，研究如何估算工业用水费用及其影子水价；二是对拟建的城镇供水工程，将商品水作为供水工程产出物，研究如何估算其供水效益及其影子水价。

在水作为工业生产投入物的情况下，一般常用成本分解法作为确定影子水价的方法。水作为工业企业的投入物，在估算影子水价时主要考虑社会为此付出的经济代价，因此可认为供水工程的边际费用，就是其影子价格。所谓成本分解法，就是按照一定方法逐项分解，分别确定供水工程成本中主要因素的影子价格，然后用固定资产影子折算投资的年回收费用代替年折旧费，并用影子价格调整财务成本中的各项年运行费，最后，将供水财务成本调整为分解成本影子价格，除以增供水量即为影子水价。该方法是选取供水系统内的典型供水项目作为该水系统的边际工程，测算其边际分解成本费用作为从该水系统取水时的影子价格。因此，选取该供水工程作为水系统的边际工程，以其分解成本即边际费用作为向该水系统取水的影子价格。计算水作为工矿企业投入物的影子水价，还应加上从分水口到用户的输水、净水、配水等配套工程的边际分解成本，计算公式如下：

$$影子水价=\frac{分解成本影子价格}{供水量} \tag{14-3}$$

在水作为供水工程产出物的情况下，一般常用替代、节水年费用法计算影子水价。供水地区一般属水资源短缺地区，为进一步发展国民经济，从长远看，由外流域调水修建供水工程是解决缺水的根本途径。从近期看，如果不能立即修建供水工程，则必须内部挖潜采用替代、节水措施。替代、节水措施的年费用，可以认为等于相应供水工程年效益，计算公式如下：

$$影子水价=\frac{替代、节水措施年费用}{增供水量} \tag{14-4}$$

然而，水资源的影子价格与不同地区的水资源量及其分布、水资源供求情况及稀缺程度等因素密切相关，需进行详细研究方可确定，所以只适用于已取得影子价格合理研究成果的地区。此方法相较分摊系数法更为复杂，考虑城乡生活供水效益计算的简便性、科学性，本项目不采用此方法。

总的来看，城乡生活供水效益是西纳川水库经济效益的重要组成部分，采用适当的方法可以客观地评估供水项目的贡献和影响。本项目在综合分析分摊系数法、最优等效替代法、综合替代法、影子水价法等供水效益计算方法优缺点的基础上，最终采用分摊系数法计算城乡生活供水效益。

### 14.1.2 城乡生活供水需求分析

西纳川水库位于青海省西宁市湟中区，该地区深居内陆，干旱少雨，水资源禀赋较差。2021 年时，全国人均水资源量为 2 098 $m^3$/人，而西宁市人均水资源量为 604 $m^3$/人，约为全国的 1/3。作为青海省的省会，西宁市以占全省约 2%的水资源量，支撑了青海省约一半的地区生产总值，水资源供需矛盾十分突出。西纳川水库的修建则能很好地解决当前水库周边地区的城乡生活用水问题，保障引水安全并满足社会经济发展的需求。

在水源规划方面，《全国“十二五”大中型水库建设规划》和《青海省东部城市群水利保障规划》将西纳川水库列为重要水源工程，原规划总库容 1 130×$10^4$ $m^3$，以保证灌溉和城乡生活用水为主要任务。依照《青海省湟水流域综合治理规划》《青海省东部城市群水利保障工程规划》中的规划目标要求，湟水流域将合理安排区内生活、生产和生态用水，区内将进行节水改造和水环境保护，规划在 2030 年前将湟水河流域现有地下水源逐步关闭，湟水河被打造为多巴及西宁地区城市水系景观长廊，进行河道整治及生态恢复，因此湟水流域的多巴新城的建设将面临严峻的供水危机，急需建设一个水量有保证、水质符合要求的水源工程。水源工程建设要求满足区域内的城乡供水及灌溉用水量，通过工程建设使城乡供水保证率达到 95%，农田灌溉用水保证率达到 75%。

在本项目建设前，水库周边地区的城乡供水有关情况如下：

(1) 拉寺木河人畜饮水工程情况及存在问题

拉寺木河目前修建有上五庄、拦隆口、多巴三镇人饮(人畜饮水)工程引水口，从拉寺木河道引取径流，现有供水管道仅覆盖西纳川峡谷区内的两镇(上五庄镇、拦隆口镇)和 45 个行政村(包含多巴镇 10 个村)，受益农村人口 54 578 人，城镇人口 5 393 人，大牲畜 6 859 头，小牲畜 20 587 头，年用水量为 142.35×$10^4$ $m^3$，但存在以下问题：①上五庄、拦隆口、多巴三镇人饮工程引水口高程 2 780 m，上五庄和拦隆口镇有 27 村位于浅山区，高程在 2 780～2 850 m 之间，受高程限制不能供水，涉及人口 29 811 人，大牲畜 8 824 头，小牲畜 35 342 头。人畜饮水只能从附近河流或山间沟道取水，存在沟道来水量不足和饮水不安全问题。②上五庄、拦隆口、多巴镇人饮工程虽具备给多巴镇及周边村庄全部供水的条件，但受现有引水口天然来水量不足的影响，该工程未能给多巴镇周边供水的村庄有 34 个，镇区 1 个(多巴镇)，共涉及人口 54 915 人，大牲畜 1 459 头，小牲畜 5 729 头，若此条件下实现全部供水，尚缺水 15.55×$10^4$ $m^3$，供水保证率仅有 84.6%。

(2) 多巴镇地区人畜饮水工程现状及存在问题

多巴镇地区有 8 个村和多巴镇，由西宁市第五、六水厂供水，涉及人口 24 859 人，大牲畜 116 头，小牲畜 235 头，年供水 66.5×$10^4$ $m^3$；有 8 个行政村抽取地下水，涉及人口

14 199 人，大牲畜 332 头，小牲畜 953 头，年需水量 30.76×$10^4$ $m^3$；从附近沟道取水的村庄有 18 个，涉及人口 15 856 人，大牲畜 1 279 头，小牲畜 4 916 头，年需水量 36.88×$10^4$ $m^3$。该区随着湟水流域地下水源的逐步关闭和日趋严重的水质污染，即将面临水量不足和人饮安全问题，急需水源工程建设。

因此，为满足上述人口、牲畜的饮水需求，解决生活用水水源问题，西纳川水库的建设迫在眉睫。

### 14.1.3 城乡生活供水量确定

城乡生活供水量取决于区域人口数量、区域牲畜数量和人口、牲畜的用水定额，为此，在进行城乡生活供水量计算之前，需对上述数据进行合理的分析和预测。项目现状基准年(2011 年)及 2024 年西纳川水库建成后区域供水规划控制人口统计如表 14-1 所示。

西纳川水库规划设计现状基准年 2011 年，设计水平年为 2024 年，水库设计服务年限 50 年，城乡供水保证率达 95%，因此本项目以 2011 年为现状基准年，对 2024 年城乡生活供水的有关国民经济发展指标进行预测，得 2024 年预测值。由于 2024 年实际情况与预测结果可能存在偏差，因此除展示 2024 年预测值的结果外，还将展示 2024 年实际值的结果分析，其中，2024 年实际值根据《湟中区统计年鉴》《西宁市水资源公报》《青海省用水定额》等统计资料获得。需要说明的是，由于统计口径不完全一致，部分指标，如城镇人口数、牲畜数等，并未在统计资料中体现，因此这类数据无法获得的指标仍沿用 2024 年预测值的结果。

(1) 国民经济发展指标

根据湟中区城市发展规划和产业布局，上五庄镇、拦隆口镇规划仍以传统农业生产为主，多巴镇发展重心为多巴新城，按湟中区人口控制目标，2024 年前城镇及农村人口的自然增长率控制目标为 8‰。

①多巴新城人口、牲畜数量

2011 年时，多巴新城正在建设中，人口组成主要为：原住城镇居民 6 677 人；周边农村 44 个，共计人口 59 570 人，大牲畜 1 727 只，小牲畜 6 104 只。预测 2024 年多巴新城人口组成主要为：原住城镇人口自然增长为 7 173 人，甘河工业园区迁入人口 30 000 人，多巴镇周边被征地农村转移人口 32 289 人，共计城镇人口 69 462 人；周边农村人口 31 710 人。多巴新城具体人口组成情况如表 14-2 所示。

**表 14-1　现状基准年(2011 年)及 2024 年西纳川水库建成后区域供水规划控制人口统计**

| 人口分布地区 | | 现状基准年(2011 年)的各受水区人口 | | | | | | | | | | 按‰自然增长率测算 2024 年各受水区人口 | | | | | | 备注 |
|---|---|---|---|---|---|---|---|---|---|---|---|---|---|---|---|---|---|---|
| | | 供水覆盖人口 | | | | 人饮不安全人口 | | | | 2011 年各区总人口 | | 供水覆盖人口区 | | | | 2024 年各区总人口(规划) | | |
| | | 上五庄、拦隆口、多巴三镇人饮工程供水 | | 西宁市第五、六水厂供水 | | 机井取水 | | 沟道取水 | | | | 西纳川水库供水 | | 西宁市第五、六水厂供水 | | | | |
| | | 人口 | 大小牲畜 | 人口 | 大小牲畜 | 人口 | 大小牲畜 | 人口 | 大小牲畜 | 人口 | 大小牲畜 | 人口 | 大小牲畜 | 人口 | 大小牲畜 | 人口 | 大小牲畜 | |
| 上五庄农村 | | 20 040 | 18 427 | — | — | — | — | 13 572 | 25 641 | 33 612 | 44 068 | 36 111 | 44 068 | — | — | 36 111 | 44 068 | |
| 上五庄镇 | | 1 706 | 0 | — | — | — | — | — | — | 1 706 | — | 1 833 | — | — | — | 1 833 | 0 | |
| 拦隆口农村 | | 23 205 | 8 380 | — | — | — | — | 16 239 | 18 525 | 39 444 | 26 905 | 42 377 | 26 905 | — | — | 42 377 | 26 905 | |
| 拦隆口镇 | | 3 687 | 0 | — | — | — | — | — | — | 3 687 | — | 3 961 | 0 | — | — | 3 961 | 0 | |
| 多巴镇周边农村 | | 11 333 | 639 | 18 182 | 351 | 14 199 | 1 285 | 15 856 | 5 552 | 59 570 | 7 827 | 12 176 | 0 | 19 534 | 0 | 31 710 | 0 | 32 289 人被转移为城镇人口 |
| 多巴新城 | 多巴镇 | — | — | 6 677 | — | — | — | — | — | 6 677 | — | — | — | 7 173 | — | 7 173 | — | |
| | 甘河工业区迁入人口 | — | — | — | — | — | — | — | — | — | — | 30 000 | — | — | — | — | — | |
| | 农村转移人口 | — | — | — | — | — | — | — | — | — | — | 32 289 | — | — | — | — | — | |
| 合计 | | 59 971 | 27 446 | 24 859 | 351 | 14 199 | 1 285 | 45 667 | 49 718 | 144 696 | 78 800 | 158 747 | 70 973 | 26 707 | 0 | 123 165 | 70 973 | |

表 14-2 多巴新城人口组成情况预测表

| 年份 | 多巴新城周边农村总人口(人) | 多巴新城城镇人口(人) | | | 多巴新城总计人口(人) |
|---|---|---|---|---|---|
| | | 多巴镇人口 | 农村转移(城镇化)人口 | 因甘河滩工业区建设搬迁期末人口 | |
| 2011 | 59 570 | 6 677 | — | — | 6 6247 |
| (预测)2024 | 31 710 | 7 173 | 32 289 | 30 000 | 101 172 |
| (实际)2024 | 61 585 | 7 173 | 32 289 | 30 000 | 131 047 |

②西纳川流域内人口、牲畜数量

西纳川水库供水区内的上五庄镇、拦隆口镇及所辖 62 个村庄，其人口在规划水平年 2024 年内按自然增长率 8‰考虑；牲畜考虑到当地草地在规划水平年内不增加，维持现状水平，数量以零增长率考虑，多巴镇地区递减为零。西纳川流域具体人口组成、牲畜数量情况如表 14-3 所示。

表 14-3 西纳川水库受益区人口、牲畜预测表

| 年份 | 上五庄镇 | | | | 拦隆口镇 | | | | 多巴新城(多巴镇) | | | |
|---|---|---|---|---|---|---|---|---|---|---|---|---|
| | 农村人口(人) | 城镇人口(人) | 牲畜(只) | | 农村人口(人) | 城镇人口(人) | 牲畜(只) | | 农村人口(人) | 城镇人口(人) | 牲畜(只) | |
| | | | 大牲畜 | 小牲畜 | | | 大牲畜 | 小牲畜 | | | 大牲畜 | 小牲畜 |
| 2011 | 33 612 | 1 706 | 8 404 | 35 664 | 39 444 | 3 687 | 7 011 | 19 894 | 59 570 | 6 677 | 1 727 | 6 104 |
| (预测)2024 | 36 111 | 1 833 | 8 404 | 35 664 | 42 377 | 3 961 | 7 011 | 19 894 | 31 710 | 69 462 | 0 | 0 |
| (实际)2024 | 39 169 | 1 833 | 8 404 | 35 664 | 41 203 | 3 961 | 7 011 | 19 894 | 61 585 | 69 462 | 0 | 0 |

可以看出，在农村人口数方面，上五庄镇、拦隆口镇 2024 年预测值与 2024 年实际值的差别较小，而多巴镇的农村人口数的实际值与预测值差距过大，前者几乎为后者的两倍。2024 年，原西宁市湟中县撤县设区，正式升级为湟中区，与此同时，多巴镇升级为多巴新城，成为西宁城市“一主两副”规划中的双翼之一，也是青海省的文化旅游门户。作为 2024 年新规划的区域，多巴新城有西宁园博园、新华联国际旅游城、多巴湖商务中心等城建配套设施，有较好的经济发展潜力和前景，因此多巴新城的宜居性和吸引力得到大幅提升。在进行 2024 年预测时，未考虑到多巴镇升级为多巴新城的政策影响，因而实际值与预测值有较大差距，以 2024 年农村人口的实际值更新预测值后，多巴新城总计人口约为 131 047 人。

(2) 生活用水定额

多巴新城城市定位为不包含工业的，以“旅游、科研、商贸物流、行政管理及甘河工业区的后勤服务”为主的综合性城市，后期将逐步规划为西宁市的副城区。按《城市给水工程规划规范》(GB 50282—2016)规定，中小城市综合生活用水定额(不含工业)为 170～300 L/(人·d)，再根据 2021 年发布的青海省《用水定额》(DB63/T 1429—2021)，西宁市的城镇居民生活用水定额为 120 L/(人·d)，农村居民生活用水定额为 40～80 L/(人·d)。

根据2006—2011年《青海省水资源公报》可以发现，西宁市2006—2011年实际城镇居民的生活用水量约为110 L/(人・d)，具体统计结果如表14-4所示。因此，根据城市功能、规模及当地居民的用水情况综合分析，确定多巴新城2024年的城镇居民生活用水量为150 L/(人・d)，上五庄、拦隆口镇区为100 L/(人・d)。再从2011年《青海省水资源公报》的统计资料看，可以发现随着生活水平的提高，西宁市农村人口的用水量有所增加，经过综合分析，确定2024年农村居民生活用水量为60 L/(人・d)。因此，最终西纳川水库受益区城镇居民和农村居民的具体用水定额如表14-5所示。

**表14-4　2006—2011年西宁市用水状况统计表**

| 年份 | 水量统计 | | 人口统计 | | | 实际生活用水统计 | |
|---|---|---|---|---|---|---|---|
| | 实际年供水量($10^4$ $m^3$) | 实际年耗水量($10^4$ $m^3$) | 城镇人口(万人) | 农村人口(万人) | 总人口(万人) | 城市生活用水[L/(人・d)] | 农村生活用水[L/(人・d)] |
| 2006 | 8 897 | 3 073 | 126.77 | 85.96 | 212.73 | 123.06 | 25.47 |
| 2007 | 8 536 | 3 216 | 129.24 | 86.12 | 215.36 | 115.81 | 26.60 |
| 2008 | 8 536 | 4 498 | 132.90 | 84.89 | 217.79 | 112.62 | 37.74 |
| 2009 | 8 842 | 4 567 | 135.28 | 85.22 | 220.50 | 114.61 | 38.17 |
| 2010 | 9 000 | 4 452 | 140.69 | 80.18 | 220.87 | 112.17 | 39.55 |
| 2011 | 9 125 | 4 515 | 145.79 | 77.01 | 222.80 | 109.75 | 41.76 |

**表14-5　西纳川水库受益区用水标准**

| 年份 | 区域名称 | 人口用水标准(L/d) | 大牲畜用水标准(L/d) | 小牲畜用水标准(L/d) |
|---|---|---|---|---|
| 2011 | 上五庄、拦隆口镇辖区农村 | 50 | 40 | 10 |
| | 上五庄、拦隆口镇区 | 80 | 40 | 10 |
| | 多巴镇 | 100 | 40 | 10 |
| 2024 | 上五庄、拦隆口镇辖区农村 | 60 | 40 | 10 |
| | 上五庄、拦隆口镇区 | 100 | 40 | 10 |
| | 多巴新城 | 150 | 40 | 10 |

(3) 用水量计算

城乡生活用水为居民日常生活所需的水，包括饮用、洗涤、冲厕、洗澡等。根据西纳川水库受益区内预测的人口、牲畜数量确定的用水定额，计算得规划水平年2024年人、畜年用水量为$694.05\times10^4 m^3$，然而再带入2024年实际农村人口数，得2024年实际人、畜年用水量为$868.13\times10^4 m^3$。具体生活用水量计算如表14-6所示。

表 14-6 水库受益区各年度人、畜用水量计算表

| 年份 | | 人口 | | | 大牲畜 | | | 小牲畜 | | | 管道漏失水量(15%) | 日均用水量 | | 年用水量 |
|---|---|---|---|---|---|---|---|---|---|---|---|---|---|---|
| | | 用水标准 | 数量 | 用水量 | 用水标准 | 数量 | 用水量 | 用水标准 | 数量 | 用水量 | | | | |
| | | t/(人·d) | 人 | t/d | t/(头·d) | 头 | t/d | t/(头·d) | 头 | t/d | t/d | t/d | L/s | $10^4$ $m^3$ |
| 2011年实际供水区用水量 | 上五庄农村 | 0.05 | 20 040 | 1 002 | 0.04 | 8 404 | 336 | 0.01 | 35 664 | 357 | 254 | 1 949.02 | 22.56 | 71.14 |
| | 上五庄镇区 | 0.08 | 1 706 | 136 | 0.04 | 0 | 0 | 0.01 | 0 | 0 | 20 | 156.95 | 1.82 | 5.73 |
| | 拦隆口农村 | 0.05 | 23 205 | 1 160 | 0.04 | 7 011 | 280 | 0.01 | 19 894 | 199 | 246 | 1 885.57 | 21.82 | 68.82 |
| | 拦隆口镇 | 0.08 | 3 687 | 295 | 0.04 | 0 | 0 | 0.01 | 0 | 0 | 44 | 339.25 | 3.93 | 12.38 |
| | 多巴镇农村 | 0.05 | 11 333 | 567 | 0.04 | 1 727 | 69 | 0.01 | 6 104 | 61 | 105 | 801.55 | 5.3 | 29.26 |
| | 多巴镇 | 0.1 | 0 | 0 | 0.04 | 0 | 0 | 0.01 | 0 | 0 | 0 | 0 | 0 | 0 |
| | 合计 | — | 59 971 | 3 160 | — | 17 142 | 685 | — | 61 662 | 617 | 669 | 5 132.34 | 55.43 | 187.33 |
| 2011年规划供水区应需水量 | 上五庄农村 | 0.05 | 33 612 | 1 681 | 0.04 | 8 401 | 336 | 0.01 | 35 664 | 357 | 356 | 2 729.41 | 31.59 | 99.62 |
| | 上五庄镇区 | 0.08 | 1 706 | 136 | 0.04 | 0 | 0 | 0.01 | 0 | 0 | 20 | 156.95 | 1.82 | 5.73 |
| | 拦隆口农村 | 0.05 | 39 444 | 1 972 | 0.04 | 7 011 | 280 | 0.01 | 19 894 | 199 | 368 | 2 819.32 | 32.63 | 102.91 |
| | 拦隆口镇 | 0.08 | 3 687 | 295 | 0.04 | 0 | 0 | 0.01 | 0 | 0 | 44 | 339.20 | 3.93 | 12.38 |
| | 多巴镇农村 | 0.05 | 59 570 | 2 979 | 0.04 | 1 727 | 69 | 0.01 | 6 104 | 61 | 466 | 3 574.91 | 41.38 | 130.48 |
| | 多巴镇 | 0.1 | 6 677 | 668 | 0.04 | 0 | 0 | 0.01 | 0 | 0 | 100 | 767.86 | 8.89 | 28.03 |
| | 合计 | — | 144 696 | 7 731 | — | 17 139 | 685 | — | 61 662 | 617 | 1 354 | 10 387.65 | 120.24 | 379.15 |
| 2024年规划供水区用水量 | 上五庄农村 | 0.06 | 36 111 | 2167 | 0.04 | 8 404 | 336 | 0.01 | 35 664 | 357 | 429 | 3 288.38 | 38.06 | 120.03 |
| | 上五庄镇区 | 0.1 | 1 833 | 183 | 0.04 | 0 | 0 | 0.01 | 0 | 0 | 27 | 210.78 | 2.44 | 7.69 |
| | 拦隆口农村 | 0.06 | 42 377 | 2 543 | 0.04 | 7 011 | 280 | 0.01 | 19 894 | 199 | 453 | 3 475.27 | 40.22 | 126.85 |
| | 拦隆口镇 | 0.1 | 3 961 | 396 | 0.04 | 0 | 0 | 0.01 | 0 | 0 | 59 | 455.53 | 5.27 | 16.63 |
| | 多巴镇农村 | 0.06 | 12 176 | 731 | 0.04 | 0 | 0 | 0.01 | 0 | 0 | 110 | 840.14 | 9.72 | 30.67 |
| | 多巴镇 | 0.15 | 62 289 | 9 208 | 0.04 | 0 | 0 | 0.01 | 0 | 0 | 1 381 | 10 589.60 | 122.56 | 392.19 |
| | 合计 | — | 158 747 | 15 228 | — | 15 415 | 616 | — | 55 558 | 556 | 2 459 | 18 859.7 | 218.27 | 694.06 |
| 2024年实际供水区用水量 | 上五庄农村 | 0.06 | 39 169 | 2 350 | 0.04 | 8 404 | 336 | 0.01 | 35 664 | 357 | 456 | 3 499.45 | 40.5 | 127.73 |
| | 上五庄镇区 | 0.1 | 1 833 | 183 | 0.04 | 0 | 0 | 0.01 | 0 | 0 | 27 | 210.78 | 2.44 | 7.69 |
| | 拦隆口农村 | 0.06 | 41 203 | 2 472 | 0.04 | 7 011 | 280 | 0.01 | 19 894 | 199 | 443 | 3 393.65 | 39.28 | 123.87 |
| | 拦隆口镇 | 0.1 | 3 961 | 396 | 0.04 | 0 | 0 | 0.01 | 0 | 0 | 59 | 455.53 | 5.27 | 16.63 |
| | 多巴镇农村 | 0.06 | 61 585 | 3 695 | 0.04 | 0 | 0 | 0.01 | 0 | 0 | 554 | 4 249.25 | 49.18 | 155.10 |
| | 多巴镇 | 0.15 | 69 426 | 10 414 | 0.04 | 0 | 0 | 0.01 | 0 | 0 | 1 562 | 11 976.10 | 138.61 | 437.13 |
| | 合计 | — | 217 177 | 19 510 | — | 15 415 | 616 | — | 55 558 | 556 | 3 101 | 23 784.76 | 275.28 | 868.15 |

### 14.1.4 城乡生活供水效益计算

依照规划，2024 年西纳川水库城镇生活及乡村人饮供水量为 694.06×10$^4$m$^3$，农田灌溉供水量为 1 022.87×10$^4$m$^3$。根据水量，城镇生活及乡村人饮供水投资分摊系数为 46%，城乡供水部分分摊投资为 22 933.3 万元。然而带入 2024 年农村人口和农村居民生活用水定额后，计算而得的 2024 年实际西纳川水库城镇生活及乡村人饮供水量为 868.13×10$^4$m$^3$，农田灌溉供水量为 1 022.87×10$^4$m$^3$，因此根据水量，城镇生活及乡村人饮供水投资分摊系数为 46%。

城乡生活供水的保证程度要高于工业，其单方水效益应大于工业供水单方水效益。本项目按工业供水效益计算城乡供水效益，工业供水效益计算采取分摊系数法。根据《西宁市水资源公报》调查，现状基准年 2011 年湟中区万元工业增加值取水量为 50 m$^3$，万元工业取水量为 18 m$^3$。随着工业结构调整和节水措施的实施，万元增加值取水量将逐步减少，依照规划，预计 2024 年万元工业增加值取水量为 43 m$^3$，万元工业产值取水量为 15 m$^3$，即 $\omega_0$=15 m$^3$。然而，2024 年湟中区实际万元工业增加值用水量为 49.2 m$^3$。因此根据项目区特点，本项目效益分摊系数取 1.5%，即 $\gamma$=1.5%。

西纳川水库城乡供水流程为：水库大坝—输水管道—城乡供水管网—用水户等环节，城镇生活配套管网工程已于 2017 年建设完成，城镇配套工程投资约 8 000 万元。乡村供水管道及管网配套工程已建设完成，建设投资 8 100 万元。根据乡镇生活分摊的投资及管网投资，计算工程水库末端乡镇生活效益分摊系数约为 0.6，即 $\beta$=0.6。

经计算，西纳川水库城乡生活供水的单方水效益为 6.0 元/m$^3$，根据公式(14.1)计算，即可得出运行后西纳川水库各年的城乡生活供水效益值。若供水效益按照运行第一年(2019 年)发挥 60%、2024 年发挥全部效益的情况计算，则依照规划，2024 年供水效益 $B_W$=单方水效益×城乡生活用水量=6.0 元/m$^3$×694.06×10$^4$ m$^3$=4 164.36 万元。带入 2024 年实际统计数据，实际 2024 年供水效益 $B_W$=单方水效益×城乡生活用水量=6.0 元/m$^3$×868.13×10$^4$ m$^3$=5 208.78 万元。可见，本项目正式运行后所带来的城乡生活供水效益值比预期值更高，项目效益超出预期。

## 14.2 灌溉效益

### 14.2.1 灌溉效益概述

水利建设项目的灌溉效益是指该项目向农、林、牧等提供灌溉用水可获得的效益，体现在农业的节水效益、节能效益、增产效益、节地效益、省工效益、转移效益、替代效益等方面。本项目为水库工程，在农田方面的主要任务是解决 2.68 万亩的农田灌溉用水需求，因此，本项目重点计算农业增产方面的灌溉效益。在计算上，水库工程的灌溉效益有分摊系数法、扣除农业生产费用法和灌溉保证率法等三种计算方法。

①分摊系数法

在水库工程的灌溉效益中，农业增产是水利灌溉和其他农业技术措施综合作用的结果，因而在计算灌溉效益时，理应对其总的增产效益在水利和农业两个部门进行合理的分摊，即采用效益分摊系数法，按有、无项目对比灌溉和农业技术措施可获得的总增产值乘以灌溉效益分摊系数进行计算。需要说明的是，灌溉直接受气候等因素变化的影响，而水文气象因素每年均不相同，致使灌溉效益年度间也有差异，故不能用某一代表年来估算效益，必须用某一代表时段逐年估算灌溉效益，求出其多年平均值作为灌溉的年效益。

将灌区开发后农作物的增产效益在水利和农业之间进行合理分摊，计算出水利灌溉分摊的增产量，并用分摊系数 $\varepsilon$ 表示部门的分摊比例即可算得水利工程灌溉效益，计算式可表示为：

$$B_A=\varepsilon\left[\sum_{i=1}^{n}A_i(Y_i-Y_{0i})V_i+\sum_{i=1}^{n}A_i(Y'_i-Y'_{0i})V'_i\right] \tag{14-5}$$

式中：$B_A$ 表示为水库工程分摊的多年平均年灌溉效益，单位万元；$A_i$ 表示第 $i$ 种农作物的种植面积，单位万亩；$Y_i$ 表示采取灌溉措施后第 $i$ 种农作物单位面积的多年平均产量，单位 kg；$Y_{0i}$ 表示无灌溉措施时，第 $i$ 种农作物单位面积的多年平均产量，单位 kg；$V_i$ 表示第 $i$ 种农作物产品的价格；$Y'_i$、$Y'_{0i}$ 表示有、无灌溉的第 $i$ 种农作物副产品单位面积的多年平均年产量；$V'_i$ 表示第 $i$ 种农作物副产品的价格；$i$ 表示农作物种类的序号；$n$ 表示灌区农作物种类的总数目；$\varepsilon$ 为灌溉效益分摊系数。

值得注意的是，在计算时，多年平均产量应根据灌区调查材料分析确定。当多年平均产量调查有困难时，也可以用近期的正常年产量代替因采取灌溉工程措施而使农业增产的程度，若各地区变幅很大，在确定相应数值时应慎重。对于各种农作物的副产品，也可合并以农作物主要产品产值的某一百分数计算。

分摊系数 $\varepsilon$ 可以根据试验资料或具体分析确定，一般在干旱缺雨地区或种植水稻地区较大，在湿润或半湿润地区较小。有学者对灌溉效益分摊系数确定方法进行归纳，总结出灌溉效益分摊系数的取值范围一般为 0.20～0.60，平均值为 0.40。丰、平水年和农业生产水平较高的地区取较低值，反之，取较高值。分摊系数 $\varepsilon$ 的确立对计算灌溉效益有举足轻重的作用，其取值会直接影响灌溉效益的精确度，根据我国现阶段的研究，分摊系数 $\varepsilon$ 在工程中，一般根据历史调查和统计资料确定，或根据试验资料确定。

在根据历史调查和统计资料确定分摊系数 $\varepsilon$ 时，长期灌溉的灌区若具有详细齐全的灌溉资料即可利用式(14-6)计算：

$$\varepsilon=\frac{Y_{水}-Y_{前}}{Y_{水+农}-Y_{前}} \tag{14-6}$$

式中：$Y_{前}$ 表示在无灌溉工程的若干年中农作物的年平均单位面积产量，单位 kg；$Y_{水}$ 表示在有灌溉工程后的最初几年中，农业技术措施还没有来得及大面积展开时的农作物年平均单位面积的产量，单位 kg；$Y_{水+农}$ 表示农业技术措施和灌溉工程同时发挥综合作用后的农作物年平均单位面积产量，单位 kg。

在根据试验资料确定分摊系数 $\varepsilon$ 时，需对相同的试验田块进行不同试验，将收集所得有关数据资料，利用式(14-7)计算：

$$\varepsilon=\frac{Y_{水+农}-Y_{前}}{(Y_{水}-Y_{前})+(Y_{农}-Y_{前})} \tag{14-7}$$

式中：$Y_{前}$表示不进行灌溉，但采取与当地农民基本相同的农业技术措施时，农作物的单位面积产量，单位 kg/亩；$Y_{水}$表示进行充分灌溉，即完全满足农作物对水的需求，但农业技术措施保持不变时，农作物的单位面积产量，单位 kg/亩；$Y_{农}$表示不进行灌溉，但完全满足农作物生长对肥料、植保、耕作等农业技术措施的要求时，农作物的单位面积产量，单位 kg/亩；$Y_{水+农}$表示使作物处在水、肥、植保、耕作等灌溉和农业技术措施都是良好的条件下生长时，农作物的单位面积产量，单位 kg/亩。

②扣除农业生产费用法

扣除农业生产费用法是按灌溉后与灌溉前的农业净收入差值计算灌溉效益的方法。这种方法适用于灌溉后农业技术措施有较大改进的情况，需要扣除增加的农业投入费用。这一类分摊方法在具体计算时，又可分为如下两种方法。

一种是从年总增产值中扣除增加的农业技术成本分摊法。这种分摊方法是将发展灌溉以后所增加的农业技术措施的成本（包括增施的肥料、增播的种子、植物保护、改善的耕作条件和田间管理以及后期的收获管理费用等，但不包括灌溉工程的成本），考虑适当的和合理的报酬率（通常可等于水利工程采用的经济报酬率 6%～7%）后，从农业增年总产值 $W_{水+农}$（$W$ 表示产值）中扣除，余下的部分作为灌溉分摊的年灌溉效益 $W_{水}$。

另一种是灌溉前、后年净收益差值分摊法。这种分摊方法是先分别计算发展灌溉前、后的年总收益和年总支出，即年成本，再求出年总收益和年总支出的差值，即年净收益灌溉前、后年净收益的差值，此处所求得的差值便是灌溉分摊的年灌溉效益。

但是，扣除农业生产费用法需要收集大量的农业生产费用数据，工作量较大，数据的准确性也难以保证，且忽略了灌溉对农业品质和收获期的影响，只考虑了农业产量和收入的变化，因此不适宜本项目。

③灌溉保证率法

水库工程建成后当保证年份及破坏年份的产量均有调查或试验资料时，则其多年平均灌溉效益 $B_A$ 的计算公式如下：

$$B_A=A[YP_1+(1-P_1)\alpha_1 Y-Y_0]\cdot V \tag{14-8}$$

式中：$A$ 表示农作物的灌溉面积，单位亩；$P_1$、$P_2$ 分别表示有、无水库灌溉工程时的灌溉保证率；$Y$ 表示保证年份灌溉工程的多年平均亩产量，单位 kg/亩；$\alpha_1 Y$、$\alpha_2 Y$ 分别表示破坏年份有、无水库灌溉工程的多年平均亩产量，单位 kg/亩；分别为有、无水库灌溉工程的减产系数；$Y_0$ 表示无灌溉工程时多年平均亩产量，单位 kg/亩；$V$ 表示农产品价格。同样，灌溉保证率法需要收集大量的水文和气象数据，工作量较大，且忽略了灌溉用水量在不同年份和季节的变化，只考虑了多年平均水量的保证程度，因此也不适宜本项目。

总的来看，灌溉效益是西纳川水库经济效益的重要组成部分，本项目在综合分析分摊系数法、扣除农业生产费用法和灌溉保证率法优缺点的基础上，最终采用分摊系数法计算城乡灌溉效益。

### 14.2.2 灌区耕地面积与作物需水需求分析

西纳川水库现位于青海省西宁市湟中区，在湟中区“十二五”发展规划中，西纳川流域被规划为现代农业发展区，需维持拦隆口灌区现状耕地面积 26 373 亩，以改善种植结构为主，规划水平年不再增加灌溉面积。西纳川水库兴建后，可引水灌溉的浅山区农田 2.68 万亩。根据《湟中区统计年鉴》，2020 年湟中区农作物播种面积为 873 548 亩，其中粮食作物合计 437 200 亩，油料合计 217 850 亩。部分农作物播种面积占总农作物播种面积情况如图 14-1 所示。

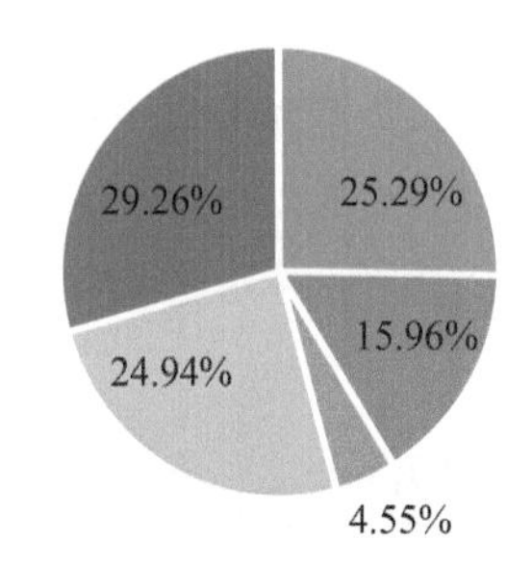


**图 14-1 2020 年湟中区不同农作物播种面积情况**

可以看出，小麦是湟中区的主要作物，种植面积超总面积的 1/4，这表明种植区的气候和土壤适合小麦生长，且湟中区对小麦的需求和依赖较大；油料是种植区的第二大作物，种植面积将近占总面积的 1/4，是湟中区的重要油料作物和观赏作物；薯类是种植区的第三大作物，种植面积占总面积的 1/6 左右，是湟中区的重要经济作物或粮食补充；豆类的占比最小，不到 5%，这反映湟中区整体对豆类的利用较低，可增加种植面积。

根据有关规划，西纳川水库建成后，将新增农田 2.68 万亩，并设计灌区作物种植比例为：小麦 50%，薯类 8%，豆类 30%，油料 12%，即相应的种植面积为：小麦 1.34 万亩，薯类 0.21 万亩，豆类 0.8 万亩，油料 0.32 万亩。

农作物可按照其在光合作用中二氧化碳的第一个固定产物是三碳化合物还是四碳化合物，分为碳三植物和碳四植物，即 C3 植物和 C4 植物。在规划新增农田灌溉面积的农作物中，小麦、豆类、油菜是 C3 植物，其蒸腾系数较大，为 400～900，这表明在理论上，生产 1 kg 该类农作物最少需要消耗 400～900 kg 的水；薯类是 C4 植物，其蒸腾系数较小，为 250～400，也就是说生产 1 kg 薯类理论上最少需要消耗 250～400 kg 的水。由此可以看出，西纳川水库建成后，各农作物的需水量存在较大差异，但总体的需水量较大，更精准的需水量数值需根据各个农作物的用水定额确定。

## 14.2.3 灌溉水量确定

(1) 灌溉面积

根据有关规划，西纳川水库建成后可新增农田灌溉面积 2.68 万亩，其中小麦 1.34 万亩，薯类 0.21 万亩，豆类 0.8 万亩，油料 0.32 万亩。

(2) 灌溉用水定额

西纳川流域内引水灌溉的农田主要为拦隆口灌区，根据其灌溉制度确定的农田灌溉净定额见表 14-7 和表 14-8。灌区在现状基准年，即 2011 年的灌溉水利用系数为 0.4，根据《湟水流域大型灌区续建配套与节水改造规划》，2030 年灌区灌溉水利用系数将达到 0.6，新增灌溉农田水利用系数须达到 0.6。

(3) 灌溉用水量

西纳川水库兴建后承担的灌溉面积为西纳川流域浅山区的 2.68 万亩农田。

根据《湟水流域大型灌区续建配套与节水改造规划》和湟中区“十二五”水利规划的总体要求，新增灌区灌溉水利用系数达到 0.6，根据表 14-8 的计算结果可知，西纳川水库灌溉需水量为 1 022.87×$10^4$ $m^3$。

**表 14-7 拦隆口灌区灌溉制度及用水量表(川水地)**

| 种植面积(万亩) | 作物名称 | 种植比例(%) | 灌水次数 | 灌水定额($m^3$/亩) | 灌水日期 | | | 灌溉定额($m^3$/亩) | 净灌水率($m^3$/s/万亩) |
|---|---|---|---|---|---|---|---|---|---|
| | | | | | 起 | 止 | 天数 | | |
| 2.68 | 小麦 | 50 | 1 | 50 | 2.15 | 3.2 | 15 | 335 | 0.19 |
| | | | 2 | 55 | 3.20 | 4.5 | 16 | | 0.20 |
| | | | 3 | 50 | 4.20 | 5.5 | 15 | | 0.19 |
| | | | 4 | 50 | 5.20 | 6.4 | 15 | | 0.19 |
| | | | 5 | 50 | 6.20 | 7.5 | 15 | | 0.19 |
| | | | 6 | 50 | 10.1 | 10.16 | 15 | | 0.19 |
| 2.68 | 薯类 | 8 | 1 | 70 | 3.20 | 3.30 | 10 | 200 | 0.06 |
| | | | 2 | 65 | 5.20 | 5.30 | 10 | | 0.06 |
| | | | 3 | 65 | 7.10 | 7.20 | 10 | | 0.06 |
| | 豆类 | 30 | 1 | 65 | 3.3 | 3.16 | 13 | 285 | 0.17 |
| | | | 2 | 55 | 4.6 | 4.16 | 10 | | 0.19 |
| | | | 3 | 55 | 5.6 | 5.16 | 10 | | 0.19 |
| | | | 4 | 55 | 6.5 | 6.15 | 10 | | 0.19 |
| | | | 5 | 55 | 7.6 | 7.16 | 10 | | 0.19 |
| | 油料 | 12 | 1 | 65 | 3.3 | 3.16 | 13 | 285 | 0.07 |
| | | | 2 | 55 | 4.6 | 4.16 | 10 | | 0.08 |
| | | | 3 | 55 | 5.6 | 5.16 | 10 | | 0.08 |
| | | | 4 | 55 | 6.5 | 6.15 | 10 | | 0.08 |
| | | | 5 | 55 | 7.6 | 7.16 | 10 | | 0.08 |
| | 合计 | 100 | — | — | — | — | — | — | — |

表 14-8　浅山区灌溉制度及用水量表(浅山地)

| 种植面积（万亩） | 作物名称 | 种植比例(%) | 灌水次数 | 灌水定额（$m^3$/亩） | 灌水日期 | | | 灌溉定额（$m^3$/亩） | 净灌水率（$m^3$/s/亩） | 毛灌水率（$m^3$/s/亩） | 毛用水量（$10^4$ $m^3$） |
|---|---|---|---|---|---|---|---|---|---|---|---|
| | | | | | 起 | 止 | 天数 | | | | |
| 2.68 | 小麦 | 50 | 1 | 65 | 2.20 | 3.12 | 20 | 235 | 0.19 | 0.31 | 145.17 |
| | | | 2 | 60 | 4.1 | 4.21 | 20 | | 0.17 | 0.29 | 134.00 |
| | | | 3 | 60 | 6.1 | 6.21 | 20 | | 0.17 | 0.29 | 134.00 |
| | | | 4 | 50 | 10.1 | 10.18 | 17 | | 0.17 | 0.28 | 111.67 |
| | 薯类 | 8 | 1 | 60 | 3.1 | 3.11 | 10 | 160 | 0.06 | 0.09 | 21.44 |
| | | | 2 | 50 | 4.10 | 4.20 | 10 | | 0.05 | 0.08 | 17.87 |
| | | | 3 | 50 | 6.5 | 6.15 | 10 | | 0.05 | 0.08 | 17.87 |
| | 豆类 | 30 | 1 | 65 | 3.13 | 3.28 | 15 | | 0.15 | 0.25 | 87.10 |
| | | | 2 | 60 | 4.22 | 5.6 | 15 | 235 | 0.14 | 0.23 | 80.40 |
| | | | 3 | 60 | 5.16 | 5.31 | 15 | | 0.14 | 0.23 | 80.40 |
| | | | 4 | 50 | 6.22 | 7.6 | 15 | | 0.12 | 0.19 | 67.00 |
| | 油料 | 12 | 1 | 65 | 3.13 | 3.28 | 15 | | 0.06 | 0.10 | 34.84 |
| | | | 2 | 60 | 4.22 | 5.6 | 15 | 235 | 0.06 | 0.09 | 32.16 |
| | | | 3 | 60 | 5.16 | 5.31 | 15 | | 0.06 | 0.09 | 32.16 |
| | | | 4 | 50 | 6.22 | 7.6 | 15 | | 0.05 | 0.08 | 26.80 |
| | 合计 | 100 | — | — | — | — | — | — | — | — | 1 022.87 |

### 14.2.4　灌溉效益计算

西纳川水库灌溉供水流程为：水库大坝—灌溉管道—田间灌溉配套工程等环节。灌溉管道及田间配套工程于 2024 年建设完成，估算总投资为 10 000 万元。

根据规划，2024 年预测的西纳川水库城镇生活及乡村人饮供水量为 694.06×$10^4$ $m^3$，实际 2024 年该值为 868.13×$10^4$ $m^3$，农田灌溉供水量为 1 022.87×$10^4$ $m^3$。根据水量，西纳川水库农业灌溉部分投资分摊系数约为 54%，分摊至农业灌溉部分的投资为 26 682.6 万元。根据水库枢纽农田灌溉部分的投资及田间配套工程的投资，水库末端灌溉工程效益分摊系数约为 0.73。因项目受益区干旱缺水，实施水利项目而使灌区增产的效益分摊系数取 0.55，项目总效益分摊系数为 0.40。

根据统计资料和现场调查情况，水库建成后新增农田灌溉面积 2.68 万亩，年增加灌溉用水 1 022.87×$10^4$ $m^3$。灌区作物种植比例为：小麦 50%，薯类 8%，豆类 30%，油料 12%，相应的种植面积为：小麦 1.34 万亩，薯类 0.21 万亩，豆类 0.8 万亩，油料 0.32 万亩。采用影子价格计算灌溉效益，灌溉效益分摊系数取 0.4，2024 年灌溉配套工程建成，2025 年发挥全部农业灌溉效益，其效益为 1 848.4 万元，计算见表 14-9。

表 14-9 西纳川水库农田灌溉效益计算表

| 序号 | 项目 | 单位 | 小麦 | 薯类 | 豆类 | 油料 | 合计 |
|---|---|---|---|---|---|---|---|
| 1 | 种植面积 | 万亩 | 1.34 | 0.21 | 0.80 | 0.32 | 2.68 |
| 2 | 亩产量 | kg/亩 | 500 | 2 400 | 600 | 450 | — |
| 3 | 效益分摊系数 | — | 0.40 | 0.40 | 0.40 | 0.40 | — |
| 4 | 影子价格 | 元/kg | 2.00 | 1.50 | 4.00 | 4.00 | — |
| 5 | 农业效益 | 万元 | 536.1 | 308.8 | 772.0 | 231.6 | 1 848.4 |

## 14.3 旅游效益

### 14.3.1 旅游效益概述

水库工程的旅游效益，是指水库工程建设后，通过利用水库的水域、水利设施、周边景观等资源，开发和提供各种旅游产品和服务，从而带来的经济收益和社会效益。

旅游效益中的经济效益主要是增加旅游经济收入、生态研学收入，是通过促进地区交通、商业、服务业和工艺手工业等的发展使地区经济繁荣而产生的效益。旅游效益中的社会效益，主要包含提供游览、娱乐、休息和体育活动的良好场所，丰富人们的精神生活，增进旅游者身心健康等内容，并可以通过向观众展示水利科技和水文化的成果，增强观众对水资源的保护意识和水利事业的支持度。

可以见得，旅游能使人们消除疲劳、振奋精神、锻炼体魄、强壮身体，但这种社会效益是难以用金钱来衡量的，因此本项目在计算水库工程的旅游效益时不考虑其中的社会效益。然而，对水利工程管理单位来说，旅游所获得的直接经济效益是可以估算的。对于能直接收取门票的水利工程设施，其旅游效益计算如下：

$$B_T = M \cdot D + \sum_{i=1}^{n} N_n d_n + h \cdot S_1 + r \cdot S_2 \tag{14-9}$$

式中：$B_T$ 表示水库工程的旅游效益，单位万元；$M$ 表示前往水库工程旅游的总人数，单位万人；$D$ 表示每张门票的收入，单位元；$N_n$ 表示第 $n$ 项单项活动的人数，单位万人；$d_n$ 表示第 $n$ 项单项活动的收费标准，单位人/元；$h$、$r$ 分别表示住宿人数、用餐人数，单位万人；$S_1$、$S_2$ 分别表示人均日住宿费、人均日用餐费，单位元。

### 14.3.2 旅游规划与现状

西纳川水库位于青海省西宁市湟中区，对发展地区经济和促进社会稳定有重要的意义。作为青海省的“人口大县”“旅游资源大县”“文化大县”，湟中区区位优势独特，占地面积占西宁五区的 84%。“十三五”期间，湟中区文体旅游局以《湟中区全域旅游发展规划》《湟中区乡村旅游发展总体规划》为统领，编制实施了塔尔寺大景区建设运营方案、西纳川乡村旅游示范带建设规划等近 20 个子规划和子方案，塔尔寺大景区建设和运营取得重大突破，形成了 3.5 km 的旅游产业链。通过创建 9 个 AAA 级以上景区，建成 4 条市级乡村旅游示范带、29个三星级以上乡村文化旅游接待点，推进5个村进入“全国乡村旅游重点村”行列，湟中区成功创建为“青海省首批全域旅游示范区”。

通过全面、科学的规划和管理，湟中区的旅游成绩十分突出，2011—2019年，湟中区的旅游综合收入和旅游人数基本稳步提升，在新冠疫情突发时，湟中区旅游受其影响，旅游综合收入和旅游人数大幅下跌，但仍达到旅游综合收入15.7亿元，吸引旅游人数515.2万人次。湟中区2011—2020年的具体旅游情况如图14-2所示。

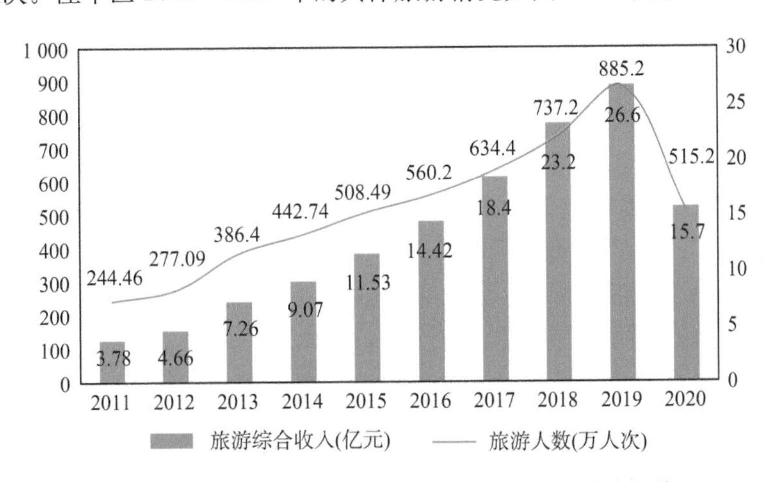


**图14-2 2011—2020年湟中区旅游综合收入和旅游人数情况**

2020年，湟中区星级乡村旅游接待户有27户，各类农家乐有148家，星级宾馆有10家，旅行社有28家。全年星级乡村旅游共接待44.77万人次，旅游总人数515.21万人，其中过夜旅客人数46.86万人，一日游游客467.64万人。

### 14.3.3 水库工程旅游项目案例分析

我国国土幅员辽阔，有众多国家级的水利风景区。国家级水利风景区，是指以水域(水体)或水利工程为依托，按照水利风景资源即水域(水体)及相关联的岸地、岛屿、林草、建筑等能对人产生吸引力的自然景观和人文景观的观赏、文化、科学价值和水资源生态环境保护质量及景区利用、管理条件分级，经水利部水利风景区评审委员会评定，由水利部公布的可以开展观光、娱乐、休闲、度假或科学、文化、教育活动的区域。国家级水利风景区有水库型、湿地型、自然河湖型、城市河湖型、灌区型、水土保持型等类型，截至2022年，全国共有水利风景区878家，其中，青海省拥有13家，分别为互助土族自治县南门峡水库水利风景区、长岭沟水利风景区、黄南藏族自治州黄河走廊水利风景区、黑泉水库水利风景区、孟达天池水利风景区、互助县北山水利风景区、久治县年保玉则水利风景区、民和县三川黄河水利风景区、玛多县黄河源水利风景区、囊谦县澜沧江水利风景区、海西州巴音河水利风景区、乌兰县金子海水利风景区和玉树通天河水利风景区。上述国家级水利风景区在发挥自身水利功能的同时，都实现了良好的旅游效益，可见进行良好的规划和管理，能进一步发掘水库工程的旅游效益。

以青海省著名的龙羊峡水库为例。龙羊峡位于青海省共和县境内的黄河上游，上距黄河发源地 1 684 km，下至黄河入海口 3 376 km，是黄河流经青海大草原后，进入黄河峡谷区的第一个峡谷。“龙羊”系藏语，即险峻沟谷之意，峡口只有 30 m 宽，峡谷全长 33 km，坚硬的花岗岩两壁直立近 200 m 高，是建设水电站的绝佳坝址。1976 年国家决定兴建龙羊峡水电站，坝址就选于此峡口，水电建设者在“龙羊”之后加上一个专业术语“峡”字，便有了今天的称谓。电站建成后，龙羊峡水库成了黄河上游第一座大型梯级电站所在地，水电站也被称为“万里黄河第一坝”，人称黄河“龙头”电站。因水电站的建成，当地旅游业兴起，现为国家 AAAA 级旅游景区，龙羊峡谷被称为“中国的科罗拉多大峡谷”，名扬海外。作为我国库容量第二大的水库，龙羊峡水电站除发电外，还具有防洪、防凌、灌溉、养殖、旅游等效益。

在龙羊峡水库的带动作用下，龙羊峡镇和铁盖乡周边村落依托龙羊湖优越的地理位置及旅游资源优势，其乡村旅游业已初具规模，同样具有代表性的还有黄河村、龙羊新村、多隆沟村。2017 年，龙羊峡景区收入达 1 151.98 万元，同比增长 107.49%，占当年青海省共和县旅游总收入的 1.7%。可见，水库工程的带动作用能切实增加水库建设地的旅游收入。

西纳川水库作为总库容 1 133.8×$10^4$ $m^3$ 的三等中型工程，有优美的自然风光，如碧水、山石、森林等，可以吸引游客前来欣赏、拍照、休闲，增强游客的体验和乐趣。水库也有生态研学的价值，可以展示水利科技、水资源保护、水环境治理等知识和技术，让游客在游玩中学习和感悟。根据青海省“全方位推动生态建设”的有关规划，为把握青海生态关键词、谱写青海建设新篇章、守好国家生态安全屏障门户，水库工程的建设必须找准生态定位，严禁开发破坏生态环境的旅游项目。因此，西纳川水库的旅游效益主要体现在：为当地提供稳定的生活用水和灌溉用水，改善当地的生态环境和农业生产；水库周边能发展特色民宿、农家乐村落，提供住宿、餐饮、体验等服务，从而吸引游客前来入住和消费；同样，水库周边还可以开展一些农业、民俗、文化等主题的研学活动，让游客了解当地的风土人情和历史文化。

### 14.3.4 旅游效益分析

西纳川水库的建设可解决 15.87 万人、70 973 头牲畜的饮水问题，同时满足多巴新城 6.22 万城镇人口及周边 10 村 1.22 万农村人口的用水需求。当用水需求能被满足时，西纳川乡村旅游示范带建设便更能稳步推进。

2022 年，青海省西宁市乡村文化旅游嘉年华启动仪式在中国重点乡村旅游村——湟中区柳树庄村举行。活动当天，嘉年华承办方西宁市文化旅游广电局提出了对西宁市规划的 10 条乡村旅游优质路线。湟中区西纳川地区作为乡村旅游的典型，其休闲农业乡村旅游精品规划线路为：西宁市—湟中区多巴镇—湟中区拦隆口镇—湟中区上五庄镇。规划线路的沿途景点包含新华联童梦乐园、乡趣卡阳、慕容古寨、包勒村等，各个景点各有特色，是西纳川旅游的重要组成部分。

(1) 新华联童梦乐园

新华联童梦乐园位于青海西宁城市副中心多巴，是一个海拔较高的综合性海洋公园，也是集海洋生物展示、休闲观光、科普教育、互动娱乐、科学研究于一体的综合性海洋公园。童梦乐园的丝路小镇再现了“一带一路”沿线的重要街区、文化、建筑等，将各地标志性建筑，浓缩在丝路小镇中。童梦乐园内规划建设了一个大型亲子互动型嬉水乐园——童梦水世界。项目内大型水寨、海洋主题漂流河等设施，为西部人民亲子互动游提供了一个旅游打卡地，满足人们近水、亲水的需求。在 2021 年“五一”期间，新华联童梦乐园接待游客 4.74 万人次，旅游收入 1 459.35 万元。

(2) 乡趣卡阳

乡趣卡阳户外旅游度假景区位于西宁市湟中区拦隆口镇的西南部，距离省会西宁 42 km，其所在地卡阳村是汉藏融合的民族村落。2015 年，湟中区政府通过招商引资，引进西宁乡趣农业科技有限公司对卡阳景区进行整体开发和建设，经过乡趣公司不懈努力打造，卡阳景区现已被评为“国家 AAAA 级旅游景区”，有着“青海省林下经济示范基地”“全国乡村旅游扶贫重点示范项目”荣誉称号，所在地卡阳村也被评为中国美丽乡村。乡趣卡阳景区地处高山林区，风光四季优美，空气清新，是距离西宁最近的原始林区和高山牧场，自然资源极为丰富，绿草如茵，溪水潺潺，原始森林茂密，保持着最纯粹的山区景色，蓝天白云下牛羊成群，自然生态条件极为优越。同时，乡趣卡阳景区旅游产业的开发也带动了卡阳村的精准扶贫，在景区与村庄的共同努力下，卡阳村成为青海省首个脱贫摘帽的贫困村。凭借得天独厚的自然资源，卡阳景区集健身徒步、观光采风、体验乡趣、品尝美食为一体的户外旅游度假模式愈发成熟，2015—2017 年创下综合旅游收入超 2 000 万元的历史新高。

(3) 慕容古寨

慕容古寨位于青海省西宁市湟中区拦隆口镇拦一村金仓岭，以酿制酩馏酒而远近闻名，距今已有 1700 多年的酿酒历史。慕容古寨在传承酒文化的同时，将慕容家族的历史文化和青海历史文化有机结合融为一体，不仅有鲜卑慕容氏历史文化馆，还有剿匪纪念馆和毛泽东纪念馆两个红色展示馆，酩馏酒庄、老油坊和老电影放映室均保存较好。每年“二月二”举办的慕容古寨文化旅游艺术节，吸引着全国各地的游客前来参观，游客不仅可以品“青海茅台”酩馏酒，感受鲜卑慕容族历史、中华酩馏文化、红色文化，还可以参观独特的省级非遗酩馏酿酒技艺。通过慕容古寨旅游项目的发展，解决当地闲散劳动力 220 人次，全村户均年收入增加 2 500 元，当地 300 余户脱贫群众过上了幸福生活。

(4) 包勒村

包勒村隶属于青海省西宁市湟中区上五庄镇，2019 年，该村被评为“2019 年中国美丽休闲乡村”。包勒村立足环境优势发展乡村旅游，一度成为省内知名的“周边游”目的地，为避免同质化问题，包勒村创造性地开创了包勒村“乡村稻草人创意旅游节”，将包勒村优美的自然风光与悠久的农耕文化及现代卡通人物巧妙融合。以此为依托，包勒村还在冬季举办“冰瀑年货节”，不仅让村民们投身于村庄建设，还让村民们通过开办农家乐，售卖自制酿皮、酸奶、土特产等增加了经济收入。2016 年至 2018 年，每年约有 10 万人次前来包勒村参观体验，按照湟中区 2016—2018 年平均每人次创造旅游收入 290 元计算，2016—2018 年平均每年包勒村的旅游收入约为 2 900 万元。

（5）西纳川水库旅游效益分析

从经济的角度出发，水库的建成对周围旅游景点具体收入的提升难以被准确估值，这主要是因为旅游收入的增加受多种因素影响，包括水库本身的吸引力、旅游设施的完善程度、宣传推广力度、季节性需求、旅游市场规模等。但显而易见的是，西纳川水库的建成将会为新华联童梦乐园、乡趣卡阳、慕容古寨、包勒村等景点带来以下几方面的经济提升，这便表现为西纳川水库的旅游效益。

①游客数量增加

西纳川水库附近的旅游景区较多为西宁市“周边游”目的地，包勒村便是其中的一个典型项目。西纳川水库作为新的观光资源，可能会吸引更多希望“周边游”的游客前来探索和体验，这也将促进周边旅游景点的游客数量增加，从而潜在地提升旅游收入。同时，随着西纳川水库建成后城乡生活供水效益和灌溉效益的逐步发挥，水库周边的旅游设施能更稳定地运转，景区的旅游承载能力便可进一步提升，可容纳旅客人数也将持续增加，由此能吸引更多游客前来参观。

②游客停留时间加长

水库的建成可能会使游客在该地区停留的时间延长，西纳川水库所在地属于典型的黄土低山丘陵山区，由于受季风气候的影响，降水较丰沛，植被良好，分布有天然林地和温性干草原。沙棘林、山杨、桦树林及混交林是西纳川水库区域内分布的主要植被类型，分布面积大。草原植被为芨芨草和早熟禾，植被稀疏，覆盖度小，草丛低矮，层次结构简单。西纳川水库建成后，游客可以在周边地区进行徒步、自然观察、摄影等活动，这些丰富的选择和体验将促使游客在该地区停留更长的时间，探索和享受更多的旅游资源。

③旅游消费增加

西纳川水库的建成对周边景区的旅游消费会有一定的带动作用，游客在参观完水库周围的景区和自然风光后，可能会选择在附近的景区用餐、购买纪念品等，从而增加了周边景点的收入。甚至由于供水得到保障，西纳川水库附近可能会出现新的商业机会，如餐饮、住宿、购物等服务设施的发展，这些新的商业设施和服务将吸引游客进行消费，增加旅游业的收入。

# 第十五章　西纳川水库社会效益

西纳川水库工程的建设不仅能带来很强的经济效益，还能促进社会发展、保障社会稳定。从功能角度看，西纳川水库工程能用作防洪工程，进一步抵御洪涝灾害。从目标角度看，工程的建设能有效节约能源，并通过可再生清洁能源的使用减少污染排放，建立环境友好型社会。此外，水库的建设促进了当地其他行业的蓬勃发展，增加了就业机会，形成了团结、互助的民族关系。因此，本章从工程的防洪效益、就业效益和民族团结三个方面进行社会效益分析。

## 15.1　防洪效益

西纳川水库工程位于湟中区境内的西纳川上游水峡一级支流拉寺木河上，水库坝址位于拉寺木河汇入口上游约 8 km 处。水库总库容 1 133.8×10$^4$ m$^3$，其中死库容 30×10$^4$ m$^3$，兴利库容 1 000×10$^4$ m$^3$，防洪库容 103.8×10$^4$ m$^3$；相应死水位 2 899.0 m，正常蓄水位 2 938.98 m，设计洪水位 2 940.4 m，校核洪水位 2 941.02 m。坝顶高程 2 941.62 m，防浪墙顶高程 2 942.82 m，最大坝高为 59.25 m，坝顶宽 6.0 m，坝顶长度 461 m。西纳川水库是一个综合利用水库，其工程任务为城乡供水和农田灌溉。

### 15.1.1　工程所在河道或行(蓄)洪区情况

(1) 河道情况

西纳川水库位于拉寺木峡中游段，河道坡降较大，河谷宽阔，库容条件较好，库区两岸山体自然坡角 30°～50°，河部分系卵石组成，拉寺木河的河床受山地和挡水建筑物的限制，水库下泄洪水的挟沙能力变化不大，加上下游河床由粒径较坚固的岩石组成，形成粗颗粒自然保护层，水流冲刷不易向深处发展，河势在主河槽内基本稳定。因此，西纳川水库坝址处河段仍在自然状态下，河道主要受地形影响，河槽形态基本稳定，河道演变速度较为缓慢，河势处于较稳定状态，河床处于逐步下切过程。

水库建成后，库区拦蓄泥沙淤积，河床抬高，初期为三角洲淤积形态，随着水库淤积，淤积三角洲不断向坝址推进，达到坝址后淤积形态将演变为锥体形态，库区泥沙淤积达到平衡。

水库建成后，由于水库拦沙，水库下游河段水流含沙量大大降低，在水库拦沙运行期内将会处于冲刷状态，而拉寺木河河床为砂砾河床，河道冲淤变化不会太大。水库泥沙淤积平衡后，下游河道将恢复原来的微冲微淤状态。

（2）河势情况

河势就是河流形态发展和自动调整变化的趋势。它的变化与河流地质地貌条件、水文泥沙情势、人类活动影响等密不可分，河势稳定是减免洪灾、发展经济的重要保障，项目开发与建设应保持河势稳定和保障行洪通畅。

施工期：西纳川水库施工期的上游来水通过导流洞进入到下游，导流洞的布置顺应天然河势，工程区的来水来沙条件及地质条件相对天然情况下变化较小，且西纳川水库工程设计施工期为 42 个月，工期相对大型水利工程的施工期较短，因此施工期对河道河势的影响轻微，基本保持稳定。

运行期：工程建成后，河流的地质地貌条件、河床地层的组成均不会改变。枢纽上游由于水库的兴建，主流水位抬高，水面顺直，河床更趋于稳定，库区泥沙淤积很快达到冲淤平衡，河床通过自动调整达到平衡状态，枢纽上下游河道汛期行洪时，基本维持天然河道的水文泥沙情势，通过水库调洪削峰，下泄流量较天然状态下洪峰流量小，整个河段的洪水基本不会发生时空上的改变，因此，不会对河势产生较大的影响，本河段的河势是基本稳定的。

### 15.1.2 工程防洪规划与指标

（1）青海省“十三五”水利发展规划

2016 年 5 月 18 日，青海省水利水电科学研究所编制的《青海省水利发展“十三五”规划》（以下简称《规划》），通过了省政府规划办组织召开《青海省水利发展“十三五”规划（报批稿）》审查会审查。

《规划》提出：随着以西宁为核心的东部城市群的逐步壮大，水资源供需矛盾将会更加凸显。重点实施湟水流域 15 处中小型灌区升级改造，大力发展农业高效节水灌溉，全面推进节水型社会建设，提高水资源利用效率与效益。加快实施湟水北干渠扶贫灌溉二期、引大济湟西干渠、湟水干流（东部城市群）供水工程，在湟水流域推进渠、河、库连通，形成“川”字形供水格局，解决湟水流域城市发展的供水问题；实施夕昌、西纳川、杨家水库等重点水源工程，推进湟水南岸水利扶贫工程，优化水资源配置，提高水资源承载能力，保障供水安全。加快完成黄河干流、湟水干流及北川河等河道治理工程，进一步完善防洪体系，提高东部城市群防洪能力，保障人民生命财产安全。

（2）青海省防洪规划概要

目前，西纳川流域没有做过专项流域规划，根据《青海省防洪规划》中，西纳川防洪工程主要建设内容是：防洪治理工程治理河道长 5.0 km，建设堤防、护岸 9.97 km。乡镇防洪标准为 20 年一遇洪水设防；乡村及农田段为 10 年一遇。

根据《青海省湟水流域防洪规划》确定“西纳川干流沟道防洪标准为 20 年一遇，支流防洪标准为 10 年一遇；西纳川规划防护河段长度 1.0 km，规划堤防工程长度 2.0 km，其中已建堤防长度 0.27 km，规划新建堤防工程 1.73 km，防洪标准为防御 20 年一遇洪水。”

西纳川水库总库容为1 133.8×$10^4$ $m^3$，根据《防洪标准》(GB 50201—2014)及《水利水电工程等级划分及洪水标准》(SL 252—2017)规定，库容在0.1×$10^4$～1×$10^4$ $m^3$之间，确定本枢纽工程为Ⅲ等工程，工程规模为中型。主要建筑物级别为3级，次要建筑物4级，保护3、4级永久性水工建筑物的临时性水工建筑物，级别为5级。

西纳川水库工程设计洪水标准为50年一遇，校核洪水标准为2 000年一遇，其设防标准高于《青海省防洪规划》《青海省湟水流域防洪规划》中有关西纳川下游的设防标准，因此水库的建设将会提高水库下游用水户的用水保证率和下游的防洪能力，有助于流域的水资源合理开发和有效利用，不会对流域的开发利用产生不利影响。

(3) 西纳川水库主要技术指标

西纳川水库是一个综合利用水库，其工程任务为城乡供水和农田灌溉。供水任务主要是：解决上五庄镇、拦隆口镇的0.58万城镇人口和周边62个村7.85万农村人口、大牲畜15 415只、小牲畜55 558只的人畜饮水需求，同期承担多巴新城区6.22万城镇人口及周边10村1.22万农村口人的饮水需求。灌溉任务主要是：2.68万亩农田灌溉用水。

本工程主要技术指标、主要建筑物洪水标准及相应流量分别见表15-1、表15-2。

**表15-1 西纳川水库主要技术指标表**

| 序号 | 名称 | 单位 | 数量 | 备注 |
|---|---|---|---|---|
| 1 | 坝址以上集水面积 | $km^2$ | 64.50 | |
| 2 | 坝址处多年平均流量 | $m^3/s$ | 0.42 | |
| 3 | 设计洪水流量($P$=2%) | $m^3/s$ | 43.70 | |
| 4 | 校核洪水流量($P$=0.05%) | $m^3/s$ | 98.60 | |
| 5 | 设计洪水流量($P$=2%,24 h) | $10^4 m^3$ | 711.00 | 24小时洪量 |
| 6 | 校核洪水流量($P$=0.05%,24 h) | $10^4 t$ | 1 332.00 | 24小时洪量 |
| 7 | 正常蓄水位 | m | 2 938.98 | |
| 8 | 死水位 | m | 2 899.00 | |
| 9 | 设计洪水位($P$=2%) | m | 2 940.40 | |
| 10 | 校核洪水位($P$=0.05%) | m | 2 941.02 | |
| 11 | 调洪库容 | $10^4 m^3$ | 103.80 | |
| 12 | 总库容 | $10^4 m^3$ | 1 133.80 | |
| 13 | 回水长度 | km | 1.620 | |
| 14 | 调洪库容 | $10^4 m^3$ | 0.73 | |
| 15 | 最大坝高 | m | 59.25 | |
| 16 | 坝顶长度 | m | 461.00 | |
| 17 | 坝顶长度 | m | 481.90 | |

表 15-2 主要建筑物洪水标准及相应流量

| 项目 | 面板堆石坝 | |
|---|---|---|
| | 设计 | 校核 |
| 洪水重现期(年) | 50 | 2 000 |
| 相应流量($m^3/s$) | 43.7 | 98.6 |
| 相应水位(m) | 2 940.40 | 2 941.02 |

### 15.1.3 工程防洪需求与设计

水库洪水标准根据规范《水利水电工程等级划分及洪水标准》(SL 252—2017)确定，对山区、丘陵区水利水电工程，永久性水工建筑物(3 级)的防洪标准：设计洪水标准为 100 年～50 年一遇，考虑到本水库工程库容接近中型水库下限库容，因此设计洪水标准取 50 年一遇，相应洪峰流量为 43.7 $m^3/s$；按规范中型水库校核洪水标准为 2 000 年～1 000 年一遇(土石坝)，考虑到水库下游的西纳川峡谷区、多巴新城区、西宁市区是青海省人口相对密集区域，水库失事后将造成严重影响。因此设计综合考虑，水库校核洪水标准取 2 000 年一遇，相应洪峰流量为 98.6 $m^3/s$；临时性水工建筑物(5 级)洪水标准为 10～5 年一遇取 10 年一遇，相应洪峰流量为 22.2 $m^3/s$。

(1) 混凝土面板堆石坝防洪设计要求

西纳川水库大坝采用混凝土面板堆石坝，坝顶高程 2 941.62 m，坝顶上游侧设防浪墙，墙顶高出坝顶 1.2 m，坝顶长 461 m，坝宽 6.0 m，最大坝高 59.25 m。上游坝坡 1∶1.4，下游坝坡 1∶1.5。

根据《碾压式土石坝设计规范》(SL 274—2020)，坝顶高程等于水库静水位与坝顶高程之和，根据本工程实际，分别按以下组合计算，取其最大值：①设计洪水位加正常运用条件的坝顶超高；②正常蓄水位加正常运用条件的坝顶超高；③校核洪水位加非常运用条件的坝顶超高；④正常蓄水位加正常运用条件的坝顶超高，加地震安全超高。

经复核比较，校核洪水位工况控制坝高，计算坝顶高程 2 941.62 m。高于校核洪水位 2 941.02 m，设计坝顶高程采用 2 941.62 m 是安全的，坝高满足防洪设计要求。

(2) 溢洪洞防洪设计要求

西纳川水库溢洪洞布置在枢纽的右岸，溢洪洞进口为正槽型式，溢流堰采用 WES 实用堰，堰顶高程为 2 938.98 m，水库设计洪水标准为 50 年一遇洪水，相应的洪峰流量为 43.7 $m^3/s$，设计洪水位 2 940.40 m，泄流能力为 20.28 $m^3/s$；水库校核洪水标准为 2 000 年一遇洪水，相应洪峰流量为 98.6 $m^3/s$，校核洪水位 2 941.02 m 时，泄流能力为 34.92 $m^3/s$。经调洪计算，溢洪洞的泄洪能力满足工程的防洪要求。

### 15.1.4 防洪效益概念与计算

(1) 防洪效益概念

防洪效益是指在发生同等规模、同等流量洪水的情况下，无防洪工程时防洪地区所产生的洪水损失与有防洪工程时仍可能造成的洪水损失之间的差值。对于一般的年份，防洪效益较小甚至没有，但遭遇到大洪水或特大洪水时，防洪效益则会十分巨大。

自 1949 年中华人民共和国成立，我国便积极投身于防洪工程建设，并在此方面取得了巨大成就。但随着我国人口增加和经济增长，防洪工程也需进一步改进和提升，我国防洪形势仍旧严峻，防洪工程的建设仍是持久战。

洪灾对各行各业都会造成损失，主要影响农业、林业、渔业、牧业、工业、商业、旅游业等领域，还会造成通信、电力、基础交通设施的非正常运行。一般，洪灾损失有以下五类：

①人员伤亡；

②城镇和乡村房屋、基础设施、物资的损失；

③工矿企业停产，商业停业，交通、电力、通信中断的损失；

④农业、林业、渔业、牧业及各类副业减产的损失；

⑤救灾抢险、防汛等费用支出的损失。

洪灾一旦爆发将直接影响广大人民群众的财产安全和生命安全，直接危害相关企业正常生产，鉴于洪灾影响的多方面性，防洪便显得尤为重要。

(2) 防洪效益计算步骤

洪水灾害是指上游洪水流经下游平原区时，洪水超过河道下泄能力而引发的水灾，防洪效益可以按照以下几个步骤进行计算。

①洪灾淹没面积的计算

确定决口位置：决口是指堤岸被洪水冲出缺口，根据河道中不同频率洪水由上而下，依照河道地形、河道地理、河道防洪能力来确定是否会决口及决口的先后顺序；计算决口起止流量：起止流量的确定包括决口起始流量和消退流量，河道来水流量若超出行洪能力，则决口流量为超标准洪水量与河道下游安全下泄流量之间的差值，其中，止点流量为河道的平槽流量。

计算超标准洪水总量：超标准洪水总量是超出部分的量，即造成洪水的量，此量可通过洪水过程线上使用近似方法切割计算，起点为行洪能力，止点为河道平槽流量。

洪灾淹没面积和深度计算：利用计算的超标准洪水总量，根据工程地形图和决口处的地形及高程，合理确定洪灾淹没面积及淹没深度。

②洪灾综合财产损失率的计算

洪灾财产损失率是描述洪灾直接经济损失的相对指标。通常，洪灾财产损失率指洪水造成的各类财产损失的价值与灾前原有各类财产价值的比值，简称洪灾损失率。不同类型区，各淹没等级，洪灾综合财产损失率，需根据典型调查分析确定的各类财产洪灾损失率与各类财产所占比重，加以综合求得。

(3) 防洪效益分析公式

①计算多年平均防洪效益

多年平均防洪效益需根据项目可减免的洪灾损失和可增加的土地开发利用价值进行计算和表示。使用系列法进行此量计算时应保证系列有较好的代表性，遇到缺少大洪水年的系列可对系列进行适当处理再计算。

计算已发生的洪水频率可采取数理统计的方法对系统运行期其他年份洪水频率进行模拟，然后计算效益。实际年平均防洪效益应采用算术平均计算法进行系统实际年平均损失的计算，即可按式(15-1)进行计算。

$$\overline{B}=\frac{1}{n}\sum_{i=1}^{n}(B_{直i}-B_{间i}) \tag{15-1}$$

式中：$\overline{B}$ 为系统运行的 $n$ 年内年平均防洪效益；$B_{直i}$ 为系统在第 $i$ 年的防洪直接效益；$B_{间i}$ 为系统在第 $i$ 年的防洪间接效益。

②计算多年平均除涝效益

多年平均除涝效益应根据项目可减免的涝灾损失进行计算和表示。使用频率法计算此量时应根据涝区历年资料情况和特点，可选取涝灾频率法、内涝积水量法、雨量涝灾相关法等进行计算。

③频率法计算多年平均防洪效益

对多个水利工程效益进行对比时需要较多历年资料对每项水利工程的多年平均防洪效益进行计算，因此对资料的准确性和系统性要求较高。使用频率法可避免资料不达标而引起的计算结果缺乏科学性与准确性的情况。

使用频率法计算多年平均防洪效益的计算原理如下：首先，对洪区历年洪水资料进行统计，根据洪水统计资料拟定集中洪水频率；其次，分别计算不同频率下有无该工程的洪灾损失情况，并据此绘出有无该工程的情况下洪灾“损失-频率”关系图，防洪工程的多年平均防洪效益即为两曲线和坐标轴之间的面积。计算公式如式(15-2)所示。

$$S_0=\sum_{P=0}^{1}\frac{(P_{i-1}-P_i)(S_{i-1}+S_i)}{2}=\sum_{P=0}^{1}\Delta P\overline{S} \tag{15-2}$$

式中：$S_0$ 为多年平均防洪效益；$P_{i-1}$、$P_i$ 为相邻两次洪水频率；$S_{i-1}$、$S_i$ 为频率 $P_{i-1}$、$P_i$ 下相应的洪水损失。

### 15.1.5 工程防洪影响总体评价

(1) 工程对防洪的影响

本工程根据拟定的调洪原则及防洪运用方式，确定溢洪洞为正堰型式，无闸门控制，运行时由溢洪洞单独泄洪。在对洪道消力池段基础位于坡积碎石土层(左岸)与砂砾石层(右岸)中，采取防冲处理，提高土层的抗冲刷能力。考虑到溢洪洞左消力池段位于冲沟沟口处，采取防洪处理，降低沟内洪水对建筑物造成的威胁。

因此本工程的建设能使防洪顺利进行。

(2) 洪水对工程的影响

本水库工程地形较好，两岸均有平坦的滩地，施工工程就近利用滩地进行布置，隧洞进口部位考虑防洪设施，主要生产生活设施场地建基高程不低于 10 年一遇洪水位。西纳川水库工程的生产工艺、设备操作和维护等作业均较为成熟，且生产过程基本不会产生易燃、易爆、有毒、有害等危害物质。本工程设计过程中采取了较全面的安全防范措施，坝区地面设置了排水设施，防洪、防淹设施设置独立电源供电，任一电源均须满足工作负荷的要求。建设过程中严格落实工程防洪安全，以及汛期施工防汛措施，做好洪水预报，确保施工人员及下游群众的生命财产安全。故洪水对工程影响甚微。

总之，工程能保证防洪工作的顺利进行，且洪水对工程的影响较小。

## 15.2 就业效益

### 15.2.1 水库建设期的就业效益

西纳川水库工程在施工建设过程中，需要大量的人力物力支持，为当地农民提供了众多就业机会。工程完工后，不仅能够提高当地农民耕作的效率，也促进了当地其他行业的蓬勃发展，增加就业机会，提高农民的收入，实现区域农民就业保障。

西纳川水库工程在施工建设过程中，为当地农民提供的就业机会主要表现在区域农民参与工程建设、区域农民参与工程相关产业与区域农民就工程建设需求创业等3个方面。

(1) 区域农民参与工程建设

西纳川水库工程在建设过程中，吸纳了当地很多剩余劳动力参加建设，使农民获得了工作机会，并直接得到经济补偿，解决了很多家庭常年无活干、无经济收入的困难问题。农民直接参与工程的建设对农民就业、收入产生了最直接的影响。

西纳川水库工程施工范围大，建设用材以土方、石料为主，且施工技术简单、易操作，这类工程的建设中需要大量的劳动力，属于劳动密集型工程。工程在建设期间，一般采用人工方式施工，需要当地农村集体经济组织号召广大农民参与工程建设，农民可以通过参加工程建设获得现金支付的劳动报酬，增加家庭经济收入。

(2) 区域农民参与工程相关产业

在工程修建的过程中，刺激了当地的建材业、运输业的繁荣，为当地群众带来可观的经济收入。

西纳川水库工程在建设过程中，需要多种建筑材料，常见的大宗材料有砂、石、水泥、土方、木材、钢材等。除钢材外，这些材料的加工生产大多数是由农民来承担的，如将石料加工成不同规格石材，木材的砍伐等主要是由农民来完成的，而这些材料的运输多数也是由农民参与的。因此，建筑材料的加工、运输为农民扩大了就业机会，区域农民通过参与工程修建相关产业来扩大就业面，提高经济收入。

(3) 区域农民参与自主创业

党的十九大报告提出，要实施乡村振兴战略，支持和鼓励农民就业创业，拓宽就业渠道，鼓励创业带动就业，促进农民工多渠道创业就业。西纳川水库工程的建设，拉动了当地一系列产业的发展，区域部分农民借此机会在当地创业，增加收入来源。

就工程建设需求创业主要包括两个方面：一个是工程建材需求，区域农民在参与已有建材公司之外，部分农民能够另起炉灶，成立自己的建材公司，在当时段为工程建设提供原材料；另一个是工程后勤需求，包括为工程建设人员提供餐饮、住宿、娱乐等服务需求，众多工程参建人员的需求为该类产业发展提供了良好的发展机会。

### 15.2.2 水库运行期的就业效益

西纳川水库工程在工程完工后，增加的就业机会主要表现在区域农民参与工程运行、区域农民耕种、区域相关产业发展与区域农民创业四个方面。

(1) 区域农民参与工程运行

在西纳川水库工程建设工作完成之后，区域农民能够参与到工程的运行管理当中，增加就业机会，提高经济收入。区域农民参与工程运行主要体现在两个方面：一个是就职于工程管理局，作为事业单位员工对工程的总体运行进行全面把控，但这方面的人员较少，管理局仅能吸纳少量优秀管理人才；另一个是可以适当地将工程运行管理的权责移交到村委会手中，根据本地区的实际情况设置相应的岗位，通过民主投票的方式选举运行管理负责人，在确保工程处于良性运行状态的同时，为区域农民提供更多的就业机会。

(2) 区域农民耕种

西纳川水库工程的建设，增加了区域灌溉面积，提高了农业综合生产能力，促进了农业种植结构的调整，为区域农民耕种提供了有利的发展条件，提高农民收入。区域农民耕种就业机会增加主要是由于区域灌溉面积增加和亩产量的提高将扩大农民耕种面积以及劳动工作量，这就需要更多的农民投身于农业种植中去，为更多的人提供耕作劳动机会。而随着耕种带来的经济效益增加，农民参与耕种的意愿也越来越强。

(3) 区域相关产业发展

西纳川水库工程的建设与运行，改善了当地的生活条件，也促进了一系列产业的发展。工程建成后，区域内的建筑业、采矿业、农副产品加工业、商业繁荣起来，投资环境大大改善。配套设施不断完善，各行业蓬勃发展。在各产业发展的同时，需要大量的人力资源作为支撑，作为当地的主要劳动力群体，一些无固定收入或收入较为微薄的农民根据自身条件及未来规划，进入到不同产业中去，既能够为自己寻得一份稳定工作，又能够促进当地产业的发展，而产业的发展又需要更多的人来参与，形成了一个稳定农民就业的良性循环。

(4) 区域农民创业

2016 年底，国务院办公厅印发《关于支持返乡下乡人员创业创新促进农村一二三产业融合发展的意见》，推出了金融服务、财政支持、用地用电、创业园区等 8 个政策大礼包，鼓励外出人员返乡创业。

西纳川水库工程建成运行后，为当地的创业提供了良好的基础条件，既包括基础设施改善等环境条件，又包括政策福利等软性条件，如把现有的支农资金向返乡下乡人员创业创新倾斜，给予政策性贷款授信等。吸引许多外出务工农民纷纷返乡创业，为当地的发展贡献一份力量。

## 15.3 民族团结的社会效益

西纳川水库工程的建设有助于推动区域内教育、文化、卫生事业蓬勃发展，提高农民群众的思想、道德、法纪水平，形成崇尚文明、崇尚科学、民风淳朴、互助合作、稳定和谐的良好社会氛围。

### 15.3.1 民族团结加强效益

工程的建设提高了区域的生活水平，人民在满足基本生活需求之后有能力追求更好的生活条件，教育水平明显提高。

西纳川水库工程在建设及运行过程中，传播了企业的先进技术及管理理念，通过技术培训、实地操练、定期考核、有效激励等方式，培养一批优秀的技术人员及管理人员，不仅按期高质量地完成了工程的建设，更为工程建设事业培养输送了优秀力量，有利于技术人员自身及建设事业的长远发展。工程建设完成后，相关技术人员更为熟悉在高原严寒地区的施工流程与施工工艺，能够高成效地将理论专业知识应用于实践操作当中，自身综合实力得到了有效的提升。此外，通过“师徒带教”的方式，受益群体不仅包括工程现有技术人员，更延伸至未来相关从业者，促进了优秀施工思路与技术方法的传承。

### 15.3.2 民族文化传承促进效益

上五庄镇、拦隆口镇及多巴新城共 15.87 万人，主要有汉、回、藏、土、蒙古族和其他少数民族，多年来，湟中区充分发挥文化资源优势，盘活本土文化，将民族团结与精准扶贫工作深度融合。人民文化生活丰富多彩，由于乡村基础设施条件的提高，村民举办民俗文化展、文艺生活会等活动的次数明显增多，大大丰富了村民的日常生活，在活动中传承文化，发扬文明；文化交流不断加深，工程作为新建旅游区吸引一大批游客，促进不同国家、不同地区人民间的信息、文化和感情交流，提高村民文明程度。民族之间团结、互助，已经形成你中有我、我中有你的民族关系。西纳川水库工程推动经济社会持续发展，不断增强各族人民的获得感、安全感、幸福感。

### 15.3.3 民族地区社会进步效益

中华民族共同体意识是国家统一之基、民族团结之本、精神力量之魂。铸牢中华民族共同体意识，对做好新时代青海工作至关重要。青海是“稳疆固藏”的战略要地，要全面贯彻新时代党的治藏方略，承担起主体责任。

2021 年 1 月，省十三届人大六次会议审议通过的《青海省国民经济和社会发展第十四个五年规划和二〇三五年远景目标纲要》明确提出，贯彻落实新时代党的治藏方略，率先创建全国民族团结进步示范省，打造各民族共同团结奋斗、共同繁荣发展的和谐典范。

西纳川水库的建成，成为服务农牧民群众、增进民族团结、促进藏区发展的民生工程、幸福工程。

# 第十六章　西纳川水库生态效益

绿色是青海的底色，生态是青海的生命线。青海省作为我国重要生态安全屏障和主要生态产品输出供给地，曾被习近平总书记作出如下重要指示："青海最大的价值在生态、最大的责任在生态、最大的潜力也在生态，必须把生态文明建设放在突出位置来抓。"本章将以此为基准，在评估水库区自然环境状况、生态环境状况、生物分布状况基础上，从水库区水环境及水生生态和水库区水土保持及陆地生态两个方面分析西纳川水库的生态效益。

## 16.1　水库区环境质量状况

西纳川河属黄河一级支流湟水左岸支流，位于青海省东部海晏县和湟中区境内。西纳川河发源于海晏县东部红山掌西北 2 km 处，河源海拔 4 039 m，干流自西北流向东南，水峡出口以上名水峡河，以下称西纳川河。于湟中区高楞干村注入湟水，河长 82.1 km，其中湟中区境内河长 35 km，河口海拔 2 353 m，落差 1 686 m，河道平均比降 4.2%，峡谷相间，河宽 20 m，河床为砂砾石质。上游有大片沼泽和草地，中游山势连绵，树木葱郁，下游为山间盆地。径流主要以降水补给，从河口至河源，年平均降水量为 400～600 mm，多年平均流量为 5.17 $m^3/s$，多年平均径流量为 $1.64\times10^8$ $m^3$。

西纳川水库工程位于湟中区境内的西纳川河上游水峡河的一级支流拉寺木河出口上游约 8 km 处，属于湟中区北部的农业区，湟水流域中上游。地势北高南低，以山地为主。该地区属典型高原大陆性气候，多年平均气温 0～5 ℃，极端最高气温 29.4 ℃，极端最低气温－31.7 ℃，多年平均降水量为 600 mm，多年平均蒸发量为 1 100 mm，年最大风速 20 m/s，最大冻土层深度 1.7 m。

### 16.1.1　自然环境状况

(1) 气象、气候

西纳川水库地处中纬度内陆高原，属典型的高原大陆性气候，其特征是高寒、干旱、太阳辐射强，年温差小、日温差大，日照时间长，大气透明度高，光能资源丰富，年平均日照时数在 2 580 h 以上，年日照率 59%，年总辐射量 142.15 $kc/cm^2$。湟中区海拔较高，太阳辐射热效应较差，年平均气温为 0～5 ℃，最热月(七月)平均气温 11～17 ℃，极端最高气温 29.4 ℃,极端最低气温−31.7 ℃,作物生长期为 85～222 d。由于境内地形复杂,热量资源水平分布不均衡,垂直地带性差异较明显。湟中区境内因拉脊山和娘娘山县城南北两面由西向东的人字形屏障,对东南季风携带的潮湿气流具有阻挡抬升作用,生出类似“湿岛”效应,使县城降雨量大于周边地区降雨量,县城多年平降雨量为 528.2 mm,年均降水大于 400 mm 的地区占全县总面积的 63.0%,项目区多年均降水量在 600 mm 以上,年蒸发量为 1 000 mm 左右。湟中历年各月风向以西南风为主,其次为东北风,多年平均风速 2.1 m/s,最大风速 20 m/s。主要的自然灾害有春旱、冰雹、秋季阴雨低温以及霜冻等。项目区冰冻期长,11 月至翌年的 3 月中旬为霜冻期,年无霜期 138 d 左右,根据《中国季节性冻土标准冻深图》,该区标准冻深 130 cm。

(2) 地形、地貌

工作区按地貌形态及成因,总体上可将区内地貌划分为侵蚀构造中高山、侵蚀剥蚀低山丘陵区、侵蚀堆积河谷平原区三个地貌单元,地形复杂,高差大,最高点位于拉脊山摘石果,海拔 4 488 m,最低点位于小南川,海拔 2 225 m,相对高差达 2 263 m。

水库位于湟中区北部西纳川上游拉寺木峡谷,地处西宁盆地北部的娘娘山区,地形地貌属于侵蚀构造中高山区,海拔 2 800～3 300 m,山体侵蚀强烈,沟谷形态多为“V”形谷,山坡陡峻,大的沟谷多呈 NW—NNW 向,小冲沟多呈 NE—EW 向,由于降雨充沛,植被茂盛。

拉寺木峡坝段,属于中高山峡谷地形地貌,总体方向近 SN 向,河谷内海拔 2 750～2 800 m,山体海拔大于 3 000 m,相对高差 800～1 000 m,两岸山体自然坡角 30°～50°,植被良好,冲沟发育,冲沟方向近东西向,沟口发育洪积扇,洪积扇使河道呈“S”形,左右摆动,河谷呈“U”形谷,宽 160～400 m,发育河滩和Ⅰ级阶地,现代河床宽 10～20 m,纵坡坡降较陡,为 41‰。

(3) 地质

坝址分布的覆盖层主要有现代河床冲积砂砾石,Ⅰ、Ⅱ级阶地冲洪积碎块石土,两岸坡积碎石土。基岩岩性有下元古界千枚状板岩。

现代河床分布于河谷右侧,宽度 5～8 m,岩性为冲积砂岩卵石层,根据 ZK3 钻孔,冲积层厚 6～10 m,4 m 以上较松散,河床内分布有大量的漂石,最大直径 2.8 m,渗透系数 $K=70\sim120$ m/d,属于中等—强透水层。

坝址基岩岩性为下元古界千枚状板岩,片理面发育,岩层呈薄层—中厚层状,饱和抗压强度 46～64 MPa,软化系数 0.75～0.86,属于中等坚硬岩石,根据河谷段钻孔揭露,基岩全风化厚度 1～2 m,矿物蚀变,呈粉末散体状,强风化厚度达 5～7 m,强风化层岩体较破碎,呈碎块状,节理裂隙发育,岩体切割成块状。

### 16.1.2 生态环境状况

(1) 自然状况

西纳川水库库区无矿床、矿点以及工矿企业。水库坝址和库区基本全为林地、草地,为农业区。库区周围人口稀少,所控制流域内无工矿企业污染,对水库水质影响甚微。

工程所在地区属高寒半干旱地区，拉寺木河无气象观测资料，根据湟中区的统计资料分析，该地区年平均气温0～5 ℃，年降水600 mm左右，水面蒸发量1 000 mm，由于流域的地理位置和地形的影响，坝址处西南风为主，其次为东北风，多年平均风速2.1 m/s，最大风速20 m/s，最大冻土层1.3 m。由于降雨年内时空分布不均，加上县境内地形高差，较主要的自然灾害有春旱、冰雹、秋季阴雨低温以及霜冻等。

(2) 水环境状况

根据《青海省湟中区水库工程环境影响报告书》(青海省湟中区环境保护监测站2013年编制)，拉寺木河地表水水质基本能达到地表水Ⅰ类标准要求。

(3) 项目区大气环境状况

西纳川水库工程区为拉寺木山区峡谷，是湟中区林业局管辖的林业区，区内植被良好，无工矿企业。2009—2011年常规监测数据中，$SO_2$、$NO_2$均符合《环境空气质量标准》(GB 3095—2012)及2000年修改单二级标准的要求$PM_{10}$，TSP符合《环境空气量标准》(GB 3095—2012)及2000年修改单二级标准的要求。2010年8月28日～2011年9月3日，$SO_2$、$NO_2$、$PM_{10}$均符合《环境空气质量标准》(GB 3095—2012)及2000年修改单二级标准的要求。

(4) 项目区声环境状况

西纳川水库工程区处拉寺木山区峡谷，是湟中区林业局管辖的林业区，区内植被良好，无工矿企业，目前人类活动稀少，按《声环境质量标准》(GB 3096—2012)确定为Ⅰ类环境。

### 16.1.3 生物分布状况

(1) 陆生植物

湟中区植物资源较丰富，据不完全统计，常见植物有105科403属853种，常见牧草与饲用植物共有162种，占18.99%。西纳川水库工程区域的植物属于高山草甸植被类型和干旱草原植被类型，植被以蒿草、苔草等低矮牧草为主，植被良好。下游农业区人工种植林以松树、青杨为主，未发现有保护级别的珍稀、濒危植物。

(2) 陆生动物

湟中区野生动物资源较丰富，山地、河谷、草原、林区有多种野禽、野兽栖息繁衍，其中野生经济动物有旱獭、麝、黄羊、岩羊、野兔、高原雪鸡、石鸡、蓝马鸡等。水库牧区有野兔、石鸡等常见动物，受人类活动的影响，野生动物较少，未发现有珍稀、濒危动物。

(3) 水生生物

经调查，拉寺木沟内无鱼类等水生生物分布，项目区无保护级别的鱼类。

## 16.2 水库区水环境及水生生态

### 16.2.1 水文情势变化

西纳川水库为多年年调节水库，根据水库兴利调节计算成果($P=95\%$)，通过水库调节改变了坝址断面天然径流过程。2～8 月、9～11 月河段内流量较天然状况增幅较大，经水库调节后，各月来水量均大于天然径流量。河道天然径流过程与水库调节后下游河道径流过程线比较如图 16-1 所示。

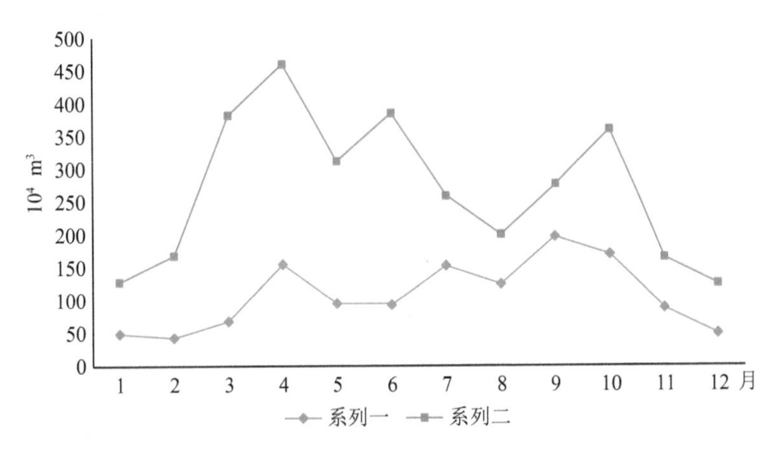


**图 16-1 河道天然径流过程与水库调节后下游河道径流过程线比较**

（1）水库区河段的水文情势变化

坝址区河段多年平均流量 0.71 m$^3$/s，多年平均年径流总量为 2 237×10$^4$ m$^3$。水库形成后，水库区河段的水位、水面面积、流速等水文情势均将发生变化。水库正常淹没对象主要为滩地、林地，回水长度 1.6 km，总库容 1 138×10$^4$ m$^3$。水库蓄水后，库内过水面积远大于天然情况，水深明显增加，库区内水体流速将明显减缓，使库区河段水域环境从急流河道型转为缓流型。

（2）坝下游水文情势变化

西纳川水库供水方式是河道天然来水经水库调节后放水到河道，由后期的工程设施从河道中取水，向下游用水户供水。水库为多年年调节水库，用、来水过程尽量满足下游河道内生态需水和国民经济需水，多余水量蓄在库中，水位达到正常蓄水位后，由溢洪洞下泄。下游缺水时，由水库按照缺水过程放水到河道。也就是说，通过拦蓄本沟道水量后，经过水库调节，向下游河道放水流量（1.1 cm$^3$/s）大于河道天然流量（0.7 cm$^3$/s），而且年内分配更均匀，即使在最不利的情况下，水库仍能保证以生态基流下泄水量，保证河道不断流，消除了原河道灌溉季节断流的现象。由于水库下泄水量不大，对河道的冲刷影响较小。河道最小下泄生态流量为 0.070 9 m$^3$/s。

建库蓄水后，下游枯水期水量增加，有利于下游各个部门的用水。另外，水库可以对洪水进行调节，减少洪水对下游城镇的危害。

（3）对泥沙情势的影响

该流域的泥沙主要是 6～9 月汛期洪水挟带的泥沙。其次为春汛期间的泥沙，主要系融冰雪和降雨产流过程所形成。水库蓄水运行后，初期主要是悬移质泥沙淤积，伴随着水库淤积平衡，坝前流速加大，推移质泥沙很快运动到坝前，淤积量增大。根据水库淤积特性及水库运用条件，在 50 年内，采取蓄洪运行，将使下游河水含沙量减少，后期采用蓄洪与蓄清排浑相结合的运行方式，将改变东河河道输沙的年内分配，由于下游沙量较小，对东河干流泥沙情势影响轻微。

### 16.2.2 水质变化

由于水库库容小，水温变化不明显，下泄水流的水温，经过混合后，热量得到交换，流经一段距离后，仍可恢复到原河道水温，对下游河道的影响甚微。

水库蓄水初期，库区清理后残留的动植物残体、人畜粪便及土壤中可溶性营养物都将随水库淹没进入水体，水库水质将受到一定程度的污染，在坝前会有漂浮物聚集现象。在采取有效的水库库底清理工作后，水库蓄水初期水质受污染程度较小。

水库建成后，水体流速减小，滞留时间延长，泥沙及吸附物沉降、透明度增加、藻类光合作用增强，这些水质理化与生化作用，对库内溶解氧、重金属、有机物、细菌指标等都有有利影响。因此，至出库时水质一般都有改善，坝下水质将会随之得到改善。

水库属河道型水库，水库建成后下游水体感官性状会更好，透明度有所改善，将有利于下游浮游植物的生长和发展。因此，工程的建设对坝下初级生产力不会产生不利影响。

水库为分层型水库，有机物含量少，降解耗氧少，水库建成后，能使水体透明度增加，有利于藻类植物光合作用，因此建库后对溶解氧不会产生不利能响。另外水库周围无工矿企业，水体稀释作用强，因此水库兴建对库内水体有机物含量影响甚微。

因水库库盘与水体之间的溶解扩散过程仅在库盘表面进行，或是因为藻类呼出的二氧化碳增加生成碳酸钙沉淀过程的参与，一般水库蓄水后无机盐类表现为下降趋势，但是该水库对营养盐的拦截作用极不明显，因而水库建成后对无机盐类的影响趋势不显。

综上所述，西纳川水库蓄水后对水质影响不大。水库运行过程中，除生活污水及量机器检修污水外，不会产生新的水体污染源。因此不改变河道的水质状况。

### 16.2.3 水资源利用

(1) 对区域水资源量的影响

西纳川水库设计水平年(2024 年)总需水量 1 716.92×$10^4$ $m^3$。其中:向城镇供水 228.3×$10^4$ $m^3$，向农村供水 416.51×$10^4$ $m^3$，向牲畜供水 49.2×$10^4$ $m^3$，向农田灌溉供水 1 022.87×$10^4$ $m^3$。城镇居民生活耗水系数按 0.3 考虑，农村生活及牲畜的耗水系数均按 1.0 考虑，农灌溉耗水系数按 0.63 考虑，经估算到 2024 年西纳川水库建成后受益区的耗水量为 1 179×$10^4$ $m^3$，占坝址处多年平均天然来水量的 52.7%，占整个西纳川河流域多年平均天然来水量的 7.19%。由此可见，水库建成后对拉寺木河的水资源量有一定的影响，但对整个西纳川河流域的水资源量影响较小。

由于水库蓄水水面面积增大，从而增加了约 47.14×$10^4$$m^3$ 年蒸发渗漏损失量，占坝址多年平均天然来水量 2 237.5×$10^4$ $m^3$ 的 2.1%，因此，西纳川水库建设蒸发渗漏损失量对流域水资源总量的影响不大。

(2) 对上、下游取用水户的影响

通过对库区淹没实物的现场调查,水库库区淹没处理范围为库区 2 398.98 m 高程以下区域,无引水口,因此对上游用水户无影响。

对下游取水用户的影响可分为对拉寺木河引水口和对拦隆口灌区引水口的影响两个方面。

在对拉寺木河引水口的影响上,可分为施工期影响和运行期影响。根据《可研报告》,拉寺木河引水口位于西纳川水库坝址下游 3 km 处,工程设计水流量为 0.085 m/s,施工期西纳川水库的导流放水洞作为导流洞使用,上游天然来水通过导流洞下泄至下游河道,施工期时拉寺木河引水口处来水量仍为天然来水量,该引水工程继续从河道中引水,且施工期施工用水量约为 23.52 $m^3$/d(0.858×$10^4$ $m^3$/a),坝址处多年平均径流量为 2 237.5×$10^4$ $m^3$,施工期用水量占坝址处多年平均来水量的 0.04%,施工期用水量较少,根据施工期退水方案,施工期生产及生活污水经简单处理后,用于周边绿化,禁止外排,因此,施工期时西纳川水库的建设对拉寺木河引水口在水量、水质上均无影响。在西纳川水库运行期,已将水库坝址下游附近分散的农田灌溉用水和农村人畜饮水情况全部归类在农田灌溉面积和农村人畜发展指标中统一考虑,因此,西纳川水库的建设对水库坝址附近分散的农田灌溉用水和农村人畜饮水没有影响。

在对拦隆口灌区引水口的影响上,对比坝址处和拦隆口引水口多年平均径流量可得,西纳川水库坝址处多年平均径流量为 2 237.5×$10^4$ $m^3$,拦隆口引水口处多年平均径流量为 12 833×$10^4$ $m^3$,西纳川水库坝址处的多年平均径流量占拦隆口引水口处的多年平均径流量的 17%,所占比例较小,且根据拦隆口引水口处供需分析可知,西纳川河干流来水量完全能满足拦隆口灌区需水量,因此西纳川水库的建设从对拦隆口灌区引水口没有影响。

### 16.2.4 水生生态变化

(1) 对浮游生物的影响

施工期水中进占施工造成下游局部水域泥沙含量增高,除具有坚硬硅质外壳的藻类(如硅藻)外,大多数浮游动物和细胞壁很薄或者无细胞壁的藻类经受不住悬浮物颗粒的摩擦和冲撞而死亡。同时,悬浮物降低光合作用的强度,造成浮游生物的种类和个体数量减少,生物量减小。由于悬浮物经过一段距离沉降而使得水体澄清,因此施工期对浮游生物的影响范围相对较小。

运行期库区内水面扩大,泥沙沉降,水体透明度增加,有利于浮游生物的生长和繁殖,浮游生物的种类、个体数量和生物量均有可能增加。坝后河段水流量的减小和流速的加大,对浮游生物的生长和繁殖产生一定的不利影响。

(2) 对底栖生物的影响

施工期水中进占施工造成局部河段河床扰动和河床裸露,使河床结构发生改变,再加上浮游生物的种类、生物量、个体数量的降低,致使局部河段底栖动物的饵料量和生境发生变化,导致施工期底栖动物的种类和数量减少,密度减小。

水库建成的初期，水库泥沙沉积，水面扩大，浮游动物的种类、个体数量和生物量增加或增大，为底栖动物提供了良好的生长环境和饵料来源，底栖动物的生物量和密度均会有所增加。但随着时间的推移，淤泥层变厚，破坏了底栖动物的生存环境，对底栖动物的生长和繁殖产生一定的负面影响。

(3) 对鱼类资源的影响

施工活动直接增加施工区域较近水域悬浮物的浓度，根据相关研究结果，水体中悬浮的泥沙对鱼卵的发育、仔稚鱼和幼体的成长有一定的不利影响，造成胚胎发育率低，幼稚鱼窒息死亡，从而导致施工区域鱼类资源下降。根据本项目施工进度安排，水中进占施工基本避开各类鱼类繁殖期，故施工期不会对鱼卵的发育、仔稚鱼和幼体的成长造成不良影响。

水库的建成，同种鱼类被水库大坝分为坝上和坝下两个种群，而这两个种群之间几乎无自然交流基因，久而久之，会造成近亲繁殖，鱼类遗传质量下降，对鱼类的种植资源交流产生一定的负面影响。

## 16.3 水库区水土保持及陆地生态

### 16.3.1 水土保持情况

根据“谁开发谁保护，谁造成水土流失谁负责治理”的原则和《开发建设项目水土保持技术规范》的规定，凡在生产建设过程中造成水土流失的，都必须采取措施进行治理。水土流失主要发生在施工期，土石料开采和主体工程施工阶段是水土流失产生最严重的阶段。工程主要采用工程措施和植物措施进行防护，先拦后弃、先利用后治理、预防措施先行、临时防护并行等措施防止水土流失。工程弃渣主要产生于大坝开挖、引输水管道的开挖，弃渣集中堆放至弃渣场，并采用挡土墙防护，表层覆土种植草料。各料场开采后采用覆土种植草皮的原则进行防护。防护措施与主体工程同步进行。

水土保持工程设计与施工严格坚持主体工程与水土保持工程同时设计、同时施工、同时竣工验收、同时投产使用的原则，则能有效控制工程建设造成的水土流失(表 16-1)。本项目的水土保持措施实施后，扰动土地整治率达到 99.62%，水土流失总治理度达到 99.32%，土壤流失控制比达到 1.1，拦渣率达到 97.83%，可实施林草措施的面积为 10.28 $hm^2$，绿化面积为 10.18 $hm^2$，林草植被恢复率达到 99.16%，林草覆盖率达到 33.31%，各项指标均达到防治目标(表 16-2)。

**表 16-1 项目区水土保持措施面积统计表**

单位：$hm^2$

| 项目区域 | 扰动地表面积 | 建筑物面积 | 道路硬化面积 | 水土保持措施防治面积 | | | 可实施林草措施面积 |
|---|---|---|---|---|---|---|---|
| | | | | 工程措施 | 植物措施 | 小计 | |
| 主体工程区 | 8.47 | 7.75 | — | — | 0.71 | 0.71 | 0.81 |
| 办公生活区 | 0.27 | — | — | — | 0.13 | 0.13 | 0.13 |
| 交通道路区 | 10.4 | — | 8.1 | — | 2.3 | 2.3 | 2.3 |

续表

| 项目区域 | 扰动地表面积 | 建筑物面积 | 道路硬化面积 | 水土保持措施防治面积 | | | 可实施林草措施面积 |
|---|---|---|---|---|---|---|---|
| | | | | 工程措施 | 植物措施 | 小计 | |
| 料场区 | 3.67 | — | — | — | 3.67 | 3.67 | 3.67 |
| 弃渣场区 | 5 | — | — | — | 5 | 5 | 5 |
| 施工区 | 1.33 | — | — | 1.33 | — | 1.33 | — |
| 水库淹没区 | 6.33 | — | — | 6.33 | — | 6.33 | — |
| 合计 | 35.46 | 7.75 | 8.1 | 7.66 | 11.81 | 19.48 | 11.91 |

**表 16-2 设计水平年水土流失防治效果指标表**

| 评估项目 | 目标值 | 评估依据 | 单位 | 数量 | 设计实现值 | 评估结果 |
|---|---|---|---|---|---|---|
| 扰动土地整治率 | 95% | 水保措施面积+建筑面积 | $hm^2$ | 35.33 | 99.62% | 达到预期目标 |
| | | 扰动地表面积 | $hm^2$ | 35.46 | | |
| 水土流失总治理度 | 97% | 水保措施防治面积 | $hm^2$ | 19.48 | 99.32% | 达到预期目标 |
| | | 造成水土流失面积 | $hm^2$ | 19.61 | | |
| 土壤流失控制比 | 1 | 土壤寝室模数容许值 | $t/(km^2 \cdot a)$ | 1 000 | 1.1 | 达到预期目标 |
| | | 土壤寝室模数控制值 | $t/(km^2 \cdot a)$ | 887 | | |
| 拦渣率 | 95% | 实际拦挡弃渣量 | $10^4\ m^3$ | 26.00 | 97.83% | 达到预期目标 |
| | | 弃渣量 | $10^4\ m^3$ | 26.58 | | |
| 林草植被恢复率 | 99% | 林草措施面积 | $hm^2$ | 11.81 | 99.16% | 达到预期目标 |
| | | 可实施林草措施面积 | $hm^2$ | 11.91 | | |
| 林草覆盖率 | 27% | 林草面积 | $hm^2$ | 11.81 | 33.31% | 达到预期目标 |
| | | 扰动地表面积 | $hm^2$ | 35.46 | | |

### 16.3.2 陆生生态变化

(1) 对植物的影响

根据统计,工程总占地面积 96.01 $hm^2$,其中永久占地 83.67 $hm^2$,临时占地 12.33 $hm^2$,按土地利用类型划分,占用林地 38.20 $hm^2$,草地 44.20 $hm^2$,河滩地 11.94 $hm^2$,旱地 1.67 $hm^2$,行政区划均属于青海省湟中区。工程占地面积及占地类型统计见表 16-3。

工程占地将造成植被损失及土壤结构的破坏,从而导致项目区植被覆盖度降低,使局部生态系统的结构和功能被破坏。因本项目工程占地范围内无国家保护性、珍稀、濒危植物分布,损失植物均为一般常见种,且工程建设所破坏植被的面积占评价区面积比例较小,工程占地对植物资源和生物多样性影响较小。待施工结束后对于施工临时占地进行植被恢复措施,可有效减少对项目区生态的不利影响。

(2) 对野生动物的影响

工程建设过程中产生的噪声必然对野生动物造成惊扰,使其远离施工现场。在实地考察和资料分析中,工程沿线区域没有发现大型兽类动物的栖息地,故噪声对野生动物影响较小。随着工程结束，噪声对野生动物的影响随即消失，野生动物活动逐渐恢复。进入运行期间人为活动强度、频度大大下降，尽管在枢纽附近还存在一部分人类活动，但该影响的范围和程度都很小。工程完成后在地表并没有造成大空间隔离带（区），对动物的活动没有造成不可逾越的空间障碍，动物活动场所在空间上仍然是连续的，因此项目运行期间对野生动物的影响甚微。

**表 16-3　工程占地面积及占地类型统计表**

| 工程分区 | 占地性质 | | | 占地类型 | | | | |
|---|---|---|---|---|---|---|---|---|
| | 永久占地 | 临时占地 | 合计 | 灌木林地 | 天然牧草地 | 河滩地 | 旱地 | 合计 |
| 主体工程区（大坝、溢洪道、导流放水洞） | 8.47 | — | 8.47 | 2.53 | 5.93 | — | — | 8.47 |
| 办公生活区 | 0.27 | — | 0.27 | — | 0.27 | — | — | 0.27 |
| 交通道路区（枢纽区道路、消防道路、施工道路） | 8.07 | 2.33 | 10.40 | 7.67 | 0.33 | 2.40 | — | 10.40 |
| 料场区（防渗土料厂、混凝土骨料厂） | — | 3.67 | 3.67 | — | 2.00 | — | 1.67 | 3.67 |
| 弃渣场区 | — | 5.00 | 5.00 | — | 5.00 | — | — | 5.00 |
| 施工区（骨料加工区、生产区） | — | 1.33 | 1.33 | — | 1.33 | — | — | 1.33 |
| 水库淹没区 | 66.87 | — | 66.87 | 28.00 | 29.33 | 9.54 | — | 66.87 |
| 合　计 | 83.67 | 12.33 | 96.01 | 38.20 | 44.20 | 11.94 | 1.67 | 96.01 |